压水堆核电厂操纵人员基础理论培训系列教材

核电厂仪表与控制

Instrumentation and Control of Nuclear Power Plants

刘国发　郭文琪　编著

中国原子能出版社

图书在版编目(CIP)数据

核电厂仪表与控制 / 刘国发,郭文琪编著 .
—北京:原子能出版社,2010.12 (2024.8重印)
(压水堆核电厂操纵人员基础理论培训系列教材)
ISBN 978-7-5022-4900-7

Ⅰ.①核… Ⅱ.①刘… ②郭… Ⅲ.①压水型堆—核电厂—仪表—技术培训—教材 ②压水型堆—核电厂—控制系统—技术培训—教材 Ⅳ.①TM623.91

中国版本图书馆 CIP 数据核字(2010)第 084986 号

内容简介

本书主要介绍了核电厂仪表和控制系统的基础知识。内容包括核电厂仪表和控制系统的组成、功能和特点,自动控制原理的基本知识,核电厂的核参数和过程变量的监测仪表,核电厂反应堆的控制,核电厂一、二回路过程参数和汽轮机的控制,核电厂保护系统,DCS 及其在 AP1000 核电厂上的应用,核电厂控制室与信息系统等。

本书是压水堆核电厂操纵人员基础理论培训系列教材之一,也可供从事核电工程的相关技术人员及高等院校相关专业的师生参考。

核电厂仪表与控制

策　　划　刘　朔　张　琳
出版发行　中国原子能出版社(北京市海淀区阜成路 43 号　100048)
责任编辑　肖　萍
技术编辑　冯莲凤
责任印制　赵　明
印　　刷　北京天恒嘉业印刷有限公司
经　　销　全国新华书店
开　　本　787 mm×1092 mm　1/16
印　　张　21　　　**字　数**　521 千字
版　　次　2010 年 12 月第 1 版　2024年8月第10次印刷
书　　号　ISBN 978-7-5022-4900-7
定　　价　**100.00** 元

网址:http://www.aep.com.cn　　**E-mail:atomep123@126.com**
发行电话:010-88828678

《压水堆核电厂操纵人员基础理论培训系列教材》

编　委　会

《压水堆核电厂操纵人员基础理论培训系列教材》

校 审 专 家

（按姓氏拼音顺序排列）

一审专家：

高秀清　高永春　李文琰　李永章　刘耕国
罗璋琳　彭木彰　浦胜娣　吴炳祥　夏益华
张培升　赵兆颐

二审专家：

陈　跃　付卫彬　黄志军　蒋祖跃　李守平
马明泽　毛正宥　潘泽飞　唐锡文　王瑞正
魏　挺　薛峻峰　杨　炜　朱晓斌

统审专家：

曹述栋　丁卫东　丁云峰　宫广臣　苟　峰
顾颖宾　郭利民　何小剑　黄世强　廖伟明
刘志勇　马明泽　毛正宥　缪亚民　戚屯锋
苏圣兵　孙光弟　王晓航　魏国良　吴　放
吴　岗　杨昭刚　俞卓平　张福宝　张志雄
周卫红

前言

核电厂操纵人员的素质关系到核电厂的安全运营，而培训工作是保证人员素质的基本环节之一。为适应当前我国大力发展核电的形势，保证核电厂操纵人员的培训质量，使基础理论培训满足国家核安全法规与行业规定的要求，便于对培训过程实施统一规范的管理，国家主管部门决定编写一套适用于核电厂操纵人员的基础理论培训教材——《压水堆核电厂操纵人员基础理论培训系列教材》。鉴于核工业研究生部在近20年的核电基础理论培训中，积累了丰富的教学及管理经验，具有稳定的师资队伍和较完整的教材体系，故由核工业研究生部具体承担教材编写的组织工作。

为了编好操纵人员培训教材，核工业研究生部牵头组织长期从事核电培训的专家、教授进行认真分析和讨论，根据我国现有堆型的特点，从压水堆核电厂入手，由核电厂、核动力运行研究所、操纵人员资格审查委员会等单位的专家共同参与编写。这套教材共十二册，包括《核反应堆物理》、《核反应堆热工水力学》、《核电厂辐射防护》、《核电厂材料》、《核电厂通用机械设备》、《核电厂水化学》、《核电厂电气原理与设备》、《核电厂核蒸汽供应系统》、《核电厂蒸汽动力转换系统》、《核电厂仪表与控制》、《核电厂核安全》、《核电厂运行概论》。这套教材内容以核电厂相关专业的基本概念、基本原理及基础知识为主，可为操纵人员下一步培训打下良好的理论基础。

本套教材是经过充分准备、精心组织而完成的。首先，根据核电厂操纵人员的培训目标，按照《核电厂操纵人员的执照考核标准》(EJ/T 1043—2004)的相关内容和要求进行课程设置、制定教材编写原则、明确每种教材应涵盖的内容；在总结以往教学经验的基础上，充分征求各核电厂专家的意见，形成了内容完整、要求明确的教材编写大纲。其次，聘请既有较高的专业水平又有较强的实际工作能力和丰富的教学经验的专家担任本套教材的编者，并为编者提供教材编写技巧、《著作权法》等相关知识的讲座和模拟机现场观摩学习；编者根据教材编写原则和大纲编写具体内容，力求做到既符合学员的认知规律又贴近核电厂的实际。再次，请理论功底扎实、教学经验丰富的教授、专家根据教学原则对教材内容的准确性、系统性等进行审查，并广泛征求任课教师的意见；同时请实践经验丰富的核电厂专家结合实际进行审查。编者根据上述意见对教材进行认真修改后，再征求各方意见，最终由操纵人员资格审查委员会审定。

本套教材中《核电厂电气原理与设备》由江苏核电有限公司具有丰富实际工作经验的专家编写。其余的各分册由核工业研究生部多年从事核电培训教学工作、教学及实践经验丰富的教授、专家编写。

在本套教材的编审过程中，核工业研究生部的任课教师们认真参与教材的编审和研讨；江苏核电有限公司专门成立“电气教材编写专项组”，精心组织编审；各核电厂积极推荐审稿专家，提供编写教材所需资料；核电秦山联营有限公司组织一线人员与编者进行对口交流，创造条件为编者提供模拟机现场演示与讲解；各核电厂、核动力运行研究所、操纵人员资格审查委员会等单位的专家们认真审稿，提出许多宝贵意见；原子能出版社自始至终给予通力合作，提前介入指导，缩短了出版周期。

本套教材的编制出版，凝聚着编、审、校、印及组织管理人员的大量心血，同时得到各相关单位的大力支持和热情帮助，在此深表谢意！

编委会

2010 年 11 月

编者的话

《核电厂仪表与控制》是根据核电基础理论培训教材编写大纲要求，在广泛听取核电专家意见的基础上编写的，是《压水堆核电厂操纵人员基础理论培训系列教材》之一，也可供核电厂相关人员参考。

本书根据《核动力厂运行安全规定》(HAF103)和《核电厂人员的配备、招聘、培训和授权》(HAD103/105)的要求，内容以基础理论知识、基本概念和基本原理为主，涵盖了《核电厂操纵人员的执照考核》标准(EJ/T 1043－2004)附录B和附录C的有关内容。

本书以核工业研究生部核电厂操纵人员培训讲义《核电厂仪表与控制系统》为基础，结合任课老师的教学实践作了修改和补充。在编写上，尽量讲清楚基本概念和基本原理，并注意联系实际，将这些基本知识与核电厂的运行实际相结合。在内容选择和安排上，为便于读者理解，力求做到由浅入深，尽量避免艰深的理论，做到既重点突出，又具有一定的全面性、系统性。

全书共分11章。第1章是对核电厂仪表与控制系统的总体概述，第2章介绍自动调节系统的基本知识，第3章和第4章介绍核电厂各种参数的测量仪表，第5～8章介绍反应堆和核电厂的功率控制，第9章介绍反应堆保护系统，第10章介绍集散控制系统的基本知识和AP1000核电厂仪表与控制系统的总体结构，第11章介绍核电厂控制室和信息系统。

本书编写分工如下：郭文琪第1～3、5章；刘国发第4、6～11章。

在编写的过程中，邵向业教授对初稿提出了建议和意见，罗璋琳、蒋祖跃等专家审校了全文，在此表示诚挚的谢意。

书中如有不妥之处，恳请批评指正。

编者

2010年11月

目　录

第1章 核电厂仪表与控制系统概述

1.1 核电厂仪表与控制系统的组成和功能

1.1.1 系统的组成

压水堆核电厂主要由核反应堆、一回路系统、二回路系统和其他辅助系统组成。

反应堆中的核燃料，通过核裂变反应产生大量的热能。这些热能通过流经反应堆内的冷却剂带出反应堆传到蒸汽发生器，并通过蒸汽发生器的管壁把热能传给二回路的水，使其变为蒸汽推动汽轮机做功，带动发电机发电。做功后的蒸汽经过冷凝器凝结成水，由凝结水泵将水抽出，再经低压加热器加热、高压加热升温后返回到蒸汽发生器构成闭式循环，连续不断地把裂变过程中释放的核能转变为电能。

因为核反应堆是一个强放射源，流经反应堆的冷却剂带有一定的放射性，不宜直接送入汽轮机，以避免造成放射性的扩散，所以，压水堆核电厂比火力发电厂多设置一个回路。

整个核电厂大小有几百个系统。要监测显示的参数很多，有的变量需要控制调节，还设有控制系统。重要的核参数和过程变量还要参与保护功能。

压水堆核电厂主要的测量系统有：核仪表系统、堆芯中子注量率测量系统、反应堆堆芯温度测量系统、反应堆堆芯水位测量系统、控制棒棒位测量系统、汽轮机监测系统、电厂辐射监测系统以及压力测量系统、硼浓度的测量系统、机械位移、转速和振动的测量系统等。

压水堆核电厂主要的控制（调节）系统有：反应堆功率调节系统、冷却剂平均温度调节系统、化学和容积控制系统、汽轮机调节系统、蒸汽旁路排放控制系统、稳压器压力调节系统、稳压器水位调节系统、蒸汽发生器水位调节系统、给水流量调节系统、发电机励磁调节系统和除氧器调节系统等。

压水堆核电厂还设有反应堆保护系统、超压保护阀和专设安全设施。为了保证重要设备在事故情况下不致损坏，还设有汽轮机保护系统与发电机和电气设备保护系统。有关压水堆核电厂仪表控制系统的组成如图1-1所示。

除了少数几个系统之外，核电厂的主要监视和操作都在主控室内进行。主控室内有主操作台和布置在它对面的控制屏。

正常运行的操作在主操作台上进行。操作台设有若干个操作柜，分别设置有全厂通信系统、集中数据处理系统、常规岛主给水系统、辅助给水系统、蒸汽旁路系统、汽轮机调速系统、自动及手动并网系统、核岛控制棒控制系统、稳压器压力和液位控制系统、化学和容积控制系统、安全参数显示系统及安全盘。操作台上有各种按钮开关、旋转开关和手动/自动控制器。

辅助系统的操作在控制屏上进行。各控制屏分别布置有电视监督屏幕、常用设备的记录仪、通风系统、总的辅助系统、给水加热器、凝汽器真空控制、汽轮机及其辅助系统、余热导出系统、稳压器及一回路主泵、安全注入系统、安全壳喷淋系统的表盘、安全系统的测试盘、

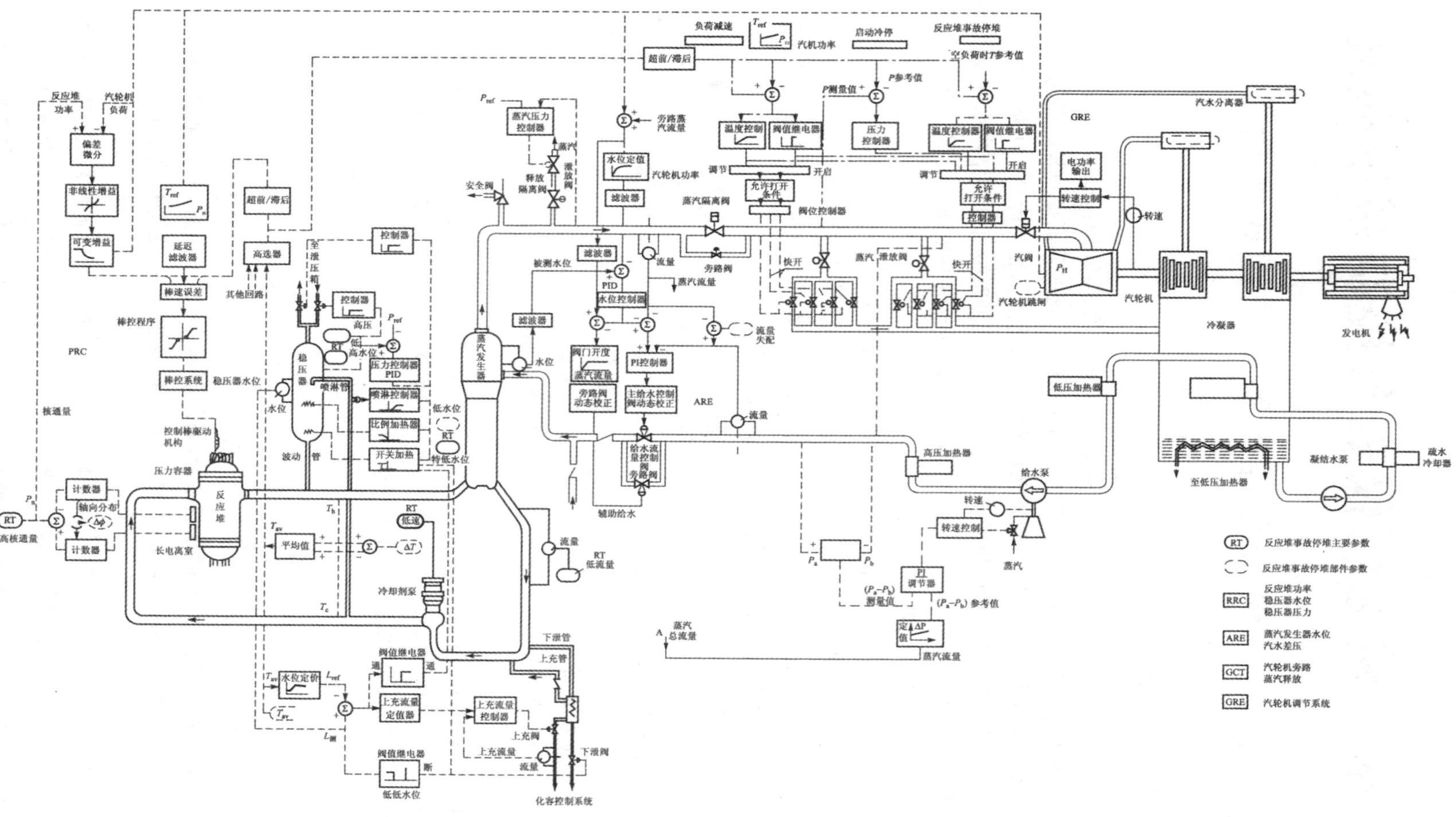

图1－1 压水堆核电厂仪表控制系统组成框图
(本图引自参考文献[5])

安全壳隔离阀门操作盘以及配电的模拟盘等。在控制屏的上方装有控制棒位置的模拟指示、一回路系统的状态模拟、二回路系统的状态模拟和通风系统的状态模拟等，以直观地显示电厂的状态。

1.1.2　系统的功能

为了全面监控整个核电厂的工作状态，根据运行方式的要求对某些参数实施控制。利用核仪表系统可以通过测量反应堆的中子注量率而获得反应堆功率、功率变化率和功率分布等各种信息，并分别送到主控室、功率调节系统和反应堆保护系统。以便对这些参数进行测量显示、越限报警、控制调节和参与事故保护，保证核电厂安全经济地运行。通过电厂辐射监测系统对核电厂各回路、系统和工艺房间以及厂区环境进行放射性水平的监测，以保证厂区人员和周围环境不受核辐射的危害。通过热工参数(也称过程变量)仪控系统，可以对核电厂一回路、二回路及各工艺系统的多种过程变量进行测量显示、越限报警、控制调节和参与事故保护。总之，核电厂仪表与控制系统的功能可以归纳为三种：即监视功能、控制功能和保护功能。

1.1.2.1　监视功能

操纵人员通过各种仪表显示、系统状态模拟显示和数据处理系统，可以全面了解核电厂各系统的运行状况，参数是否正常，系统设备的工作状态是否良好等，以确保其安全经济地运行。当某个参数偏离正常值，超过一定限值时，报警系统及时发出声、光报警信号，提醒操纵人员注意观察参数的变化趋势，并根据信号灯的颜色采取相应的措施。全厂的所有重要参数，包括模拟量和开关量，都要通过计算机数据采集系统，以一定的周期采集记录下来，完成数据的处理、显示和报警。

1.1.2.2　控制功能

根据电厂运行情况的要求实施反应堆功率控制、功率分布的控制、反应性控制、蒸汽排放控制以及各种温度、压力、水位等过程变量的控制。例如：

(1) 反应堆控制系统

包括反应性控制，功率水平控制和功率分布控制。通过调节控制棒的位置和冷却剂中硼的浓度，实现反应堆的启动、停闭、升降功率和维持稳定的功率，以及对功率分布的控制。

(2) 蒸汽旁路排放控制系统

该系统是为了解决核岛和常规岛发生功率失配而设置的，它是功率控制系统的辅助系统。例如，在汽轮发电机组启动前，先将反应堆功率稳定在一个低水平(约为2%FP)。通过蒸汽旁路排放系统吸收其功率。随后，蒸汽发生器产生蒸汽的参数逐渐提高，当蒸汽压力和温度达到要求时，通过汽轮机调节系统使汽轮机升速，并稳定在额定转速上。并网后逐渐将旁路吸收的功率转移到汽轮发电机组上。另外，在常规岛发生短暂事故时，为了不使反应堆停堆，可将其功率由蒸汽旁路排放系统吸收。

(3) 稳压器压力和液位调节系统

设置该系统是为了调节维持一回路的工作压力不变。同时能保持一回路内水温和化学成分的均匀性。稳压器的水位必须保持在水位整定值上，保证一回路系统的正常运行。

(4) 蒸汽发生器水位调节系统

该系统的作用是保证使蒸汽发生器二次侧水位维持在整定值上，以便消除各种扰动，保证二回路系统的正常运行。

(5) 汽轮机调节系统

通过调节汽轮机进汽阀对机组实施功率控制和频率控制等。

此外还有化学和容积控制系统等其他许多系统，其主要控制系统将在后面各章节中介绍。

1.1.2.3 保护功能

压水堆设有反应堆保护系统。当某些重要的运行参数超过安全整定值时，立即触发反应堆保护系统动作，停闭反应堆。保护防止放射性泄漏的四道安全屏障的完好性。当发生主冷却剂管道破裂造成失水事故时，除了紧急停闭反应堆，还要触发专设安全设施，用来中止或缓解事故的后果。当核电厂的某些重要设备和系统出现故障时，也需要采取保护措施来保护这些设备以及与其相关的系统不受损坏。

1.2 核电厂仪表与控制系统的工作特点

与火电厂相比，核电厂的反应堆是强放射源，一回路中的冷却剂也带有放射性，不宜直接送入汽轮机，所以核电厂比火电厂多了一回路系统。对核电厂运行的安全可靠性要求高，因此，它除了主要的系统和设备以外，还设置有许多安全系统和辅助系统。设备多，系统复杂，这就给仪表测量、控制和保护以及运行操作带来一系列与火电厂不同的特点。

1.2.1 传感器的工作环境恶劣

监测、控制和保护系统都要使用传感器。因为反应堆内中子注量率高，γ 射线辐射强，压力和温度也高，核电厂所用的传感器要能适应这种恶劣的工作环境。要考虑到中子和 γ 射线辐射对材料的影响和辐射发热等问题。此外，堆芯空间小，用来安装传感器的空间和间隔有限，这就要求传感器体积尽量小、结实耐用并能经受机械振动的影响。在设计、制造和安装上要根据它是否用于保护系统，是否属于安全级，有无抗地震要求等三个准则来选用传感器。

1.2.2 设置有安全系统

为确保核电厂安全可靠地运行、仪表与控制系统在设计、制造、安装和调试阶段都有相应的质量保证措施。在运行操作时都要严格地遵守操作规程，正确地执行操作程序。

基于安全上的考虑，核电厂除了设有正常工作需要的仪表和控制系统之外，还设有安全系统，如反应堆保护系统，各种专设安全设施等。要求保护系统要有手动触发保护的功能，要遵守单一故障准则、故障安全准则，并具有可试验性和可维修性。为此，保护通道必须采用冗余符合技术，通道之间在结构和电气上是相互独立的，在实体上是隔离的。通过对系统进行定期检验，及时发现和排除隐患，确保系统工作的有效性。除了反应堆保护系统之外，核电厂还设有安全注射系统、安全壳隔离系统、安全壳喷淋系统等专设安全设施，必要时要启动这些系统，以保护堆芯的安全。

1.2.3 核测量仪表的特殊性

核仪表系统接收核探测器信号，经处理变换后，用于测量显示、越限报警、控制调节和事故保护。有些参数的测量通道，同时也是保护系统的组成。在设计时要严格遵守有关准则，确保测量系统不能干扰和影响保护系统的正常工作。电厂辐射监测系统也要使用多种核测量仪表。核测量仪表的特点表现在：

1）核探测器输出信号幅值低，现场干扰大，常需要采用一些特殊措施以提高信噪比。

2）多数核探测器都有很高的内阻，可以把它看成一个电流源。要求测量电路具有高的输入阻抗。

3）要测量的中子注量率范围宽，用一种探测器和测量电路难于满足要求，须采用多种探测器。脉冲电路的通频带很宽，这对测量电路和传输电缆都有高的要求。

4）信号电缆长，工作环境恶劣，要求具有耐高温、抗辐照、抗干扰、低噪声和高绝缘等特性。

1.3　核电厂仪表与控制系统的安全分级

核电厂仪表与控制系统设备按其所在系统功能对电厂安全的重要性分为三类：安全级设备、安全有关的设备和非安全重要设备。它们的供电设备按其所在系统功能对电厂安全的重要性分为两类：安全级设备和非安全重要设备。

1.3.1　安全级设备

安全级（简称1E级）的仪表及其供电设备，是完成反应堆安全停堆、安全壳隔离、堆芯冷却以及从安全壳和反应堆排出热量所必需的，或者是防止放射性物质向环境过量排放所必需的。安全级仪表及其供电设备的功能是预防假定始发事件或缓解假定始发事件的后果。

对安全级设备，必须制定清晰、完整、明确的技术规格书。在设计、制造、安装和运行的全过程都根据此规格书检查仪表及其供电设备。设计必须符合国家相关法规、导则及标准的要求，应尽量采用有可靠运行经历的系统和设备。

1.3.2　安全有关的设备

安全有关的（简称SR）设备，在实现或保持核电厂安全方面起补充、支持或间接的作用，因此有可能避免触发安全级系统和设备，也可能避免或缓解假定始发事件的后果，或者改善安全级设备功能的效果。安全有关仪表的供电设备可以是1E级的，也可以是非安全重要的，根据此类仪表对供电的要求决定。

安全有关的设备，在设计、制造前也应制定要求明确的技术规格书，并应对安全有关的设备规定可靠性要求，需要时可进行可靠性分析，如果达不到可靠性要求，则应采取有效措施，例如冗余。

1.3.3　非安全重要设备

非安全重要（简称NS）仪表及其供电设备，在实现或保持核电厂安全方面无明显作用。它可以选用符合要求的工业产品，按常规的工业标准进行质量鉴定。

有的核电厂将仪表与控制系统设备分为安全级（1E）和非安全级（非1E）两类。而把1.3.2节所描述的设备归入非安全级设备。

复习题

1. 压水堆核电厂主要有哪些测量系统和控制系统？
2. 压水堆核电厂仪表和控制系统的主要功能是什么？
3. 压水堆核电厂仪表和控制系统的工作特点有哪些？
4. 压水堆核电厂仪控系统的设备在安全重要性上分哪些级？哪些属于安全级设备？

第 2 章　自动控制与调节基本知识

自动控制技术在工农业生产中的应用，极大地提高了劳动生产率和产品的质量。在宇航核能等领域，自动控制技术更是不可缺少的。近年来控制科学的应用已扩展到生物、医学、环保、经济管理和社会生活的各个领域。它在工程应用和科学的发展中，起着越来越重要的作用。

自动控制是一门理论性很强的工程技术学科。自动控制原理是该学科的基础理论。

所谓自动控制就是在没有人直接参加的情况下，利用控制装置使被控制对象自动地按照预定的规律运行或变化。随着控制技术的发展，自动控制的含义也逐步发生了变化。早期自动控制这个术语是指含有单个过程参数的反馈控制，而现在它还指复杂过程或全厂的自动运行。自动控制也将会包含有在外界条件变化时(如产品市场和原材料价格变化时)的最佳运行。自动控制原理就是研究自动控制共同规律的技术科学。

随着自动控制理论和实践的不断发展，给人们提供了获得动态系统最好性能的方法。同时，自动控制已成为现代工业和许多领域中重要而不可缺少的组成部分。因此多数工程技术人员和科技工作者都应具备一定的自动控制方面的知识。

本章将对自动控制原理的内容作一简要介绍。

2.1　自动控制系统

2.1.1　开环控制和闭环控制

2.1.1.1　开环控制系统

如果系统的输出量与输入量之间不存在反馈，则叫做开环控制系统。在开环控制系统中，不需要将输出量反馈到系统输入端与输入量进行比较。图 2-1 a 表示一个电加热炉的温度控制系统。电炉是被控对象，炉温 T 是被控制量，也称输出量。转动调压器的滑臂 H 可以改变控制量 V_i，从而可以调节炉温 T。这就是一个开环控制系统，它的方框图表示为图 2-1 b。在该系统中，对于每一个输入量便有一个相应的输出量与之对应，在工作中保持这种对应关系不发生变化。但是，当系统的工作条件发生变化时，如炉门开闭次数的多少、外界环境温度的变化、电源电压的波动等，这些扰动都影响系统的输出量，使它偏离期望值。要想维持炉温在期望值附近比较困难。在系统输入量与输出量之间的关系已知，并且不存在扰动的情况下，可以采用开环控制系统。

开环控制系统的优点是装置简单、成本低、调节快。它的缺点是调节精度低，抗干扰性能差。

2.1.1.2　闭环控制系统

凡是系统输出量对控制作用能有直接影响的系统，都叫做闭环控制系统。它是反馈控

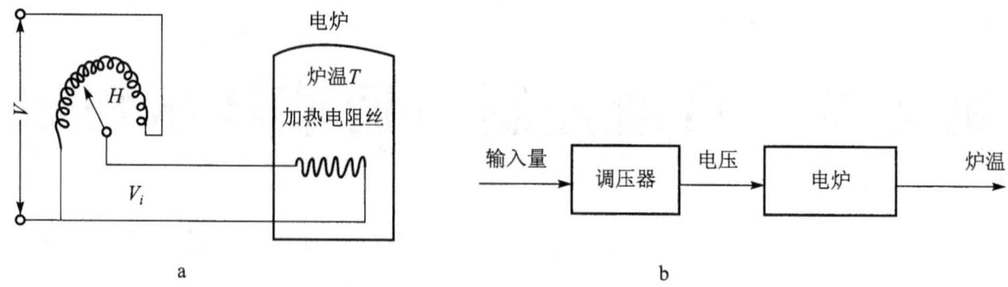

图 2-1 开环控制系统

a. 电加热炉的温度控制系统示意图；b. 电加热炉的温度控制系统方块图

制系统。即能对输出量与参考输入量进行比较，产生偏差并用偏差进行控制的系统。图 2-2 a 是一个电加热炉的闭环控制系统。系统中的热电偶是用来测量炉温的，将炉温 T 转换成相应的电信号，再与代表给定值的电压信号进行比较。比较后的偏差信号经放大器放大后去驱动电动机调节调压器的滑臂 H，改变控制电压 V_i，从而改变炉温 T，使之接近给定值，当炉温等于给定值时，偏差信号等于零，电动机停止转动。可见，在反馈控制系统中，输出量被获取后，经过比较、放大，最后又作用于被控对象，影响输出量自身。这样，信息的传递途径是闭合的，故称为闭环。它具有自动修正被控制量偏差的能力，其方框图如图 2-2 b 所示。

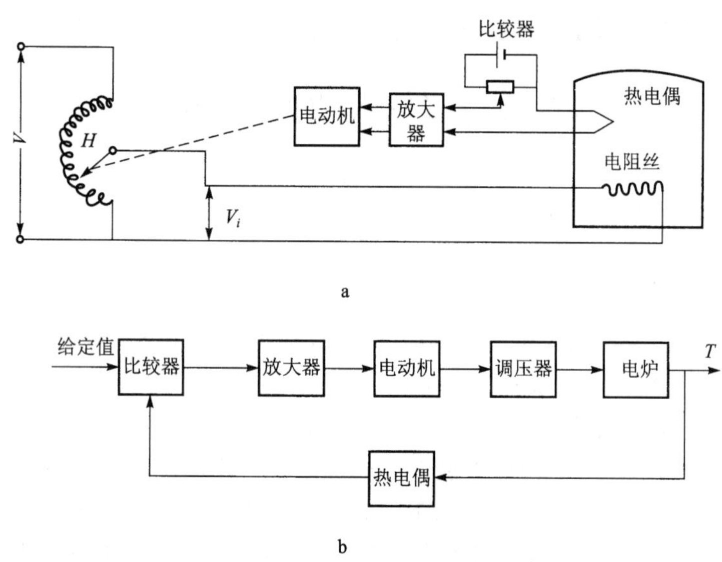

图 2-2 闭环控制系统

a. 示意图；b. 方框图

一般闭环控制系统都有以下三个功能：

1）测量被控制量，将被控制量变换成与输入量（即给定值）相同的物理量，以便于比较。

2）将实测量与给定值进行比较，产生偏差值。

3）根据偏差值的大小和极性驱动执行机构改变被控制量。

闭环控制系统的优点是：控制精度高，抗干扰能力强。

它的缺点是：系统较复杂，成本高。因为系统有反馈可能产生振荡，故需要精心设计和调试。

2.1.2　闭环控制系统的基本组成

通常闭环控制系统由以下各装置组成，它们的名称和功能是：

1）测量元件　它的作用是把被控制的物理量检测出来。如果这个物理量是非电量，还要把它转换成电量，以便于处理。如：用热电偶来测量温度；用自整角机来测量转角；用测速发电机来测量转速；用中子电离室来测量中子注量率等。要求测量元件工作稳定可靠，测量准确。

2）整定元件　它的职能是给出代表整定值（期望值）即被控制量应取的数值的信号。整定元件给出的信号必须准确、稳定。它的精度应当高于系统要求的控制精度。

3）比较元件　它的作用是把测量元件给出的实测信号与整定元件给出的信号加以比较，并输出偏差信号。常用的差动放大器或电桥作为比较元件。当测量值和给定值都是直流电压时，只要把它们反向串联，就能得到偏差信号。

4）放大元件　由于比较元件给出的偏差信号较弱，不能直接推动执行元件，所以要利用放大元件把微弱的偏差信号进行电压放大和功率放大，输出符合执行元件工作要求的信号。

5）执行元件　它的作用是根据放大元件输出信号的大小和极性，相应改变被控对象的输入量，使它的输出量趋近给定值。

6）校正元件　控制系统组成以后，控制器的控制作用如果与被控对象不相适应，其控制质量可能很差，甚至不能正常工作。因此，在实际系统中通常总要引入一些装置用来改善系统的品质，这些引入的元件就叫做校正元件。

7）能源元件　上述各种元件，大多数工作都需要能源。通常是用电能，要配备电源装置。也有使用气动或液动的控制系统。

闭环控制系统受到两种输入信号的作用，即有用信号（给定值）和干扰信号的作用。有用输入信号决定系统被控制量的变化规律。扰动输入信号可以作用于系统的任何部位。扰动信号是使被控制量偏离其给定值的信号，它是难以避免且有害的。通常所说系统的输入信号是指有用信号。

一般闭环控制系统也叫反馈控制系统，它的方框图如图 2-3 所示。

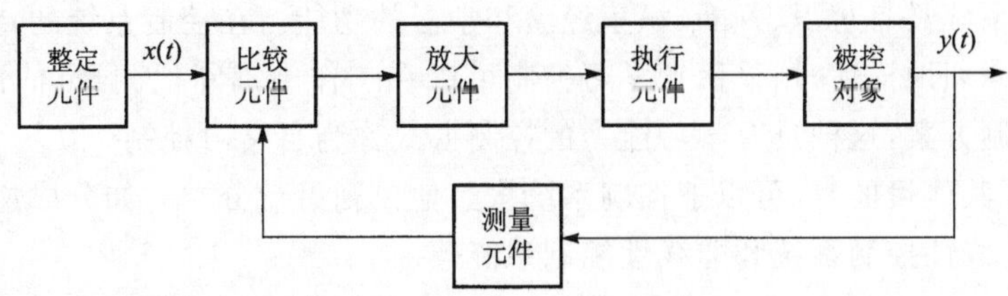

图 2-3　反馈控制系统方框图

2.1.3 自动控制系统的类型

控制系统的种类很多,分类的原则也各有不同。下面介绍几类常用的控制系统:

(1) 恒值调节系统

这类系统的任务是维持被控制量等于一个给定的常值。该类系统需要克服的是各种能使被控制量偏离给定值的扰动。控制的作用就是在有扰动输入时,尽快使被控制量恢复到等于给定值。图 2-2 所表示的炉温控制系统就是这类调节系统。如果需要把被控制量调整到另一个数值上,只要改变整定元件给出的整定值就可以做到。

(2) 随动系统

随动系统的给定值是一个不能预知的随时间变化的量,系统的任务是保证被控制量以一定的精度跟随输入量的变化而变化。例如,高射炮的角度控制系统就是随动系统。敌机的方位、高度是时刻变化的,也是不能预知的。控制系统要使高射炮始终对准敌机,就要使炮身跟随敌机运动。这类系统需要克服的主要困难是被控制对象本身的惰性,当然,也要克服扰动的影响。

(3) 程序控制系统

这类系统的输入量是一个已知的时间函数。系统的任务是使输出量以一定的精度随输入量的变化而变化。

(4) 过程控制系统

当控制系统的输出量是温度、压力、流量、液位或 pH 值等一些变量时,则称为过程控制系统。

为了适应宇航技术、军工科技发展的需要和计算机的广泛使用,近年来一些新的控制方式得到了发展和应用,比如:

(1) 最优控制

这种控制的特点是根据每一时刻系统中的各有关变量自动形成复杂的反馈信号和控制作用,使控制过程的某种性能指标(称为目标函数)达到最优(即目标函数取最大值或最小值)。

(2) 自适应控制

当系统的参数和环境变化显著时,只有采用具有一定适应能力的系统,进行自适应控制,才能满足工作要求。所谓适应能力,就是系统本身能够随着环境条件或结构参数的不可预知的变化,能自行调整或修改系统参数,从而保持系统具有良好的控制特性。

(3) 自学习控制

这种控制系统具有辨识、判断、积累经验和学习的功能。在控制系统的特性事先不能确切知道或不能确切地描述时,采用自学习控制可以在工作中不断地测量,估计系统的特性,并决定最优控制方案,这种具有学习能力的控制方式称为自学习控制。

当然,为了其他目的,也可以把控制系统按其他原则另行分类。如分成连续控制系统和采样控制系统;线性控制系统和非线性控制系统等。

2.2 自动控制系统的性能指标

在没有外部信号作用时，系统处于初始平衡状态。当系统受到外部信号作用时，其输出量要发生变化。因为系统中总是包含有惯性环节或贮能元件，所以输出量的变化不可能立即发生，而是有一个阻尼的过渡过程，常把这种过程称为动态过程，也叫做控制系统的时间响应。例如，当分别给系统外加一个单位阶跃式的给定输入 $x(t)$ 和扰动输入 $n(t)$ 时，对应系统输出 $y(t)$ 的动态过程如图 2-4 a 和图 2-4 b 所示。

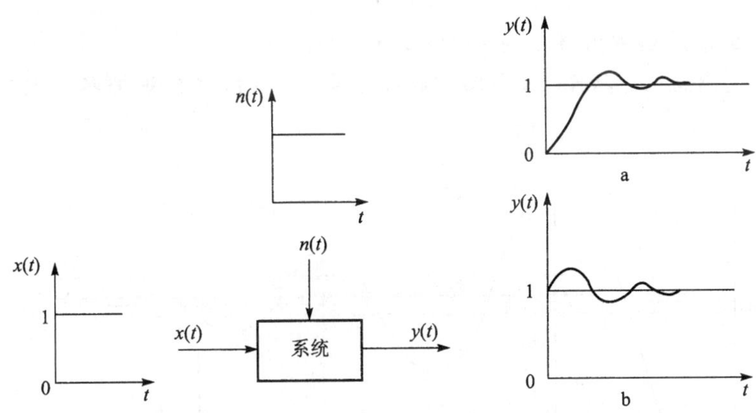

图 2-4 系统在输入作用下的动态过程曲线

控制系统的时间响应由瞬态响应和稳态响应两部分组成。瞬态响应是指系统从初始状态到最终状态的响应过程。稳态响应是指当时间 t 趋于无穷大时，系统的输出状态。

不同的控制系统，尽管被控对象和控制目标各不相同，但是，对控制系统的基本性能要有一个共同的要求。即系统要能稳定地工作；要有一定的控制精确度；还要求系统的时间响应有较好的快速性和适当的振荡衰减特性。

2.2.1 稳定性

稳定性是系统能够工作的重要条件。系统在扰动作用下，其输出要偏离原平衡状态，产生偏差。当扰动消除后，经过一段时间，如果偏差能消除，则系统是稳定的。否则系统就是不稳定的。从系统的时间响应来看，图 2-4 所示是稳定的系统，图 2-5 所示是不稳定的系统。有关复平面上的稳定性分析将在下节作简要介绍。

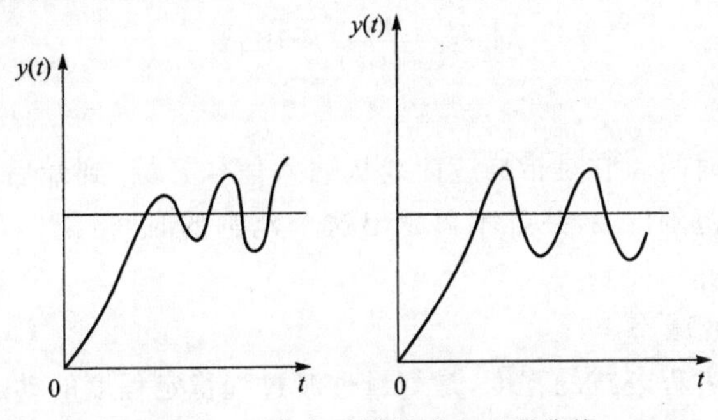

图 2-5 不稳定系统的动态过程曲线

2.2.2 阶跃响应的几个动态性能指标

控制系统对输入信号的动态过程，不仅取决于系统本身的特性，也和输入信号的形式有关。所以，为了评价和比较系统的性能，需要引用典型输入信号来说明。常采用单位阶跃函数作为输入信号。

单位阶跃函数的定义为：$I(t)=\begin{cases}0, t<0 \text{ 时}\\ 1, t>0 \text{ 时}\end{cases}$

对于幅值为 R 的阶跃函数可表示为 $f(t)=R\cdot I(t)$。

系统在初始为 x_0、y_0 状态下，在单位阶跃信号输入时，系统被控参数的响应曲线如图 2-6 所示。

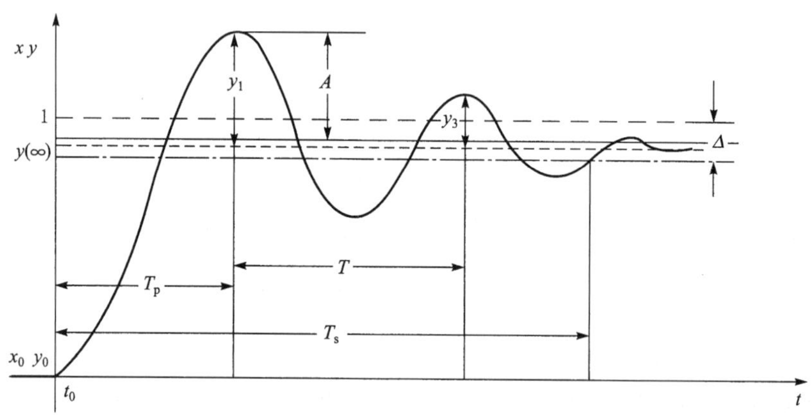

图 2-6 系统的单位阶跃响应曲线

通常采用这样的典型响应曲线来定义控制系统性能指标，主要有下列一些指标。

(1) 最大动态偏差 A 和超调量 M_p

最大动态偏差是控制系统动态准确性的指标，也是衡量过渡过程稳定性的动态指标。它是描述被控参数偏离给定值 1 的最大程度。最大动态偏差是指被控参数偏离给定值 1 的最大值。见图 2-6 中的 A。它也是过渡过程第一个波峰值。有时也采用超调量 M_p 来表示动态偏差偏离给定值的程度，M_p 的定义是第一个波峰值 y_1 与稳态值 $y(\infty)$之比，以百分数的形式给出，即：

$$M_p=\frac{y_1}{y(\infty)}\times 100\% \tag{2-1}$$

(2) 调节时间 T_s

也称为过渡过程时间。它是指响应曲线从输入信号开始，到最后进入偏离给定值的误差为±5%(或±2%)范围内 Δ，并且不再越出这个范围的时间，记作 T_s。调节时间是衡量控制系统快速性的指标。

(3) 衰减比 n 和衰减率 Φ

衰减比表示振荡过程衰减的程度，是衡量过渡过程稳定程度的动态指标，它等于两个相邻的同向波峰之比，即：

$$n = \frac{y_1}{y_3} \tag{2-2}$$

式中，n 取整数。衰减比习惯上常表示为 $n:1$。$n<1$，表示过渡过程为发散振荡；$n=1$ 时，过渡过程为等幅振荡；$n>1$，过渡过程是衰减振荡，系统才是稳定的。n 越大，衰减越快，稳定裕度越大。如果希望过渡过程经过两次左右波动后趋于新的稳态值 $y(\infty)$，与此对应的衰减比一般在 $4:1 \sim 10:1$ 的范围内。

衰减率是衡量振荡过程衰减程度的另一个动态指标，它是指经过一个周期后，波峰幅度衰减的百分数，即：

$$\Phi = \frac{y_1 - y_3}{y_1} \times 100\% \tag{2-3}$$

衰减率 Φ 与衰减比 n 之间有简单的对应关系。在过程控制中一般要求衰减比在 $4:1 \sim 10:1$，对应的衰减率 Φ 为 75%～90%。

2.2.3 静态误差

系统的时间响应结束后，被控制参数达到的稳态值 $y(\infty)$ 与给定值之间的偏差，称为静态误差，也叫稳态误差。它是控制系统稳态准确性的衡量指标。静态误差的大小常用给定值的百分数表示，其数值与系统的开环放大率和系统的类型有关，下节将作简要介绍。

另外，还有一些品质指标。如峰值时间 T_p，是指过渡过程开始至被控参数到达第一个波峰所需要的时间；振荡次数，是指在过渡过程时间内被控参数振荡的次数。

总之，上述各项指标相互之间既有联系又有矛盾，不可能对各项指标同时提出过高的要求。对一个具体的系统，要根据它的特点，主要品质指标优先保证，其他指标要求合理适当，不应过分偏高、偏严，即应有所取舍。

2.3 物理系统的数学模型

许多动态系统，不管是机械的、电气的、热力的，还是经济学的、生物学的，都可以用微分方程加以描述。如果对这些微分方程求解，就可以获得动态系统对输入量的响应。系统的微分方程，可以通过支配着具体系统的物理学定律（如牛顿定律、克希霍夫定律等）获得。

系统动态特性的数学表达式，叫做系统的数学模型。要分析动态系统，首先应推导出它的数学模型。

一旦系统的数学模型被推导出来，就可以采用各种分析方法和计算工具，对系统进行综合分析。

在时间域内可直接用微分方程描述动态系统。通过解微分方程可以对系统进行分析研究。对系统的另一种数学描述方法是利用 Laplace 变换建立的一种数学模型，称为传递函数。

拉氏变换法是一种解线性微分方程的简便运算方法。运用拉氏变换法，可以把微积分的运算转换成在复平面内的代数运算，并可以同时获得解的瞬态分量和稳态分量。

2.3.1　传递函数

2.3.1.1　拉氏变换的定义

在介绍传递函数之前，我们首先要给拉普拉斯变换（简称拉氏变换）下个定义。

如果 $f(t)$是实变数 t 的函数，当 $t<0$ 时，$f(t)=0$，则把 $f(t)$的拉氏变换表示为

$F(s)=L[f(t)]=\int_0^{\infty}f(t)e^{-st}dt$，$s$ 是复变数。当然，要使上式积分存在，$f(t)$必须满足某些条件。$f(t)$ 称为 $F(s)$的原函数。$F(s)$称为 $f(t)$的象函数。

在象函数中，自变量不是时间，而是拉氏变换中的复数变量 s。可以把 s 称为复频率。所以，这种建立在拉氏变换和传递函数基础上的描述方法，也称为频率域方法。

为了使大家了解求拉氏变换的方法，请参看以下例题。

例 2—1　给出 $f(t)=A$（常数），$(t>0)$。

$f(t)$的拉氏变换为 $F(s)=L[f(t)]=\int_0^{\infty}Ae^{-st}dt=\frac{A}{-s}e^{-st}\Big|_0^{\infty}=\frac{A}{s}$

例 2—2　给出 $f(t)=Ae^{-\alpha t}$，$(t\geqslant0)$，A 和 α 是常数。

$f(t)$的拉氏变换为 $F(s)=\int_0^{\infty}Ae^{-\alpha t}e^{-st}dt$

$$=A\int_0^{\infty}e^{-(\alpha+s)t}dt=A\frac{-e^{-(\alpha+s)t}}{s+\alpha}\Big|_0^{\infty}=\frac{A}{s+\alpha}$$

例 2—3　给出 $f(t)=A\sin\omega t$，$(t\geqslant0)$，A 和 ω 是常数。

$f(t)$的拉氏变换为 $F(s)=\int_0^{\infty}A\sin\omega t\cdot e^{-st}dt=A\int_0^{\infty}(\sin\omega t)\cdot e^{-st}dt$

因为

$$e^{j\omega t}=\cos\omega t+j\sin\omega t$$

$$e^{-j\omega t}=\cos\omega t-j\sin\omega t$$

上面两式相减可得 $\sin\omega t=\frac{1}{2j}(e^{j\omega t}-e^{-j\omega t})$

所以，$f(t)$的拉氏变换为：

$$F(s)=\frac{A}{2j}\int_0^{\infty}(e^{j\omega t}-e^{-j\omega t})e^{-st}dt$$

$$=\frac{A}{2j}\left(\frac{1}{s-j\omega}-\frac{1}{s+j\omega}\right)=\frac{A\omega}{s^2+\omega^2}$$

由象函数 $F(s)$求原函数 $f(t)$的运算称拉氏反变换，它也是由一个积分式定义的。在工程应用中，求拉氏变换或反变换时，不用做积分运算而是直接查拉普拉斯变换对照表，有数学手册可查，这里列出一个简单的变换表，如表 2-1 所示。

表 2-1　简单的拉普拉斯变换对照表

	$f(t)$	$F(s)$
1	单位脉冲 $\delta(t)$	1
2	单位阶跃 $I(t)$	$\frac{1}{s}$
3	t	$\frac{1}{s^2}$

续表

	$f(t)$	$F(s)$
4	$e^{-\alpha t}$	$\frac{1}{s+\alpha}$
5	$\sin\omega t$	$\frac{\omega}{s^2+\omega^2}$

拉氏反变换的符号是 L^{-1}，如给出 $F(s)$，求它的原函数 $f(t)$，可以写成 $f(t)=L^{-1}[F(s)]$。

2.3.1.2 拉氏变换定理

(1) 如果 $L[f_1(t)]=F_1(s)$，$L[f_2(t)]=F_2(s)$

则 $L[A_1 f_1(t)+A_2 f_2(t)]=A_1 F_1(s)+A_2 F_2(s)$

式中，A_1 和 A_2 是常数。

(2) 如果 $L[f(t)]=F(s)$，那么 $L[e^{-\alpha t}f(t)]=F(s+\alpha)$

(3) 如果 $L[f(t)]=F(s)$，那么：

$$L\left[\frac{d}{dt}f(t)\right]=sF(s)-f(0)$$

$$L\left[\frac{d^2}{dt^2}f(t)\right]=s^2F(s)-sf(0)-\dot{f}(0)$$

$$L\left[\frac{d^3}{dt^3}f(t)\right]=s^3F(s)-s^2f(0)-s\dot{f}(0)-\ddot{f}(0)$$

式中，$f(0)$，$\dot{f}(0)$，$\ddot{f}(0)$分别代表 $f(t)$，$\frac{df(t)}{dt}$，$\frac{d^2f(t)}{dt^2}$在 $t=0$ 处的值。

(4) 终值定理：如果 $L[f(t)]=F(s)$，那么 $\lim\limits_{t\to\infty}f(t)=\lim\limits_{s\to0}sF(s)$。

此外，还有几个定理，应用时可以参考有关文献。

2.3.1.3 传递函数的定义

线性定常系统的传递函数，定义为初始条件为零时，系统输出量的拉氏变换与输入量的拉氏变换之比。

设有一个线性定常系统，它的微分方程是：

$$a_0y^{(3)}(t)+a_1y^{(2)}(t)+a_2\dot{y}(t)+a_3y(t)=b_0x^{(2)}(t)+b_1\dot{x}(t)+b_2x(t)$$

式中：

$y(t)$——系统的输出量；

$x(t)$——系统的输入量。

a 和 b 为与系统有关的常数，设 $Y(s)$ 是 $y(t)$的拉氏变换，$X(s)$是 $x(t)$的拉氏变换。对上式两端进行拉氏变换，得：

$$a_0[s^3Y(s)-s^2y(0)-s\dot{y}(0)-\ddot{y}(0)]+a_1[s^2Y(s)-sy(0)-\dot{y}(0)]+a_2[sY(s)-y(0)]$$
$$+a_3Y(s)=b_0[s^2X(s)-sx(0)-\dot{x}(0)]+b_1[sX(s)-x(0)]+b_2x(s)$$

由于初始条件为零，上式可写为：

$$a_0 s^3 Y(s)+a_1 s^2 Y(s)+a_2 s Y(s)+a_3 Y(s)=b_0 s^2 X(s)+b_1 s X(s)+b_2 X(s)$$

由上式就可以得到该系统的传递函数 $G(s)$。

$$G(s)=\frac{Y(s)}{X(s)}=\frac{b_0 s^2+b_1 s+b_2}{a_0 s^3+a_1 s^2+a_2 s+a_3}$$

传递函数是一种以系统参数表示的线性定常系统的输入量与输出量的关系式，它表达了系统本身的特性，而与输入量无关。

例如，在图 2-7 的 RC 电路中，输入为 $U_i(t)$，输出为 $U_c(t)$。

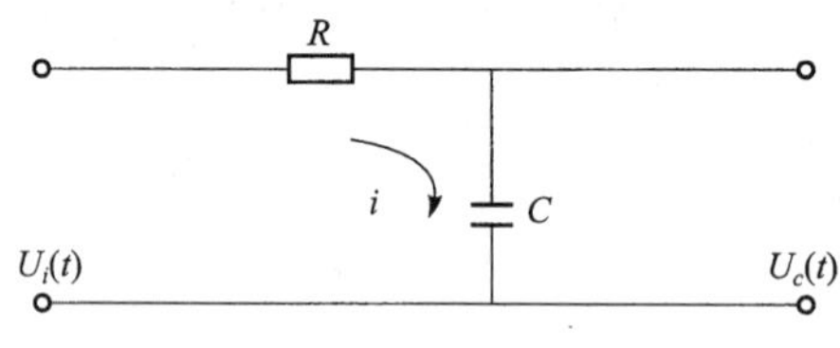

图 2-7 RC 电路示意图

因为 $i=C\frac{\mathrm{d}U_c(t)}{\mathrm{d}t}$，所以 $RC\frac{\mathrm{d}U_c(t)}{\mathrm{d}t}+U_c(t)=U_i(t)$，对上式取拉氏变换，可得：

$RCsU_c(s)+U_c(s)=U_i(s)$，式中 $L[U_c(t)]=U_c(s)$，$L[U_i(t)]=U_i(s)$

所以，该 RC 电路的传递函数为 $G(s)=\frac{U_c(s)}{U_i(s)}=\frac{1}{1+RCs}$

用方框图表示如图 2-8 所示。$T=RC$ 称为时间常数。

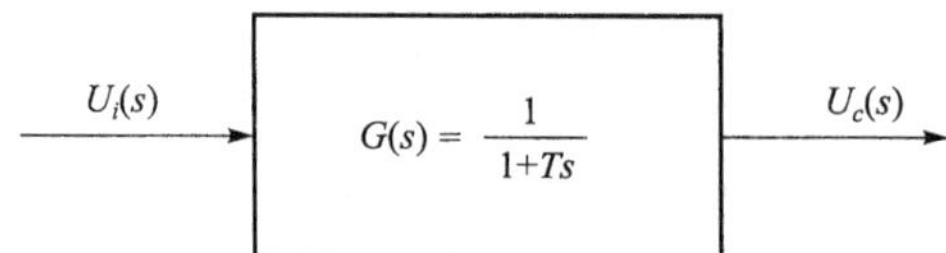

图 2-8 RC 电路方框图

如果该环节输入一个单位阶跃函数，即 $U_i(t)=I(t)$，那么，$U_i(s)=\frac{1}{s}$，

$$U_c(s)=G(s)\times U_i(s)=\frac{1}{(1+Ts)}\times\frac{1}{s}$$

要想知道该环节此时的输出响应，就需要求出 $U_c(t)$。，它等于 $U_c(s)$ 的拉氏反变换，即：

$$U_c(t)=L^{-1}[U_c(s)]$$

改写
$$U_c(s)=\frac{\frac{1}{T}}{\left(s+\frac{1}{T}\right)\times s}=\frac{a_1}{s}+\frac{a_2}{\left(s+\frac{1}{T}\right)}=\frac{1}{s}-\frac{1}{s+\frac{1}{T}}$$

所以
$$U_c(t)=L^{-1}\left[\frac{1}{s}\right]-L^{-1}\left[\frac{1}{s+\frac{1}{T}}\right]$$

查拉氏变换表，得 $U_c(t)=1-\mathrm{e}^{-\frac{t}{T}}(t\geqslant 0)$

$U_c(t)$的响应曲线如图 2-9 所示。

经过时间常数 T，响应曲线从 0 上升到稳态值的 63.2%；经过 $2T$，响应曲线上升到稳态值的 86.5%；当经过的时间为 $3T$，$4T$ 和 $5T$ 时，响应将分别达到稳态值得的 95%，98.2%和 99.3%。所以，该环节的调节时间是时间常数的 3 倍或 4 倍。

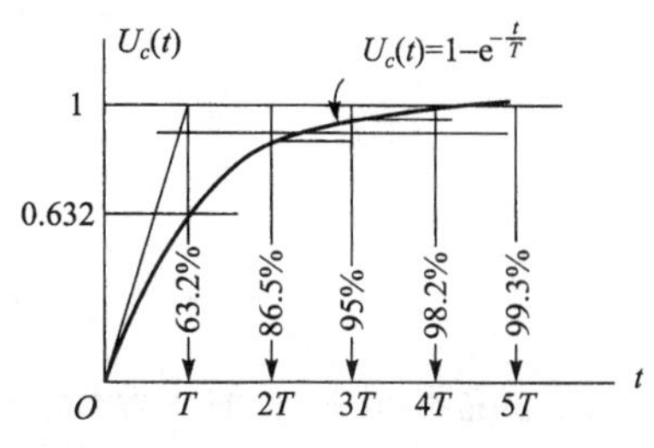

图 2-9　$U_c(t)$的响应曲线

如果该环节输入一单位脉冲函数，即 $U_i(t)=\delta(t)$，$U_i(s)=1$，

$$U_c(s)=G(s)\times U_i(s)=G(s)$$

$$U_c(t)=L^{-1}[U_c(s)]=L^{-1}[G(s)]=\frac{1}{T}e^{-\frac{t}{T}}$$ 。

由此可见，系统在单位脉冲函数 $\delta(t)$输入时的输出响应就是系统传递函数 $G(s)$的拉氏反变换，称为脉冲响应函数，用 $g(t)$表示。

2.3.2　方框图

控制系统可以由许多环节组成。为了表明每一个环节在系统中的功能，在控制工程中常使用方框图。

系统方框图，是系统中每个元件的功能和信号流向的图形表示。方框图表明了系统中各环节间的相互关系。环节的传递函数，通常写进相应的方框中。方框是对其输入信号的一种运算符号，运算结果以输出量表示。将方框连接起来，并应标明信号流向的箭头，信号只能沿箭头方向通过。指向方框的箭头，表示输入，而从方框出来的箭头，则表示输出。

系统方框图包含了与系统特性有关的信息，体现了系统的函数功能，但是它不包括与系统物理结构有关的信息。因此，许多完全不同的系统，可以用同一个方框图来表示。

2.3.2.1　方框图的构成

构成系统方框图有四个要素。如图 2-10 所示。

(1) 环节

环节用一个方框表示，方框中标明环节的传递函数。它接受输入信号，经运算转换成输出信号。如图 2-10 中的 $G(s)$。

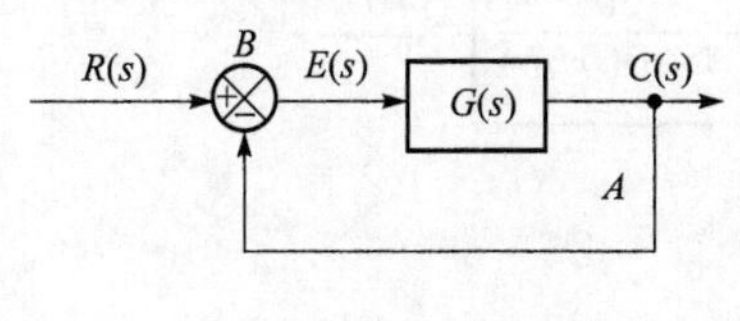

图 2-10　方框图

(2) 信号线

信号线用直线表示，并用箭头标明信号传递方向，在线上写出信号标识。

(3) 分支点

表示把一个信号分两路或多路取出。如图 2-10 中的"A"。

(4) 相加点

表示两个信号代数相加。如图 2 10 中的"B"。

2.3.2.2　方框图的连接

(1) 串联

图 2-11 表示 $G_1(s)$和 $G_2(s)$两个环节串联。

由图可得：$C(s)=V(s)\ G_2(s)=R(s)\ G_1(s)\ G_2(s)$

所以，串联后的传递函数：

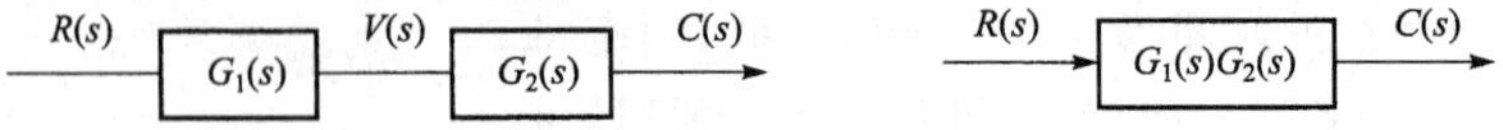

图 2-11 串联连接

$$G(s)=\frac{C(s)}{R(s)}=G_1(s)\,G_2(s) \tag{2-4}$$

式中说明，串联后的等效传递函数等于各传递函数的乘积。

(2) 并联

图 2-12 表示两个环节的并联。

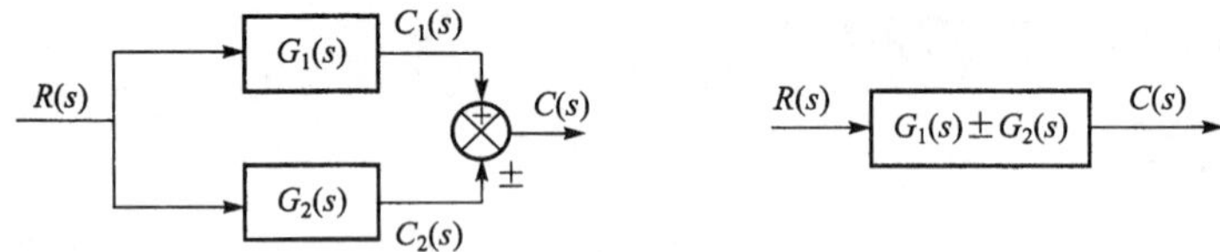

图 2-12 并联连接

由图可得：

$$C_1(s)=R(s)\,G_1(s)$$
$$C_2(s)=R(s)\,G_2(s)$$
$$C(s)=C_1(s)\pm C_2(s)=R(s)[\,G_1(s)\pm G_2(s)]$$

所以

$$G(s)=\frac{C(s)}{R(s)}=G_1(s)\pm G_2(s) \tag{2-5}$$

式(2-5)说明并联连接后的等效传递函数，等于各传递函数的代数和。

(3) 反馈连接

图 2-13 表示反馈连接。

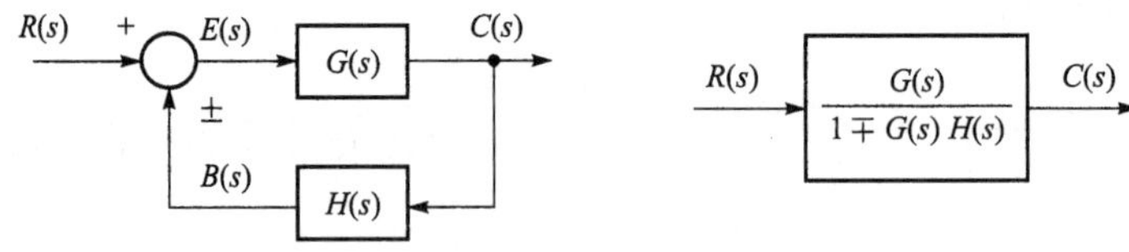

图 2-13 反馈连接

图中"＋""－"分别表示正反馈和负反馈。

由图可得：

$$C(s)=G(s)E(s)$$
$$E(s)=R(s)\pm B(s)=R(s)\pm H(s)\,C(s)$$

所以

$$C(s)=G(s)[\,R(s)\pm H(s)\,C(s)]=G(s)R(s)\pm G(s)H(s)\,C(s)$$
$$C(s)\mp C(s)G(s)H(s)=G(s)R(s)$$
$$C(s)=\frac{G(s)}{1\mp G(s)H(s)}R(s)$$

即闭环传递函数：

$$W(s)=\frac{C(s)}{R(s)}=\frac{G(s)}{1\mp G(s)H(s)} \tag{2-6}$$

输出量 $C(s)$ 与误差信号 $E(s)$ 之比，叫做前向传递函数 $G(s)=\dfrac{C(s)}{E(s)}$，反馈信号 $B(s)$ 与误差信号 $E(s)$ 之比，叫做开环传递函数 $\dfrac{B(s)}{E(s)}=G(s)H(s)$。所以，闭环传递函数 $=\dfrac{\text{前向传递函数}}{1\mp\text{开环传递函数}}$。

当反馈控制系统的 $H(s)=1$ 时，称为单位反馈控制系统。对单位反馈控制系统，它的前向传递函数与开环传递函数相同，于是：

$$W(s)=\frac{G(s)}{1\mp G(s)}。 \tag{2-7}$$

例 2—4　给出某系统的方框图，如图 2-14 所示。试求出它的闭环传递函数 $W(s)=\dfrac{Y(s)}{X(s)}$。

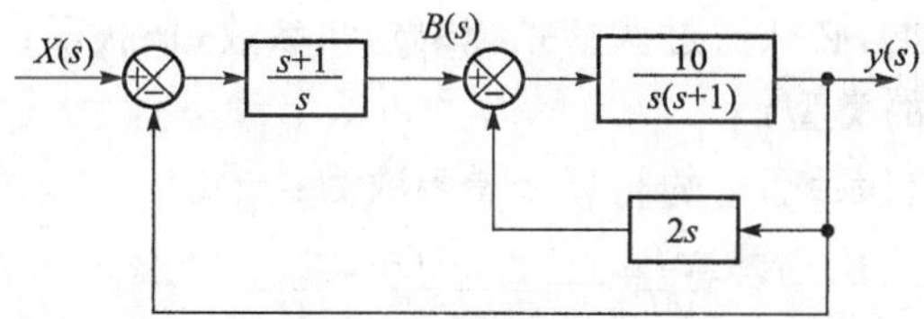

图 2-14　例 2—4 图

解　先求出内环的闭环传递函数 $\Phi(s)$。根据公式：

$$\Phi(s)=\frac{Y(s)}{B(s)}=\frac{\dfrac{10}{s(s+1)}}{1+\dfrac{10}{s(s+1)}\times 2s}=\frac{10}{s(s+21)}$$

系统的开环传递函数 $G(s)=\dfrac{s+1}{s}\times\Phi(s)=\dfrac{10(s+1)}{s^2(s+21)}$

系统的闭环传递函数 $W(s)=\dfrac{G(s)}{1+G(s)}$

所以

$$W(s)=\frac{\dfrac{10(s+1)}{s^2(s+21)}}{1+\dfrac{10(s+1)}{s^2(s+21)}}=\frac{10(s+1)}{s^3+21s^2+10s+10}$$

2.3.3　传递函数的零点和极点

线性定常系统的传递函数 $G(s)$ 可以表示成下式：

$$G(s)=\frac{b_ms^m+b_{m-1}s^{m-1}+\cdots+b_1s+b_0}{a_ns^n+a_{n-1}s^{n-1}+\cdots+a_1s+a_0} \tag{2-8}$$

经因式分解后，也可以写成：

$$G(s)=K\frac{(s+Z_1)(s+Z_2)\cdots(s+Z_m)}{(s+P_1)(s+P_2)\cdots(s+P_n)} \tag{2-9}$$

式中，Z_1、Z_2、…、Z_m 是 $G(s)$ 分子多项式等于零的根，称为系统的零点。而 P_1、P_2、…、P_n 是 $G(s)$ 分母多项式等于零时的根，称为系统的极点。K 是传递系数。

极点 P_i 可以是实数 α，也可以是复数 $\beta\pm j\omega_d$。在单位阶跃函数输入时，系统输出量中含有相应的 $A_1e^{\alpha t}$ 和 $A_2e^{\beta t}\sin(\omega_d t+\theta)$ 项。如果 α 和 β 是正值，当 t 增大时，这些项的幅值将不断增大，这表明系统是不稳定的。如果全部极点都位于虚轴左边，那么系统的瞬态响应最终将达到平衡状态，这表明系统是稳定的。所以，一个线性自动控制系统稳定的充分必要条件是它的传递函数的极点都是负实数或实部为负的复数。即全部极点都位于复平面的左半面。

当极点位于虚轴上时，输出将形成振荡过程，振荡的幅值是恒定的，但是在干扰影响下或系统参数变化时，振荡的幅值可能逐渐增大，系统不能稳定工作。因此，控制系统不应当有极点位于虚轴上。

控制系统的相对稳定性（有一定的稳定裕量）和瞬态响应特性，与系统的极点和零点在复平面上的分布直接有关。所以，为了保证系统有一定的稳定裕量，系统的瞬态响应特性既快速而又具备良好的阻尼，必须通过调整系统结构和参数，来获得合适的零极点分布。

下面介绍一下系统的类型：

对于一个负反馈控制系统，它的闭环传递函数为：

$$\frac{Y(s)}{X(s)}=\frac{G(s)}{1+G(s)H(s)} \tag{2-10}$$

式中，$G(s)H(s)$ 是系统的开环传递函数，它可以写成下面的形式：

$$G(s)H(s)=\frac{K(\tau_1 s+1)(\tau_2 s+1)\cdots(\tau_m s+1)}{S^v(T_1 s+1)(T_2 s+1)\cdots(T_\rho s+1)} \tag{2-11}$$

式中，K 是开环传递系数。分母中 S^v 表示开环传递函数中含有 v 个积分单元。当 $v=0$、1、2、…时，系统分别称为 0 型、1 型、2 型…。$v\geqslant 3$ 的系统实际上是极少的。当增加类型的号码时，系统的准确性提高，但是稳定性会变差，两者要兼顾。

闭环系统从输入信号 $X(s)$ 到偏差信号 $E(s)$ 的传递函数为：

$$\frac{E(s)}{X(s)}=\frac{1}{1+G(s)H(s)} \tag{2-12}$$

偏差 $e(t)$ 即是输入信号和反馈信号之差。如果 $e(t)$ 有终值，根据拉氏变换的终值定理

$$e_{ss}=\lim_{t\to\infty}e(t)=\lim_{s\to 0}sE(s) \tag{2-13}$$

系统对单位阶跃输入的稳态误差是：

$$e_{ss}=\lim_{s\to 0}\frac{S}{1+G(s)H(s)}\cdot\frac{1}{s}=\frac{1}{1+G(0)H(0)} \tag{2-14}$$

静态位置误差系数 K_P 的定义是：

$$K_P=\lim_{s\to 0}G(s)H(s)=G(0)H(0) \tag{2-15}$$

所以稳态误差可以表示成：

$$e_{ss}=\frac{1}{1+K_P} \tag{2-16}$$

对于 0 型系统，$K_P=K$；对于 1 型或高于 1 型的系统，$K_P=\infty$。

通过上面的分析，可以得出如下结论：0 型系统在阶跃函数输入下，必有静态误差，这类系统称为有静差系统。1 型或高于 1 型的系统在阶跃函数输入下没有静态误差，这类系统称为无静差系统。

无静差系统只是在理论上没有偏差。实际上由于摩擦的存在，偏差电压很小时，执行电机就启动不了，产生偏差是不可避免的。实际应用中，要尽量减小静态偏差。

2.4　PID 调节器

2.4.1　简单控制系统的结构与组成

所谓简单控制系统，是由一个测量元件及变送器、一个控制器（也称调节器）、一个执行器和一个被控对象组成，并且，只对一个被控参数进行控制的单闭环反馈控制系统。

例如，在水箱液位控制系统中。液位是被控参数，液位变送器 LT 将实测液位信号送到液位控制器 LC，控制器将液位实测值 l_m 与液位给定值 l_d 进行比较，得出的偏差信号输送给执行器（调节阀），改变调节阀的开度，调节水箱的进水流量，以维持液位的实际值等于给定值。如图 2-15 所示。

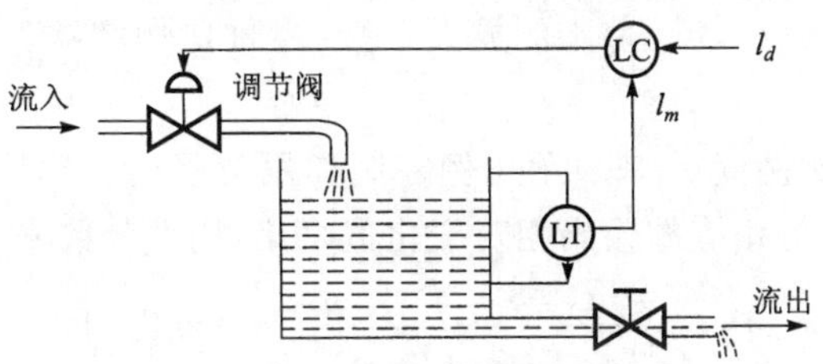

图 2-15　液位控制系统

简单控制系统的典型框图如图 2-16 所示。它由四个基本环节组成，即控制器、执行器、被控对象和测量变送装置，它们的传递函数，依次用 $G_c(s)$、$G_v(s)$、$G_o(s)$ 和 $G_m(s)$ 表示。$X(s)$ 和 $Y(s)$ 分别表示系统输入和输出的拉氏变换，$F(s)$ 表示干扰。简单控制系统只有一个反馈控制回路。所以，也称为单回路控制系统。

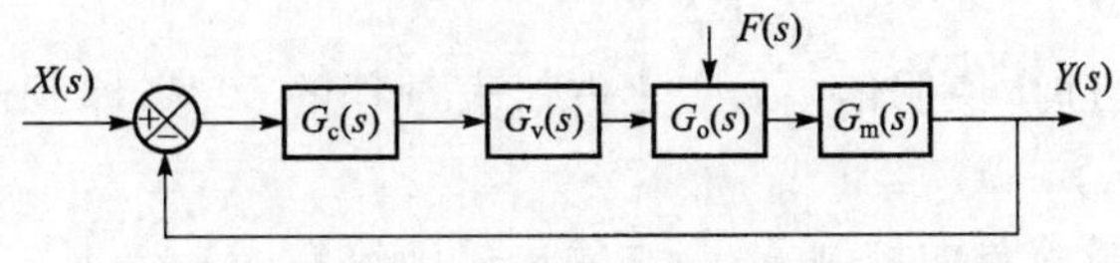

图 2-16　简单控制系统框图

简单控制系统是最基本的控制系统。由于其结构简单，投资少，易于调整，便于操作维修，又能满足多数工业生产的控制要求，所以，应用很广泛。

控制系统的设计，从设计任务提出，到系统投入运行，是一个从理论到实践，再从实践到理论设计多次反复的过程。设计人员的实践经验和丰富的理论知识在系统设计过程中起着重要的作用。

面对具体的被控对象，要依据被控过程的工艺特点、动态特性、技术要求和性能指标以及安全性、经济性和可行性等因素，进行反复比较，最后确定一个合理的控制方案。根据控制方案和过程特性，工艺要求选择合适的传感器、变送器、控制器和执行器。这些装置选定以后，除控制器以外，都不能随意改变。要想提高控制系统的性能品质，只能通过选择合适的控制器的调节规律及改变调节参数的大小来实现。

2.4.2 PID调节器

在过程控制系统中，调节器采用的基本调节规律有比例(Proportioner)、积分(Integrator)和微分(Differentiator)简称 PID 调节器。在比例调节的基础上，通过比例与积分和微分不同的组合，即可得到几种不同的调节规律。

对于被控对象为具有纯滞后的一阶或二阶环节时，PID 调节是一种接近最优的控制算法，它具有原理简单、适应性广、调整方便等优点，所以，直到今天仍获得了广泛的应用。

在系统设计中，为了能选择合适的调节规律，以提高控制系统的品质，我们要了解各种调节规律对控制系统的控制品质是如何影响的。

2.4.2.1 比例(P)调节对系统品质的影响

在比例调节器中，调节器的输出 $U(t)$ 与输入偏差信号 $e(t)$ 成正比，即：

$$U(t) = K_{\mathrm{p}} e(t) \tag{2-17}$$

式中，$e(t)=x(t)-y(t)$，K_{p} 为比例放大系数，也称比例增益。K_{p} 越大，比例控制作用越强。

在工程上，常使用比例度 P 来表示比例控制作用的强弱。比例度 P 的定义是，调节器输入偏差的相对变化值与相应的输出相对变化值之比，用百分数表示，如下式：

$$P = \left(\frac{e}{e_{\max} - e_{\min}}\bigg/\frac{u}{u_{\max} - u_{\min}}\right) \times 100\% \tag{2-18}$$

式中，e 为调节器输入偏差变化值，$(e_{\max}-e_{\min})$ 为输入的最大变化量，即调节器的输入量程，u 为相应的输出变化值，$(u_{\max}-u_{\min})$ 为输出的最大变化量，即调节器的输出量程。比例度的物理意义就是使调节器输出变化满量程时，需要调节器输入信号的变化占调节器输入量程的百分比。在这个范围内，调节器的输出与输入成比例，超出这个范围(比例度)调节器处于饱和状态，将失去控制作用。当调节器的输入、输出量程均为(4～20) mA 时，其比例度 P 是放大倍数 K_{p} 的倒数，即 $P = \frac{1}{K_{\mathrm{p}}}$。

当比例度 $P=50\%$ 时，说明偏差 e 变化占仪表量程的 50%，即 8 mA 时，调节器的输出就可以变化全量程(16 mA)。

比例控制是一种最简单的控制方式，它的传递函数 $G_{\mathrm{c}}(s) = K_{\mathrm{p}}$。根据控制理论，有以下几点结论：

1) 采用比例控制规律，对 0 型系统必然存在稳态误差。只有偏差 $e(t)$ 不为零时，调节器才会有控制作用 $u(t)$。如果 $e(t)$ 为零，$u(t)$ 也为零，调节器失去控制作用；

2) 比例调节系统的稳态误差，随着放大倍数 K_{p} 的增大而减小。而放大倍数 K_p 的增大会使系统的稳定性降低。

2.4.2.2 比例积分(PI)调节对系统品质的影响

积分调节控制缓慢，使系统动态品质变差，所以，不能单独采用。实际工程上，常把积分调节和比例调节结合起来，组成 PI 调节器。

PI 调节器的输出由下式给出：

$$u(t) = K_p e(t) + \frac{K_p}{T_i}\int_0^t e(t)\mathrm{d}t \tag{2-19}$$

式中，T_i 为积分时间常数，简称积分时间。其余参数与前面介绍的相同。积分时间 T_i 越小，积分作用越强。对上式进行拉氏变换，即可得到 PI 调节器的传递函数为：

$$G_c(s) = \frac{U(s)}{E(s)} = \frac{K_p(T_i s + 1)}{T_i s} \tag{2-20}$$

式中，$U(s)$和 $E(s)$分别是 PI 调节器输出和输入的拉氏变换。当调节器的输入 $e(t) = A \cdot I(t)$时，由上式可得：

$$U(s) = K_p\left(1 + \frac{1}{T_i s}\right) \times \frac{A}{S}$$

对上式两边取拉氏反变换，得：

$$U(t) = L^{-1}[U(s)] = K_p A + \frac{K_p A}{T_i} t \tag{2-21}$$

上式是 PI 调节器的阶跃响应，如图 2-17 所示。调节器的输出由两部分组成。开始时，比例调节发挥作用，迅速对输入变化作出响应。随着时间的加长，积分调节作用越来越大。最终可以消除稳态偏差。由上式可以看出，当 $t = T_i$ 时，$U(t) = 2K_p A$。从中可以知道积分时间常数 T_i 的含义，即在阶跃函数输入时，PI 调节器积分部分的输出增加到等于比例部分输出时所需要的时间。

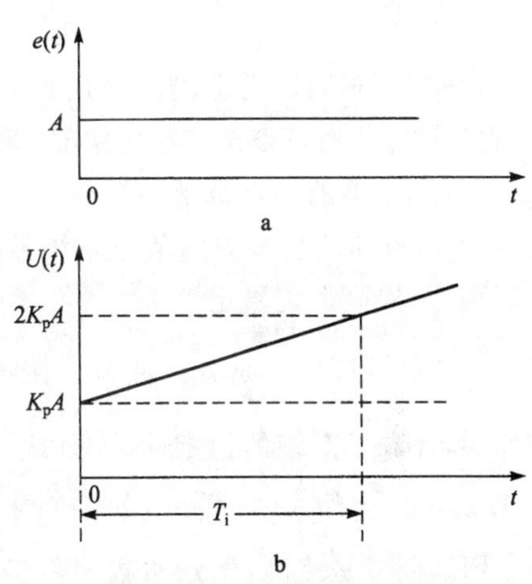

图 2-17　PI 调节器的阶跃响应

PI 调节器将比例调节的快速性与积分调节可消除稳态偏差的特点结合起来，可以得到比较好的控制效果，使用最广泛。但是，因为增加了一个积分环节，其系统的动态特性要差一些。

2.4.2.3　比例微分(PD)调节对系统品质的影响

比例调节和积分调节，是根据当前的偏差和偏差的积分进行调节，即等有了偏差才去调节，没有利用偏差 $e(t)$变化趋势的信息。而微分调节的输出与当前偏差 $e(t)$的变化率 $\frac{\mathrm{d}e(t)}{\mathrm{d}t}$ 成比例。因此，微分调节不是等偏差已经出现之后才有调节动作，而是根据偏差的变化趋势，提前采取措施，对防止系统出现较大的动态偏差有利。

微分调节不能单独采用，这是因为如果系统偏差 $e(t)$以难以测到的缓慢速度变化，调节器没有输出，不动作，但是系统的偏差却有可能积累到相当大的数值而得不到校正，这是不允许的。在实际工程中，通常将微分与比例调节结合起来，组成比例微分(PD)调节器。

PD 调节器输出与输入的关系如下式：

$$u(t) = K_p e(t) + K_p T_d \frac{\mathrm{d}e(t)}{\mathrm{d}t} \tag{2-22}$$

式中，T_d 为微分时间常数，简称微分时间，T_d 越大，微分作用越强。T_d 为零，微分作用消失。

对上式两边取拉氏变换，可以得到PD调节器的传递函数为：

$$G_c(s)=\frac{U(s)}{E(s)}=K_p(1+T_dS) \tag{2-23}$$

应注意的是，因为微分对高频干扰反应灵敏，容易引起误动，需要加滤波环节，所以，实际采用的PD调节器的传递函数如下所示：

$$G_c(s)=\frac{K_p(1+T_dS)}{\frac{T_d}{K_d}s+1} \tag{2-24}$$

式中，K_d 称为微分增益，一般 K_d 在5～10之间。由于上式分母项的时间常数比分子项的时间常数小很多，在分析PD调节器特性时，可以忽略分母项时间常数的影响。

当 $e(t)=A\cdot t$ 时，由式(2-23)可得：

$$U(s)=G_c(s)\times E(s)=K_p(1+T_ds)\times\frac{A}{s^2} \tag{2-25}$$

对上式两边取拉氏反变换，得：

$$U(t)=L^{-1}[U(s)]=K_pA\cdot t+K_pAT_d \tag{2-26}$$

由式(2-26)可以看出，当 $t=T_d$ 时，$U(t)=2K_pAT_d$。从中可知微分时间常数 T_d 的含义是：在斜坡输入时，PD调节器比例部分的输出增加到等于微分部分输出时所需要的时间。

PD调节器的特点概括为：

1）微分作用总是力图阻止系统被控参数的振荡，使动态过程的振荡趋于平缓，可减小动态偏差，提高系统稳定性；

2）PD调节器也是有差调节。在稳态时 $\frac{de(t)}{dt}=0$，微分已不起作用。但是，由于微分的作用，提高了系统的稳定性。可以适当增大 K_p，使系统稳态误差减小。

2.4.2.4 比例积分微分(PID)调节对系统品质的影响

PID调节是比例，积分和微分调节规律的线性组合。它吸取了比例调节反应快速，积分调节能消除静态误差及微分调节有“预见性”的优点，是一种比较理想的调节规律。

PID调节器输出与输入的关系为：

$$U(t)=K_p\left[e(t)+\frac{1}{T_i}\int_0^t e(t)dt+T_d\frac{de(t)}{dt}\right] \tag{2-27}$$

对上式两边取拉氏变换，可得到PID调节器的传递函数为：

$$G_c(s)=\frac{U(s)}{E(s)}=K_p\left(1+\frac{1}{T_is}+T_ds\right) \tag{2-28}$$

与PD调节相比，PID调节提高了系统的稳态精度，可以实现无差调节。与PI调节相比，PID调节增加了微分，可以改善系统的动态特性，能取得满意的控制效果。

2.4.3 调节器的选择

选择什么样的调节规律与具体的被控过程相匹配是一个比较复杂的问题，需要综合考虑各种因素才能得到合理的解决。要考虑被控过程特性、扰动特点、负荷变化情况、生产工艺要求以及经济性、操作维修等因素，最终结果还要通过工程实践检验。选择调节规律的基本原则有：

(1) 比例调节

比例调节只有一个调节参数，整定简便，缺点是系统存在静态误差。对滞后时间小、外部干扰小、负荷变化不大、允许有静差的系统，可以选用比例调节。

(2) 比例积分调节

此种调节既能消除静差，又能加快动态响应，是使用最多的调节规律。常用于流量和压力调节系统和要求较高的液位控制系统。

(3) 比例微分调节

由于微分作用提高了系统的稳定性，这样可以适当提高比例放大系数 K_p，加快调节过程，减小误差。用于要求动态偏差和稳态误差小的系统。在有高频干扰的场合，不能使用微分调节。

(4) 比例积分微分调节

PID 调节综合了上述各种调节规律的优点，对负荷变化大、滞后时间长、控制品质要求高的控制对象均能适用。但是，对于被控对象滞后时间很大、负荷变化剧烈、频繁的被控过程，采用 PID 调节还达不到控制要求时，则应选择复杂控制系统。

一旦调节规律、控制方案确定后，系统的控制品质完全取决于调节器的参数整定。简单控制系统参数整定，就是利用一定的方法和步骤，确定系统处于最佳过渡过程时，调节器比例放大系数 K_p，积分时间常数 T_i 和微分时间常数 T_d 的具体数值。

参数整定方法可分为理论计算法和工程整定法两大类。因为被控过程精确的数学模型难以获得，所以理论计算法在工程上较少采用。工程整定法，方法简单，操作方便、容易掌握，在工程实际中常采用。最简单的是经验法。

经验法的整定步骤：

1) 对比例调节器　设置 $T_i=\infty$，$T_d=0$，然后从小到大调整 K_p，观察被控参数的过渡过程曲线，直到获得对应满意曲线的 K_p 数值。

2) 对比例积分调节器　设置 $T_d=0$，先取 $T_i=\infty$，然后，从小到大调整 K_p，使过渡过程的衰减比为 4∶1。把这时的 K_p 减小 10%～20%，将 T_i 逐步减小，直到再获得衰减比为 4∶1 过渡过程曲线。

3) 对比例积分微分调节器　先按 2)的步骤整定好 K_p 和 T_i，然后将 K_p 增大 10%～20%，适当缩短 T_i 后，再逐步增大 T_d，观察过渡过程曲线，直到获得满意的结果。

2.5　复杂控制系统

对动态特性复杂，负荷变化大，干扰多而且幅度大的被控对象，或者要求控制的动态品质好、调节精度高的生产过程，采用简单的控制系统难以满足控制要求。因此，需要在简单控制系统的基础上，增加一些环节或回路，以得到比用简单控制系统控制性能更好的系统。这些系统一般称为复杂控制系统。

复杂控制系统的种类有很多。下面仅就在压水堆上可能用到的串级控制和前馈控制作个简要介绍。

2.5.1 串级控制系统

图 2-18 是串级控制系统的传递函数框图。图中 $G_{c1}(s)$ 和 $G_{c2}(s)$ 表示主调节器和副调节器，$G_v(s)$ 表示执行器，$G_{o1}(s)$ 和 $G_{o2}(s)$ 表示主和副被控对象，$X_1(s)$ 和 $X_2(s)$ 表示主和副调节器的输入，$Y_1(s)$ 和 $Y_2(s)$ 表示主和副被控参数，$F_1(s)$ 和 $F_2(s)$ 表示进入主回路和副回路的干扰。由 $G_{c2}(s)$、$G_v(s)$ 和 $G_{o2}(s)$ 组成的反馈回路称为副回路。由所有环节构成的反馈回路叫主回路。

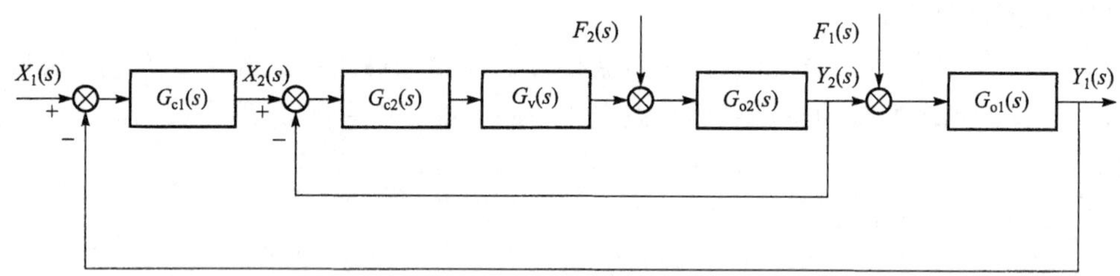

图 2-18 串级控制系统传递函数框图

串级控制系统由主回路和副回路两个闭合回路组成，主、副调节器串联工作。所以，串级控制系统也称为把一个反馈回路嵌套在另一个反馈回路内的控制系统。

在串级控制系统中，主回路是定值控制系统。要求主被控参数 $y_1(t)$ 稳定在给定值 $x_1(t)$ 上。主调节器的输出 $x_2(t)$ 是副调节器的给定值。当干扰 $f_2(t)$ 进入副回路，引起 $y_2(t)$ 变化，$y_2(t)$ 与 $x_2(t)$ 比较产生偏差，通过副调节器控制执行器，实现对 $y_2(t)$ 的调节，及时消除 $f_2(t)$ 对 $y_2(t)$ 的影响。所以，副回路起到快调、"粗调"的作用，主回路再作进一步的"细调"，包括消除 $f_1(t)$ 对 $y_1(t)$的影响。

可以把副回路看成是主回路中的一个环节。由图 2-18 可以看出这个环节的等效传递函数为 $G_{e2}(s)$：

$$G_{e2}(s) = \frac{Y_2(s)}{X_2(s)} = \frac{G_{c2}(s)G_v(s)G_{o2}(s)}{1 + G_{c2}(s)G_v(s)G_{o2}(s)} \tag{2-29}$$

当 $G_{c2}(s) = K_{c2}, G_v(s) = K_v, G_{o2}(s) = \dfrac{K_{o2}}{T_{o2}s + 1}$ 时

把这些参数代入式(2-29)，可得：

$$G_{e2}(s) = \frac{K_{e2}}{T_{e2}s + 1} \tag{2-30}$$

式中：

$$K_{e2} = \frac{K_{c2}K_vK_{o2}}{1 + K_{c2}K_vK_{o2}}, T_{e2} = \frac{T_{o2}}{1 + K_{c2}K_vK_{o2}}$$

由上式可以看出，$G_{e2}(s)$的时间常数 T_{e2} 小于 T_{o2}，这有利于改善整个系统的动态特性。如果参数选择的合适，使 $K_{c2}K_vK_{o2} \gg 1$，此时，$K_{e2} \approx 1, T_{e2} \approx 0, G_{e2}(s) \approx 1$。这样，对主回路来说，被控过程只剩下副回路以外的环节，滞后时间减小了，加快了响应速度，提高了系统的动态特性。

串级控制系统的特点可概括为：

1) 能快速消弱进入副回路干扰的影响　在设计串级控制系统时，应设法让主要干扰进

入点位于副回路之内；

2）能改善整个系统的动态特性及消除进入主、副回路干扰的影响。

2.5.2 前馈控制系统

反馈控制的基本思想是按照被控制量与给定值偏差的大小和极性产生控制量，从而减小或消除偏差。这种控制也称为按偏差控制。系统受到干扰后，使被控制量产生变化，出现偏差，通过控制器进行调节，以消除干扰的影响。从原理上看，干扰对被控制量的影响，只能在偏差出现之后才能调节消除。

前馈控制的原理是，当系统受到扰动时，立即从扰动作用取得信息，并以此通过控制器产生控制作用，以消除扰动对被控制量的影响。这种控制作用称为前馈控制。按这种原理设计的控制系统叫做前馈控制系统。

图 2-19 是热交换器温度控制系统示意图。加热蒸汽通过热交换，将热量传给二回路的水，使被加热的热水出口温度 $y(t)$ 维持稳定在给定值 $x(t)$。用蒸汽管路上的调节阀进行控制。当通过温度变送器（TT）测得的 $y(t)$ 不等于 $x(t)$ 时，即产生偏差，通过温度调节器（TC）输出控制信号，改变调节阀开度调节蒸汽流量，使 $y(t)$ 等于 $x(t)$。

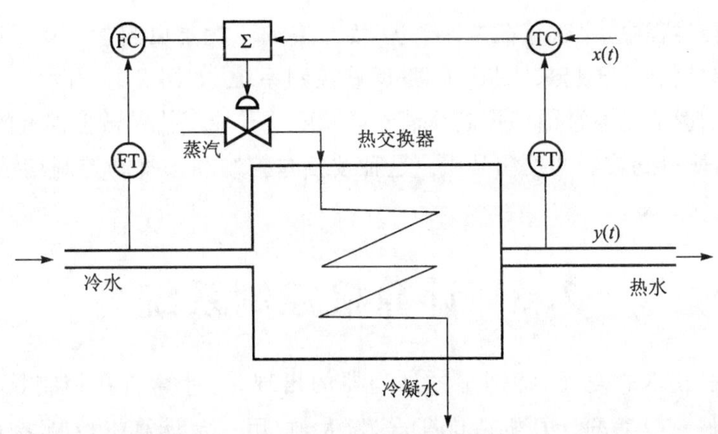

图 2-19 热交换器温度控制系统示意图

在该系统中，输入冷水的流量和温度及蒸汽压力等数值的变化都将影响出口热水温度 $y(t)$ 的变化。如果只采用反馈控制，就要等干扰引起 $y(t)$ 变化，产生偏差[$x(t)-y(t)$]，才有控制信号调节蒸汽流量，使 $y(t)=x(t)$，这样控制不及时。

若主要干扰是冷水流量。就可以根据冷水流量如何影响 $y(t)$，通过前馈控制器（FC）直接控制调节阀，及时消除冷水流量变化对 $y(t)$ 的影响。这种控制在产生偏差 $x(t)-y(t)$ 之前，比反馈控制快。

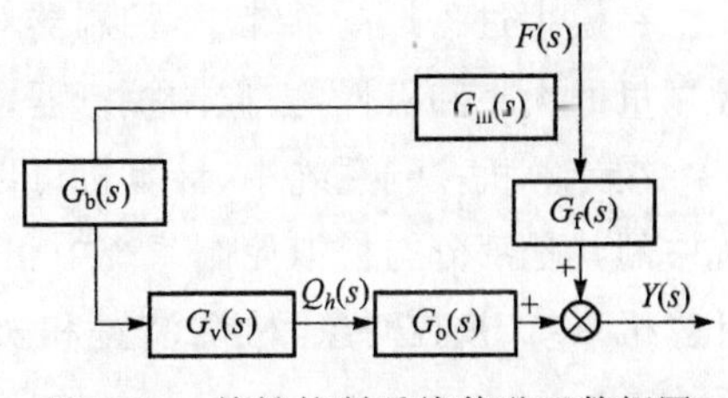

图 2-20 前馈控制系统传递函数框图

图 2-19 左半部分表示前馈控制，它的系统传递函数框图如图 2-20 所示。图中，$G_m(s)$ 是流量变送器（FT）的传递函数，$G_b(s)$ 是前馈控制器（FC）的传递函数，$G_v(s)$ 是调节阀的传递函数，$G_o(s)$ 是蒸汽流

量影响热水温度通道的传递函数，$G_f(s)$是冷水流量 $F(s)$影响热水温度通道的传递函数，$F(s)$ 和 $Y(s)$是冷水流量和热水温度的拉氏变换。从图可以看出

$$Y(s)=[G_f(s)+G_m(s)G_b(s)G_v(s)G_o(s)]F(s)$$

如果要求通过前馈控制通道补偿 $F(s)$对 $Y(s)$的影响，则

$$G_f(s)+G_m(s)G_b(s)G_v(s)G_o(s)=0$$

所以

$$G_b(s)=-\frac{G_f(s)}{G_m(s)G_v(s)G_o(s)} \tag{2-31}$$

如果物理上能精确地实现式(2-31)表示的内容，则 $F(s)$对 $Y(s)$的影响就等于零，实现完全补偿。

由前面的分析可以把前馈控制的特点概括如下：

(1) 前馈控制是按扰动控制，在扰动出现时立即动作，控制及时。只在扰动是可观测的场合才能用；

(2) 前馈控制不构成闭环，是开环控制；

(3) 一个前馈控制通道只能补偿一个干扰对被控参量的影响。一般不单独使用前馈控制。

在实际被控过程中，往往存在多种干扰，而且有的干扰难以测量。在工程中，常把按偏差控制与按扰动控制结合起来，组成前馈-反馈控制系统，如图 2-19 所示。这样做，主要干扰对被控参量的影响已通过前馈控制被消除或减弱。其他干扰对被控参量的影响可以通过反馈控制消除，能得到较好的控制品质。这种按偏差控制和按扰动控制相结合的控制方式称为复合控制。

2.6 计算机控制系统

随着计算机技术的发展，特别是微处理器的出现，为计算机在控制领域大量应用提供了良好的条件。早期的计算机造价高、体积大，常用一台计算机控制多个控制回路，集中检测，集中控制。这样，使控制系统发生事故的危险性也被高度集中，系统工作的可靠性降低。1975 年以后，以控制功能分散，操作管理集中，采用分布式结构为特点的集散控制系统诞生并得到了迅速地发展。本节将对计算机控制系统的组成和工作原理作简要介绍。

2.6.1 计算机控制系统的基本组成

在模拟过程控制系统中，控制器对偏差信号进行处理，如放大、积分或微分等，然后确定控制量的大小和极性，去控制执行器，调节被控对象。

在计算机控制系统中，计算机可以代替模拟控制系统中的控制器，完成相应的工作。系统中的其他部分与模拟控制系统中相应的部分相同。所以，计算机控制系统的基本组成有计算机系统、被控对象、检测装置和执行器，如图 2-21 所示。它是模拟和数字部件的混合系统。

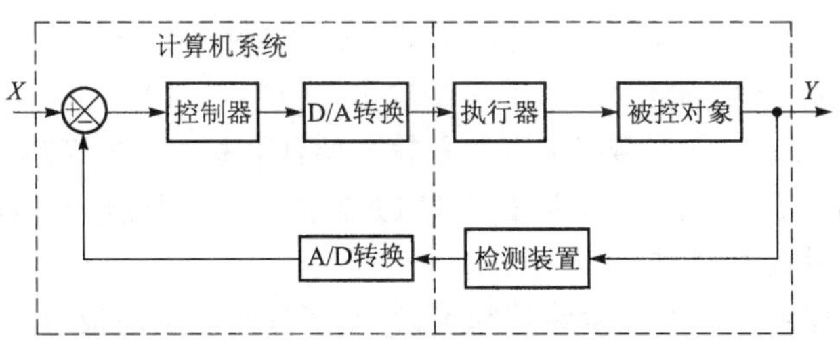

图 2-21　计算机控制系统基本组成

2.6.2　直接数字控制系统

直接数字控制(Direct Digital Control)系统,简称 DDC 系统。它是用一台计算机配置适当的输入输出设备,通过输入设备从生产过程中获取信息,按照设计好的控制算法和技术要求确定出控制量,并通过输出设备直接控制执行器,实现对生产过程的控制。

2.6.2.1　DDC系统的组成

在 DDC 系统中,除了被控制过程、检测变送器和执行器以外,就是由硬件部分和软件部分构成的计算机系统,如图 2-22 中虚线内所示。

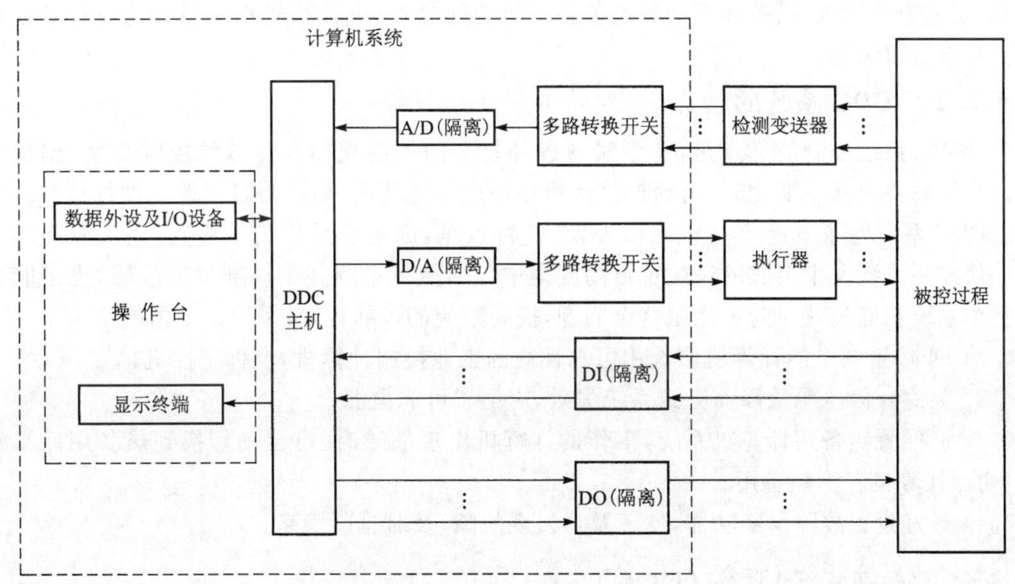

图 2-22　DDC 系统组成方框图

(1) 硬件部分

1) 主机　主机是整个控制系统的核心。它包括中央处理机(CPU)和存储器(RAM、ROM)。主机根据送来的反映被控过程工况的各种信息,利用设定的控制算法,自动进行信息处理和运算,及时输出控制指令进行调节。

2) 输入、输出设备　该设备是计算机与外部连接的通道。模拟量输入、输出(I/O)通道将检测变送器测量到的被控参量通过 A/D 变换为二进制的数据送给计算机。还要通过

D/A 将计算机输出的数字控制量变换为模拟量，以便控制执行器。数字量输入、输出(I/O)通道可以把计算机发出的逻辑信号、指令信号输出，实现对被控过程中各开关量的控制。还要把反映被控过程状态，报警等情况的开关量输入给计算机，以便实现对被控过程状态的监视。因为工作现场都有各种干扰，所以在 I/O 通道中都要采取信号隔离措施，避免干扰的影响，保证系统安全稳定地工作。

3) 操作台　操作台上设有显示终端和键盘、专用操作显示面板等人机联系设备。操作人员通过各种开关、键盘和鼠标等向计算机输入控制参数和操作指令。通过 CRT 显示器、指示灯、声响和数字指示器等向操作人员显示系统的运行状况、操作提示及工艺流程的变化情况，当系统出现异常和故障时可发出报警。

在 DDC 系统中，一台主机要控制多个执行器，同时要测量来自多个变送器的信号。所以要有分时处理的功能，如多路转换开关等。

(2) 软件部分

把硬件组装好，计算机就具备了工作条件之一，没有相应的软件支持还不行。

DDC 系统的软件分系统软件和应用软件两大类。系统软件是用户用来操作使用和管理计算机的软件，如操作系统、系统开发环境等。这类软件通常由计算机厂商和通用系统软件公司提供。用户利用计算机和所提供的各种系统软件编制解决实际问题，具有专用功能的程序称为应用软件，如数据采集程序、滤波程序、计算程序等。应用软件的编制涉及生产过程、工艺要求、生产设备和控制理论等各方面的问题，应由计算机控制系统的设计者根据任务要求自行编制。

2.6.2.2　DDC 系统的特点

计算机系统控制的优点是，易于实现各种复杂的控制规律及特殊的控制算法，编程灵活。当控制要求发生变化时，可通过修改程序适应变化情况，而不需过多改动硬件结构。

DDC 系统除了具有上述优点以外，它的特点是，因为它采用集中检测，集中控制的方式。使控制系统发生事故的风险也被高度集中。即使是系统某个局部发生故障，也可能导致整个系统功能失效。为了克服这个问题，提高系统的可靠性，常采取以下措施：

1) DDC 系统中的计算机应选用可靠性高的工业控制计算机，也称工控机；

2) 为避免因电源故障而导致系统失效，应配置可靠电源；

3) 应配置热备用计算机系统，工作的计算机出现故障时，可自动切换到热备用计算机上，两台计算机互为热备用；

4) 最好设置故障诊断功能，便于及早发现故障，及时排除隐患。

2.6.3　集散控制系统(DCS)

集散控制系统又称分布式控制系统(Distributed Control System，DCS)，该系统以网络为基础，采用分布式结构，将控制功能分散，而把操作管理和显示功能集中。

一个典型的 DCS 如图 2-23 所示。它由现场控制站、操作站和高速通信总线等组成。通过网络接口还可以将 DCS 的通信总线与高一级的信息管理网络连接，组成综合控制与信息管理系统。

2.6.3.1　现场控制站

通常现场控制站分散安装在生产现场的附近，它接受现场送来的测量信息，经逻辑处理与运算，形成相应的控制命令，对生产过程进行控制。同时将相关信息上传到操作站，并接受操作站下传的控制指令。现场控制站一般都采用工业级计算机系统，除了 CPU 和存储器以外，还包括现场测量元件、执行元件的输入输出设备。现场控制站有较严格的实时性要求，需要在确定的时间期限内完成测量值的输入、运算和控制量的输出，因此，对它的运算速度和现场 I/O 速度都有较高的要求。当生产装置规模较大时，DCS 可以用多个现场控制站。

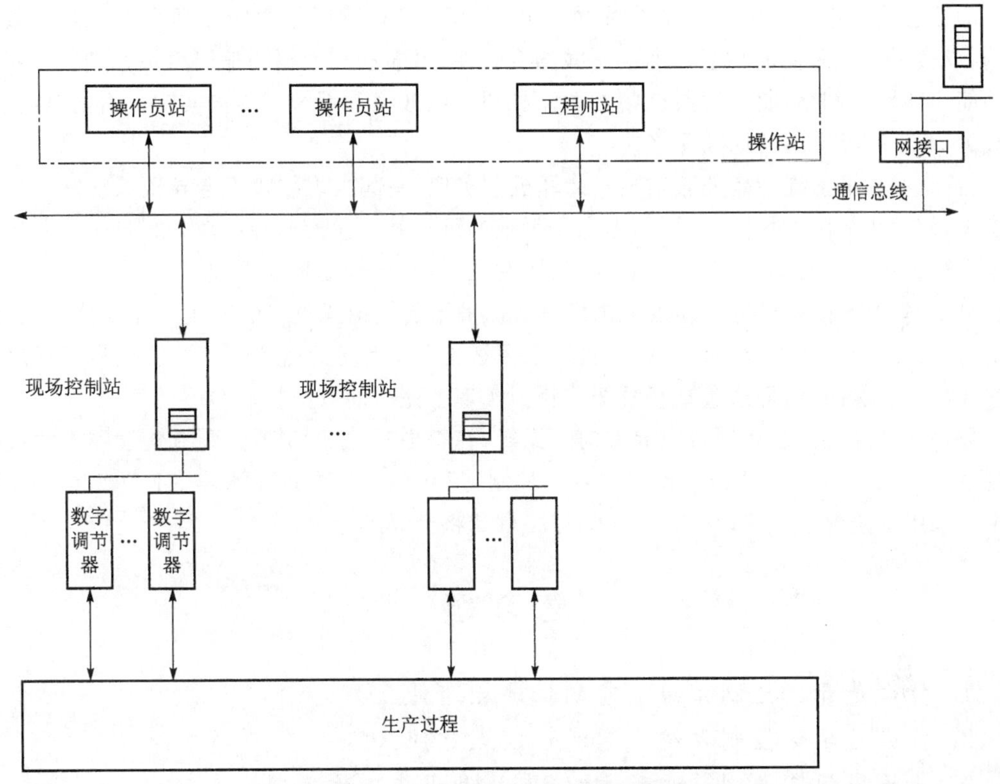

图 2-23　集散控制系统结构框图

2.6.3.2　操作站

操作站设有操作员站和工程师站。它们位于现场控制站上层，通过通信总线与现场控制站交换信息。

（1）操作员站

操作员站是控制系统与用户进行信息交换的设备，其主要功能是为操纵人员提供人机界面，使操作人员及时全面地了解系统运行情况，并对生产过程进行调节和控制。实现以监视、运行控制和记录为主的操作功能。该站可以向操作员提供正常控制程序和事件及事故控制程序的各种画面以及报警数据表。通常还配置有大屏幕显示器。为了提高画面的显示速度，一般在操作员站上配置较大的内存。

（2）工程师站

以系统生成，维护和管理为主的工程功能通过工程师站完成。对 DCS 进行应用组态是不可缺少的一个环节。DCS 是一个控制系统，通过它可以实现各种应用，关键是要定义一个具体的系统完成什么样的控制，控制的输入、输出量是什么，用什么算法，在控制计算中选什么参数，设置哪些人机界面等。此外，还有报警、报表及数据记录等功能的定义，都是组态要完成的工作。一旦组态完成，系统就具备了运行能力。在系统运行时，通过工程师站可以对 DCS 的运行状态进行监视，及时发现系统出现的异常并进行处理。组态工作可以离线进行，也可以在线进行。

2.6.3.3 通信总线

通信总线是连接系统各个站的桥梁。组成 DCS 各种不同站之间必须实现有效的数据传输，以实现系统总体的功能。通信总线的实时性、可靠性和数据通信能力关系到整个系统的性能。特别是网络通信的标准、规约关系到通信的效率和系统功能的实现。目前，以太网已成为 DCS 广泛采用的标准网络。

由于 DCS 将系统功能分散在不同计算机上实现，局部出现故障不会导致系统其他功能的丧失，使发生故障的风险分散了，提高了系统的可靠性。生产监控级对来自过程控制级的数据进行集中操作管理，有利于信息共享，协调工作，便于优化控制管理。

早期的 DCS 在现场检测和控制执行方面仍采用了模拟式仪表的变送单元和执行单元，系统与现场之间是通过模拟信号线连接。采用智能仪表和现场总线以后，系统与现场之间的连接也将通过网络，即通过现场总线连接。实现了完全的分散控制。

数字化计算机控制代表着发展方向。无疑，在核电厂上也将逐步采用全数字化的仪表控制系统。田湾核电厂已经实现了数字化控制，正在建设的先进压水堆 AP1000 在仪控系统中也采用了全数字化的模式。后面的有关章节将会详细论述。

复习题

1. 什么是开环控制系统？它的优缺点是什么？
2. 什么是闭环控制系统？它的优缺点是什么？
3. 请画出闭环控制系统的方框图，并说明其工作原理。
4. 知道传递函数的定义，掌握方框图的连接和运算。
5. 控制系统主要的动态品质指标有哪些？各表示什么物理含义？
6. 什么是有静差系统和无静差系统？什么是瞬态响应和稳态响应？
7. 什么是简单控制系统？对控制系统的基本要求有哪些？
8. 比例调节的特点有哪些？比例度是如何定义的？
9. PI 调节器中，积分的作用是什么？积分时间常数的含义是什么？
10. PD 调节器的特点有哪些？微分时间常数的含义是什么？
11. 什么叫串级控制系统？它有哪些特点？
12. 请叙述前馈控制的原理，此种控制方式有哪些特点？
13. 直接数字控制系统主要包括哪些部分？
14. DDC 系统的软件有哪几类？各自的功能是什么？
15. 提高 DDC 系统可靠性的措施有哪些？

第3章　核电厂反应堆功率监测仪表

3.1　核功率测量原理

反应堆的全部能量是堆内核裂变时所释放能量的总和。全部能量的90%以上是以裂变碎片和裂变中子的动能形式出现，这种能量将在燃料元件中转换为热能。另一小部分是在裂变产物衰变过程中产生的。

反应堆在单位时间内释放出的能量称为反应堆的功率。它是核电厂的重要运行参数和性能指标。反应堆的核功率可以用下式表示。

$$P=\Sigma_f V E_f \Phi,\ \mathrm{MW} \tag{3-1}$$

式中：

Σ_f——铀-235的宏观裂变截面，1/cm；

V——反应堆堆芯体积，cm^3；

E_f——每次裂变放出的能量，$E_f=200\ \mathrm{MeV}$；

Φ——反应堆的平均中子注量率，$n/(cm^2\cdot s)$。

从式(3-1)可知，对一个具体的反应堆，Σ_f、V和E_f均为不变的量。所以反应堆的功率是和它的平均中子注量率成正比的。因此可以通过测量中子注量率而监测反应堆的核功率。

3.1.1　核功率的测量

核功率测量的特点是量程宽、响应快。通过中子注量率的测量可以方便地获取反应堆功率、功率的变化率和功率分布的信息。有利于操纵人员监视反应堆的瞬变状态和越限快速报警，还可以迅速地为功率调节系统和保护系统提供必要的信息。

核功率是与反应堆的平均中子注量率成正比。而在反应堆中，中子注量率是空间位置的函数，在某一定空间单元的中子又不是单能的，中子探测器给出的信号只反映它所在位置的中子注量率，所以要获得反应堆的平均中子注量率的绝对值并不容易。但是从反应堆控制出发，并不关心中子注量率的绝对值，关心的是从中子探测器所在位置获取较准确的核功率信息。

利用中子探测器可以把中子注量率大小转换为电信号的强弱，要把电信号的强弱换算成反应堆功率的高低，还要借助反应堆的热功率对功率量程测量通道进行标定。

3.1.2　核功率与热功率

在核电厂中，反应堆释放出来的能量传给了冷却剂。所以，反应堆的热功率，就是由反应堆核燃料提供给冷却剂的总功率。可以用下式表示：

$$P_N=Q\cdot C_p(T_h-T_c) \tag{3-2}$$

式中：

P_N——反应堆的热功率，W；

Q——冷却剂的质量流量,kg/s;

C_p——冷却剂定压比热容,J/(kg·℃);

T_h——反应堆出口温度,℃;

T_c——反应堆入口温度,℃。

从式(3-2)可知,当一回路冷却剂流量恒定时,反应堆的热功率与反应堆冷却剂进出口温差成正比。通过测量反应堆的进出口温差即可得到反应堆的热功率。利用这个原理,特别是在高功率时,测得的功率值比较准确,可用于反应堆功率的精确测量,并可用来标定核功率。但是,热功率的测量速度慢,不适宜用于控制和保护系统。

3.2 气体探测器

3.2.1 气体探测器的工作原理

因为中子探测器的工作原理是以气体探测器的工作原理为基础,因此在介绍中子探测器之前,先了解一下气体探测器的工作原理。气体探测器是一个圆柱形内部充气的密闭容器,容器内有两个相互绝缘的电极,金属圆筒是阴极,圆筒中心的金属丝是阳极,两极之间加有直流高压,如图 3-1 所示。当带电粒子,如 α 粒子在穿过容器内的气体时,可以使其电离产生自由电子和正离子即离子对。离子对在极间电场的作用下输出电信号,可以被测量。信号大小能反映粒子能量的强弱。

在外加电压 V 的作用下,电子和正离子分别向正、负电极漂移而被电极所收集。但是,电极收集到的离子对数并不等于入射粒子在气体中产生的原电离离子对数 N_0,而是随着外加电压的变化而变化,如图 3-2 所示。纵坐标表示电极收集到离子对的数目,横坐标表示电压的大小,曲线 A、B 分别表示两种不同粒子的情况。图中分为Ⅰ、Ⅱ…Ⅴ等几个区域。

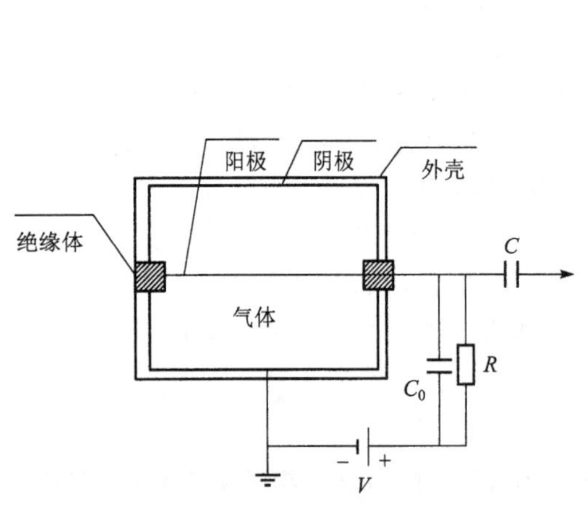

图 3-1 气体探测器示意图

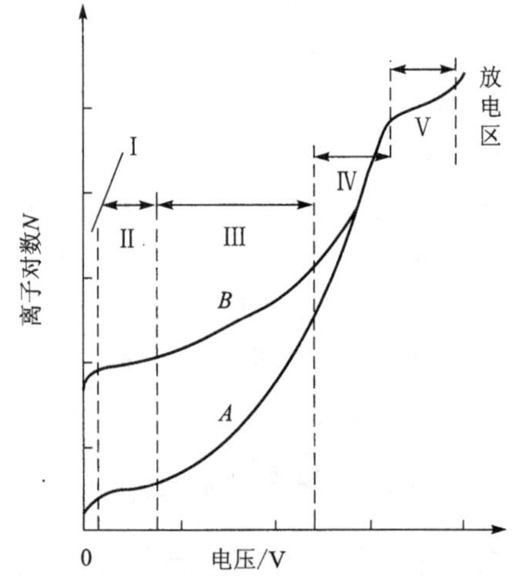

图 3-2 收集的离子对数与外加电压的关系

1) 复合区(Ⅰ) 当外加电压 V 为零时,离子进行不规则运动,复合效应是主要的,电极没有收到离子对。因为离子复合损失随电压增大而减小,所以,电极收集到的离子对数 N

随电压增大而增加，但是，总小于原电离离子对数 N_0。

2）饱和区（Ⅱ）　当外加电压增加到一定数值时，复合效应基本消失，原电离离子对数 N_0 全部被电极收集，达到饱和。而且在一定电压范围内，维持不变，反映了原电离的大小，这个电压范围叫饱和区。涂硼电离室就工作在此区。

3）正比区（Ⅲ）　外加电压超过饱和区后，电极收集到离子对数 N 大于原电离离子对数 N_0。这是因为在此区内，外加电场增强，电子在向中心电极运动时不断获得能量，以至有足够的能量产生二次电离、三次电离，使离子对数增长很快，形成气体放大作用，放大倍数为 $M=\dfrac{N}{N_0}$。外加电压越高，M 越大。当 V 一定时，M 是定值，即 N 正比于 N_0。正比计数管就工作在该区。

4）有限正比区（Ⅳ）　当电压继续增高，气体放大倍数较大，产生大量的离子对滞留在气体空间形成空间电荷，它们所产生的电场部分地抵消了外加电场，从而限制了气体放大作用。收集到的离子对数 N 不再与原电离离子对数 N_0 成正比。称此区为有限正比区。通常，探测器的工作电压不选择在该区。

5）盖革-米勒区（Ⅴ）　外加电压继续增大，气体分子被激发的作用就不可忽视了，激发分子和原子在退激时发出光子，光子与阴极碰撞时击出光电子，光电子又会被电场加速产生另一次电离放大，如此反复，就会在中心电极附近迅速产生大量离子，即发生“雪崩”现象。在此区域，收集到的离子对数与原电离离子对数 N_0 无关。G－M 计数器工作在这一区域。

6）连续放电区　外加电压再增高，电极间的气体被电压击穿，气体连续放电，有光产生，电晕管、闪光室等工作在该区。

由上述可知，气体探测器可用于测量带电粒子。而中子探测器，如涂硼电离室、涂硼正比计数器、裂变电离室等，它们是用来测量中子的，虽然它们的工作原理与气体探测器相近，但两者有区别。由于中子不带电，中子在物质中不能直接引起电离。它是通过中子与某种原子核相互作用，产生出可以被测量的带电粒子，并记录这些带电粒子，这样就可以间接地测量中子。所以，中子探测器必须具有能与中子发生核相互作用产生可被探测的粒子的物质。这是中子探测器的特点。

下面将分别介绍压水堆上常用的几种中子探测器。

3.2.2　涂硼电离室

圆柱形涂硼电离室由高压电极、收集电极、绝缘体、外壳和保护环等组成。它是一个密封的筒形容器，容器内充有以氩气为主的混合气体（1%氦+6%氮+93%氩），电极表面涂有硼（^{10}B），其结构原理如图 3-3 所示。工作时两极之间加有直流电压。

入射热中子与 ^{10}B 发生（n，α）反应如下：

$$^{10}_{5}B+^{1}_{0}n\rightarrow ^{4}_{2}He+^{7}_{3}Li+2.79\ MeV \tag{3-3}$$

放出的 $^{4}_{2}He$ 就是 α 粒子，它和 $^{7}_{3}Li$ 在穿过气体时使其电离生成离子对。离子在外电场作用下运动形成电流信号。通过测量这个电流的大小即可知道该电离室所处位置中子注量率的强弱。当中子注量率足够大时，可以忽略 γ 射线的影响。保护环把两个电极隔开，其电位接近收集极电压，它的作用是减小两极之间的漏电流。

由式（3-3）中可知，它的反应能 E_γ 等于 2.79 MeV。反应能的定义是 $E_\gamma=E_\alpha+E_{Li}-$

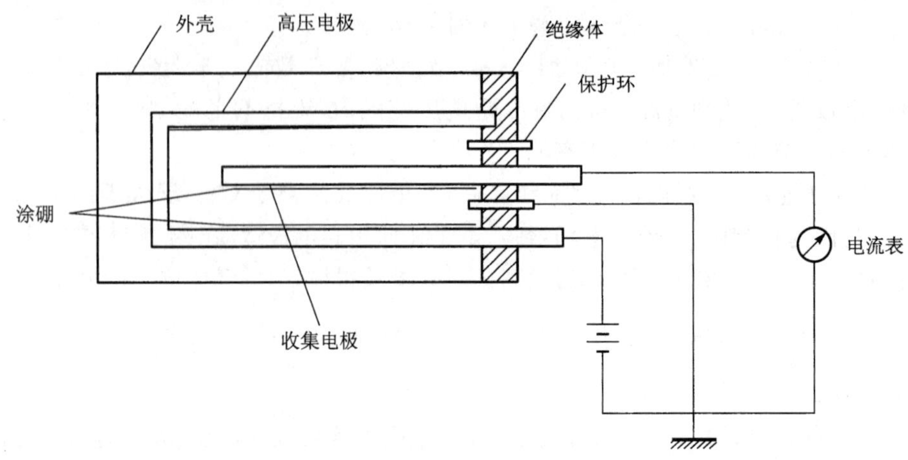

图 3-3 涂硼电离室结构原理

E_n。其中，E_α、E_{Li}和 E_n 分别表示 α 粒子、${}^7_3$Li 核和中子的动能。所以一个 α 粒子和一个${}^7_3$Li 核电离产生离子对所带电荷量为 $q=\left(\frac{E_\alpha}{\overline{W}_\alpha}+\frac{E_{Li}}{\overline{W}_{Li}}\right)\cdot e$，其中，$e$ 是基本电荷量，$\overline{W}_\alpha$ 和 $\overline{W}_{Li}$分别是 α 粒子和 Li 核的平均电离能。假设每秒一个中子与^{10}B 反应，那么大约能产生 1×10^{-14} A 的电流。当然，涂硼电离室实际灵敏度的大小还和电离室的结构、尺寸和材料等众多因素有关。

涂硼电离室主要的性能指标如下所示。

(1) 热中子灵敏度

此项指标用单位中子注量率[1 n/(cm^2 · s)＝nv]照射时，电离室给出电流的大小来度量。典型的数值为$(2\sim3)\times10^{-14}$ A/nv。

(2) γ 灵敏度

此项指标以强度为 1 rad/h 的 γ 射线照射下，电离室产生的 γ 电流的大小来度量。典型的数值为 10^{-11} A/(rad · h^{-1})。

(3) 坪斜

在中子注量率一定时，电离室的输出电流随外加电压的增大有小的变化，这个电流缓慢变化的电压区域称为饱和区，也称坪。如图 3-4 中 V_1 到 V_2 之间区域。$\Delta V=V_2-V_1$ 称为坪长。中子注量率越高、坪长越窄。显然，在饱和区内电流变化越小越好；用坪斜表示这个特性。定义饱和区内输出电流变化的百分数与坪长的比称为坪斜，即

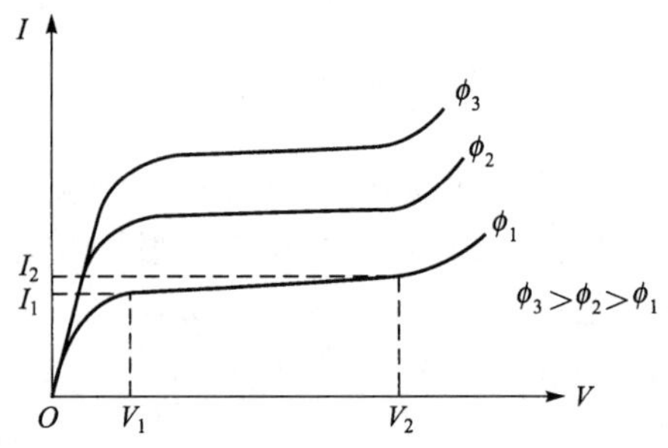

图 3-4 涂硼电离室的伏安特性

$$\text{坪斜}=\left[\frac{I_2-I_1}{(I_2+I_1)/2}\times100\%\right]/(V_2-V_1) \tag{3-4}$$

3.2.3　γ 补偿电离室

因为核反应和核衰变都会产生大量 γ 射线，所以在反应堆及其周围均有 γ 辐射场存在。中子探测器所在位置自然也存在 γ 射线。而 γ 射线穿过探测器时，会通过光电效应、康普顿散射或电子对效应，先产生次级电子，然后次级电子再使气体分子电离产生离子对引起输出电信号。这部分由 γ 射线引起的电信号也会随中子引起的电信号一起输出。造成测量中子注量率的误差。当中子注量率很高时，γ 射线的影响相对很小，可以忽略。但是当中子注量率不是很高，γ 射线的影响增大，这时就要采用 γ 补偿电离室，以便消除或减小 γ 射线对测量中子注量率的影响。

γ 补偿电离室的工作原理如图 3-5 所示。该电离室由 A、B 两个相邻的小室组成，其结构和内部充气情况完全相同，只是 A 室内壁有涂 ^{10}B 层，接正电压。B 室内壁无涂 ^{10}B 层，接负电压，中间收集极公用，经电流表(或电阻)接地。当中子与 γ 射线同时入射时，A 室产生的电流 i_1 中，既有中子引起的电流 i_n，也有 γ 射线引起的电流 i_γ，即 $i_1=i_n+i_\gamma$。而 B 室因为内壁没有涂 ^{10}B，不会有 ^{10}B(n，α)反应引起气体电离，而受 γ 射线照射情况与 A 室相同。所以，B 室产生的电流 i_2 仅是 γ 射线引起的，即 $i_2=i_\gamma$。因 i_1 与 i_2 方向相反，输出电流 i 是两个电流之差，即 $i=i_1-i_2=i_n$。这样，测量系统所测得的电流 i 仅与中子注量率成比例，消除了 γ 射线的影响。压水堆核电厂核功率测量系统的中间量程测量使用的就是 γ 补偿电离室。

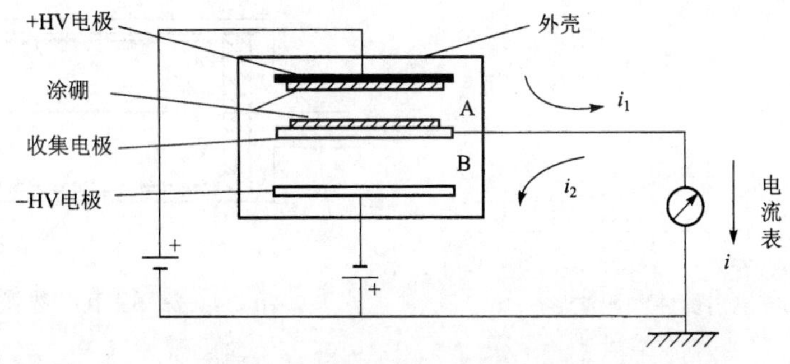

图 3-5　γ 补偿电离室结构原理图

3.2.4　正比计数管

当中子注量率小，^{10}B(n，α)反应产生的带电粒子也少，电离产生的离子对也少。这时，如果电离室还输出电流，其数值就很低，很难测量，误差也大。这时，可以设法测量单个带电粒子，探测器输出是脉冲信号，信号频率正比带电粒子数量，即正比于中子注量率。为了获得幅度高的脉冲，工作电压选在正比区(Ⅲ)。正比计数管就是这种气体探测器。它与电离室的区别在于测量线路的时间常数 RC 和粒子到达频率的关系。用作输出脉冲时，由于收集单个粒子产生离子对引发电压脉冲所需要的时间，必须比相继两个粒子到达的平均时间小得多。因此，正比计数管测量线路必须具有相当短的时间常数。

如果一个带电粒子产生 N_0 个离子对，在收集极上产生的电荷量为 N_0e，计数管输出脉冲的幅度为

$$U = \frac{N_0 e}{C} e^{-\frac{t}{RC}} \tag{3-5}$$

式中：

e ——基本电荷量；

R——输出端等效电阻；

C——输出端等效电容。

不同时间常数 $T=RC$ 输出脉冲电压波形如图 3-6 所示。为保证有足够高的计数率，要求 RC 越小越好。

压水堆上常用的是涂硼正比计数管。它是由一个圆筒形阴极和中心金属丝阳极构成。阴极内壁涂有^{10}B，两极之间相互绝缘，筒内充有氩气和少量的二氧化碳气，工作时两极之间加有直流高压，其结构原理如图 3-7 所示。入射中子与^{10}B 发生(n，α)反应，产生的 α 粒子和锂核使气体电离，生成离子对。离子在外电场作用下分别向两极运动形成输出脉冲信号(称 α 脉冲)。正比计数管的工作电压选在正比区，有气体放大作用，产生的电脉冲幅度高。γ 射线产生的电脉冲幅度低，可以通过甄别放大器把 γ 射线产生的低幅度脉冲滤除，只输出 α 脉冲。这样就可以得到只和中子注量率成比例的计数。

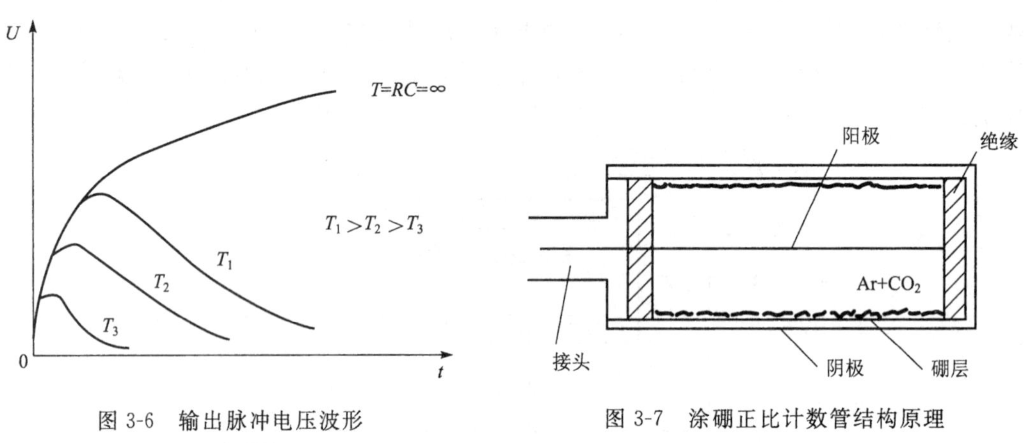

图 3-6 输出脉冲电压波形　　　图 3-7 涂硼正比计数管结构原理

3.2.5 微型裂变室

微型裂变室也称裂变电离室。它由两个同轴密封圆金属筒包壳和一个中心电极组成。内金属包壳作为阴极，外包壳为屏蔽层，中心为阳极，电极表面覆盖一层高浓度的 UO_2，室内充有氩气，其结构原理如图 3-8 所示。工作时两极间加有直流电压。

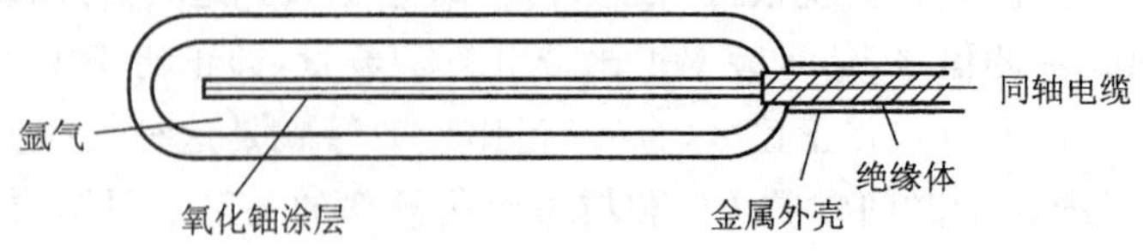

图 3-8 微型裂变室结构原理

当热中子进入裂变电离室，会使电极表面的铀-235 发生裂变反应，产生的裂变碎片能量很高，使内部气体电离，生成的离子对被电极收集形成电流信号。该电流大小与裂变电离室所处位置的中子注量率成正比。因为裂变碎片能量大，电离强，自然输出电流也大。而 γ 射线的影响相对减小，更适用于 γ 场强的场合。

压水堆上，用于堆芯中子注量率测量的微型裂变室长为 66 mm，外径为 4.7 mm，灵敏体长度为 27 mm。它和导电与驱动两用的同轴电缆相连接。

3.3　自给能中子探测器

在堆芯中子注量率测量中，要求使用体积小、寿命长、价格低，并能经受恶劣工作环境的探测器。自给能中子探测器就是为了适应上述要求而研发生产的一种探测器。

自给能中子探测器是利用其中子活化材料的放射性衰变来产生电流信号的，不需要外加电源。它是由发射体、收集体、绝缘体和导线四部分组成，其结构示意图如图 3-9 所示。

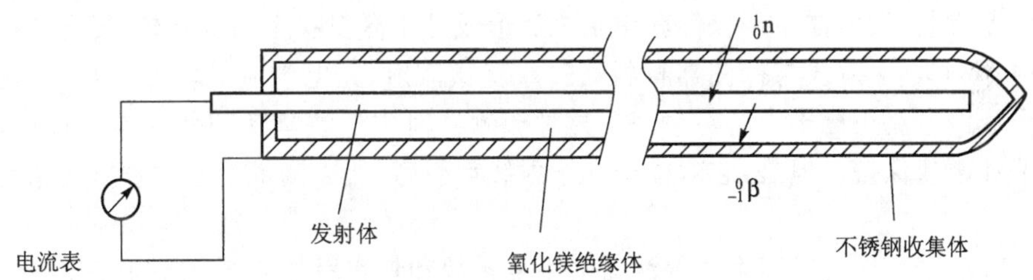

图 3-9　自给能中子探测器结构示意图

发射体是由热中子活化截面适当高的材料制成，用氧化镁绝缘体将发射体和导线与收集体（外壳）分开。在工作温度和辐照环境下，绝缘体应保持高的电阻。探测器的外径一般为 1～3 mm，长度可根据需要取值。当发射体俘获中子后形成放射性同位素，活化了的发射体在 β 衰变过程中放出高能电子流。发射体通过电流表连接到收集体，测得的电流正比于从发射体逸出的电子流。β 发射平衡时，该电流将正比于入射的中子注量率。经中子注量率辐照 t 时间后，探测器的输出是：

$$I(t) = K\sigma QN\Phi\left(1 - \mathrm{e}^{-\frac{0.693}{T_{1/2}}t}\right) \tag{3-6}$$

式中：

$I(t)$——时间 t(s)时探测器的输出电流，A；

K——由探测器形状与材料决定的常数；

σ——发射体材料的热中子活化截面，cm^2；

Q——每吸收一个中子，发射体发射的电荷，C；

N——发射体原子的数目；

$T_{1/2}$——发射体内产生的放射性核素半衰期，s；

Φ——热中子注量率，$\mathrm{n/(cm^2 \cdot s)}$。

当辐照时间 $t \gg T_{1/2}$ 时，输出电流达到稳态，即：

$$I_0 = K\sigma QN\Phi \tag{3-7}$$

自给能中子探测器的灵敏度定义为，在单位热中子注量率变化下，探测器稳态电流的变化值。它是随时间下降的，下降的速度取决于照射的热中子注量率、发射体的材料以及发射体对中子的自屏蔽特性。

自给能中子探测器的时间响应特性，与在发射体内形成的放射性核素衰变速度有关。例如，用钒作为发射体材料的自给能探测器。^{51}V 吸收中子生成 ^{52}V，^{52}V 通过 β 衰变至 ^{52}Cr，其半衰期为 226 s。所以钒探测器对热中子注量率从零到 Φ 的阶跃变化的时间响应是：

$$I(t) = I_0(1 - e^{-\frac{0.693}{226}t}) \tag{3-8}$$

由上式可知，用钒作发射体材料的自给能探测器对中子注量率的响应时间较长，相应的时间常数约为 326 s。因为时间响应慢，这种探测器不宜直接用于要求响应快的测量，可用于测量稳定的中子注量率。由于它只对中子敏感，所以测量精度较高。发射体直径为 0.51 mm 的钒自给能中子探测器每厘米长的热中子灵敏度为 7.1×10^{-23} A/nv。

上面介绍的这种自给能中子探测器称为 β 流中子探测器。另外还有一种叫内转换自给能中子探测器。它的结构组成与 β 流中子探测器一样，而发射体材料和工作原理却不相同。它的工作原理是，发射体原子核俘获中子之后形成处于激发状态的复合核，复合核在退激过程中辐射 γ 射线，γ 射线与探测器材料通过康普顿散射、光电效应等转换为电子，这些电子的发射形成的电流正比于中子注量率。这种探测器对中子注量率的变化响应很快，可用于功率调节和事故保护。但是，它对中子和 γ 射线都敏感，所以测量中子注量率的精度不如前者。

900 MW 压水堆上所用中子探测器的主要参数和量程段如表 3-1 所列，仅供参考。

表 3-1 900 MW 压水堆所用中子探测器特性

名称型号	热中子灵敏度	γ 灵敏度/$(A/R\cdot h^{-1})$	工作电压/V	用于量程段
正比计数管 CPNB44	8 cps/nv①		900	源量程
γ 补偿电离室 CC80	8×10^{-14} A/nv	4.3×10^{-11}	450	中间量程
涂硼电离室 CBL26	2.3×10^{-14} A/nv（每段）	10^{-10}（每段）	550	功率量程
微型裂变室	10^{-17} A/nv	2×10^{-14}	50～200	堆芯测量

注：1. 表中 nv 代表单位中子注量率；2. 表中所列 γ 灵敏度为未补偿时的参数。

3.4 堆芯外核功率测量系统

反应堆功率与反应堆内的中子注量率成正比，也和堆芯泄漏的中子注量率成正比。所以，可以把中子探测器放在堆芯外来监测反应堆的功率。通过测量堆芯泄漏中子注量率达到监测反应堆功率的目的，也有利于延长探测器的使用寿命，便于维修和更换。

在大型压水堆上，堆芯边界内的中子注量率通常都大于 10^{11} n/(cm^2 · s)，因此，堆芯外核功率测量系统所用探测器受到中子注量率照射的强度一般都低于 10^{11} n/(cm^2 · s)。

3.4.1 各量程的测量范围及探测器的布置

反应堆从停闭状态到满功率运行，功率变化多达十几个数量级。对这一功率变化过程必须连续不断地测量和监视。显然使用一种探测器和测量电路很难完成这样大范围的监测任务。通常把整个测量范围分为三个区段来完成，这三个区段分别称为源量程、中间量程和功率量程，各采用不同的探测器和测量电路。

为了保证监测的连续性，三个量程的测量范围要有一定的重叠，如表 3-2 所示。

表 3-2　功率测量系统各量程测量的范围

	中子注量率/($n \cdot cm^{-2} \cdot s^{-1}$)	对应的功率/%FP	双指针表显示范围
源量程	$1\times10^{-1}\sim2\times10^{5}$	$10^{-9}\sim10^{-3}$	左($1\sim10^{7}$) cps
			右($-30\sim+3$) s
中间量程	$2.5\times10^{2}\sim2.5\times10^{10}$	$10^{-6}\sim10^{2}$	左($10^{-11}\sim10^{-3}$) A
			右($-30\sim+3$) s
功率量程	$5\times10^{2}\sim5\times10^{10}$	$2\times10^{-6}\sim2\times10^{2}$	左(0～120)%FP
			右(−40～+40)%FP

典型的压水堆核电厂，堆芯外功率测量系统共用八个中子探测器，源量程两个（S1 和 S2）、中间量程两个（I1 和 I2）、功率量程用四个（P1、P2、P3 和 P4）。一个源量程探测器（如型号为 CPNB44）和一个中间量程探测器（如型号为 CC80）同装在一个孔道内，分别位于 270°和 90°方位上。四个功率量程探测器（如型号为 CBL26）各用一个孔道，分别布置在四个象限上，即 225°、45°、135°和 315°方位上，如图 3-10 所示。源量程探测器在反应堆轴向方位上是位于堆芯下部 1/4 线的高度上。中间量程和功率量程的探测器是位于堆芯中线的高度上。

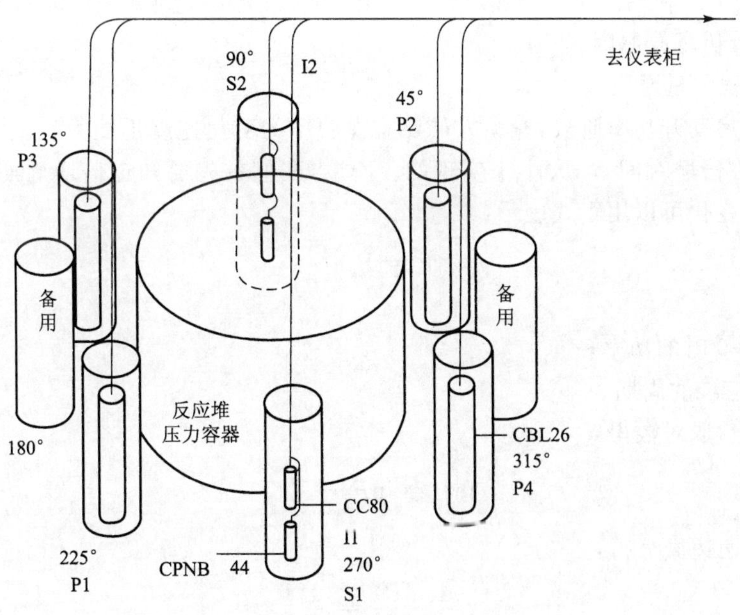

图 3-10　探测器布置示意图

3.4.2 堆芯外核功率测量系统的功能和组成

3.4.2.1 核功率测量系统的功能

其功能是：

1）向操纵人员提供反应堆装料、停堆、启动和功率运行等各种工况下的反应堆功率、功率变化率和功率分布的信息；

2）给棒控系统提供功率信号和闭锁信号；

3）向保护系统提供多个紧急停堆信号和允许信号；

4）给松动部件和振动监测系统提供中子噪声信号。

3.4.2.2 核功率测量系统的组成

该系统由探测器、仪表柜和显示记录设备等组成。

如图3-10所示，这是900 MW压水堆中子探测器布置示意图。孔道S1和P1中的探测器信号通过电缆送到1号仪表柜；孔道S2和P2中的探测器信号通过电缆送到2号仪表柜；孔道P3和备用(左)中的探测器信号通过电缆送到了3号仪表柜；孔道P4和备用(右)中的探测器信号通过电缆送到4号仪表柜。四台仪表柜置于不同的房间，以实现实体分隔。探测器送来的信号经过置于仪表柜上不同机箱内电子线路的放大和处理后，送到有关系统和位于控制室的显示仪表和记录仪。八个探测器对应有八块显示仪表，每块仪表有左右两个刻度，各显示的物理量和范围如表3-2所示。有两台四笔功率记录仪，量程分别为0～120%FP和0～200%FP。另有一台四笔记录仪用来记录功率偏差，量程为－50%FP～50%FP，一台两笔记录仪，通过转换开关可以记录源量程($1\sim10^7$) cps，中间量程($10^{-11}\sim10^{-3}$) A、功率量程(0～120%FP)和轴向功率偏差(－50%FP～50%FP)。记录0～200%FP，是用于事故后监测，以便分析事故原因。

(1) 源量程测量通道

在反应堆启动升功率阶段，操纵人员要监视功率的变化速度不能太快。它是通过观察倍增周期(也称倍增时间)的大小来实现的。所以，我们首先要知道倍增周期的获取方法。反应堆功率的变化可以用下式表示：

$$P = P_0 e^{\frac{t}{T}} \tag{3-9}$$

式中：

P_0——$t=0$时的功率；

T——反应堆的周期。

对上式两边取对数得：

$$\ln P = \ln P_0 + \frac{t}{T}$$

再对上式两边微分得：

$$\frac{\mathrm{d}(\ln P)}{\mathrm{d}t} = \frac{1}{T} \tag{3-10}$$

根据倍增周期的定义，即反应堆功率变化一倍所需要的时间。可以把式(3-9)写成：

$$2P_0 = P_0 e^{\frac{T_d}{T}}$$

式中，T_d 表示倍增周期，对上式两边取对数得：

$$\ln 2 = \frac{T_d}{T}$$

所以，

$$T_d = T \cdot \ln 2 = \ln 2 / \frac{d(\ln P)}{dt} \tag{3-11}$$

即倍增周期 T_d 和功率对数的导数成反比。功率的对数信号由对数放大器得到，再经过微分器微分即可以得到倍增周期的信号，它和周期计（即微分器）的输出成反比。

有些核电厂是通过观察 e 倍周期 T 来监视功率的变化速度。

源量程设有两个相同的互相独立的测量通道。其中一个通道的组成如图 3-11 所示。该通道用的探测器是涂硼正比计数管，用专用高压电源供电，工作在正比区。

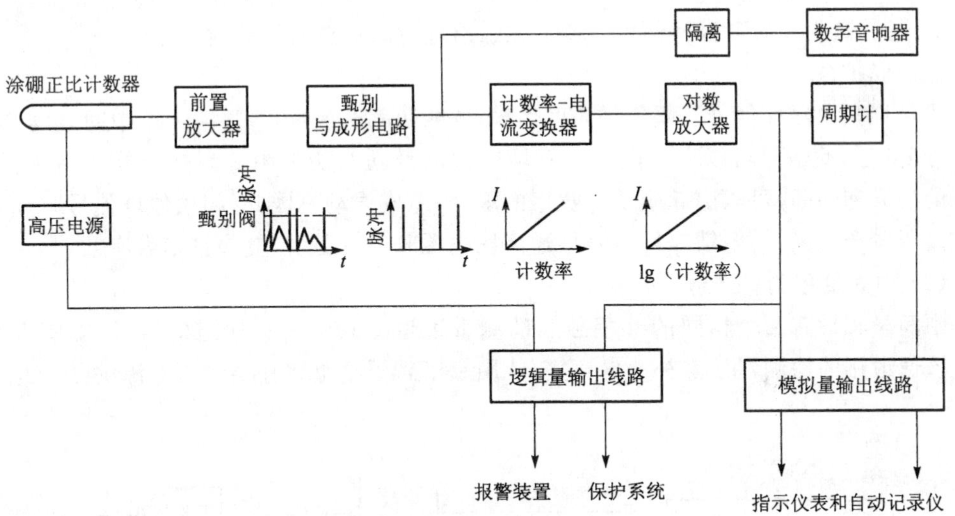

图 3-11　源量程测量通道

通道中各设备的功能是：

1）前置放大器　它的功能是使电子线路和探测器相匹配，并放大 α 脉冲和 γ 脉冲。

2）甄别和成形电路　把幅度低的 γ 脉冲滤除，输出经过整形的 α 脉冲。每秒的脉冲计数称为计数率，用 cps 表示，它与探测器所在位置的中子注量率成比例。计数率信号通过分频器、隔离装置去驱动音响器，产生计数率音响信号，供操纵人员和装料人员监听反应堆在换料或启动时中子注量率的变化情况。

3）计数率、电流变换器　把计数率信号转换成直流电流信号，输出的直流电流与计数率成正比。

4）对数放大器　对输入的计数率信号取对数，输出的电流 $I = \lg$(计数率)。该信号通过模拟量输出线路，再送到指示仪表和自动记录仪。

5）周期计　它实际是个微分单元，正比于反应堆功率 P 的计数率的对数通过周期计，即可以得到$\frac{d(\lg P)}{dt}$，这样，就可以得到倍增周期信号。通过模拟量输出线路送到指示仪表。

6）模拟量输出线路　功率的对数信号和倍增周期信号经过该线路的处理和隔离后送

至指示仪表和记录仪。

7）逻辑量输出线路　功率的对数信号和高压失压信号及通道试验信号等通过该线路内不同的继电器产生各种逻辑信号，送往报警装置和保护系统。

送往报警装置的信号有：

1）停堆通量高报警信号　阈值为 3Φ，（Φ 为停堆时正常的中子注量率水平）。此信号可以手动闭锁。

2）源量程信号丢失报警信号　任何一个源量程计数率低于 2 cps 时产生。源量程紧急停堆手动闭锁后，此信号也被闭锁了。

3）高压丢失报警信号　两个源量程探测器高压电源，只要有一个电压降低了 50 V，则产生高压丢失报警信号。故障通道可由相应机箱上的指示灯识别，源量程紧急停堆信号手动闭锁后，该信号也被闭锁。

4）通道试验或故障报警信号　测量通道出现故障或进行试验时产生。

送往保护系统的信号有：

源量程紧急停堆信号　阈值为 10^5 cps。当堆功率达到 10^{-5}%FP 时，中间量程产生允许信号 P6 后，此信号可以手动闭锁。停堆闭锁信号同时切断源量程探测器的高压。高压电源的接通和切断，可以引起中子计数率的瞬变，造成误动。因此，闭锁停堆信号时，应延迟切除高压电源。同样，解锁停堆信号接通高压电源时，须延迟恢复停堆信号有效。

（2）中间量程测量通道

中间量程设有两个相同的互相独立的测量通道。其中一个通道的组成，如图 3-12 所示。该通道用的探测器是 γ 补偿电离室，使用专用高压电源和补偿电压电源供电，工作在饱和区。

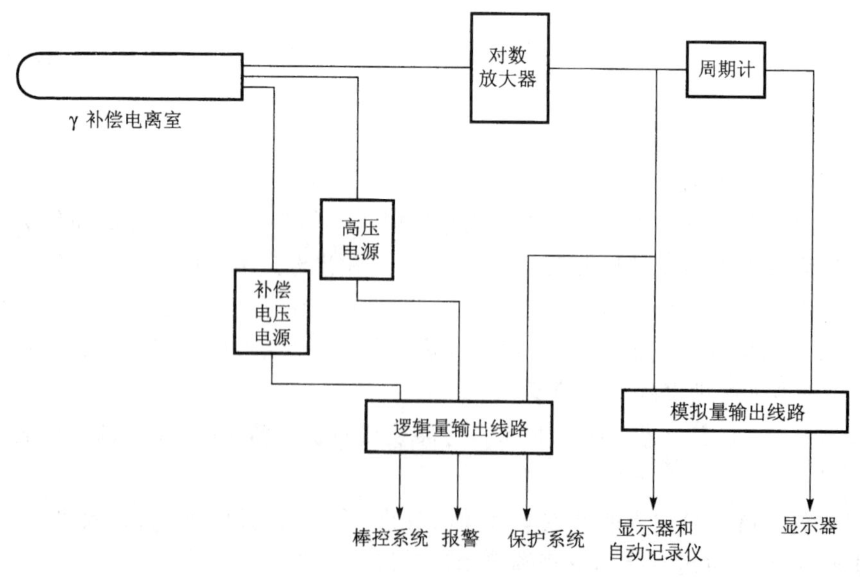

图 3-12　中间量程测量通道

通道中各部分的功能是：

1）对数放大器　对输入的功率信号取对数，它的输出信号正比于反应堆功率的对数。

2）周期计　它的功能和源量程测量通道中的周期计相同。

3）模拟量输出线路　功率的对数信号和倍增周期信号经过该线路的处理和隔离后送至指示仪表和记录仪。

4）逻辑量输出线路　功率的对数信号、高压失压及通道试验信号等通过该线路内不同的继电器产生各种逻辑信号送往报警装置、保护系统和棒控系统。

送往报警装置的信号有：

1）中间量程高压丢失信号　两个中间量程探测器的高压电源，只要有一个电压降低 50 V 时产生此信号送报警装置。通道故障由中间量程相应机箱上的指示灯识别。

2）中间量程补偿电压丢失信号　两个中间量程探测器的补偿电压电源，只要有一个电压降低－5 V 时产生此信号送报警装置。通道故障由相应机箱上的指示灯识别。

3）通道试验或故障信号　测量通道出现故障或进行试验时产生。

送往保护系统的信号有：

1）中间量程紧急停堆信号，阈值为 25％FP。此信号可以手动闭锁。

2）允许信号 P6　阈值为 10^{-5}％FP。当 P6 信号出现后允许手动闭锁源量程紧急停堆信号。

3）ATWT（Anticipated Transients Without Trip）保护用信号　阈值为 30％FP。ATWT 是不停堆预期瞬态的英文缩写。当紧急停堆系统故障时发生的各种预期瞬态称为 ATWT。为了限制 ATWT 产生的后果，采用了下面的保护逻辑。当功率达到 30％FP 时，如果给水流量低于 6％，则产生以下保护动作：汽轮机跳闸；启动辅助给水泵；闭锁旁排阀开启和触发紧急停堆。

送往棒控系统的信号有：

提棒闭锁信号 C1。阈值为 20％FP。当功率升到 10％FP 以上，操纵员忘记闭锁中间量程紧急停堆信号，产生 C1 去闭锁控制棒提升电路，防止功率增长而引起紧急停堆。

（3）功率量程测量通道

功率量程设有四个相同的互相独立的测量通道。每个通道用的探测器是由多个敏感段组成的长电离室（900 MW 压水堆的长电离室有 6 个敏感段），用专用高压电源供电，工作在饱和区。以 6 段长电离室为例，其中一个通道的组成如图 3-13 所示。

通道中各部分的功能是：

1）上部功率计算单元　接收堆芯上部探测器三个敏感段的信号，并输出其平均值。该信号与堆芯上部功率成比例，称为堆芯上部功率，用 P_H 表示。

2）下部功率计算单元　接收堆芯下部探测器三个敏感段的信号，并输出其平均值。该信号与堆芯下部功率成比例，称为堆芯下部功率，用 P_B 表示。

另外要说明的是，六个敏感段的信号均输出至失水事故监测系统。上部中间敏感段和下部中间敏感段的信号输出至松动部件和振动监测系统。

3）功率计算单元　把堆芯上、下部功率相加，其输出即代表反应堆功率 P_r。

4）功率偏差计算单元　堆芯上部功率减堆芯下部功率，即为轴向功率偏差 ΔI。

5）延迟和比较环节　把当前功率与延迟 2 s 后的功率进行比较，即可以得到中子注量率增加或减少过快紧急停堆信号，阀值为±5％FP/2 s。

6）模拟量输出线路　反应堆功率和功率偏差信号通过该线路的处理和隔离后送至指

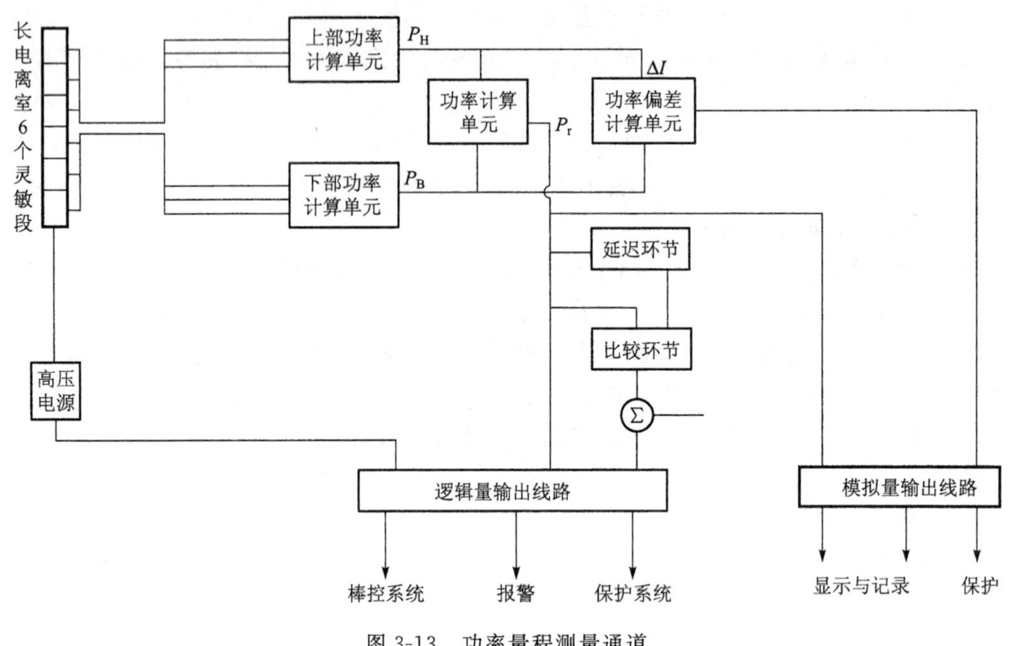

图 3-13　功率量程测量通道

示仪表和记录仪。功率偏差信号还要送至保护系统,用来计算超温 ΔT 保护和超功率 ΔT 保护的整定值。

7）逻辑量输出线路　功率信号、高压丢失信号、中子注量率变化过快及通道试验信号等通过该线路内不同的继电器产生各种逻辑量送往报警装置、棒控系统和保护系统。

送往报警装置的有：

1）高压丢失信号　当四个通道中,只要有一个通道的探测器高压电源电压降低 50 V,则产生功率量程高压丢失报警信号。故障的通道可由功率量程机箱上的指示灯识别。

2）通道试验或故障信号　测量通道出现故障或试验时产生。

送往保护系统的有：

1）功率量程紧急停堆(高阈值)信号　阈值为 109%FP,此信号不可以闭锁。

2）功率量程紧急停堆(低阈值)信号　阈值为 25%FP,当反应堆功率达到 10%FP,允许信号 P10 出现后,此信号可以手动闭锁。

3）允许信号 P10　阈值为 10%FP,P10 出现后,允许手动闭锁中间量程紧急停堆和功率量程紧急停堆(低阈值)信号;自动闭锁源量程紧急停堆;建立允许信号 P7;允许校正中子注量率变化过快紧急停堆整定值。

4）中子注量率变化过快紧急停堆　阈值为±5%FP/2 s,可以手动闭锁。该信号在输入逻辑量输出线路之前要经过一个加法器,是为了在某些情况下可以对该信号进行校正,避免不必要的停堆。

5）允许信号 P16　阈值为 40%FP(或 30%FP)。它允许汽轮机脱扣紧急停堆。

送往棒控系统的有：

1）闭锁信号 C2　阈值为 103%FP。它闭锁控制棒提升电路。

2）闭锁信号 C20　阈值为 10%FP(或 15%FP)。当反应堆功率低于该阀值时,闭锁温度棒组自动提升。

3.5　堆芯中子注量率测量系统

对大型压水堆核电厂，反应堆的安全运行不能只依靠从堆芯外核测量系统取得的数据，还必须了解从堆芯中子注量率测量系统获取的信息，给出功率分布图，以便验证在设计和事故分析中所使用的参数确实是安全的。还为换料提供信息。

3.5.1　系统的功能

（1）在启堆试验期间的功能

1）检查寿期初堆芯功率分布是否与设计期望的功率分布相符；

2）检查用于事故工况设计的热点因子是否是保守的；

3）探测反应堆在装料中可能出现的差错；

4）校准堆芯外核测量仪表测量通道。

（2）在正常运行期间的功能

1）检查与燃耗对应的功率分布是否与设计所期望的功率分布相符；

2）监测各燃料组件的燃耗；

3）探测堆芯是否偏离正常运行；

4）校准堆芯外核测量仪表。

3.5.2　系统的组成

堆芯中子注量率测量的方式有多种多样，常用的有可移动微型裂变室、自给能探测器、吹球等方式。这里以 900 MW 压水堆核电厂堆芯测量为例，它采用可移动微型裂变室来测量堆芯中子注量率，通常设有 50 个测量通道，每个通道都有特定的编号。它们被分成五组，每组配备一只微型裂变室，由一台驱动机构来驱动，测量 10 个通道。五组共完成 50 个通道的测量工作。

测量通道内插入指形套管（简称指套管），探测器在指套管内移动，在堆芯高度上逐点测量中子注量率。测量通道、指套管、探测器和导向管之间的关系如图 3-14 所示。指套管为空心圆管，端部由一锥形焊塞封闭，沿导向管插入测量通道，另一端在密封段处。在换料时由测量通道内抽出。它的作用是为探测器提供一个通路，并与一回路介质隔离。导向管的一端焊在压力容器下封头的套筒上，另一端焊在手动隔离阀上。指套管外壁和导向管内壁为一回路压力边界。导向管主要是为指套管的插入提供安全通道。手动隔离阀采用能自动减少间隙达到安全气密的球阀，阀座焊到密封段上。指套管抽出时可将它手动关闭，达到主冷却剂密封的目的。密封段是用来保证导向管和指套管之间的静态和动态密封。

驱动装置通过驱动螺旋形电缆来移动与其相连的探测器。它是由电动机、驱动轮、存储卷盘、位置发送器、安全装置和加热元件组成。加热元件用于防止冷停堆期间驱动电缆上结露。

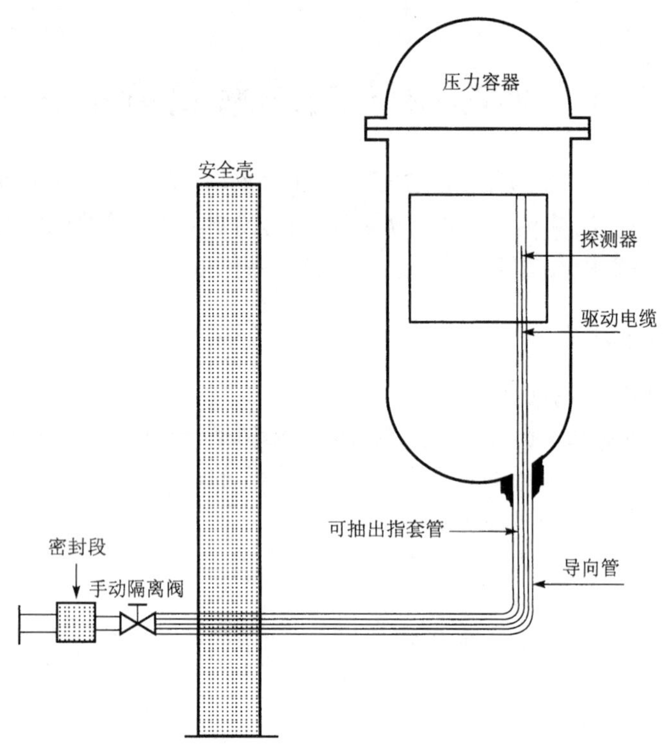

图 3-14 测量通道、指套管、探测器和导向管之间的关系
（本图引自参考文献[1]）

3.5.3 系统的工作方式

在反应堆正常运行期间，该系统是间断工作的，至少每 30 个等效满功率天启用一次。在启堆物理试验期间，使用比较频繁。

测量开始，驱动机构以 18 m/min 的速度把探测器从保存通道中抽出，并插向堆芯底部，然后以 3 m/min 的速度将探测器推向堆芯顶部，再以同样的速度均匀下降。在穿过堆芯的过程中，测量电路逐点测出探测器的输出信号，并与集中数据处理系统进行数据通信。当探测器到达堆芯底部时，测量停止。这时驱动机构再以 18 m/min 的速度，将探测器抽回起点，接着再插入第二个测量通道进行测量，直到测量完属于该组的 10 个通道为止。探测器的输出信号送计算机分析和处理，从而获得堆芯轴向与径向中子注量率分布和功率分布。

通常，在对各通道测量前，需要对各探测器进行灵敏度互校。在测量过程中，要求反应堆功率稳定，并将平均温度调节系统切除自动。全部 50 个通道测量完毕后，将五个探测器抽出，插入带有屏蔽保护的保存孔道内。

通道测量有几种工作方式，可灵活选用。

(1) 顺序校准方式

因为五个裂变室的热中子灵敏度不可能完全一样，所以，每次进行堆芯中子注量率分布测量，必须对它们的灵敏度进行相互校核。选择某一个通道作为校核通道，将五个裂变室依次送入此通道进行测量互校。

(2) 组同步运行方式

这是最常用的测量方式，操纵人员用最少的操作，就可以完成全部测量工作。在这种运行方式下，只要按下启动按钮，五个探测器同时启动，分别插入各组 10 个通道中的 1 个通道进行测量。完成 1 次测量后，各组均自动前进一步，进行下一个通道的测量，依次完成 50 个通道的测量工作。

(3) 组顺序同步运行方式

这种工作方式是间断的，五个探测器各测完一个通道回到起点后停止运行，必须在按程序前进按钮后，再启动，五个探测器才进行下一轮测量，如此反复 10 次操作才能完成全部测量工作。

(4) 救援方式

当某一组测量系统故障时，可以用另一规定的组作为其后备测量组，去完成其测量任务。

复习题

1. 什么是反应堆的核功率？什么是热功率？
2. 简述涂硼电离室的组成和工作原理。
3. 说明 γ 补偿电离室的补偿原理。
4. 简述涂硼正比计数管的组成和工作原理。
5. 裂变电离室与涂硼电离室的主要区别是什么？
6. β 流自给能中子探测器由哪几部分组成？简述其工作原理。
7. 核功率测量系统的功能有哪些？
8. 核功率测量系统分哪几个量程？各测量的功率范围是多少？
9. 核功率测量系统各量程采用几个测量通道？各通道在主控室显示参数的范围和单位是什么？
10. 源量程测量通道由哪些部分组成？其功能是什么？
11. 中间量程和功率量程各由哪些部分组成？其功能是什么？
12. 核功率测量系统各量程发出哪些紧急停堆信号？其阈值是多少？设置的目的是什么？
13. 允许信号 P6 和 P10 由哪里发出？其功能是什么？
14. 堆芯中子注量率测量系统的功能是什么？

第4章　核电厂过程参数监测仪表

核电厂在运行过程中，测量各工艺系统的过程参数，是为了让操纵员全面了解系统和设备的运行状态，并按生产需要对工艺系统的运行实施安全、有效的控制，在保证核电厂的安全前提下，提高核电厂的效率。原则上，对核电厂运行过程中所有物理量的测量都属于过程参数测量。但由于中子注量率监测（核功率监测）在核电厂有特殊的重要性，因此习惯上把中子注量率监测单独划分为一个独立单元。因此这里所说的过程参数的测量是指对工艺系统的相关参数的监测，即检测与核电厂运行工况直接有关的介质温度、压力、流量和液位，以及监测与设备运行状态相关的参数。

4.1　核电厂过程参数测量的基本要求

4.1.1　参数测量的基本概念

对某一参数进行测量，首先根据该参数的物理属性，确定一个测量单位，然后用相应的仪表测出被测参数相对测量单位的比值。假定被测量为 y，其测量单位为 a，y 与 a 的比值为 k，则有：

$$y=ka \tag{4-1}$$

测量单位 a 为已知，测量仪表指示出 k，则被测量 y 即被测出。我们把被测对象相应物理量客观存在的值称为真值。但从测量角度看，任何被测量 y 都不可能等于真值，只是尽量接近真值，因此所有的测量都存在误差和精度问题。测量中，不可能要求测量误差为零，只能要求误差小到满足测量要求即可。

对某一物理量的测量，首先要了解在核电厂运行过程中该物理量的可能变化范围和所要求的测量精度，然后确定合适的测量单位、测量器件及测量仪表，选择正确的测量程序及数据处理方法，按照其功能要求来传送所测得的数据。

4.1.1.1　测量仪表

对一个物理量进行测量所用的器件或设备按一定方式组合在一起，即构成对该物理量的测量系统。对于不同的物理量，其测量原理和测量要求均不同，因此其测量系统也各不相同。但不管什么物理量的测量，其测量系统都包括如图4-1所示的基本单元。

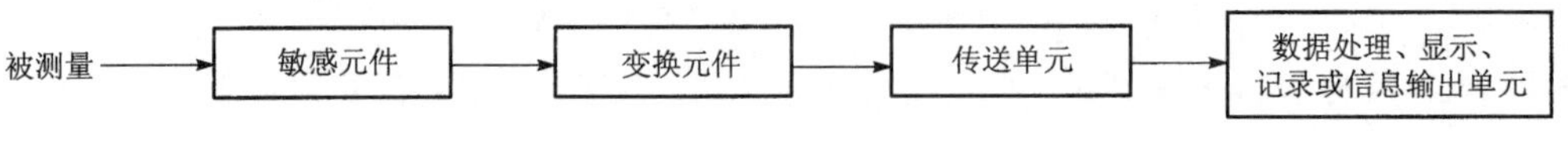

图4-1　测量系统的基本结构

（1）敏感元件

敏感元件直接与被测介质发生关系，在被测介质的作用下，敏感元件将产生一个与被测物理量有关的输出信号。例如用热电偶测量介质温度，热电偶输出的热电势 E 即是介质温度的函数。在测量系统中，敏感元件对测量结果的好坏起决定性的作用，另外敏感元件又直接与工艺系统发生关系，工艺系统的运行环境也影响敏感元件，因此在核电厂中，对参数测量所用的敏感元件有如下的基本要求：

1）敏感元件应该不影响工艺系统的运行工况和被测介质的状态；

2）敏感元件只对被测物理量敏感，而对其他非被测的物理及干扰信号不敏感；

3）敏感元件的输出与被测物理量的数值具有单值函数关系；

4）敏感元件的测量范围应能覆盖被测物理量的变化范围；

5）在测量范围内，敏感元件应有较高的灵敏度；

6）敏感元件应能承受现场环境条件的影响，而不丧失其测量功能；

7）敏感元件如果直接安装在工艺系统的设备上，安装的方式不得破坏工艺系统的完整性；

8）敏感元件在现场的安装应考虑到可维修性。

实际上，能够完全满足上述要求的敏感元件是没有的，只能要求所用的敏感元件基本满足上述要求，既不影响工艺系统的运行，又可实现测量的有效性。

(2) 变换元件

变换元件是把敏感元件所输出的信号变换成能够进行显示或(和)能实现远距离传送的信号。例如压力变送器把压力信号变换成 4～20 mA 的标准电流信号。变换元件的变换功能应当包括：

1）对不同物理性质的信号进行变换，例如，大多数把非电量信号变换成电量信号；

2）对信号的数值进行变换，即按一定规律对敏感元件所输出的信号在数值上进行变换，而不改变信号的物理属性；

3）既实现不同物理性质信号的变换，又同时进行数值变换。

(3) 传送单元

传送单元是把在现场的变换元件输出的信号远距离传送到使用被测信号的地方。要根据被传送信号的性质来确定所用的传送元件。例如用文丘里管测量核电厂冷却剂环路流量的系统里，用导压管把文丘里管输出的差压信号传送到差压变送器，再用电缆把差压变送器输出的信号传送到控制显示单元。

(4) 数据处理、显示、记录或信息输出单元

根据被测物理量的功能要求来对所测得的数据进行处理，并显示、记录所测物理量，同时也可按其功能要求，输出该物理量的信息到相应单元。

4.1.1.2　测量误差

测量误差是被测量的测量值与其真值之间的差值。测量误差的大小反映了测量的准确程度。

(1) 随机误差与系统误差

测量中影响测量结果的误差主要有两种：随机误差和系统误差。

随机误差是指在相同条件下对同一被测量进行多次测量时，由于随机不确定因素的影响而使测量结果出现没有规律且无法估计的误差。此类误差由于是随机因素影响造成的，因此无法控制，也不能在测量过程中消除它的影响。只能通过多次测量，利用概率分析方法

来估算出随机误差对测量结果的影响。

系统误差是指在相同条件下对同一被测量进行多次测量时出现的恒定的或按一定规律变化的误差。产生系统误差的因素往往是可知的，因此在测量过程中系统误差可以采用引入修正值方法来加以改进。

(2) 绝对误差和相对误差

绝对误差是指在测量范围内，被测物理量的测量值相对其真值最大的偏离，即：

$$\delta = | x - x_0 |_{\max} \tag{4-2}$$

式中：

δ——绝对误差；

x——被测物理量的测量值；

x_0——被测物理量的真值。

相对误差为测量中被测量的绝对误差与被测量真值的百分比，即相对误差 r 是：

$$r = \frac{\delta}{x_0} \cdot 100\% \tag{4-3}$$

相对误差表征测量的准确度，也就是表示了测量的质量。而绝对误差仅仅表示可以对测量的质量作改进。例如测量介质的温度，如果绝对误差都是 1 ℃，那么对于测量 100 ℃时其相对误差为 1%；但对于测量 1 000 ℃介质温度情况下，其相对误差仅是 0.1%，这就说明后一种测量的质量是高的。

4.1.1.3 仪表的精度及测量的不确定性

仪表的精度确定了它在整个测量范围内的最大测量误差。仪表的精度可以用仪表在满量程测量时的相对误差来表示。例如，满量程测量时的相对误差为 1%，则此表的精度等级为 1 级表。即相对误差去掉百分号则为仪表的精度等级。对不同用途的仪表，其精度等级要求也不一样。通常 0.1 级或好于 0.1 级的表作为标准表使用；而工程上使用的显示仪表可为 1～2.5 级表。

在测量过程中，对测量的不确定性可以用仪表的精度等级和所要求的测量量程来估算。即测量过程中的绝对不确定性 ΔV 为：

$$\Delta V = \frac{a}{100} \cdot A \tag{4-4}$$

式中：

a——仪表的精度等级；

A——测量的量程。

例如用 0.5 级的测温仪表测量温度，量程为 500 ℃，则它的绝对不确定性 $\Delta V = 0.5\% \times 500 = 2.5$ ℃。

测量中绝对不确定性与实际测量值的百分比，即为相对不确定性 n：

$$n = \frac{\Delta V}{V} \cdot 100\% \tag{4-5}$$

式中：

ΔV——绝对不确定性；

V——实际测量值。

例如用 0.5 级温度表测量温度的量程为 500 ℃，实际测量介质的温度为 250 ℃，则它的相对不确定性 $n = \Delta V/250 = 1\%$，如果测量的温度为 100 ℃，则它的 $n=2.5\%$。因此为了使测量的不确定性尽量小，通常仪表使用在满量程的 2/3 处。

4.1.1.4　测量仪表的基本性能要求

为了使测量的结果有效、可信，在选用测量仪表时要注意仪表的性能，选用能满足测量要求的仪表。在关注仪表的性能时至少应考虑下列几点。

(1) 量程

在允许的误差范围内，仪表给出的被测量的最高值(测量上限)和最低值(测量下限)的代数差的绝对值为仪表的量程。仪表的量程应能覆盖被测物理量在核电厂运行中最大可能变化范围。

(2) 灵敏度

仪表输出信号的变化量与输入信号的变化量之比即为仪表的灵敏度，即：

$$s = \frac{\mathrm{d}y}{\mathrm{d}x} \tag{4-6}$$

式中：

s——仪表的灵敏度；

x——仪表的输入量；

y——仪表的输出量。

当仪表的输出－输入是线性关系时，则 $s=\frac{y_{上}-y_{下}}{x_{上}-x_{下}}=$常数。式中 $y_{上}$ 是对应输入上限 $x_{上}$ 的输出量，$y_{下}$ 是对应输入下限 $x_{下}$ 的仪表输出量。一般总是希望在保证仪表稳定运行情况下，灵敏度要大一些，且希望灵敏度是常数，即仪表的线性度较好。

(3) 分辨率

分辨率是指不能引起仪表输出发生变化的最大输入信号与量程范围的百分比。分辨率反映了仪表对输入量的微小变化响应的能力指标。分辨率太大反映仪表的静态误差大，分辨率太小也会影响仪表的稳定性。

(4) 线性度

线性度是指仪表输出－输入特性曲线偏离对比直线的最大偏差与仪表量程的百分比。线性度描述的是仪表在全量程范围内的输出特性，测量中总是想办法使仪表在全量程范围内的线性好一些。

(5) 精度

仪表的精度可以用它在满量程时的相对误差来表示。

仪表的相对误差 γ 是：

$$\gamma = \frac{\delta}{A} \cdot 100\% \tag{4-7}$$

式中：

δ——仪表在全量程范围内，绝对值最大的误差；

A——仪表的量程。

把相对误差的百分号去掉，即为仪表的精度等级。测量中依据对被测量的允许误差的要求来选用相应精度等级的仪表。

(6) 仪表的动态特性

仪表的动态特性是指仪表的输出相对输入信号随时间变化响应的能力。通常用给仪表输入加一阶跃信号，来看它的输出随时间变化的特性。一般用上升时间、响应时间、过冲量来描述仪表的动态特性。

1) 上升时间　仪表的输出从稳态值的10%上升到90%所需的时间；

2) 响应时间　仪表从输入加阶跃信号开始直到它的输出进入稳态值范围内所需的时间；

3) 过冲量　仪表的输出相对稳态值的最大偏差与稳态值的百分比。

当被测物理量发生变化时，总是希望仪表能很快地反映出来。

4.1.2 核电厂过程参数仪表的功能和特点

4.1.2.1 核电厂过程参数仪表的功能

依靠过程参数测量仪表监测核电厂各工艺系统的运行状态，向操纵员提供准确可靠的信息和控制信号，帮助运行人员对核电厂的运行状态作出正确的判断，从而有效、安全地操纵核电厂的运行。当核电厂发生设计基准事故期间及事故后，依靠事故后监测系统提供的信息来处理事故工况，以减轻事故后果。

核电厂过程参数仪表，依据核电厂的运行要求，可以有信息显示功能、控制功能和保护功能。根据不同的功能要求，核电厂的仪表可分为测量通道仪表、控制通道仪表和保护通道仪表，不同通道的仪表其性能要求是不一样的。图 4-2 表示不同功能通道过程参数仪表的基本结构。

(1) 信息功能

全面监测核电厂各工艺系统的运行状态，把反映核电厂运行工况的过程参数的当前值、变化趋势和相关限值提供给操纵员，以利于操纵员对电厂实施最佳控制。同时存贮记录过程参数的运行值，以便对数据进行处理，支持电厂的最佳运行。特别是对反应堆冷却剂系统和蒸汽发生器给水及蒸汽系统监测的信息反映了核电厂的运行状态是否安全、有效，一旦监测的参数偏离了正常运行值，操纵员将立即采取有效措施，以确保核电厂的安全，并提高核电厂的效率。

(2) 控制功能

仪表的控制功能是指仪表系统向控制系统提供被控物理量的测量值，以便自动控制系统按照控制规律进行运算，驱动相应的执行器，以使被控制量的测量值接近(或等于)它的整定值。例如稳压器的压力控制，测量稳压器的压力 p，与定值压力 p_{ref}(约 15.41 MPa)比较，根据 $\Delta p = p_{ref} - p$ 的正、负及它的数值的大小，来控制加热器是否通电，喷淋阀是否打开，从而使 $\Delta p \to 0$ 。

(3) 保护功能

仪表的保护功能是指把监测的用于保护作用的过程参数的测量值与触发安全动作的整定值进行比较，如果参数的测量值超出安全动作整定值范围，监测仪表则向保护逻辑装置给出触发安全动作信号，经逻辑装置按一定符合逻辑运算后，来触发相应的安全动作。例如反应堆冷却剂的流量监测，如果监测到冷却剂环路的流量低于它的额定流量的 88.8%，则立

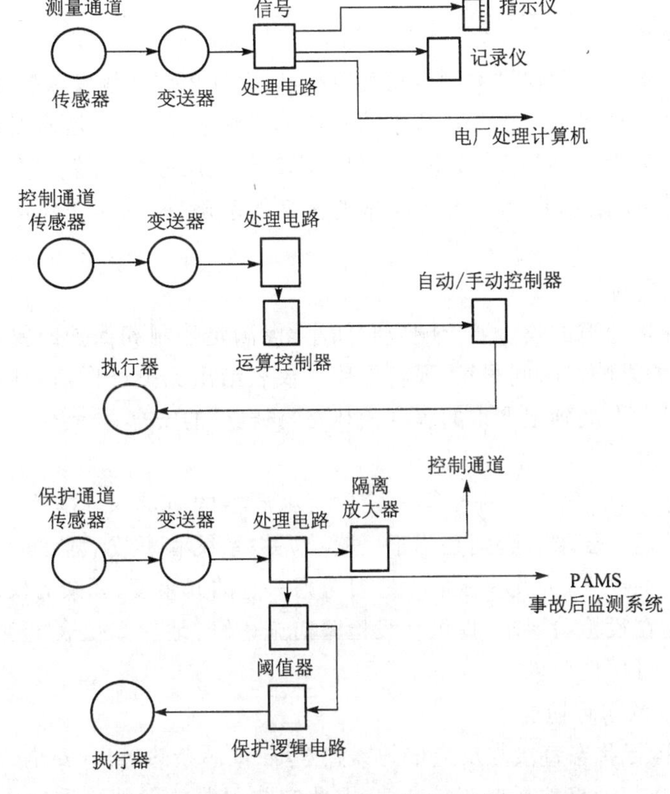

图 4-2　不同功能通道过程参数仪表基本结构图

即给出该环路流量低信号，以便保护系统决定是否停堆。

用于保护功能的过程参数监测仪表，为了满足单一准则，都要考虑冗余设置，从而提高仪表执行保护功能的可靠性。

4.1.2.2　核电厂过程参数仪表的特点

反应堆的特殊环境以及核电生产对仪表的高可靠性和可用性要求，决定了核电厂过程参数仪表的特点。

(1) 仪表的安全分级

根据仪表的功能，按照仪表的分级原则，要确定哪些仪表属于核安全级(即 1E 级)。对 1E 级仪表要通过质量鉴定来确认它的功能、性能满足相应的要求。

(2) 仪表的量程

核电厂从启动准备状态直到满功率运行，有些过程参数变化范围很宽，因此相应仪表的量程就大。但在核电厂运行过程中要求起控制、保护作用的仪表其量程不需要那么大，以保证仪表的精度等要求。因此在核电厂中对某一过程参数的测量，根据测量的用途，选用两种量程的仪表：宽量程仪表和窄量程仪表。例如测量反应堆冷却剂环路的温度仪表就有两种量程仪表：窄量程热电阻温度测量仪表，它测量温度的范围为 277～332 ℃，所测的冷却剂温度信号用于核电厂的控制和保护功能；另一种是宽量程热电阻温度测量仪表，它测量温度的范围为 −18～371 ℃，它所测得的冷却剂温度信号用于在冷却剂升温和冷却期间的温度显示。

(3) 仪表的精度

用于控制和保护的过程参数的测量精度要高,以保证控制和触发保护动作的偏差很小,满足核电厂运行和安全要求。由于反应堆的核功率无法直接测量,是靠测量中子注量率的大小来反映核功率的大小,同时用核电厂的热功率来刻度反应堆的核功率,因此要求过程参数的测量要有很高的精度,以保证对核功率的刻度的准确性,从而保障核电厂高效安全地运行。

(4) 仪表的响应时间

用于控制和保护通道的仪表要求响应时间小,以满足控制和保护的要求。特别是用于保护通道的仪表,如果响应时间很长,那将导致在仪表给出保护动作信号前,核电厂发生的异常事件(或事故)会发展到很严重的程度,影响到核电厂的安全。

(5) 仪表的可靠性

对仪表的设计、制造、安装、调试等,一定要实施严格的质量保证措施,以保证仪表的可靠性满足核电厂的运行要求。特别是用于反应堆保护系统和事故后监测系统的仪表,要满足"单一故障准则"的要求,为此仪表的设置要考虑一定的冗余度,冗余的仪表通道要保持独立性。对仪表规定在役检验要求,提供在役检验措施,及时地探知仪表出现的故障,以保证仪表的高可靠性和可用性要求。

(6) 1E级仪表的耐环境能力

1E级仪表的运行状态直接与反应堆的紧急停堆、堆芯余热导出、安全壳隔离、安全壳热量排出、应急堆芯冷却及事故后监测等有关,因此它与限制放射性物质向周围环境排放,保护核电厂三道安全屏障的完整性密切相关。为此,1E级仪表必经满足1E级设备的质量鉴定要求,特别是要验证它在严酷环境下长期工作的能力。

一般核电厂把1E级仪表的质量鉴定分为K1、K2、K3三类。

K1类质量鉴定程序适用于安装在安全壳内、在正常环境条件下和地震荷载下以及事故和(或)事故后条件下必须正常运行的安全级仪表及其供电设备。它们必须经受下列试验验证,试验顺序如下:

1) 设备老化试验;

2) 抗地震试验;

3) 事故环境条件下试验;

4) 事故后环境条件下试验。

K2类质量鉴定程序适用于安装在安全壳内、在正常环境条件下和地震荷载下必须正常运行的安全级仪表及其供电设备。它们必须经受设备老化和抗地震两项试验。

K3类质量鉴定程序适用于安装在安全壳外面、在正常环境条件下和地震荷载下必须能正常运行的安全级仪表及其供电设备。它们必须经受抗地震试验。

不同核电厂或核电厂内不同区域的仪表,其环境鉴定条件不尽相同,但必须考虑到任何有可能影响仪表工作的正常环境条件和最严酷的环境条件,从而验证仪表在相应的环境条件下仍能正常运行。表4-1给出了大亚湾核电厂1E级各类仪表的环境试验条件,对其他的核电厂有一定参考作用。

表 4-1　大亚湾核电厂 1E 级各类仪表的环境试验条件

分　类		事故后	事故期间	正常运行	热老化	地震负载
K1	环境温度	50 ℃±5 ℃	70 ℃±3 ℃	70 ℃±3 ℃	135 ℃ 950 h	抗设计安全停堆地震 振动频率 1～500 Hz 加速度 7～20g
	环境湿度	100%	100%	95%～100%		
	放射性	6×10^5 Gy	6×10^5 Gy	2.5×10^4 Gy		
	化学：硼酸	1.5%	1.5%			
	NaOH	0.6%	0.6%			
	pH	9.2	9.2			
K2	—		—	温度：70 ℃±3 ℃ 湿度：95%～100% 放射性：2.5×10^4 Gy	135 ℃ 950 h	抗设计安全停堆地震 振动频率 1～500 Hz 加速度 7～20g
K3	—		—	—	—	抗设计安全停堆地震 振动频率 1～500 Hz 加速度 7～20g

4.2　温度测量仪表

温度是表征物体发热（或受热）程度的物理量。物体的许多物理现象和化学性质都和温度有关，许多生产过程也是在一定的温度范围内进行的。温度对提高产品质量、确保生产安全都具有重要意义。核电厂是基于中子裂变释放出大量能量，把这些能量导出去推动汽轮机做功，从而实现发电的目的，因此如何控制反应堆产生的热量，如何实现合理的热传输，这对核电厂的安全和效率都至关重要，因此对反应堆及各工艺系统的温度监测就十分重要。尤其是反应堆的高中子场、高 γ 场、高压、高温、高湿等环境因素直接影响温度测量敏感元件，因此在反应堆的温度测量中要特别考虑环境因素可能对温度带来的影响。

4.2.1　温标和温度测量方法

4.2.1.1　温标

所谓温标就是温度的测量单位。根据所选定的物质的与温度相关的性质来建立温标，这些性质必须是可测定的。常用的温标有摄氏温标、华氏温标和热力学温标。

(1) 摄氏温标(℃)

摄氏温标规定标准大气压下纯水的冰点为摄氏 0 度，沸点为摄氏 100 度，两点间均分 100 等分，每等分代表摄氏 1 度。摄氏温标的符号记为℃。

(2) 华氏温标(℉)

华氏温标规定标准大气压下纯水的冰点为华氏 32 度，沸点为华氏 212 度，中间均分 180 等分，每等分代表华氏 1 度。华氏温标的符号记为℉。

摄氏和华氏温度值的关系为：

$$F = \frac{9}{5}C + 32, \quad C = \frac{5}{9}(F - 32) \tag{4-8}$$

(3) 热力学温标

国际上规定热力学温标作为测量温度的最基本温标。它是根据热力学第二定律的基本原理制定的,与测温物质的特性无关。

热力学温标是把水的三相点的温度,即水的固相、液相、气相平衡共存状态的温度作为单一基准点,并规定为 273.16 度。热力学温标的单位为开尔文,符号为 K。因此,热力学温度单位"开尔文"是水的三相点温度的 1/273.16。

热力学温度常用 T 表示。热力学温标的零点(0 K)称为绝对零度。

热力学温标和摄氏温标之间的关系为:

$$t = T - T_0 \tag{4-9}$$

式中:

t——摄氏温标表示的温度值;

T——热力学温标表示的温度值;

T_0——273.16 度。

4.2.1.2 温度测量方法

测量物体的温度是基于物体的某些物理特性随温度变化的性质来测量。物体受热后,其内能发生了变化,因此它的很多物理性质发生变化,例如物体受热后,体积会膨胀;密闭容器中的液体(或气体)受热后,压力增大;物体受热会引起其电阻变化;或产生电势,或产生热辐射等等。所有这些性质都可以作为测量温度的方法,但实际测量时总是希望所选择的温度敏感元件。其物理性质的变化只是温度的函数,且随温度变化是单值的,最好是线性,且有较高的灵敏度,较大的测量范围,并且复现性较好。

测量物体的温度时,除考虑选用合适的温度敏感元件外,还要考虑温度敏感元件在相应工艺系统的安装,即不要影响工艺系统的运行及温度场的分布,还要便于维修和更换。特别是在核电厂,温度敏感元件还要耐核电厂环境因素的影响。

4.2.2 温度测量仪表

各种测温仪表都是基于测温物质的物理化学性质随温度而变化的原理实现温度测量的。常用的测温仪表主要有两大类:接触式测温仪表和非接触式测温仪表。

接触式测温仪表的敏感元件与被测介质直接接触,敏感元件与被测介质发生热传递,达到热平衡后,敏感元件的温度与被测介质是一致的。这种测温仪表测量的精度是很高的,但会有一定时间的测量延迟,测温的范围会受测温敏感元件耐温性能限制。同时,当被测介质热容量较小时,还会因被测介质与测温敏感元件的热传递而影响原来的温度场,造成一定的测量误差。

非接触式测温仪表的敏感元件不与被测介质直接接触,它是通过被测介质对测温敏感元件的热辐射作用来实现测温的。因此它不会影响被测介质的温度场分布,测温的上限也没有什么限制。但它测量的精度远低于接触式测温,因此它一般用于高温测量。

一些常用测温仪表的基本工作原理及特点如表 4-2 所示。

表 4-2　常用测温仪表及其测温原理

仪表种类	测温仪表名称	测温物质	标志温度的属性	测温原理	测温范围	优　点	缺　点
接触式测温仪表	玻璃液体温度计	汞、酒精等液体	体积	利用液体的体积随温度变化而引起液柱高度改变的性质	−50～400 ℃	结构简单、使用方便，测量的精确度高，价格便宜	测量上限和精确度受玻璃质量的限制，易碎，不能记录和远传
	压力表温度计	惰性气体、液体、饱和汽体	压力	利用定容气体、液体的压力或饱和汽体的压力随温度变化的性质	0～500 ℃	结构简单，不怕振动、具有防爆性，价格低廉	测量精确度低，测量距离较远时，仪表的滞后较大
	热电阻温度计	金属、半导体	电阻	利用物体的电阻随温度变化的性质	−200～500 ℃	测量精确度比较高，便于远距离、多点集中测量和自动记录	不能测量高温，体积较大，需补偿电缆的影响
	热电偶温度计	金属、半导体	热电势	利用导体或半导体的热效应的性质	−269～2 800 ℃	测温范围广，测量精确度较高，便于远距离、多点集中测量和记录	需进行冷端温度补偿，在低温段线性及精度不太好
	晶体管温度计	晶体管（二极管）	电压	利用二极管的电压降随温度变化的性质	−200～200 ℃	测量精确度高，仪表的灵敏度高，线性好，便于自动记录	测温范围有限，互换性较差
非接触式测温仪表	辐射高温计	能量	热辐射	利用物体的辐射强度随温度变化的性质	100～3 000 ℃	感温元件不破坏被测介质的温度场，时间常数小，测温范围广	只能测高温，低温段精确度很差，环境条件会影响测量精度

核电厂反应堆的温度测量，除考虑测温的要求外，还要考虑反应堆的环境条件对测温元件的影响。因此，反应堆上温度测量一般选用热电偶和热电阻来实现。堆内温度测量通常采用镍铬-镍铝热电偶，热电偶安装在燃料组件出口处，所测得的数据经补偿导线送给数据处理系统。热电阻主要用于反应堆冷却剂环路的温度测量，因为冷却剂温度直接反映了核电厂的功率，是核电厂的很重要的过程参数，参与反应堆的调节和保护，因此它要求测量精度较高，响应时间较快，所以一般采用铂电阻温度计来测量冷却剂的温度。

4.2.2.1　热电偶

热电偶温度测量仪表由热电偶、补偿电缆和数据采集处理装置组成。它广泛用来测量 100～1 300 ℃范围内的温度，短期使用可测 1 600 ℃高温，用特殊材料制成的热电偶可测到 2 800 ℃的高温。热电偶的结构尺寸可以做得很小，方便它在现场的安装。热电偶产生的电势信号便于远传和处理，且有几种热电偶(例如镍铬-镍铝热电偶)对中子场的影响并不敏感，因此它在反应堆的温度测量中得到广泛的应用。

(1) 热电偶的工作原理

两种不同性质的导体或半导体组合成闭合回路，若导体A和B连接处温度不同，例如 $t > t_0$ 则在回路中就有电流产生，即有电动势存在，我们把这种现象叫做热电效应，所产生的电动势称为热电势。热电势由接触电势和温差电势两部分组成，如图4-3所示。

1) 接触电势 $e_{AB(t)}$　由于两种导体或半导体材料的不同，当它们相互接触时，由于其内部电子密度不同，例如导体A的电子密度 N_A 大于导体B的电子密度 N_B，则会有一些电子从A跑到B中，当然导体B的电子也会向导体A扩散，但总体来说导体A的电子跑到导体B的电子要比导体B跑到导体A的电子多，结果A失去电子而带正电，B得到电子而带负电，这就形成了所谓扩散电流，使得A侧电子数减少，B侧电子数增加。这样就形成了一个由A向B的静电场，它将阻止电子进一步由A向B扩散，允许电子由B向A扩散，达到平衡时，AB间就形成了一个固定的接触电势，如图4-4所示。此接触电势的数值取决于两种不同导体的性质和接触点的温度。

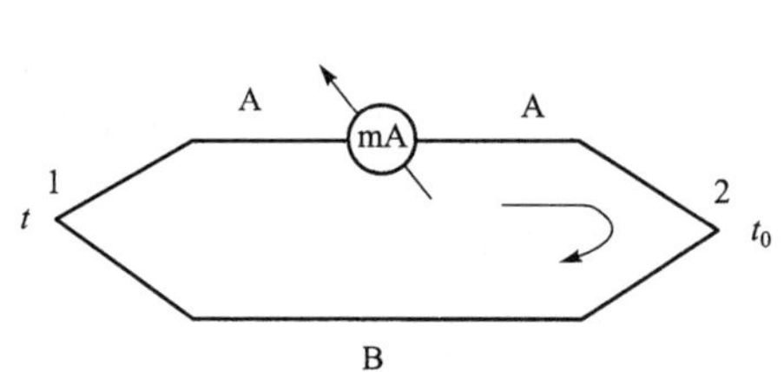

图4-3　热电效应示意图

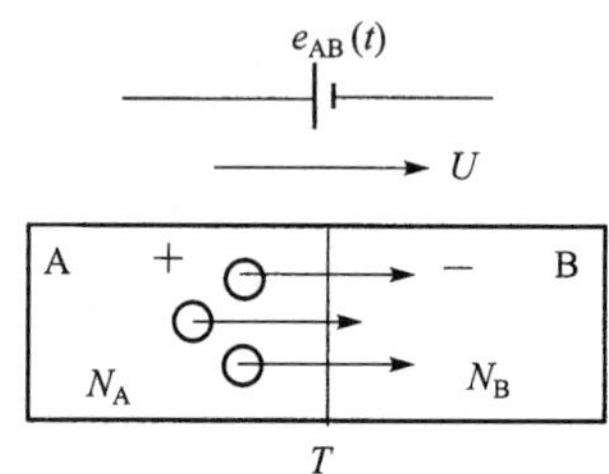

图4-4　接触电势原理图

接触电势 $e_{AB(t)}$ 的大小由下式决定：

$$e_{AB(t)} = \frac{KT}{e}\ln\frac{N_{AT}}{N_{BT}} \tag{4-10}$$

式中：

e——单位电荷，等于 4.802×10^{-10} 绝对静电单位；

K——玻耳兹曼常数，等于 1.38×10^{-23} J/K；

N_{AT}、N_{BT}——金属A、B在温度 T 时的自由电子密度；

T——两金属接触处的绝对温度，K。

从此式可知，接触电势的大小取决于两种导体的性质和接头处的温度。温度越高，两金属的自由电子密度相差越大，则接触电势越大。

2) 温差电势 $e(t,t_0)$　温差电势是由于一根导体(或半导体)两端温度不同而产生的热电势。当同一导体的两端温度不同时，由于高温端的电子能量大于低温端的电子能量。因而从高温端跑到低温端的电子数多于从低温端跑到高温端的电子数，结果，高温端因失去电子而带正电荷，低温端因得到电子而带负电荷。从而在高、低温端之间形成一个从高温端指向低温端的静电场。该电场将阻止电子从高温端跑向低温端。同时加速电子从低温端跑向高温端，最后达到平衡状态，此时在导体两端便产生一个相应的电位差，该电位差称为温差电势。此电势只与导体性质和导体两端的温度有关，而与导体长度，截面大小，沿导体长度上的温度分布无关。如图 4-5 所示，均质导体 A 两端温度分别为 t 和 t_0（假定：$t>t_0$），则导体 A 两端的温差电势 $e_A(t,t_0)$ 为：

$$e_A(t,t_0)=e_A(t)-e_A(t_0) \tag{4-11}$$

3）热电偶的热电势　热电偶的回路电势如图 4-6 所示。图中导体 A 的电子密度为 N_A，导体 B 的电子密度为 N_B，假定 $N_A>N_B$。导体 A、B 接头处的温度分别为 t、t_0，假定 $t>t_0$。则热电偶的接触电势和温差电势分别各有两个，其方向如图 4-6 所示。

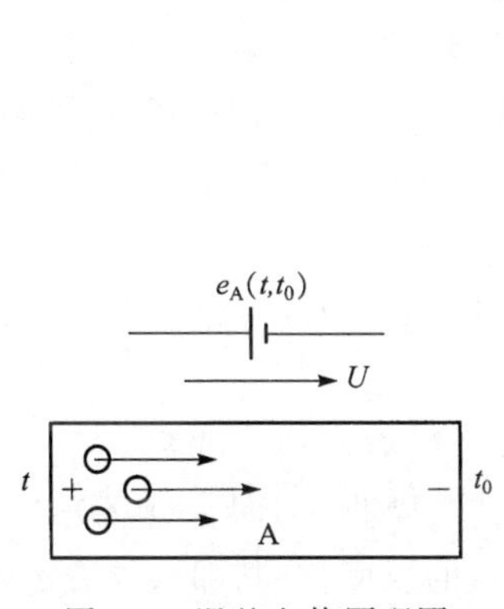

图 4-5　温差电势原理图

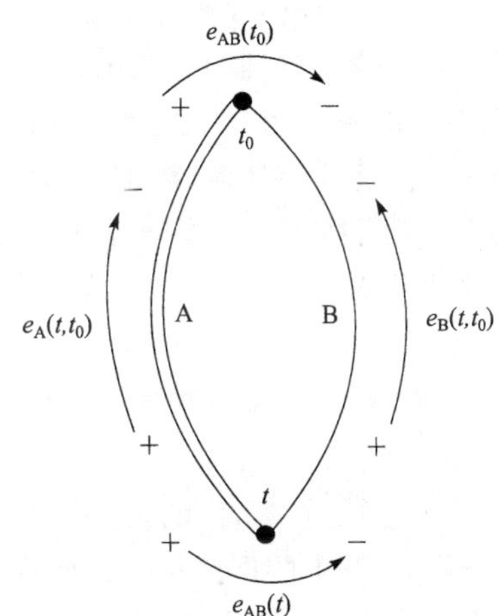

图 4-6　热电偶回路电势

热电偶回路的总电势 $E_{AB}(t,t_0)$ 为：

$$E_{AB}(t,t_0)=e_{AB}(t)+e_B(t,t_0)-e_{AB}(t_0)-e_A(t,t_0) \tag{4-12}$$

把(4-11)代入式(4-12)，得：

$$\begin{aligned}E_{AB}(t,t_0)&=[e_{AB}(t)+e_B(t)-e_B(t_0)]-e_{AB}(t_0)-e_A(t)+e_A(t_0)\\&=[e_{AB}(t)+e_B(t)-e_A(t)]-[e_{AB}(t_0)+e_B(t_0)-e_A(t_0)]\\&=f_{AB}(t)-f_{AB}(t_0)\end{aligned} \tag{4-13}$$

从式(4-13)可知，热电偶的热电势只与导体 A、B 的材料性质和温度 t 与 t_0 有关。

构成某一型号热电偶的材料 A、B 是固定不变的，若使热电偶的一个接点的温度 t_0 保持不变，则式(4-13)中的 $f_{AB}(t_0)$ 即为常数，记为 C，此时式(4-13)可写成：

$$E_{AB}(t,t_0)=f_{AB}(t)-C \tag{4-14}$$

即热电偶所产生的热电势 $E_{AB}(t,t_0)$ 只和温度 t 有关，因此，测量热电势的大小，就可求得温度 t 的数值，这就是热电偶温度计的工作原理。

组成热电偶的两种导体或半导体称为热电极。通常把 t_0 端称为热电偶的自由端、参比端或冷端，而 t 端称为工作端、测量端或热端。若在自由端电流是从导体 A 流向导体 B，则 A 称作正热电极而 B 称作为负热电极，即测量端失去电子的热电极为正极。得到电子的热电极为负极。通常规定在 $E_{AB}(t,t_0)$ 中，写在前面的 A 和 t 分别称为正极和高温端，写在后面的 B 和 t_0 分别称为负极和低温端，如果它们的前后位置有一个互换，则热电势极性相反，例如，$E_{AB}(t,t_0)=-E_{BA}(t,t_0)$，$E_{BA}(t,t_0)=-E_{AB}(t_0,t)$，对于 $f_{AB}(t)$ 也是如此，即 $f_{AB}(t)=-f_{BA}(t)$。

(2) 热电偶的基本定律及其应用

根据热电偶的基本结构及工作原理，可以得到热电偶的三条基本定律：均质导体定律、中间导体定律和中间温度定律。

1）均质导体定律　由一种均质导体（或半导体）组成的闭合回路不论导体（或半导体）的截面积如何以及各处的温度分布如何，都不能产生热电势。

根据此定律，可检查热电极材料的均匀性，即由一种材料的金属（或半导体）组成的闭合回路存在温差时，如果回路产生热电势，则说明该种金属（或半导体）的材料是不均匀的。

2）中间导体定律　由不同材料组成的闭合回路中，当各种材料接触点的温度都相同时，则回路中热电势的总和等于零。

根据此定律可得到如下结论：

1）在热电偶回路中加入第三、四种均质导体，只要使加入导体的两端温度相等，则无论加入导体的温度分布如何，都不会影响原来热电偶的热电势的大小。

图 4-7 为两种加入了中间导体的热电偶回路。对图 4-7 a 所示回路，根据式(4-13)可以写出回路的总热电势：

$$E_{ABC} = f_{AB}(t) + f_{BC}(t_0) + f_{CA}(t_0) \tag{4-15}$$

因为 $f_{AB}(t_0) + f_{BC}(t_0) + f_{CA}(t_0) = 0$，所以 $f_{BC}(t_0) + f_{CA}(t_0) = - f_{AB}(t_0)$，把此式代入式(4-15)，则得：

$$E_{ABC} = f_{AB}(t) - f_{AB}(t_0) = E_{AB}(t, t_0) \tag{4-16}$$

对于图 4-7b 中的回路也可以同样证明该回路总的热电势就等于 $E_{AB}(t, t_0)$。

根据这个定律，只要热电偶连接显示仪表的两个接点的温度相同，那么仪表的接入对热电偶的热电势没有影响，如图 4-8 所示。

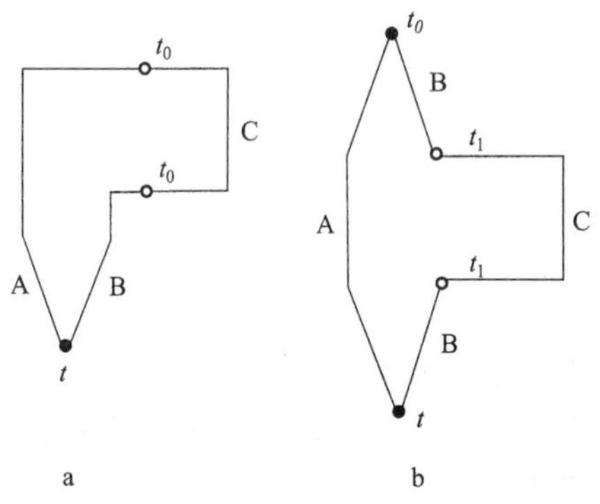

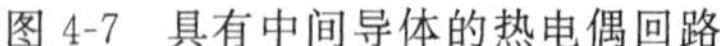

图 4-7　具有中间导体的热电偶回路

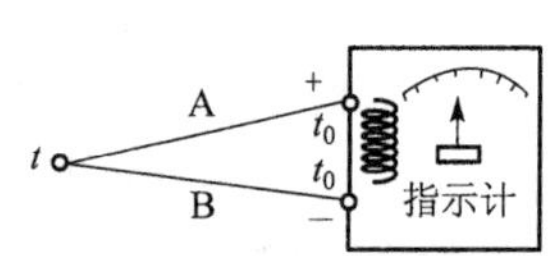

图 4-8　接进测量仪表的热电偶回路

2）如果两种导体 A、B 对另一种参考导体 C 的热电势为已知　则这两种导体组成热电偶的热电势是它们对参考导体热电势的代数和（如图 4-9 所示）。参考导体亦称标准电极。因为铂的物理、化学性能稳定、熔点高、易提纯、复制性好。所以标准电极常用纯铂丝制成。这个结论大大简化了热电偶的选配工作。只要我们取得一些热电极与标准铂电极配对的热电势，则其中任何两种热电极配对时的热电势就可通过计算求得。

3）中间温度定律　热电偶在接点温度为 t、t_0 时的热电势等于该热电偶在接点温度为 t、t_n 和 t_n、t_0 时相应的热电势的代数和。或者说，接点温度为 t、t_0 的热电偶，其热电势等于接点温度为 t、t_n 和 t_n、t_0 的两支同性质热电偶的热电势的代数和。图 4-10 是热电偶的中间温度定律示意图。

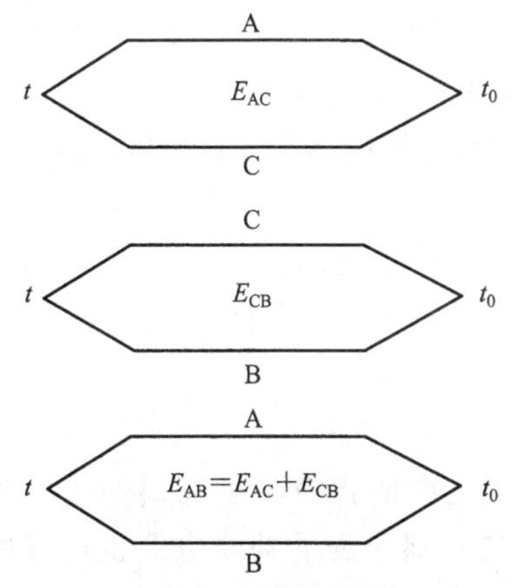

图 4-9　具有中间导体的两种导体构成的热电偶

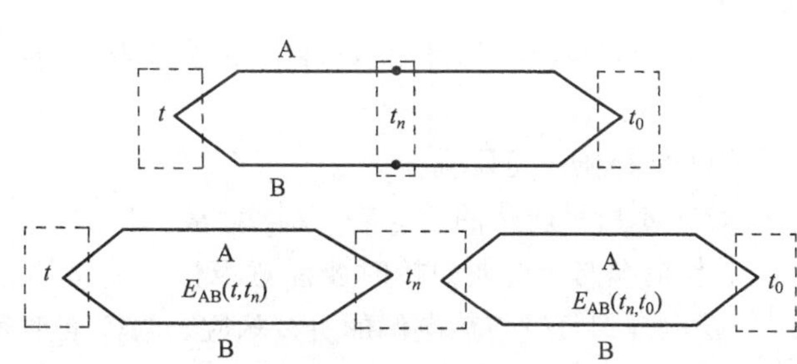

图 4-10　热电偶中间温度定律示意图

图 4-10 所示热电偶回路的电势为：

$$E_{AB}(t,t_0)=E_{AB}(t,t_n)+E_{AB}(t_n,t_0) \tag{4-17}$$

根据此定律，在热电偶测温中有两个重要的应用：

① 保持参比端温度 t_0 恒定：热电偶参比端（冷端）温度 t_0 的变化会给测量带来很大的误差，为此取参比端远离测温现场，以便保持 t_0 恒定，保证测温精度。

② 参比端为任何温度 t_n 的热电偶的分度：在式(4-17)中，取 $t_0=0$ ℃，则参比端温度为 t_n 的热电偶的热电势为：

$$E_{AB}(t,t_n)=E_{AB}(t,0)-E_{AB}(t_n,0) \tag{4-18}$$

由此可见，只要有了参比端为 0 ℃的热电偶分度表，利用式(4-18)就可以求出参比端为任何温度 t_n 的热电偶电势。

(3) 热电偶的参比端温度的补偿

由热电偶的测温原理知道，热电偶热电势的大小不但与热端温度有关，而且与参比端温度有关，只有在参比端温度恒定的情况下，热电势才能正确反映热端温度大小。在实际应用时，热电偶的参比端放置在距热端很近的空气中，受高温设备和环境温度波动的影响较大，因此参比端温度不可能是恒定值。为了消除参比端温度变化对测量的影响，必须对参比端温度加以处理。一般工程上用热电偶测量温度经常采用补偿电缆，参比端恒温或用温度补偿器来对热电偶参比端的温度进行补偿。

1) 使用补偿电缆延长热电偶的参比端到温度稳定地方　一般热电偶都做得比较短（几十厘米至一、二米），特别是贵金属材料制成的热电偶就更短，这样，热电偶的参比端离被测对象很近，使参比端温度高且波动较大。所以，应该用补偿电缆接到热电偶的正、负极上，延长参比端到温度稳定的地方，如图 4-11 所示。

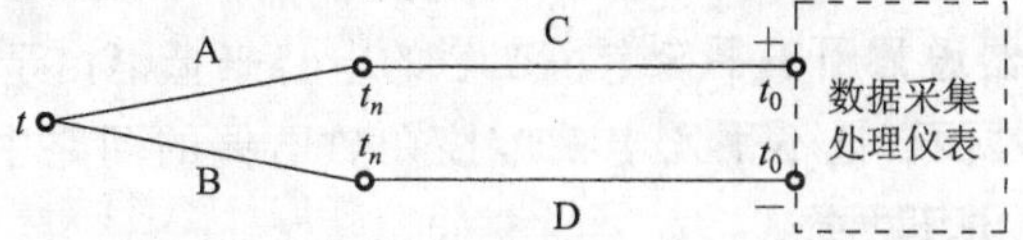

图 4-11　用补偿电缆延长热电偶的示意图

图中 AB 为要延长的热电偶，CD 为相应的补偿电缆。一般情况下热电偶参比端的温度 t_n 在 0～100 ℃范围内，因此要求热电偶 AB 的补偿电缆满足下列三个条件：

① 在温度 0～100 ℃范围内，由 CD 组成的热电偶补偿电缆和由 AB 组成的热电偶的热电性质相同；

② 电极丝 C 和 A、B 和 D 相接的两个接点温度 t_n 必须相同，且 t_n 的变化范围在 0～100 ℃ 内；

③ CD 补偿电缆便宜。

图 4-11 所示回路的总电势 E_{ABDC} 就等于 $E_{AB}(t,t_0)$。

补偿电缆与热电偶相接时要注意极性不能接错。补偿电缆的正极与热电偶的正极相接，补偿电缆的负极与热电偶的负极相应。为标准型号的热电偶所配的补偿电缆也已标准化，表 4-3 列出了几种常用的热电偶的补偿电缆的材料及主要特点。

表 4-3 常用热电偶的补偿电缆的材料及主要特点

热电偶名称	补偿电缆				工作端为 100 ℃，参比端为 0 ℃时的标准热电势/mV
	正极		负极		
	材料	线芯绝缘层颜色	材料	线芯绝缘层颜色	
铂铑-铂	铜	红	镍铜	白	0.64±0.03
镍铬-镍硅	铜	红	康铜	白	4.10±0.15
镍铬-考铜	镍铬铬	绿	考铜	白	6.95±0.30
铁-考铜	铁	白	考铜	白	5.75±0.25
铜-康铜	铜	红	康铜	白	4.10±0.15

2）参比端恒温法　即使用了补偿电缆，延长了热电偶的参比端，但若参比端的温度 t_0 不能恒定，仍然会给测量带来误差。因此常采用恒温器来保持参比端温度的恒定。图 4-12 表示一种恒温器的工作原理。它是把热电偶的参比端放进恒温箱中，恒温箱的温度靠电阻加热丝的通-断电来控制。电阻丝的通-断电由继电器的常闭触点 J_1 控制。当恒温箱内温度低于 t_0 时，水银接点温度计内的水银柱低于定接点 t_0 的刻度，此时继电器 J 线圈断电，常闭触点 J_1 接通，于是给电阻丝通电加热。当箱内温度升高，使水银接点温度计内的水银柱上升到 t_0 刻度，继电器 J 线圈通电，J_1 断开，停止加热。显然这种恒温箱只有在环境温度低于 t_0 时才能正常工作。工程上常取 $t_0=50$ ℃。

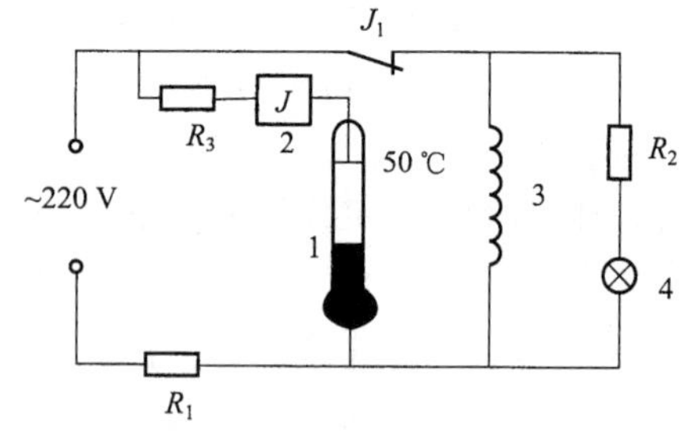

图 4-12　恒温器工作原理示意图

1—水银接点温度计；2—继电器；3—加热电阻丝；4—指示灯

3）参比端温度补偿器　用一补偿器来补偿参比端温度的变化。补偿器通常用不平衡电桥产生的电势来抵消由于参比端温度变化所带来的测量误差。如图 4-13 所示，把不平衡电桥串接在热电偶的回路中，则回路的输出为热电偶的电势和电桥 C、D 间电压之差。

不平衡电桥的一个桥臂 R_{Cu} 为铜电阻，另三个桥臂 R_1、R_2、R_3 和电桥的限流电阻 R_s 均用锰铜丝绕制而成。锰铜丝的阻值随温度变化很小，而铜的电阻随温度升高而增大。电桥由稳压电源供电（DC 4 V）。

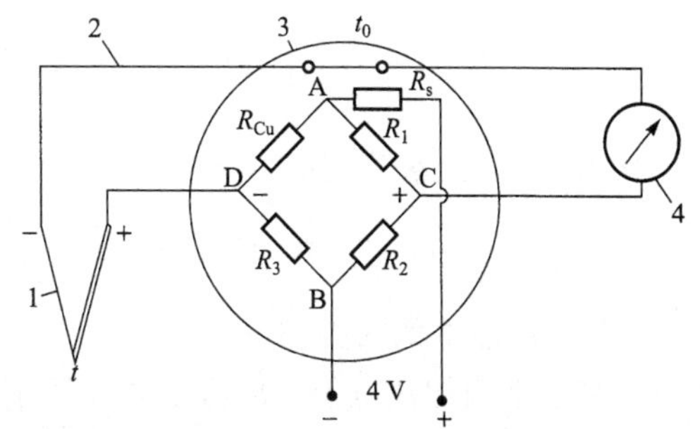

图 4-13　采用参比端温度补偿器的线路图

1—热电偶；2—补偿电缆 CD；3—温度补偿器；4—测量仪表

使用时首先在补偿温度点把仪表的输出调到零点。系统处于补偿温度时，电桥四个臂的电阻 $R_1=R_2=R_3=R_{Cu}$，此时电桥平衡，CD 端无输出，即 U_{CD} 为零。当参比端温度 t_0 离开补偿温度时，例如升高到 t'_0 时，热电偶输出的热电势要减小 $E(t'_0,t_0)$。这时电桥中的铜桥臂 R_{Cu} 就随温度升高而增大，使电桥失去平衡，输出电压为 U_{CD}。若 U_{CD} 与 $E(t'_0,t_0)$ 数值相等极性相反。即回路的总电势为 $E_{AB}(t,t_0)+E_{AB}(t_0,t'_0)-U_{CD}=E_{AB}(t,t_0)$。参比端温度变化所带来的影响由不平衡电桥的输出抵消掉。

使用参比端温度补偿器必须与热电偶互相配套，同类型的补偿器的外形和内部接线都是一样的，只要配上不同的限流电阻 R_s 就可以与各种热电偶相配套。R_s 的改变也就改变了补偿量 U_{CD} 的大小，以适应热电性质不同的各种被补偿的热电偶。

由于热电偶的热电性质和补偿电桥的输出均为非线性，因此在补偿范围内只在两个温度处能得到完全补偿，在其他温度处只能得到部分补偿。目前我国的参比端温度补偿器设计中规定 $R_1=R_2=R_3=1\ \Omega$，电桥电源 $E=4$ V，铜电阻 R_{Cu} 在平衡点温度时等于 R_1，限流电阻 R_s 由配套的热电偶型号和温度补偿范围确定。当热电偶确定之后，由所要求的温度补偿范围来确定 R_s 的大小。

例如：有一个与 EU-2 型热电偶配套的补偿器，其平衡温度 $t_0=20$ ℃，要求在 t_0 变化到 $t'_0=30$ ℃时能完全补偿，由此确定 R_s 的大小。

在 $t_0=20$ ℃时，$R_{Cu}=R_1=R_2=R_3=1\ \Omega$，考虑到热电偶的电阻远大于桥路电阻，此时 $U_{CD}=0$。

当 t_0 升高到 $t'_0=30$ ℃时，此时 $R_1=R_2=R_3=1\ \Omega$，R_{Cu} 的电阻增加了 ΔR_{Cu}，此时电桥 A、B 之间的等效电阻 R_{AB} 为：

$$R_{AB}=\frac{(R_1+R_2)(R_3+R_{Cu}+\Delta R_{Cu})}{R_1+R_2+R_3+R_{Cu}+\Delta R_{Cu}}$$

流过 R_s 的电流 I_s 为：

$$I_s=\frac{E}{R_s+R_{AB}}$$

在 $t'_0=30$ ℃时，要使 C、D 之间的电压 $U_{CD}=E_{EU-2}(t'_0,t_0)$。由此推导得出

$$R_s=\frac{R_1\cdot R_{Cu}\cdot\alpha_{t'_0}\cdot\Delta t\cdot E}{(4R_1+\Delta R_{Cu})\cdot E_{EU-2}(t'_0,t_0)}-R_{AB}$$

式中：

$\alpha_{t'_0}$——t'_0 温度时，铜的电阻温度系数。$\alpha_{t'_0}=\alpha_0/(1+\alpha_0 t'_0)$；

α_0——0 ℃时铜的电阻温度系数，$\alpha_0=4.25\times10^{-3}$ ℃。

由于，$R_1=R_{Cu}=1\ \Omega$，$4R_1\gg\Delta R_{Cu}$，$R_{AB}=1\ \Omega$；所以 R_s 为：

$$R_s = \frac{[\alpha_0/(1+\alpha_0 t_0')]\cdot(t_0'-t_0)\cdot E}{4\cdot E_{EU-2}(t_0',t_0)} - 1$$

从 E_{EU-2} 分度表查得 $E_{EU-2}(30,20)=0.4\times10^{-3}$ V，$E=4$ V，于是：

$$R_s = \frac{3.769\times10^{-3}\times10}{0.4\times10^{-3}} - 1 \approx 93.35\ \Omega$$

(4) 常用热电偶的类型

工程上常用的热电偶已经标准化。所谓标准化热电偶是指制造工艺成熟、应用广泛、能成批生产、性能稳定且已列入工业标准化文件中的热电偶。国家标准规定了各种型号的标准化热电偶的电极材料、热电性质和允许偏差。同一型号的热电偶有统一的分度表，具有互换性，使用起来非常方便。

常用的标准化热电偶主要有以下几种：

1) 铂铑-铂热电偶　这是一种贵金属热电偶，其分度号为 LB-3(或 S)，正极是由 90%铂和 10%铑制成的合金丝，负极为纯铂丝。

这种热电偶的优点是：较易得到纯度极高的铂和铂铑，因而便于复制，精确度高。一般用在精密测量中和作为国际实用温标中 630.755～1 064.43 ℃范围内的基准热电偶；它的物理化学稳定性高，宜在氧化性及中性气氛中使用；它的熔点较高，因此测温上限较高，在工业测量中一般用它测量 1 000 ℃以上的温度，在 1 300 ℃以下测温可长期连续使用，短期测量温度可达 1 600 ℃。

铂铑-铂热电偶的缺点是：与其他热电偶比较，它的热电势较小，例如 $E(100,0)=0.643$ mV；价格贵。故一般制成直径 0.5 mm 以下的细丝，因而机械强度低，易折断；在还原性气体、金属蒸汽、金属氧化物以及氧化硅(SiO_2)和二氧化硫(SO_2)等气氛中使用容易受到沾污而变质。所以在这些气氛中工作时必须另加保护套管；另外，这种热电偶的热电性质非线性较大；热电极在高温下会升华、铑分子渗透到铂铑中去沾污铂极，导致热电偶的热电势不稳定等。

2) 镍铬-镍硅(镍铬-镍铝)热电偶　镍铬-镍硅热电偶的分度号为 EU-2(或 K)，其正极镍铬成分为：9%～10%铬，0.4%硅，其余为镍；负极镍硅成分为：2.5%～3%硅，≤0.6%钴，其余为镍。

它的优点是：因为组成热电偶的两极合金中含有大量的镍，所以具有较强的抗氧化的抗腐蚀性，化学稳定性好，复制性好；热电势较大，例如 $E(100,0)=4.10$ mV，热电势与温度的线性关系好，热电极材料的价格较便宜，能满足工业测量要求；在 1 000 ℃以下可长期连续使用，短期测量可达 1 300 ℃，是目前核工业和其他工业部门应用最广泛的热电偶。

它的缺点是：在 500 ℃以上的温度时和还原性介质及硫，硫化物(SO_2、H_2S)的气氛中使用很易被腐蚀，所以在这种气氛中工作必须加保护套管；另外，它的精度比铂铑-铂热电偶低。

因为镍铬-镍硅热电偶的抗氧化性及热电性质的稳定性较好，所以我国已用镍铬-镍硅代替镍铬-镍铝热电偶。

3) 镍铬-考铜热电偶　这种热电偶的分度号为 EA-2(或 XK)，正极镍铬成分为：9%～10%铬，0.4%硅，其余为镍；负极考铜成分为：56%铜，44%镍。

镍铬-考铜热电偶的最大优点是热电势大，例如 $E(100,0)=6.95$ mV；另外，它的价格便宜。

其缺点是不能用于高温，测量上限长期使用为 600 ℃，短期使用为 800 ℃；另外，由于考铜合金易被氧化而变质，因此使用时还必须加装保护套管。

(5) 热电偶的结构

根据热电偶的测温原理可知，把两根不同性质的金属丝的一端焊在一起，两根丝之间填充绝缘物质，即构成一个基本的裸热电偶。但这种裸热电偶在核电厂是不能使用的。一般工业上使用的热电偶都是在裸热电偶外面加保护套管，保护套管一般用不锈钢或因可镍等耐腐蚀的金属做成，如图 4-14 所示。

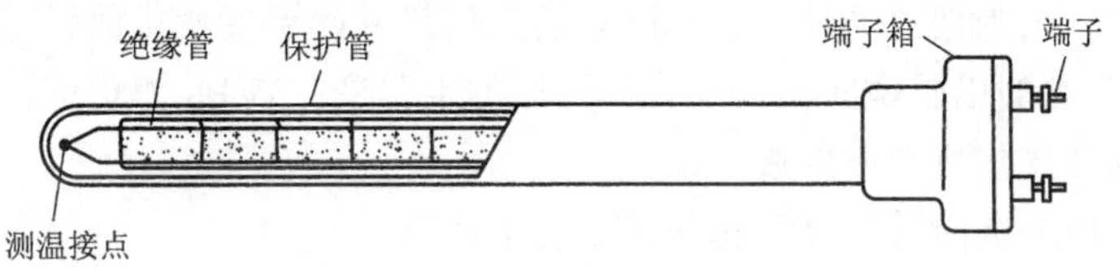

图 4-14　带有保护套管的热电偶结构

根据热电偶的测温接点的结构形式不同，可把热电偶分为裸露型、接地型、非接地型三种，如图 4-15 所示。

裸露型热电偶的测温接点露出保护套管外，直接与被测介质接触，响应快，但气密性和机械强度都不好，不能用于腐蚀性场合，也不能用于高温高压场合。

接地型热电偶的测温接点直接焊在保护套管头部，响应性能好，能用于高温高压场合，但因热电偶的测温头接地，容易引入噪音，因此不能用于噪音较大的环境。

非接地型热电偶，测温接点与保护套管之间绝缘，因此它的密封性好，使用寿命长，能在高温高压场合使用，抗腐蚀性能强，对外部干扰有屏蔽作用，抗干扰能力强。但这种热电偶响应速度慢。

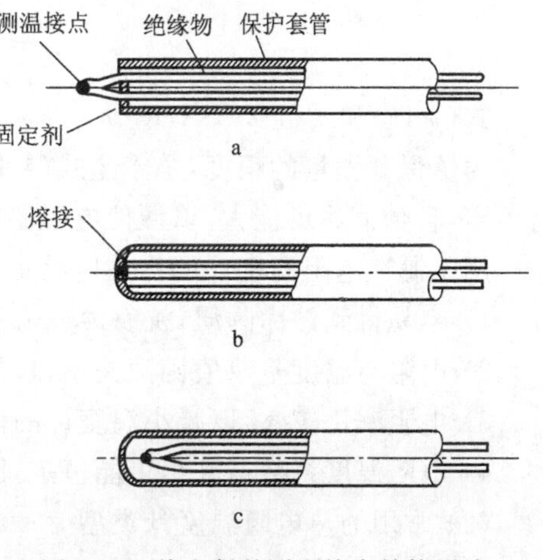

图 4-15　热电偶的测温接点结构形式

a. 裸露型；b. 接地型；c. 非接地型

为了保证热电偶的性能，用于制造热电偶的材料要求尽可能具备：

1) 热电性质稳定不受内部结构变化及表面沾污的影响；

2) 抗高温、氧化及其他有害因素的作用；

3) 导电性好及电阻系数小；

4) 温度与热电势的关系要一致，并尽可能线性；

5) 为了保证温度计的互换性，成分要一致并稳定。

4.2.2.2　热电阻

对于 500 ℃以下的温度，由于热电偶产生的热电势较小，测量精度较低，所以有时采用电阻温度计来测温，尤其对低温测量电阻温度计用得更多。通常电阻温度计由热电阻、连接导线和测量电阻值的显示仪表所组成。电阻温度计的特点是测量精度高,容易实现远距离测量和自动记录,便于配合温度巡回检测仪表或计算机进行温度的检测,而且适宜于500 ℃以下,特别是200 ℃以下低温范围中应用,不存在冷端温度补偿问题。因此,电阻温度计在工业上得到了广泛的应用,通常用来测量−200～+500 ℃之间的温度。在核电厂常用铂电阻温度计测量反应堆冷却剂环路的热段、冷段温度。

(1) 热电阻的测温原理

热电阻测温是基于任何导体(或半导体)的电阻率随温度变化的性质。在某一温度下,任何一个确定的导体(或半导体)的电阻都是该温度的函数,通过测量其电阻值的大小实现测量温度的目的。因为任何导体(或半导体)的几何尺寸随温度变化而引起的它的电阻的变化,远远小于由于它的电阻率随温度变化而引起的电阻变化,因此测量中可不考虑测温物体的几何尺寸随温度变化所带来的影响。

金属和半导体的电阻随温度变化的关系是不同的。

一般纯金属在温度变化范围不大时,其电阻值与温度的关系近似为:

$$R_t=R_{t_0}[1+\alpha(t-t_0)] \tag{4-19}$$

半导体的电阻值与温度的关系为:

$$R_T = R_{T_0}\mathrm{e}^{\beta\left(\frac{1}{T}-\frac{1}{T_0}\right)} \tag{4-20}$$

$$\beta=\frac{T_0 T}{T_0-T}\ln\frac{R_T}{R_{T_0}}$$

式(7-19)和式(7-20)中,R_t、R_{t_0}、R_T、R_{T_0}分别为温度t、t_0、T和T_0时对应的电阻值。

为了保证测量的精度,总希望式(4-19)和式(4-20)中的R_{t_0}、α、R_{T_0}、β等参数在测量中保持恒定,且数值尽可能大,以便使电阻温度计的灵敏度和精度都很高。

用于制造电阻温度计的物质应满足下列要求:

1) 容易得到纯净物质,抗腐蚀能力强;

2) 电阻与温度是单值函数关系,且复现性好;

3) 电阻率比较大,以减小温度计的体积;

4) 电阻温度系数高并尽可能恒定,以提高仪表的灵敏度。

(2) 常用的热电阻温度计类型

能够用来测温的电阻温度计有很多种,例如铂电阻温度计、铜电阻温度计、锰电阻温度计、碳电阻温度计、半导体热敏电阻温度计等,但工业上使用最多的主要是铂电阻温度计和铜电阻温度计。

1) 铂电阻温度计　铂的电阻与温度的关系与测温范围有关。

在−259.34～0 ℃范围内铂的电阻与温度的关系为:

$$R_t=R_0[1+At+Bt^2+C(t-100)t^3] \tag{4-21}$$

在0～630.74 ℃范围内的铂的电阻与温度的关系为:

$$R_t=R_0(1+At+Bt^2) \tag{4-22}$$

式中:

R_t——温度为t ℃时铂的电阻;

R_0——温度为0 ℃时铂的电阻;

A——常数,$A=3.984\,7\times10^{-3}$/℃;

B——常数，$B=-5.847\times10^{-7}/(℃)^2$；

C——常数，$C=-4.22\times10^{-12}/(℃)^4$。

通过式(4-22)可知，在 0～600 ℃范围内，铂的电阻-温度特性有很好的线性，其特性曲线如图 4-16 所示。

铂电阻温度计具有精度高、稳定性好的特点，因此它经常被用于较为精确的测温场合，或用于温度校准。高温情况下铂丝受到有害气体的影响，容易变脆，破坏了它的电阻-温度特性，缩短使用寿命，因此必须把它置于保护套管内。

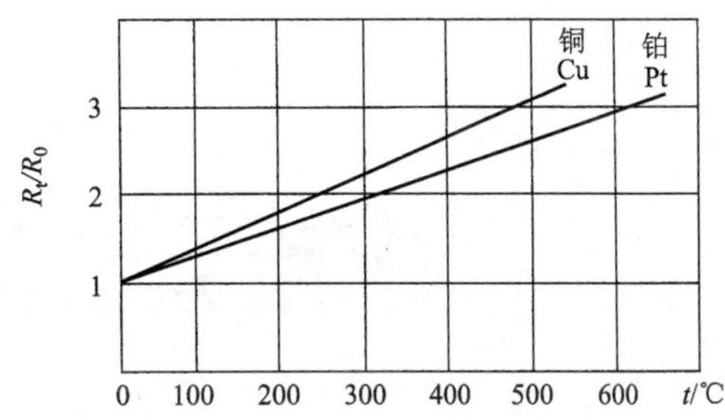

图 4-16　铂电阻与铜电阻的电阻-温度特性曲线

2) 铜电阻温度计　铜虽然价格便宜，比铂容易获得，但它在高温下容易氧化，因此铜电阻温度计使用上限一般不超过 180 ℃。

在－50～180 ℃温度范围内，铜的电阻与温度的关系为：

$$R_t=R_0(1+\alpha t) \tag{4-23}$$

式中：

α——铜的电阻温度系数，$\alpha=4.25\times10^{-3}\sim4.28\times10^{-3}(1/℃)$。

在－50～180 ℃温度范围内，铜的电阻-温度特性也有很好的线性，其特性如图 4-16 所示。

3) 铂电阻温度计与铜电阻温度计基本特性比较　表 4-4 列出了铂电阻温度计与铜电阻温度计的基本特性。从表 4-4 可知，在核电厂环境，铂电阻温度计适宜核电厂的反应堆冷却剂和蒸汽发生器给水及蒸汽等的温度测量。

表 4-4　电阻温度计的基本特性

序　号	名　称	铂电阻温度计	铜电阻温度计
1	测量温度范围/℃	从－260 至＋1 100	从－200 到＋200
2	温度电阻系数/K^{-1}	$\alpha=3.91\times10^{-3}$	$\alpha=4.26\times10^{-3}$
3	电阻与 t ℃的关系式	$R_{(t)}=R_0(1+At+Bt^2)$ A，B 为系数	$R_{(t)}=R_0(1+\alpha t)$
4	比电阻/($\Omega mm^2/m$)	0.099	0.017
5	对电离辐射的稳定性	在辐射积分注量 2.10^{19} n/cm² 后 100 ℃——升高 3.7 ℃	不得用于放射性环境
6	电阻温度计的惯性	小惯性时<9 s；一般<80 s；大惯性时<240 s	

(3) 电阻温度计基本结构

目前工业上使用最多的电阻温度计是铂电阻温度计，它多为铠装结构。即把铂丝(铂丝直径多为 0.03～1 mm 范围内)绕在螺旋管状的骨架上，加上绝缘物质和保护套管，并带有接线端子的头部，如图 4-17 所示。考虑到核电厂的温度测量有冗余的要求，一般在保护套管内装有两支相互独立的热电阻，分别接到两套相互独立的仪表上，作为冗余测量使用。也可以把两支热电阻中的一个作为测量使用，另一个作为它的备用。

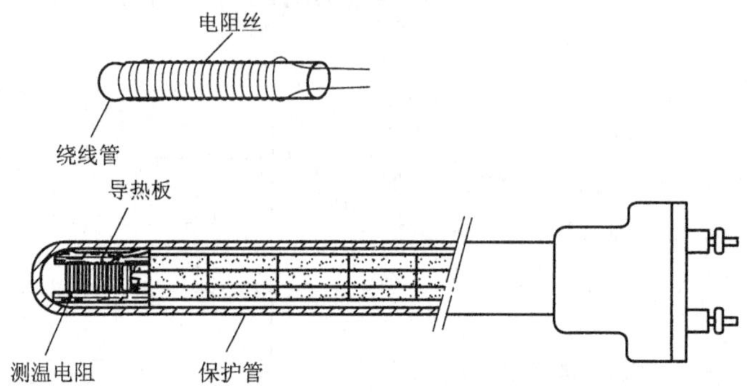

图 4-17 铠装热电阻温度计结构示意图

(4) 热电阻温度计电阻值的测量

由于热电阻阻值的变化反映了被测介质的温度大小，因此对热电阻的阻值的测量要求精度较高。通常情况下用平衡电桥法来测量热电阻的阻值，测量原理如图 4-18 所示。

图中 R_2、R_3 是由锰铜丝绕制的已知阻值的电阻，通常 $R_2=R_3$。R_1 为可变电阻，R_t 为热电阻，R_w 为电缆的电阻。G 为检流计。给电桥 A、B 端加直流电源 E，调节 R_1，使 C、D 间电流为零（检流计 G 指示为零），此时电桥平衡，则 $R_1 \cdot R_3=R_2 \cdot (R_t+R_w)$。由于 $R_2=R_3$，所以 $R_1=R_t+R_w$，于是：

$$R_t=R_1-R_w \tag{4-24}$$

从式(4-24)可知，R_t 不但与 R_1 有关，而且与连接电缆的电阻 R_w 也有关。且电缆要连接到热电阻所在的测温现场，它的阻值 R_w 会随环境温度变化，给测量带来误差。为了减小这个误差，工程上通常采用三线制接法，如图 4-19 所示。此时电桥平衡时，有$(R_1+R_w) \cdot R_3=(R_t+R_w) \cdot R_2$，由于 $R_2=R_3$，于是有 $R_t=R_1$。

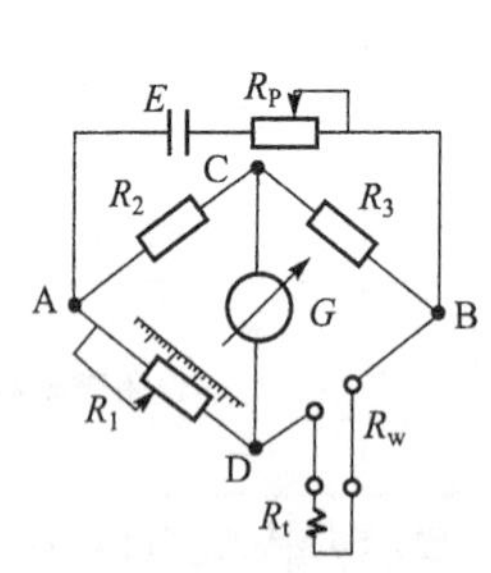

图 4-18 用平衡电桥法测量热电阻的原理图

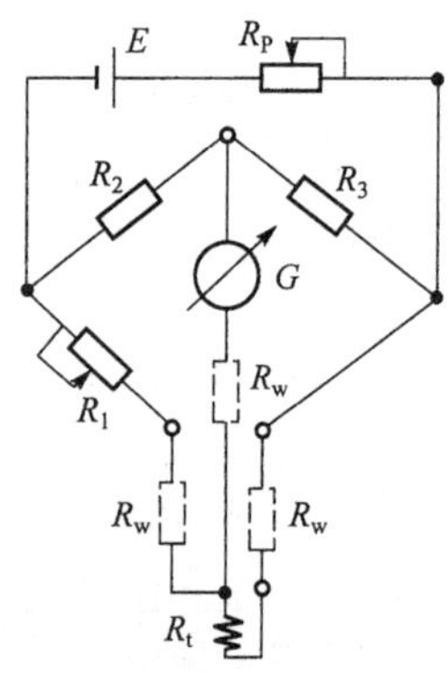

图 4-19 消除电缆电阻变化影响的三线制电桥

实际测量热电阻阻值是用电子平衡电桥实现的，它的基本结构如图 4-20 所示。

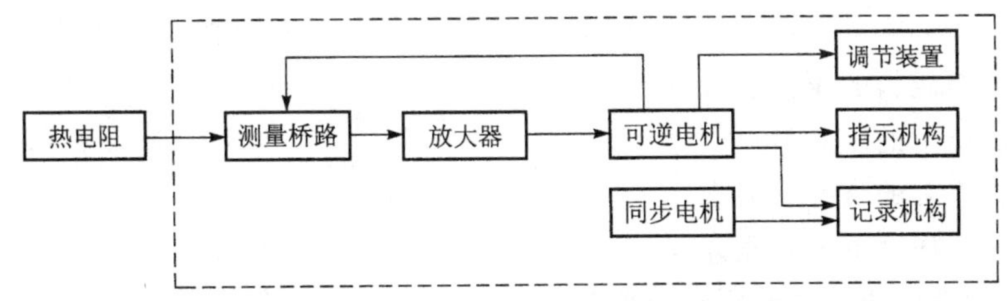

图 4-20　电子平衡电桥的基本结构方框图

4.3　压力测量仪表

压力是工艺系统运行中主要过程参数之一，在核电厂中，为了使核岛和常规岛的设备安全经济运行，必须监测和控制相应介质的压力。压力的大小直接决定了承压容器(例如压力壳、稳压器、蒸汽发生器、各种管道、阀门等)的结构，反应堆冷却剂的压力反映了它的饱和温度的大小，关系到冷却剂的导热能力，因此压力测量直接关系到对核电厂的有效控制和安全保护。另外其他某些参数的测量，例如流量测量、液位测量等也可转化为压力测量，所以压力测量是核电厂最重要的测量之一。压力测量通常是在现场用压力变送器把压力信号转换成电信号，经电缆把此信号传送到相应的仪表控制盘上。

在国际单位制(SI)和我国法定计量单位中，压力的单位是“帕斯卡”，简称“帕”，符号为“Pa”，1 Pa=1 N/m^2。即 1 牛顿力垂直均匀作用在 1 m^2 的面积上所形成的压力叫 1 Pa。

目前在压力测量中所使用的压力单位，它们之间的换算关系如表 4-5 所示。

表 4-5　压力单位的换算简表

测量单位	测量单位的数值					
	Pa	bar	atm	kgf/cm^2	mmHg	mmH$_2$O
Pa	1.0	10^{-5}	$9.869\ 22\times10^{-6}$	$1.019\ 72\times10^{-5}$	7.5×10^{-5}	0.101 97
bar	10^5	1.0	$9.806\ 65\times10^{-1}$	1.019 72	750.062	$9.806\ 65\times10^4$
atm 物理的	1.013 25	1.013 25	1.0	1.033 23	760	$1.033\ 23\times10^4$
kgf/cm^2	$9.806\ 65\times10^4$	0.980 665	0.967 84	1.0	735.56	10^4
mmHg	133.322	$1.333\ 22\times10^{-2}$	760	$1.359\ 5\times10^{-3}$	1.0	13.595
mmH$_2$O	9.806 65	$0.980\ 65\times10^{-1}$	$9.678\ 4\times10^{-5}$	10^{-4}	$7.355\ 6\times10^{-2}$	1.0

压力分为绝对压力和表压力两种。绝对压力是指绝对真空作为它的零点；而表压力是把大气压作为它的基准。我们用 p_{abs} 表示绝对压力，用 p_g 表示表压力，用 p_{atm} 表示大气压力，它们之间则有：

$$p_{abs}=p_g+p_{atm} \tag{4-25}$$

通常当 $p_g>0$ 时，称为正压力，简称压力；$p_g<0$ 时，称为负压力，或称真空。

4.3.1　压力仪表种类

压力仪表通常按它的测量范围或测量原理分类。

(1) 按压力表测量压力范围分类

按测量压力范围压力表主要分为四大类，每类中也有很多种量程的表。

1）测量绝对压力的压力表；

2）测量表压力的压力表；

3）测量真空度的真空压力表；

4）测量两个压力差的差压计。

（2）按压力表的压力测量原理分类

1）弹性元件压力表　利用压力与弹性元件（如弹簧管、膜片、膜盒、波纹管等）弹性变形之间的关系作为测量原理的弹性元件压力表。

2）液柱式压力表　基于被测压力与液柱压力相平衡的压力表。

3）活塞式压力表　基于被测压力作用在活塞上与活塞上的已知压力相平衡的压力表（已考虑了液体的摩擦力）。

4）电气压力表　利用被测压力与变送器的电气参数（电感、电容、电阻等）之间关系，把被测压力转换成标准电信号的压力表。

4.3.2　应变式压力表及常用弹性元件

应变式压力表和差压计在核电厂的压力与压差测量中得到广泛的应用。对工程而言，它们具备足够高的测量精度及宽广的压力测量范围。

这些压力表的特点是轻便，结构简单和使用方便以及受环境条件影响小且可靠性高。

应变式压力表的基本原理是物体受到压力作用会产生弹性形变，在弹性限度之内，物体所受的压力与它的变形率成正比，通过测量出物体的变形大小来测量它受到的压力。应变式压力表通常使用弹性元件作为压力敏感元件，用弹性元件在压力（压差）作用下的变形来指示出压力（压差）的大小。这种指示既可通过传动机构就地显示，也可通过压力变送器把压力信号转换成相应的电信号，进行远距离传输。

目前在压力（压差）测量中常用的弹性元件主要有薄膜（包括膜盒）、波纹管、弹簧隔板和弹簧管四种，其工作原理如图 4-21 所示。弹性元件常用铍青铜、不锈钢等材料制成。在反应堆上使用，要考虑弹性元件耐高温耐辐照的性能。表 4-6 列出了常用的弹性元件的特性。

表 4-6　各种弹性元件特性

类别	名称	示意图	测量范围×100 kPa		输出特性	稳态性质	
			最小	最大		时间常数/s	自振频率/Hz
薄膜式	平薄膜	x; p	$0\sim10^{-4}$	$0\sim10^{-3}$	F(力); x(位移); p	$10^{-6}\sim10^{-2}$	$10\sim10^{4}$
	波纹膜	x; p	$0\sim10^{-4}$	$0\sim10$	F; x; p	$10^{-4}\sim10^{-1}$	$10\sim100$
	绕性膜	p; x	$0\sim10^{-1}$	$0\sim1$	x; F; p	$10^{-4}\sim1$	$1\sim100$

续表

类　别	名　称	示 意 图	测量范围×100 kPa		输出特性	稳态性质	
			最　小	最　大		时间常数/s	自振频率/Hz
波纹管式	波纹管		$0\sim10^{-6}$	$0\sim10$		$10^{-4}\sim10^{-1}$	$10\sim100$
弹簧管式	单弹簧管		$0\sim10^{-1}$	$0\sim10^{4}$			$10^{2}\sim10^{4}$
	多圈弹簧管		$0\sim10^{-4}$	$0\sim10^{4}$			$10\sim100$

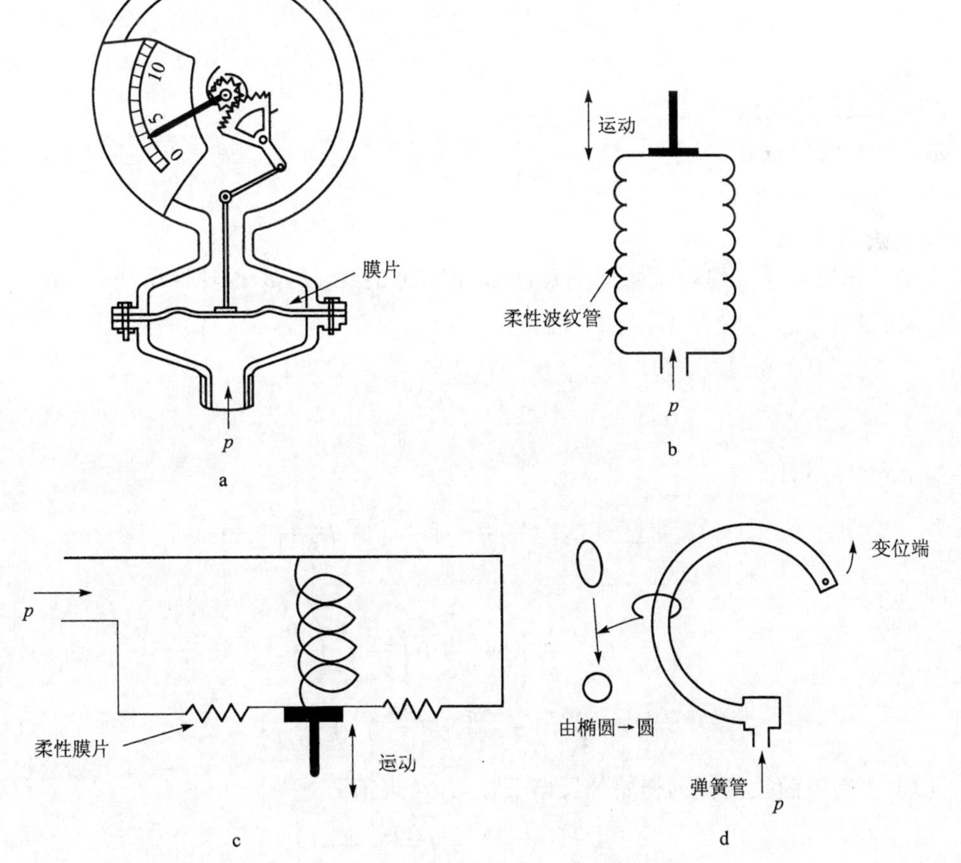

图 4-21　常用的弹性元件工作原理示意图

a. 弹性膜片压力计；b. 波纹管压力计；c. 弹簧隔板式压力计；d. 弹簧管(布登管)压力计

4.3.3 压力变送器

压力变送器是把被测压力转换成相应的电信号，实现远传。压力变送器有很多种：电感式压力变送器、电容式压力变送器、力平衡式压力变送器、压阻式压力变送器、霍尔式压力变送器等等。但目前核电厂大量使用的是电感式和电容式两大类。

4.3.3.1 电感式压力(压差)变送器

电感式压力变送器是以电磁感应原理为基础，利用线圈内磁通介质的磁导率变化，将弹性元件的位移量转换成电路中的电感量的变化或者互感量的变化，再通过测量线路转换成相应的电压或电流信号。

(1) 电感式压力(压差)变送器工作原理

我们以气隙单线圈电感式压力变送器和螺线管式电感式压力变送器为例来分析它们的工作原理。

1) 气隙式电感式压力变送器　气隙式电感式压力变送器的原理图如图 4-22 所示。线圈 1 由恒定的交流电源供电后产生磁场，衔铁 3 与气隙构成闭合磁路。由于气隙的磁阻比铁芯和衔铁的磁阻大得多，因此线圈的电感量 L 可表示为：

$$L=\frac{N^2\mu_0 S}{2\delta} \tag{4-26}$$

式中：

N——线圈的匝数；

μ_0——空气的磁导率；

S——气隙的截面积；

δ——气隙的宽度。

当衔铁随被测体从初始位置向上移动 $\Delta\delta$ 时，则 $\delta=\delta_0-\Delta\delta$，由特性曲线(见图 4-23)可知，变送器输出电感变成 $L=L_0+\Delta L$，代入式(4-26)得：

$$L=L_0+\Delta L=\frac{N^2\mu_0 S}{2(\delta_0-\Delta\delta)}=L_0\cdot\frac{1}{1-\frac{\Delta\delta}{\delta_0}} \tag{4-27}$$

当 $\Delta\delta\ll\delta_0$ 时，即

$$L=L_0+\Delta L=L_0\left[1+\frac{\Delta\delta}{\delta_0}+\left(\frac{\Delta\delta}{\delta_0}\right)^2+\left(\frac{\Delta\delta}{\delta_0}\right)^3+\cdots\right]$$

即

$$\Delta L=L_0\cdot\frac{\Delta\delta}{\delta_0}\left[1+\frac{\Delta\delta}{\delta_0}+\left(\frac{\Delta\delta}{\delta_0}\right)^2+\cdots\right]$$

$$\frac{\Delta L}{L_0}=\frac{\Delta\delta}{\delta_0}\left[1+\frac{\Delta\delta}{\delta_0}+\left(\frac{\Delta\delta}{\delta_0}\right)^2+\cdots\right] \tag{4-28}$$

同理，当衔铁随被测体的初始位置向下移动 $\Delta\delta$ 时有：

$$\frac{\Delta L}{L_0}=\frac{\Delta\delta}{\delta_0}\left[1-\frac{\Delta\delta}{\delta_0}+\left(\frac{\Delta\delta}{\delta_0}\right)^2+\cdots\right] \tag{4-29}$$

由于$\frac{\Delta\delta}{\delta_0}\ll1$，对式(7-28)和式(7-29)线性化，则得：

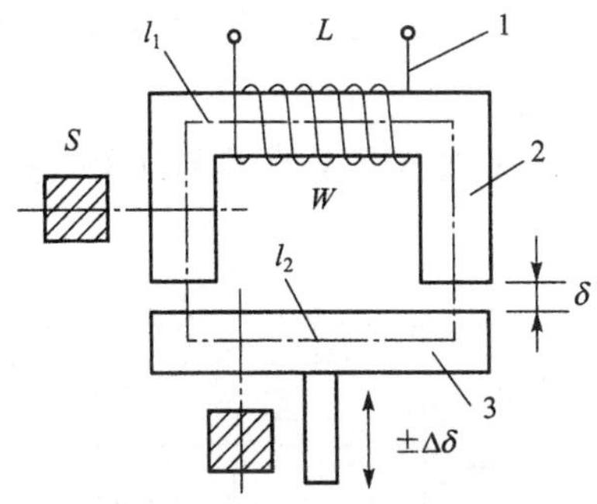

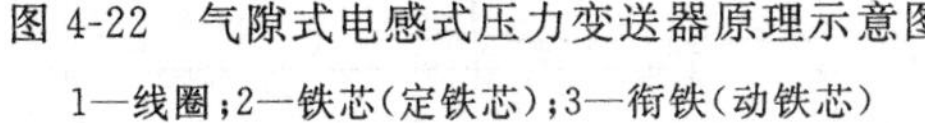
图 4-22　气隙式电感式压力变送器原理示意图
1—线圈；2—铁芯(定铁芯)；3—衔铁(动铁芯)

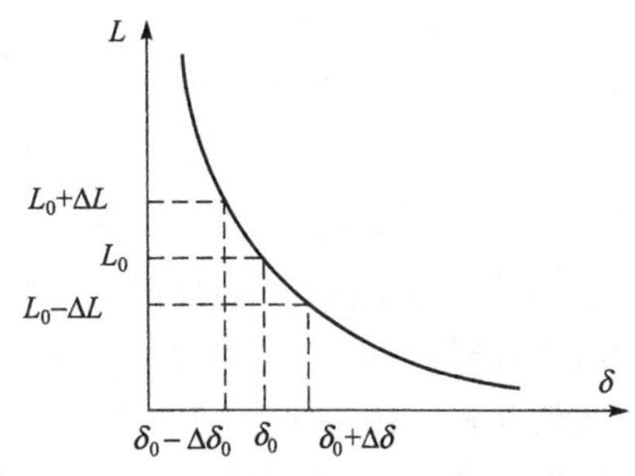

图 4-23　气隙式电感式压力变送器的特性曲线

$$\frac{\Delta L}{L_0}=\frac{\Delta\delta}{\delta_0} \tag{4-30}$$

变送器的灵敏度 S_0 为：$S_0=\dfrac{\Delta L/L_0}{\Delta\delta}=\dfrac{1}{\delta_0}$　　(4-31)

气隙式电感式压力变送器的测量范围与灵敏度及线性度相矛盾。为解决这一矛盾，通常采用差动气隙式电感式压力变送器或螺线管式电感式压力变送器。图 4-24 为差动气隙式电感式压力变送器的原理结构图。由图可知，差动气隙式电感式压力变送器由两个相同的电感线圈 Ⅰ、Ⅱ 和磁路组成。测量时，衔铁通过导杆与被测体相连，当被测体上下移动时，导杆带动衔铁也以相同的位移量上下移动，使两个磁回路中的磁阻发生大小相等、符号相反的变化，导致一个线圈的电感量增加，另一个线圈的电感量则减小，形成差动形式。

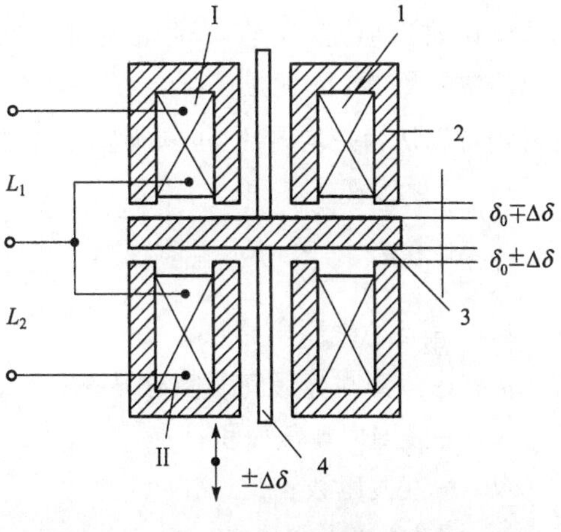

图 4-24　差动气隙式电感式压力变送器
1— 线圈；2— 铁芯；3— 衔铁；4— 导杆

例如，当衔铁往上移动 $\Delta\delta$ 时，当差动使用时，变送器电感的总变化量：

$$\Delta L=\Delta L_1+\Delta L_2=2L_0\frac{\Delta\delta}{\delta_0}\left[1+\left(\frac{\Delta\delta}{\delta_0}\right)^2+\left(\frac{\Delta\delta}{\delta_0}\right)^4+\cdots\right]$$

该式的线性处理表达式和灵敏度 S_0 分别为：

$$\frac{\Delta L}{L_0}=2\frac{\Delta\delta}{\delta_0} \tag{4-32}$$

$$S_0=\frac{\Delta L/L_0}{\Delta\delta}=\frac{2}{\delta_0} \tag{4-33}$$

比较单线圈和差动两种变间隙式电感式压力变送器的特性：

① 差动式比单线圈式的灵敏度提高一倍；

② 差动式的线性度明显的得到改善。

以上分析说明，差动变隙式比单线圈变隙式的测量范围大，但是从行程上看仍然很小。因此，对较大行程的位移进行测量，往往利用螺线管式电感式压力变送器。

2）螺线管式电感式压力变送器　图4-25是单线圈螺线管式电感式压力变送器的结构原理图。它由多层绕制的细长线圈2、铁磁性壳体1和沿线圈轴向移动的活动铁芯3组成。进行测量时，活动铁芯的左端与被测体链接。当活动铁芯随被测体移动时，导致线圈电感量发生变化，即线圈电感量与铁芯插入深度 x 有关。

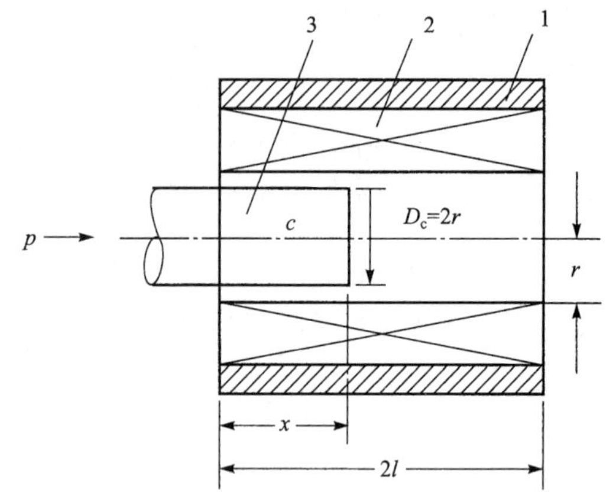

图4-25　单线圈螺线管式电感式压力变送器结构原理图

1—铁磁性壳体；2—细长线圈；3—活动铁芯

这种变送器的工作原理是以线圈磁力线泄漏路径上的磁阻变化为基础的。由于这类变送器磁路没有封闭，线圈长度又不可能很长，因此当线圈通过电流后，它产生的磁场是不均匀的，并且还要考虑活动铁芯产生的附加磁场，所以要精确计算线圈内的磁场非常困难。但是，实验与理论上都证明，若忽略次要因素，且满足 $l \gg r$，则线圈内部的磁场可以认为是均匀的，可求得空心线圈（铁芯插入长度 $x=0$）的电感量为：

$$L_0 = \frac{\mu_0 A N^2}{2l} = \frac{\pi r^2 \mu_0 N^2}{2l} \tag{4-34}$$

式中：

L_0——空芯线圈电感量；

μ_0——线圈与壳体间气隙磁导率；

A——线圈内孔截面积；

N——线圈匝数；

r——线圈内半径；

l——线圈长度。

当铁芯插入线圈时，因铁芯中的极化作用，被铁芯覆盖的那部分线圈的电感量增大，此电感量也就是整个线圈的电感增量。设铁芯插入螺线管深度为 x，求得长度为 x 的螺线管在未插入铁芯时的电感为 $L_{x0}=\frac{\mu_0 A N_x^2}{x}$，而当此段螺线管全部插入铁芯后，其电感量 L_x 为 $L_x=\frac{\mu_0 \mu_r A_c N_x^2}{x}$，考虑到 $A_c \approx A$，则可得插入铁芯的 x 段螺线管的电感增量（也就是整个螺线管的电感增量）ΔL 为：

$$\Delta L = L_x - L_{x0} = \frac{\mu_0 A_c N_x^2 (\mu_r - 1)}{x} \tag{4-35}$$

式中：

μ_r——铁芯相对磁导率；

$A_c = \pi r_c^2$——铁芯截面积（r_c 为铁芯半径）；

N_x——动铁芯覆盖部分的匝数，有 $N_x=\frac{N}{2l}x$。

$$\Delta L = L_x - L_{x0} = \frac{\pi r^2(\mu_r - 1)\mu_0 N^2}{4l^2}x$$

变送器总电感量为：

$$L = L_0 + \Delta L = L_0\left[1 + (\mu_r - 1)\left(\frac{r_c}{r}\right)^2 \frac{x}{21}\right]$$

变送器电感的相对增量为：

$$\frac{\Delta L}{L_0} = (\mu_r - 1)\left(\frac{r_c}{r}\right)^2\left(\frac{x}{21}\right) \tag{4-36}$$

单线圈螺线管式电感变送器的灵敏度：

$$S_L = \frac{dL}{dK} = \frac{\pi\mu_0(\mu_r - 1)N^2 r_c^2}{4l^2} \tag{4-37}$$

灵敏度为常数，表示 ΔL 与 x 呈线性关系。

虽然图 4-25 所示的基本结构比较简单，但是由于存在着驱动衔铁或铁芯的力较大、线圈电阻的温度误差不好补偿等缺点，所以实际应用较少。实际上用的较多的是差动式电感式压力变送器。

差动螺线管式电感式压力变送器的结构原理如图 4-26 所示，它是由两个完全相同的螺线管相接，铁芯初始状态处于对称位置上，使两边螺线管的初始电感值相等。

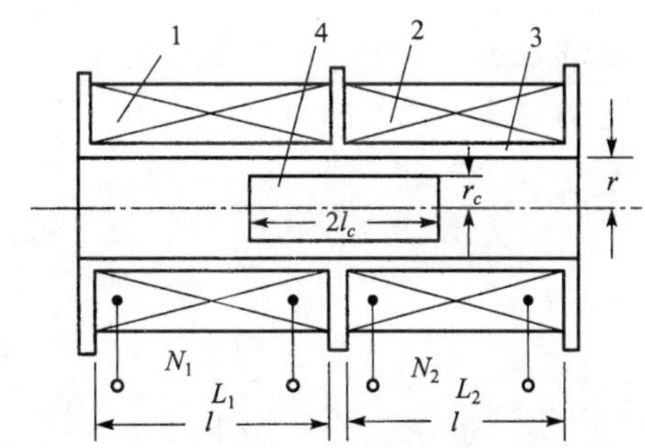

图 4-26 差动螺线管式电感式压力变送器结构原理图

1—螺线管线圈Ⅰ；2—螺线管线圈Ⅱ；3—骨架；4—活动铁芯

$$L_0 = L_{10} = L_{20} = \frac{\pi r^2\mu_0 N^2}{l}\left[1 + (\mu_r - 1)\left(\frac{r_c}{r}\right)^2 \frac{l_c}{l}\right] \tag{4-38}$$

式中：

L_{10}，L_{20}——分别为线圈Ⅰ、Ⅱ的初始电感值；

r——线圈内半径；

$N=N_1=N_2$——每个线圈的匝数；

l——线圈长度（单线圈式线圈长度假设为 $2l$）；

μ_r——活动铁芯的相对磁导率；

r_c——活动铁芯半径；

l_c——活动铁芯长度。

当铁芯移动 Δx（例如右移 Δx）后，使右边电感值增加，左边电感减少，即：

$$L_1 = \frac{\pi r^2\mu_0 N^2}{l}\left[1 + (\mu_r - 1)\left(\frac{r_c}{r}\right)^2\left(\frac{l_c - \Delta x}{l}\right)\right]$$

$$L_2 = \frac{\pi r^2\mu_0 N^2}{l}\left[1 + (\mu_r - 1)\left(\frac{r_c}{r}\right)^2\left(\frac{l_c + \Delta x}{l}\right)\right]$$

每只线圈的灵敏度：

$$S_1 = -S_2 = \frac{\mathrm{d}L}{\mathrm{d}K} = \frac{\pi\mu_0 N^2(\mu_r - 1)r_c^2}{l^2} \tag{4-39}$$

说明两只线圈的灵敏度大小相等,符号相反,具备差动特征。

考虑到 μ 取值一般为几千到几万,而 r_c 与 r、l_c,与 l 均为同数量级的量,则式(4-38)和式(4-39)可简化为:

$$L_0 = L_{10} = L_{20} \approx \frac{\pi\mu_0 N^2\mu_r r_c^2 l_c}{l^2} \tag{4-40}$$

$$S_1 = \frac{\mathrm{d}L}{\mathrm{d}K} \approx \frac{\pi\mu_0 N^2\mu_r r_c^2}{l^2} \tag{4-41}$$

由上可知,当 l 与 l_c 为常数时,增加 N、μ_r、r_c,都可以使 L_0 和 S 提高。

(2) 电感式压力变送器电感量的测量

通过上述分析可知,电感式压力变送器是把被测压力转换成活动铁芯的位移,再转换成电感的变化量。测出电感的变化量即可知压力的大小。通常采用交流电桥来测电感量的变化。图 4-27 表示一个带相敏整流的电感式变送器的交流电桥测量电路的原理。图中 Z_1 和 Z_2 即变送器的两个线圈的阻抗。

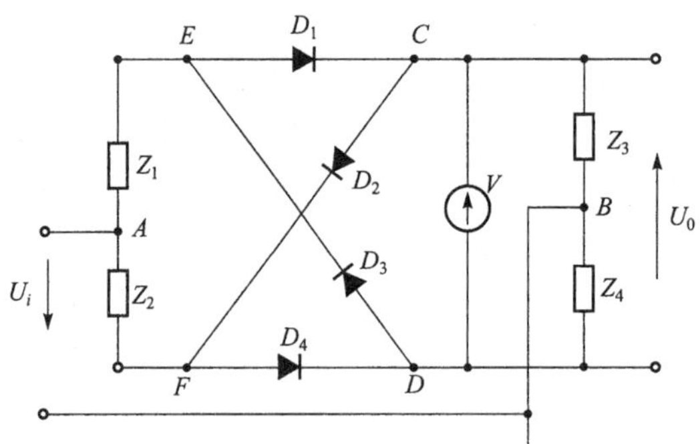

图 4-27 带相敏整流的交流电桥测量电路原理

图 4-28 是相敏整流交流电桥的等效电路示意图。

从等效电路可知:

1) 铁芯处于平衡位置时 $Z_1 = Z_2 = Z_0 L$:

$$U_0 = U_D - U_C = \frac{Z_0}{Z_0 + Z_0}U_i - \frac{Z_0}{Z_0 + Z_0}U_i = 0 \tag{4-42}$$

2) 活动铁芯向线圈Ⅰ方向移动时 传感器两个差动线圈的阻抗分别为,$Z_1 = Z_0 + \Delta Z, Z_2 = Z_0 - \Delta Z$,于是:

$$U_0 = U_D - U_C = \frac{\Delta Z}{2Z_0} \cdot \frac{1}{1 - \left(\frac{\Delta Z}{2Z_0}\right)^2} \mid U_i \mid$$

考虑到 $\frac{\Delta Z}{2Z_0} \ll 1$,$U_0$ 近似为:

$$U_0 = \frac{\Delta Z}{2Z_0} \mid U_i \mid \tag{4-43}$$

只要变送器活动铁芯向正方向移动,不论电源电压 U_i 是正半周还是负半周,桥路输出

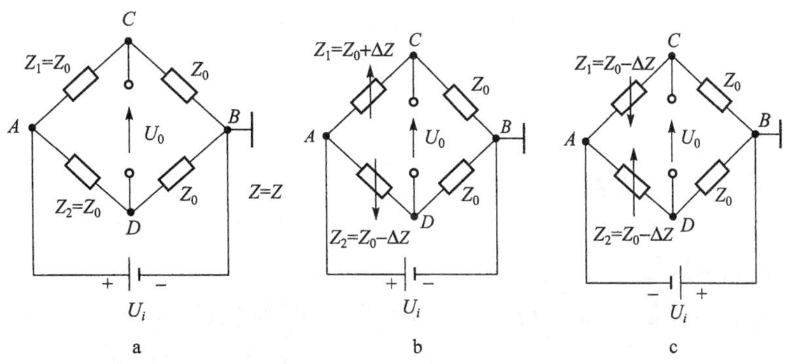

图 4-28　相敏整流交流电桥等效电路示意图

a. 铁芯处于初始平衡位置时的等效电路；b. 铁芯向线圈Ⅰ移动后的等效电路；

c. 铁芯向线圈Ⅱ移动后的等效电路

电压 U_0 都是正值，使中间指零的直流电压表的指针朝正向偏移。

3）活动铁芯向线圈Ⅱ方向移动时　当铁芯移向 Z_2 方向时，不论交流电源 U_i 是正半周还是负半周，电桥输出电压 U_0 均为负值，即：

$$U_0=-\frac{\Delta Z}{2Z_0}\mid U_i\mid \tag{4-44}$$

采用带相敏整流的交流电桥，得到的输出特性既能反映位移的大小，又能反映位移的方向，特性曲线如图 4-29 所示。

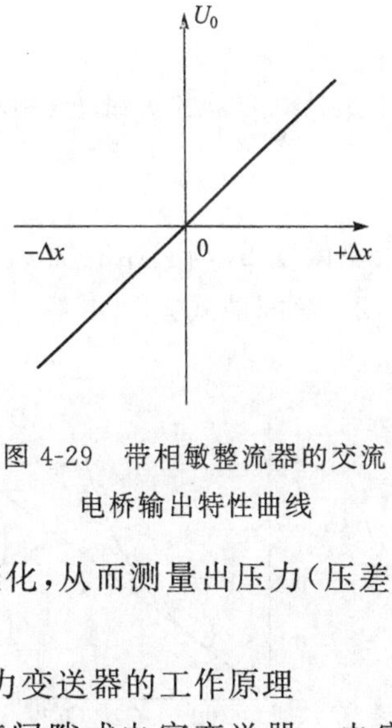

电感式压力变送器的二次仪表多为毫伏计或自动平衡电位差计，当然也可以将输出信号转换成统一的电流或电压信号与电动单元组合仪表联用或送给计算机的 I/O 模块。

图 4-29　带相敏整流器的交流电桥输出特性曲线

4.3.3.2　电容式压力(压差)变送器

电容式压力(压差)变送器由压力敏感单元和信号转换单元两部分组成。它把压力转换成敏感元件的变形，进而转换成电容器电容量的变化。通过测量电容器电容量的变化，从而测量出压力(压差)的大小。

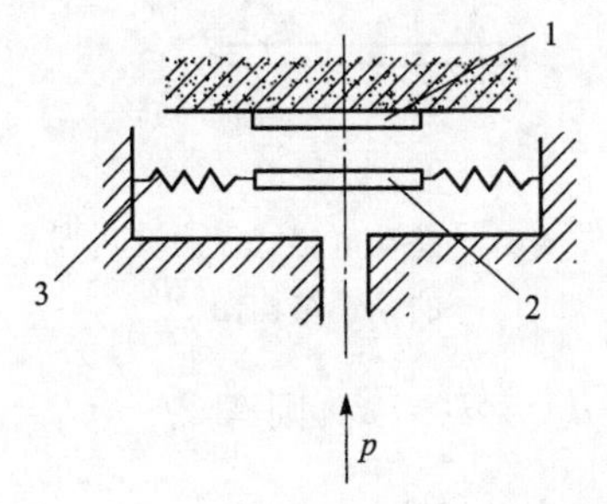

图 4-30　电容式压力(压差)变送器原理图

1—固定极板；2—感应极板；3—弹簧膜片

(1) 电容式压力变送器的工作原理

1）空气介质变间隙式电容变送器　电容式变送器的基本工作原理如图 4-30 所示。

图中上极板固定不动，下极板在压力 p 的作用下可上、下移动，从而引起极间距离 d 的变化，d 的改变与作用在下极板上的压力 p 成正比，因此变化的电容量是 p 的函数，通过测得电容器电容的变化量 ΔC，从而可知压力 p 的大小。

当压力 $p=0$ 时，即极板间的距离 $d=d_0$ 时，电容器的初始电容为 C_0，根据极板电容器的基本公式有：

$$C_0=\frac{\varepsilon_0 A}{d_0} \tag{4-45}$$

式中：

ε_0——极板间的介电系数；

A——极板的有效面积；

d_0——极板间的距离。

当起始间隙由 d_0 减小 Δd 时（$\Delta d \ll d_0$）则电容量增加 ΔC，即：

$$C_0+\Delta C=\frac{\varepsilon_0 A}{(d_0-\Delta d)}=C_0\frac{1}{1-\frac{\Delta d}{d_0}}$$

电容的相对变化量 $\Delta C/C_0$ 为：

$$\frac{\Delta C}{C_0}=\frac{\Delta d}{d_0}\left[1+\frac{\Delta d}{d_0}+\left(\frac{\Delta d}{d_0}\right)^2+\left(\frac{\Delta d}{d_0}\right)^3+\cdots\right] \tag{4-46}$$

变间隙式电容式压力变送器的相对输出 $\Delta C/C_0$ 与输入 Δd 为非线性关系，其特性曲线如图 4-31 所示。

由于 $\frac{\Delta d}{d_0}\ll 1$，对式（4-46）进行近似线性处理，则有：

$$\frac{\Delta C}{C_0}=\frac{\Delta d}{d_0}$$

此时电容器的灵敏度（用相对量 $\Delta C/C_0$ 表示的）S_0 为：

$$S_0=\frac{\Delta C/C_0}{\Delta d}=\frac{1}{d_0} \tag{4-47}$$

灵敏度 S_0 与起始间隙 d_0 成反比关系。

2）变间隙式差动电容式压力变送器　差动电容式压力变送器的基本原理如图 4-32 所示。

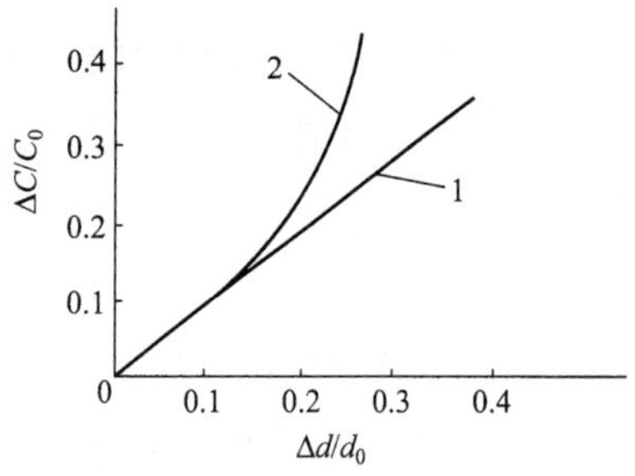

图 4-31　变间隙式电容式压力变送器的特性曲线

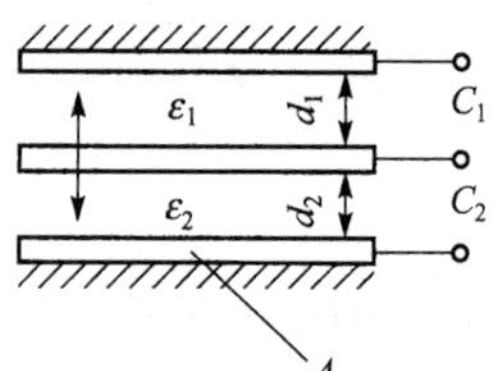

图 4-32　差动电容式压力变送器的原理结构图

当差动电容式变送器的活动极板在平衡位置时，即 $d_1=d_2=d_0$，则有 $C_1=C_2=C_0=\frac{\varepsilon_0 A}{d_0}$。如果活动极板向上移动 Δd，即 $d_1=d_0-\Delta d$，$d_2=d_0+\Delta d$，

$$C_1=C_0\left[1+\frac{\Delta d}{d_0}+\left(\frac{\Delta d}{d_0}\right)^2+\left(\frac{\Delta d}{d_0}\right)^3+\cdots\right]$$

$$C_2 = C_0\left[1-\frac{\Delta d}{d_0}+\left(\frac{\Delta d}{d_0}\right)^2-\left(\frac{\Delta d}{d_0}\right)^3+\cdots\right]$$

变送器电容总的相对变化，为

$$\frac{\Delta C}{C_0}=\frac{C_1-C_2}{C_0}=2\frac{\Delta d}{d_0}\left[1+\left(\frac{\Delta d}{d_0}\right)^2-\left(\frac{\Delta d}{d_0}\right)^4+\cdots\right]$$

变送器的灵敏度
$$S_0'=\frac{\Delta C/C_0}{\Delta d}=\frac{2}{d_0}=2S_0 \tag{4-48}$$

非线性误差为
$$r_0'=\pm\left|\frac{\Delta d}{d_0}\right|^2\times 100\% \tag{4-49}$$

电容式变送器做成差动式之后，非线性误差减小，而灵敏度提高了一倍。

3）部分固体介质的变间隙式电容式压力变送器　采用差动式电容式压力变送器，能较好地解决灵敏度与非线性失真的矛盾。但是，灵敏度的提高，还受电容器击穿电压的限制。为此，经常在两极板间再加一层云母塑料固体介质，来改善电容器的耐压性能，这就构成了平行极板间有固定介质和可变空气隙式变送器，如图 4-33 所示。

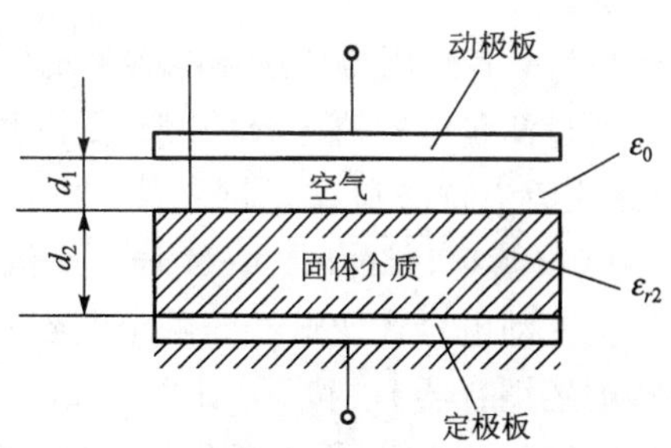

图 4-33　部分固体介质的变间隙式电容式压力变送器

设厚度为 d_1 的空气隙的电容量为 C_1，厚度为 d_2 的固体介质的电容量为 C_2，变送器的总电容为 C。则有：

$$C_1=\frac{\varepsilon_0 A}{d_1}$$

$$C_2=\frac{\varepsilon_{r2}\varepsilon_0 A}{d_2}$$

$$C=\frac{C_1C_2}{C_1+C_2}=\frac{\varepsilon_0 A}{d_1+\frac{d_2}{\varepsilon_{r2}}}=\frac{\varepsilon_0 A}{d'} \tag{4-50}$$

式中：

A——极板间固体介质的面积；

ε_{r2}——固体介质的相对介电常数。

当气隙 d_1 减小 Δd_1，电容 C 增大 ΔC 时，并考虑到 $\frac{\Delta d_1}{d'}\ll 1$，其中 $d'=d_1+\frac{d_2}{\varepsilon_{r2}}$，则式(4-50) 可写成：

$$\frac{\Delta C}{C}=N_1\frac{\Delta d_1}{d}\left[1+N_1\frac{\Delta d_1}{d}+\left(N_1\frac{\Delta d_1}{d}\right)^2+\cdots\right] \tag{4-51}$$

式中，$d=d_1+d_2$，$N_1=\frac{d}{d'}$既是灵敏度因子，又是非线性因子。该变送器的灵敏度 S 及相对非线性误差 δ 的表达式为：

$$S=\frac{\Delta C/C}{\Delta d_1}=\frac{N_1}{d}=\frac{1}{d'} \tag{4-52}$$

$$\delta=\pm\left|N_1\frac{\Delta d_1}{d}\right|\times 100\%=\pm\left|\frac{\Delta d_1}{d}\right|100\% \tag{4-53}$$

当这种变送器采用前面所述的差动结构时，灵敏度 S' 及相对非线性误差 δ' 的表达式为：

$$S' = \frac{\Delta C/C}{\Delta d_1} = \frac{2N_1}{d} = 2S \tag{4-54}$$

$$\delta' = \pm \left| N_1 \frac{\Delta d_1}{d} \right| \times 100\% = \pm \left| \frac{\Delta d_1}{d} \right|^2 100\% \tag{4-55}$$

上式表明，在保证以上两类电容器都不被击穿的条件下，并设 $d_0 = d_1 + d_2$，由于 $d_0/d' > 1$，则部分固体介质的变隙式电容变送器增加了非线性误差，提高了灵敏度，但是，由于差动式的非线性误差通常很小，因此在很多实际应用的场合，都采用这种结构型式的电容变送器。

(2) 电容式压力变送器电容量的测量

通过测量电容器电容的变化量测量压力。测量电容的方法很多，这里我们只介绍两种方法：交流电桥法和双 T 网络法。

1) 交流电桥法　图 4-34 表示交流电桥法测电容的基本原理。

把差动电容式变送器的两个电容 C_1、C_2 接入电桥的两个相邻臂上，电桥的另两臂如图示接电感耦合器 L_1 和 L_2，让 $L_1 = L_2$。初始时(压力 $p=0$)$C_1 = C_2$，电桥输出为 0，当有压力 p 作用时，C_1 和 C_2 发生变化，于是电桥有输出，输出经放大和相敏检波后给出相应的测量值。

2) 双 T 网络法　双 T 网络法电容测量电路如图 4-35 所示。

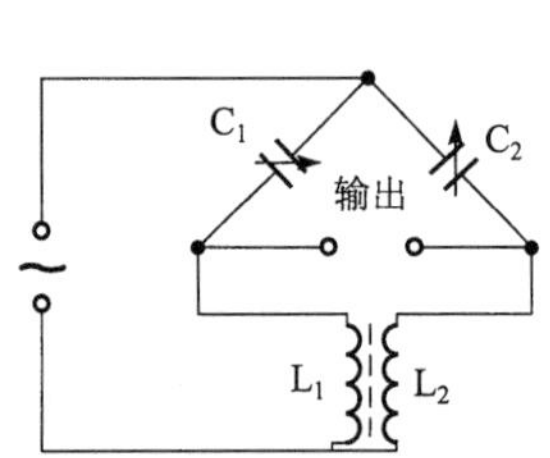

图 4-34　交流电桥法电容测量电路原理图

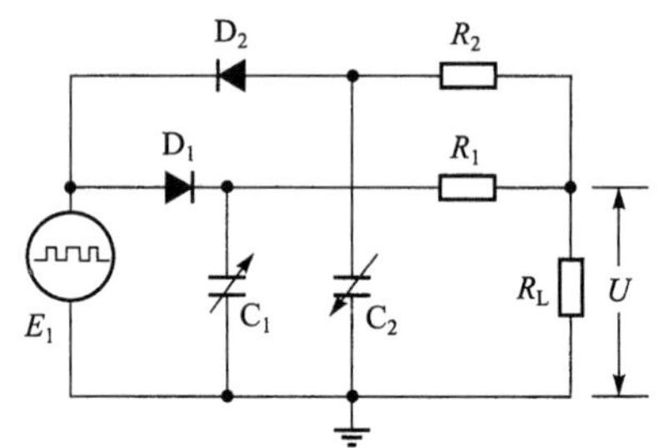

图 4-35　双 T 网络法电容测量电路

测量电路的工作原理是：在交流电源正半周时，通过二极管 D_1 对电容器 C_1 进行充电，在负半周时，电容器 C_1 经电阻 R_1 与 R_L 进行对地放电；而电容器 C_2 则在电源的负半周充电、正半周对 R_L 与 R_2 反向放电。因此 R_L 上两端的电压输出是 C_1 与 C_2 的平均放电电流之差所决定的。当压力(压差)为零时，C_1、D_1、R_1 与 C_2、D_2、R_2 的参数相同，则通过 R_L 的平均放电电流之差为零。当压力(压差)不为零时，差动电容 C_1 与 C_2 一个增大一个减小使两者的平均放电电流不相等，因此 R_L 两端的电压输出也就有了相应的变化。

4.3.4　核电厂压力仪表使用特点和注意事项

如前所述，在核电厂中压力表不仅仅用于直接测量介质的压力，还可用于测量流体的流量和液体的液位，因此压力变送器在核电厂的使用是非常重要的。在使用压力变送器时要注意核电厂的环境特点，以便正确使用压力表，以保证测量的有效性。

1）核电厂的压力测量范围宽，例如一次冷却剂的压力测量可从常压直到 18 MPa。为了解决测量范围和测量精度的要求，常根据测量的压力信号的用途分别选用宽量程压力表和窄量程压力表。

2）被测介质温度和压力变送器所在环境温度较高，温度高对压力变送器的使用寿命和测量精度可能会产生影响。

3）受中子和 γ 射线影响，压力变送器的绝缘有可能下降，从而影响它的使用。因此选用压力变送器和安装要考虑它的耐辐照性能。

4）压力变送器在现场的安装，要注意不能破坏被测系统的密封性。尤其是用于反应堆冷却剂系统的压力测量仪表的安装不能损坏一次冷却剂压力边界的完整性。

5）抗震 I 类要求的压力仪表及其支撑和安装要经过抗震质量鉴定。

6）测量脉动压力的仪表，在压力表的管接头处安装专门的减震装置。

7）测量腐蚀介质或黏稠介质的压力时，要考虑加装保护装置，防止有害的介质流入敏感元件。例如可选用带膜片分离器的压力表，被测压力作用在膜片上并通过隔离液传到敏感元件上，其基本原理如图 4-36 所示。

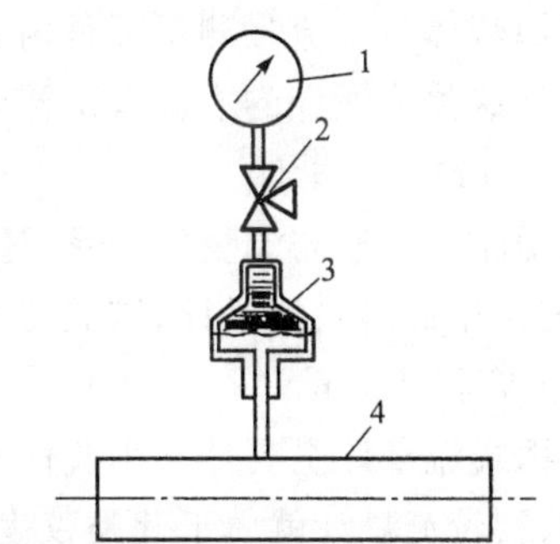

图 4-36　带膜片分离器的压力表基本原理图
1—压力表；2—三通阀；3—膜片分离器；4—管道

4.4　流量测量仪表

在核电厂中，流体（例如冷却剂和蒸汽等）的流量直接反映了反应堆热功率和负荷大小等运行工况。从反应堆导热、热交换、热平衡那样一些过程的优化，在很大程度上是由冷却剂流量决定的。而一回路冷却剂流量直接反映了从反应堆导出热量的情况，要求测量精度是很高的。因此连续监测流体的流量对于核电厂安全而经济地运行都有着重要的意义。

流体流量可以用单位时间内流过的流体的质量表示，称为质量流量（$q_m=\frac{\mathrm{d}m}{\mathrm{d}t}$，kg/s，kg/h，t/h），也可以用单位时间流过的流体的容积（体积）表示，称为容积（体积）流量，（$q_v=\frac{\mathrm{d}V}{\mathrm{d}t}$，$m^3/s$，$m^3/h$）。其中：$m$ 为流体的质量；V 为流体的体积；t 为时间。

显然：$q_m=q_v\cdot\rho$

式中：

q_m——流体的质量流量；

q_v—流体的体积流量；

ρ——流体的密度，随流体的状态而变。

也很明显：流体的体积流量等于流体流道的横截面积与其平均流速之乘积，即：

$$q_v=Fv$$

式中：

q_v——流体的体积流量；

F——流道的横截面积；

v——流体的平均流速。

4.4.1 流量测量仪表种类

流量测量仪表有很多种，工业上常用的流量测量仪表按照其工作原理主要有三种：差压式流量计、流速式流量计和容积式流量计。

(1) 差压式流量计

利用流体流过流量测量元件时，其压力差与流量的关系，通过测量压力差来测流体的流量。属于这类流量计的主要有节流装置流量计、弯管流量计、转子流量计等。

(2) 流速式流量计

利用流体流速与流量的关系，通过测量流体流速从而测得流量的仪表属于流速式流量计，例如常用的涡轮流量计、漩涡流量计以及电磁流量计、超声波流量计等。

(3) 容积式流量计

容积式流量计主要是利用流体连续通过一定容积后进行累计流量测量，例如椭圆齿轮流量计、腰轮流量计就属于此类仪表。

压水堆核电厂反应堆冷却剂流量、蒸汽发生器给水及蒸汽流量等的测量主要是采用差压式流量计、涡轮流量计等仪表。

4.4.2 节流装置流量计

节流装置流量计属于一种差压式流量计。节流装置一般由节流件、测量管段（节流件前后直管段）与取压部件等三部分组成。不同的节流件决定了节流装置的类型。

4.4.2.1 节流装置的类型

在节流装置测量流量的过程中，节流件是关键部件，要确立装置的流量计算方式，必须考虑节流件的类型、节流装置在管道中的结构形式和测量取压方式。

节流件大体上有孔板、喷嘴、文丘利管等三种类型，如图 4-37 所示。

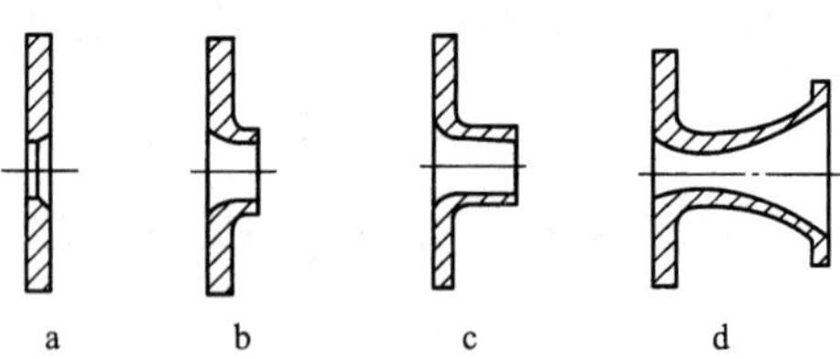

图 4-37 节流件示意图

a. 孔板；b. 喷嘴；c. 长径喷嘴；d. 文丘利管

(1) 孔板

孔板是中心开有圆孔的板，它垂直安装在流体管道内，其中心线与管道中心线偏差应小于 $0.15D\cdot\left(\frac{1}{\beta}-1\right)$，$D$ 为管道直径，d 为孔板圆孔直径，$\beta=d/D$。孔板的厚度一般取 $0.02D-0.05D$。

（2）喷嘴

喷嘴是一种以管道轴线为中心线的旋转对称体，由入口收缩与出口圆筒形喉部光滑过渡形成，喷嘴分短喷嘴与长径喷嘴两种。

喷嘴的特征尺寸是其圆形喉部的内直径 d，d 应是 8 个等角度直径实测值的平均值，要求喷嘴圆筒形喉部任一截面上的直径实测值与平均值的差不得超过 0.05%。

（3）文丘利管

文丘利管是由收缩段、圆筒形喉部与圆锥形扩散管三部分组成，按收缩段的形状不同，又分为古典文丘利管和文丘利喷嘴。

文丘利管是由入口圆筒段 A、圆锥形收缩段 B、圆筒形喉部 C 和圆锥形扩散段 E 所组成，其基本结构如图 4-38a 所示。

文丘利喷嘴的型线如图 4-38b 所示。它是由呈弧形的收缩段、圆筒形喉部和扩散段组成。

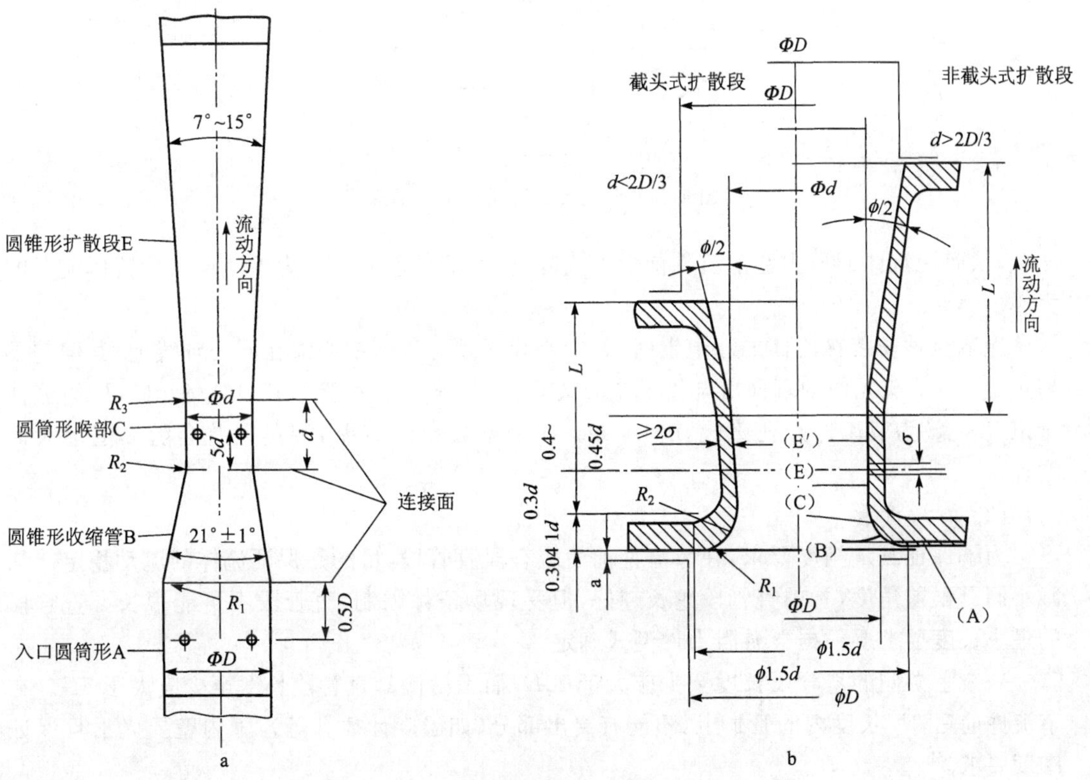

图 4-38　文丘利管几何形状示意图

a. 文丘利管；b. 文丘利喷嘴

4.4.2.2　节流装置流量计的基本组成

节流装置流量计一般包括节流件、测量管段、取压部件和压差变送器及相应阀门等组成，其基本结构如图 4-39 所示。

用节流装置测流量是基于测量节流件前后的压力差，从而测知流体的流量。

（1）节流件

节流件垂直安装在流体的管道上。它的作用是使流体在流过节流件前后时，流束发生

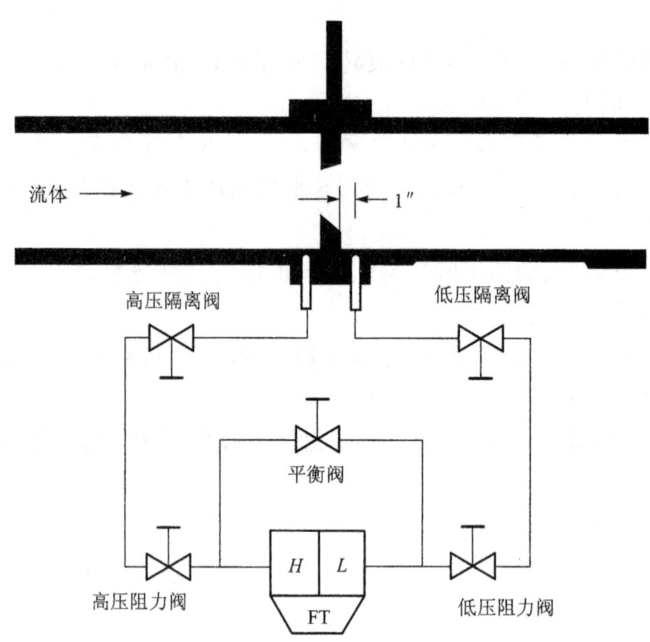

图 4-39　节流装置流量计结构示意图

变化，从而使流体的压力在节流件前后发生变化，节流件前后的压力差就反映了流体流量的大小。

把节流件安装在流体的管道上时，其中心线必须与管道中心线在同一轴线上，其偏差不超过±1°。节流元件的端面应与管道中心线垂直，其偏差不大于 $0.15D(1/\beta-1)$，D 为流体管道直径，d 为节流件开孔直径，$\beta=d/D$。如果安装出现偏差，测量误差会随 β 值增大而增加。

(2) 测量管道

为了保证测量精度要求，在节流件前后应有段直管段，目的是保证流体的流动稳定。从减小测量误差角度，希望直管段越长越好，但受现场条件限制，直管段不可能很长。直管段的最小长度要求要根据上游阻力件型式确定。

一般上游侧的直管段长度至少应大于 $10D$，而下游侧的直管段长度至少应大于 $5D$。在节流件前后 $2D$ 长度内的管道上，不能有突出部分(如温度计插孔等)，管内壁要光滑且保证圆度要求。

(3) 取压部件及取压方式

为了测量节流件前后流体的压力差，要用引压管把压力引到差压变送器。为了减小测量的响应时间和一些安全考虑，敷设的引压管应尽量短，一般不超过 50 m 长。引压管的敷设及取压口位置的确定要考虑防止被测流体中的沉积物进入引压管。

引压管应带有阀门等必要的附件，以备与主设备隔离进行检修和冲洗排污之用，如被测介质有腐蚀性时应在引压管上加隔离容器，以保护差压变送器。

取压口的位置不同，取压方式也不同。根据取压口的位置可把取压方式分成五种：理论取压、法兰取压、径距取压、角接取压和损失取压。图 4-40 表示出这几种取压方式及其取压口位置。

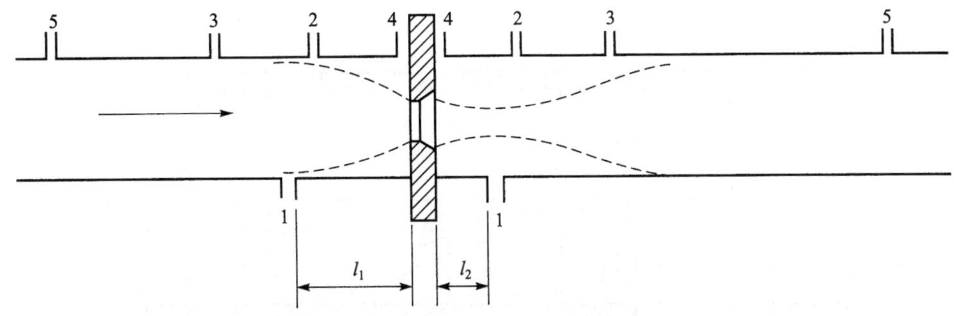

图 4-40　取压方式及其取压口位置

1—理论取压；2—法兰取压；3—径距取压；4—角接取压；5—损失取压

理论取压：又称缩脉取压，其位置为：$l_1=(0.9\sim1.1)D$；$l_2=(0.84\sim0.34)D$。

径距取压：节流件前后取压口距节流件的距离等于管道直径。

法兰取压：取压口在法兰盘上。

角接取压：取压口在节流件的两个角处。

损失取压的位置：$l_1=2.5D$；$l_2=8D$。

孔板常用的取压方式是角接取压、法兰取压和理论取压等。喷嘴只采用角接取压。文丘利喷嘴的上游取压同喷嘴，下游取压于喉部。

(4) 差压变送器及平衡阀

差压变送器用来测量节流件前后的压力差。变送器的高、低压侧分别与节流件的上游、下游相连。其中平衡阀和隔离阀用来保证变送器不会过载，或与主管道隔离。

4.4.2.3 节流装置测流量的工作原理

流体在管道中流动时，流经节流件时，其流束、平均速度及断面压力均发生变化，产生了压力损失，如图 4-41 所示。

节流阻力件确定后，其上、下游一定位置上的压力差 Δp 是流体平均流速 v 的函数，或者说流速 v 是 Δp 的函数，即 $V=f(\Delta p)$。流体的流量 q_v 正比于其平均流速 v，因此 q_v 也是 Δp 的函数，即 $q_v=F(\Delta p)$。

通过伯努利方程和流体流动连续方程，可导出流体流量与 Δp 的关系式。根据流体是否是可压缩性流体，其关系式中差一个流束膨胀系数 ε。流体流经节流装置的流量公式为：

(1) 不可压缩性流体的流量公式

$$q_m=\alpha\frac{\pi}{4}d^2\sqrt{2\rho\Delta p}=\alpha\frac{\pi}{4}\beta^2D^2\sqrt{2\rho\Delta p} \tag{4-56}$$

$$q_v=\alpha\frac{\pi}{4}d^2\sqrt{\frac{2}{\rho}\Delta p}=\alpha\frac{\pi}{4}\beta^2D^2\sqrt{\frac{2}{\rho}\Delta p} \tag{4-57}$$

(2) 可压缩性流体的流量公式

$$q_m=\alpha\varepsilon\frac{\pi}{4}d^2\sqrt{2\rho\Delta p}=\alpha\varepsilon\frac{\pi}{4}\beta^2D^2\sqrt{2\rho\Delta p} \tag{4-58}$$

$$q_v=\alpha\varepsilon\frac{\pi}{4}d^2\sqrt{\frac{2}{\rho}\Delta p}=\alpha\varepsilon\frac{\pi}{4}\beta^2D^2\sqrt{\frac{2}{\rho}\Delta p} \tag{4-59}$$

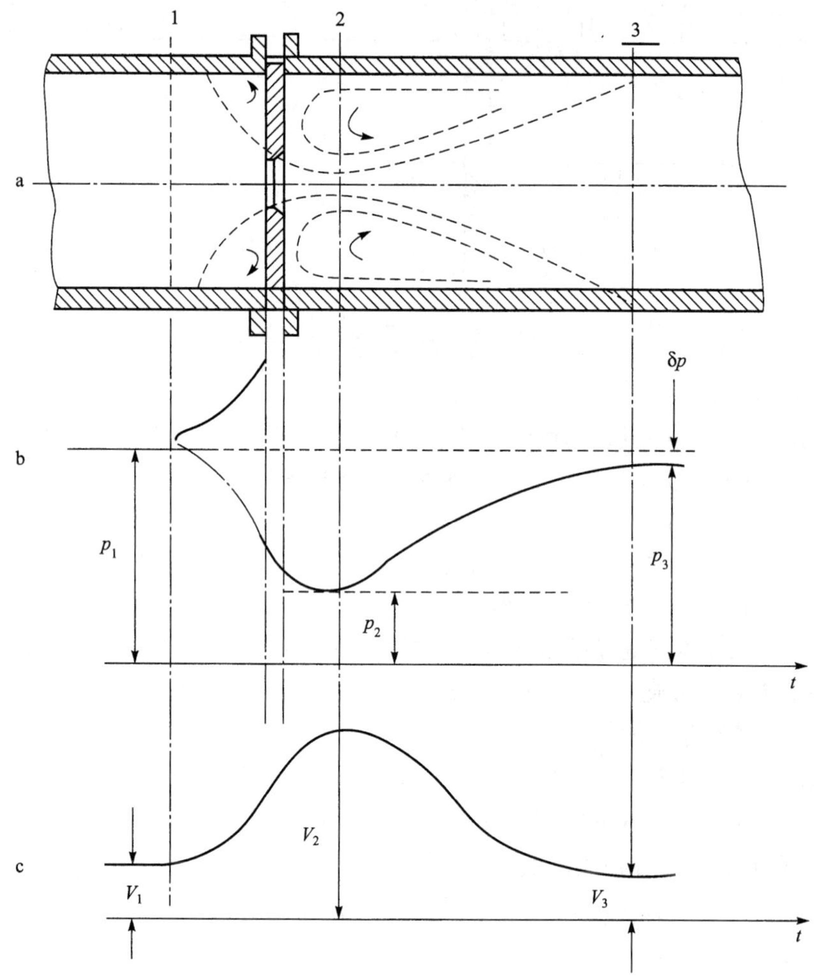

图 4-41 节流装置中节流件前后流体的流动状况

a. 流体流束状况；b. 断面压力；c. 断面平均流速

式中：

d——节流件开孔直径，m；

Δp——节流件前后的差压值，Pa；

a——流量系数；

ρ——流体介质密度，kg/m^3；

ε——流束膨胀系数，$\varepsilon<1$；

β——管径之比，$\beta=d/D$；

D——被测流体管道内径，m；

q_m——质量流量，kg/s；

q_v——体积流量，m^3/s。

从上述公式可知，当流体、管道、节流件及取压方式确定后，流量与节流件上、下游的压力差的平方根$\sqrt{\Delta p}$成正比。通过压力变送器测出 Δp 后即可测知流体的流量。

4.4.2.4　节流装置的压力损失 δp

流体在流经节流装置时由于涡流等原因会引起流体压力的损失，其损失的大小因节流件的形式而异，并随 β 值的减少而增大，随 Δp 的增加而增加。标准节流装置的压力损失可用下式近似地计算：

$$\delta p=\frac{1-\alpha\beta^2}{1+\alpha\beta^2}\Delta p \tag{4-60}$$

式中：

α——流量系数；

β——管径之比；

Δp——节流件前后之压差。

压力损失实际上是能量损失，在设计节流件时，应对压力损失有限制，不能让它超过允许范围。一般来说孔板造成的压力损失会比喷嘴大，这一点限制了它的使用范围。

4.4.2.5　节流装置的选择

节流装置除节流元件外，还包括取压设备和连接管道及其附件。但是节流装置的选择主要指选择节流元件和差压计，一般应注意以下原则：

1）从测量精度考虑，在流量和差压条件相同的情况下，喷嘴的精度最高；

2）从对差压变送器的灵敏度要求考虑，由于孔板流量计产生的压差大，不要求变送器的灵敏度特别高；文丘利管流量计产生的压差较小，所以要求所用的差压变送器的灵敏度要高；

3）要满足允许的压力损失，孔板的压力损失较大，而文丘利管所造成的压力损失较小；

4）节流件容易安装，且满足安装的技术要求。

4.4.2.6　节流装置的使用条件

为了保证测量精度，要特别注意标准节流装置的使用条件：

1）标准节流装置仅仅适用于测量圆形截面管道中的单相、均质流体的流量；

2）它要求流体充满管道，在节流件前后一定距离内不发生相变或析出杂质；

3）流体的流速要小于音速；

4）流体的流动属于非脉动流，流体在流过节流件前的流速应与管轴线平行，不得有旋转流的存在。

4.4.3　弯管流量计

弯管流量计也是一种差压式流量计。

4.4.3.1　弯管流量计工作原理

稳定流动的流体通过弯管时，由于离心力的作用在弯管内、外侧壁上产生压力差。曲率半径一定的 90°弯管，在离开其弯曲中心最远位置和最近位置上所测得压力差的平方根正比于流体的流速，即正比于流体的流量，这就是弯管流量计的基本工作原理。

图 4-42 表示一个弯管流量计的基本结构及流体通过具有水平弯曲面的平卧弯管时，弯管外侧壁及内侧壁上的流体压力分布。压力差 p_1-p_2 在弯管顶点附近达到最大值。

弯管流量计的最简单的形式是一个普通的管道弯头。通常在弯头曲率半径所确定的平

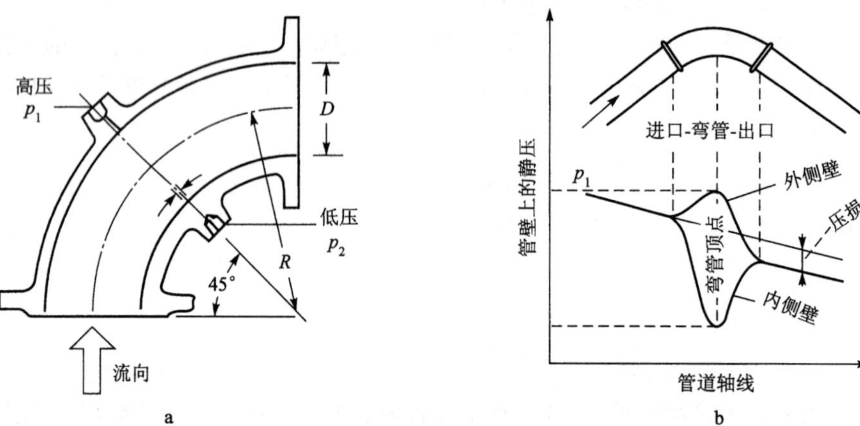

图 4-42 弯管流量计工作原理示意图

a. 弯管流量计；b. 弯管流量计弯管内压力分布

面(纵向截面)上离开弯头进口端面 45°的外表面和内表面上配置取压口。

利用伯努利方程可以推导出弯管流量计的流量公式：

$$q_m = \left(\frac{\pi}{4}D^2\right)\sqrt{\frac{R}{2D}}\sqrt{2\rho(p_1 - p_2)} \tag{4-61}$$

$$q_v = \left(\frac{\pi}{4}D^2\right)\sqrt{\frac{R}{2D}}\sqrt{\frac{2}{\rho}(p_1 - p_2)} \tag{4-62}$$

式中：

q_m——通过弯管的流体的质量流量；

q_v——通过弯管的流体的体积流量；

D——弯管的内径；

R——弯管的曲率半径；

ρ——流体的密度；

p_1——弯管外侧壁压力；

p_2——弯管内侧壁压力。

式(4-61)和式(4-62)是理论流量公式。对于实际情况必须加以校正，所以引入校正因数 α，则有：

$$\begin{aligned} q_m &= \alpha\left(\frac{\pi}{4}D^2\right)\sqrt{\frac{R}{2D}}\sqrt{2\rho(p_1 - p_2)} \\ &= C\left(\frac{\pi}{4}D^2\right)\sqrt{2\rho(p_1 - p_2)} \end{aligned} \tag{4-63}$$

$$\begin{aligned} q_v &= \alpha\left(\frac{\pi}{4}D^2\right)\sqrt{\frac{R}{2D}}\sqrt{2\rho(p_1 - p_2)} \\ &= C\left(\frac{\pi}{4}D^2\right)\sqrt{\frac{2}{\rho}(p_1 - p_2)} \end{aligned} \tag{4-64}$$

式中，$C = \alpha\sqrt{R/2D}$，称为流量系数。

α 的数值决定于取压口的位置，当取压口位于离开 90°弯头进、出口平面都为 45°的中央直径线最近和最远位置上时，$\alpha \approx 1$。假如取那些 R 和 D 的尺寸经精确测定，弯头内径等于直管内径，且弯头上游的直管长度为小于 $25D$ 时，则 α 数值的分布范围在 0.96～1.04 之间，亦即 C 值直接采用 $\sqrt{R/2D}$，误差为±4%左右。

4.4.3.2　弯管流量计的应用

由于弯管流量计的流量-压差的关系有良好的复现性(误差在±0.2%～±0.1%范围内)，所以在核电厂用它测流体的流量很普遍。特别是用它测反应堆冷却剂的流量，先用实际的工作流体进行标定，这样可保证测量精度。

弯管流量计的上、下游要有足够的直管段，取压口应位于弯管的中央直径上弯曲的最外侧和最内侧，取压口直径应大于 $D/8$，同时要特别注意两个取压口的对准。

弯管流量计没有压力损失，且安装方便，价格低廉。

4.4.4　转子流量计(浮子流量计)

转子流量计(又称浮子流量计、恒压差流量计等)在测量气体或液体的流量中得到广泛应用。核电厂中，转子流量计主要用于辅助系统的流体流量测量中。特别是分析测量气体的流量，转子流量计有很好的应用。

这种仪表是因工作介质顺着仪表敏感元件——浮子流动，所以称为顺流流量计。它具有灵敏度高，压力损失不明显，结构与运行简单，可以用于有害液体和气体的测量，仪表装在介质向上流的垂直管道中。而且宜于在小于 200 mm 的小管径上测量小流量，测量精确度可达到±(1%～2%)。

这种流量计由于结构上的特点决定了它只能安装在垂直流动的管子上使用，而流体介质的流向应该是自下而上的，即从锥形管下端进入，经转子与锥形管壁之间的环形截面，从上端流出去。

4.4.4.1　转子流量计工作原理

转子流量计主要由一根自下而上扩大的垂直锥管和一只随流体流量大小而可以上下移动的浮子所组成，如图 4-43 所示。

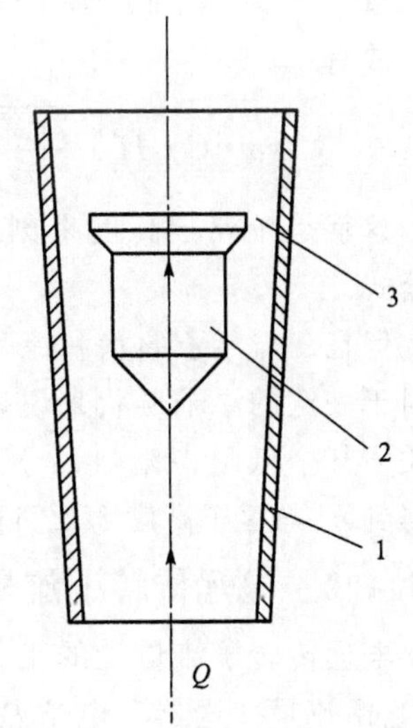

图 4-43　转子流量计工作原理示意图
1—外壳；2—转子；3—间隙

液体由下向上流动时，在浮子前后的压差作用下会产生使浮子上升的力。当浮子的上升力大于浸在流体内的浮子重力时，则浮子上升，随着浮子上升，它最大外径与锥管之间的环隙面积也逐渐增大，致使作用在浮子上的上升力逐渐减小，直到上升力等于浸在流体中的浮子重力时，才达到力的平衡，这时，浮子就稳定在某一高度 H 的位置上，该高度 H 就代表流过转子流量计的流量值。

浮子平衡时有下列力的平衡关系：重力＝浮力＋压差力。

即有：

$$\rho_f V_f g = V_f \rho g + \Delta p \cdot A_f$$

$$\Delta p = \frac{1}{A_f}[V_f \cdot g(\rho_f - \rho)] \tag{4-65}$$

式中：

ρ_f——浮子材料的密度；

V_f——浮子的体积；

g——重力加速度；

ρ——流体的密度；

Δp——浮子前后的压差；

A_f——浮子最大的横截面积。

从式(4-65)可见 Δp 是个恒定值，所以称为恒压差流量计。

从伯努利方程可以推导出流体经过节流件前后产生的压差与体积流量之关系为：

$$q_v = \alpha \cdot A_0 \sqrt{\frac{2\Delta p}{\rho}} \tag{4-66}$$

式中：

α——与浮子形状、尺寸等有关的流量系数；

A_0——浮子与锥形管壁之间环形通道面积。

式(4-65)和式(4-66)合并得：

$$q_v = \alpha \cdot A_0 \sqrt{\frac{2gV_f}{A_f}} \cdot \sqrt{\frac{\rho_f - \rho}{\rho}} \tag{4-67}$$

若考虑到浮子在锥形管中运动，则随它的高度不同，其通流面积也改变，A_0 和 H 成正比关系，故有 $A_0 = C \cdot H$ 。

式中：

C——与锥形管锥度有关的比例系数；

H——浮子在锥形管中的高度。

故有：

$$q_v = \alpha \cdot C \cdot H \sqrt{\frac{2gV_f}{A_f}} \cdot \sqrt{\frac{\rho_f - \rho}{\rho}} \tag{4-68}$$

这就是按浮子高度来刻度的流体流量的基本公式。

但是 α 与浮子形状和流量的雷诺数有关，当然对于一定的浮子形状来说，只要是雷诺数达到了关于某个低限雷诺数，α 就是一个常数。就可以得到 q_v 与浮子高度 H 之间的线性刻度了。

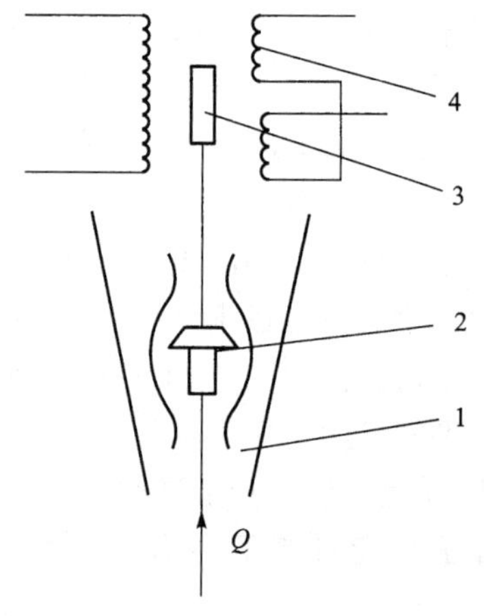

图 4-44 电远传转子流量计工作原理示意图

1—锥管；2—浮子；3—铁芯；4—差动线圈

4.4.4.2 电远传转子流量计

电远传转子流量计的工作原理如图 4-44 所示，它由流量变送器和电子差动仪表所组成。浮子随着流量大小的变化在锥管内上下移动，浮子上端有一铁芯，与隔离管外的线圈构成差动变压器，通过它与电子差动仪表相连接，构成差动变压器系统，经放大器和可逆电机等，把浮子的位移(即高度 H)转换为 0～10 V 或 4～20 mA 的标准电信号输出。

4.4.4.3　转子流量计使用安装注意事项

使用安装转子流量计时要考虑下列因素,否则会影响测量精度。

1) 转子流量计一般装于环境温度低于 60 ℃地方,安装的位置要考虑人因要求;

2) 必须垂直安装,不得倾斜,经初步计算,一旦仪表倾斜 10°,就会使仪表产生 0.8%的附加误差,流体流经仪表锥管的方向必须自下而上;

3) 仪表前后必须有一段与仪表内径一致的直管段,直管段长度应保证在 $5D$ 以上,以避免产生涡流;

4) 为避免杂质进入仪表而影响仪表的正常运转,安装前应清洗管道;

5) 对不清洁被测流体,在仪表前应装过滤器,如有逆流出现,则应加逆止阀;

4.4.5　涡轮流量计

涡轮流量计由涡轮流量变送器、前置放大器和信息处理及显示仪表组成。

涡轮流量计的特点是:测量精度高;测量范围宽;动态响应好;压力损失小;能耐较高的工作压力和工作温度;当仪表发生故障时,不影响管路系统内流体的正常流动;输出电信号便于远传。但使用安装要求高,被测流体的部分性能对测量精度有一定的影响。涡轮流量计最宜测的介质是比较洁净的低黏度液体。不能用涡轮流量计来测量高黏度液体、混杂有固体颗粒的液体、强腐蚀性介质、汽液两相介质和蒸汽等的流量。

4.4.5.1　涡轮流量计工作原理

涡轮流量计的结构如图 4-45 所示。当被测流体通过流量计时,冲击涡轮叶片,使涡轮旋转,在一定的流量范围内,一定的流体黏度下,涡轮的转速与流体流速成正比。当涡轮转动时,涡轮上由导磁不锈钢制成的螺旋形叶片轮流接近处于管壁上的检测线圈,周期性的改变检测线圈磁电回路的磁阻,使通过线圈的磁通量发生周期性变化,这时检测线圈产生与流量成正比的脉冲信号,单位时间内的脉冲数反映了流量的大小。

涡轮流量计的壳体由非导磁材料不锈钢制成。壳体上装有永久磁钢和检测线圈。流量计内部由涡轮、轴承、导流器组成。涡轮转轴由位于两端的滚珠轴承或滚动轴承支撑。轴承是影响流量计使用寿命长短的关键部件,要求轴与轴承具有耐腐性和耐磨性。导流器对流体产生导流作用,避免回流体自旋而改变流体与涡轮叶片的作用角,从而保证仪表的测量准确度。导流器又用来支撑涡轮,保证涡轮的转动轴中心和总体的中心相重合。

当流量恒定时,涡轮流量计的叶轮处于匀速转动状态,其转动的角速度 ω 为:

$$\omega = \frac{v_0 \cdot \mathrm{tg}\beta}{\gamma} \tag{4-69}$$

式中:

v_0——作用于涡轮上的流体轴向速度;

γ——涡轮叶片上的平均半径;

β——叶片对涡轮轴线的倾角。

此时检测线圈感应出的电流脉冲信号的频率为:

$$f = nZ = \frac{\omega}{2\pi}Z \tag{4-70}$$

式中：

n——涡轮的转速；

Z——涡轮上的叶片数。

管道内流体的体积流量为：

$$q_v = v_0 F \tag{4-71}$$

式中：

F——流量计的有效通流面积。

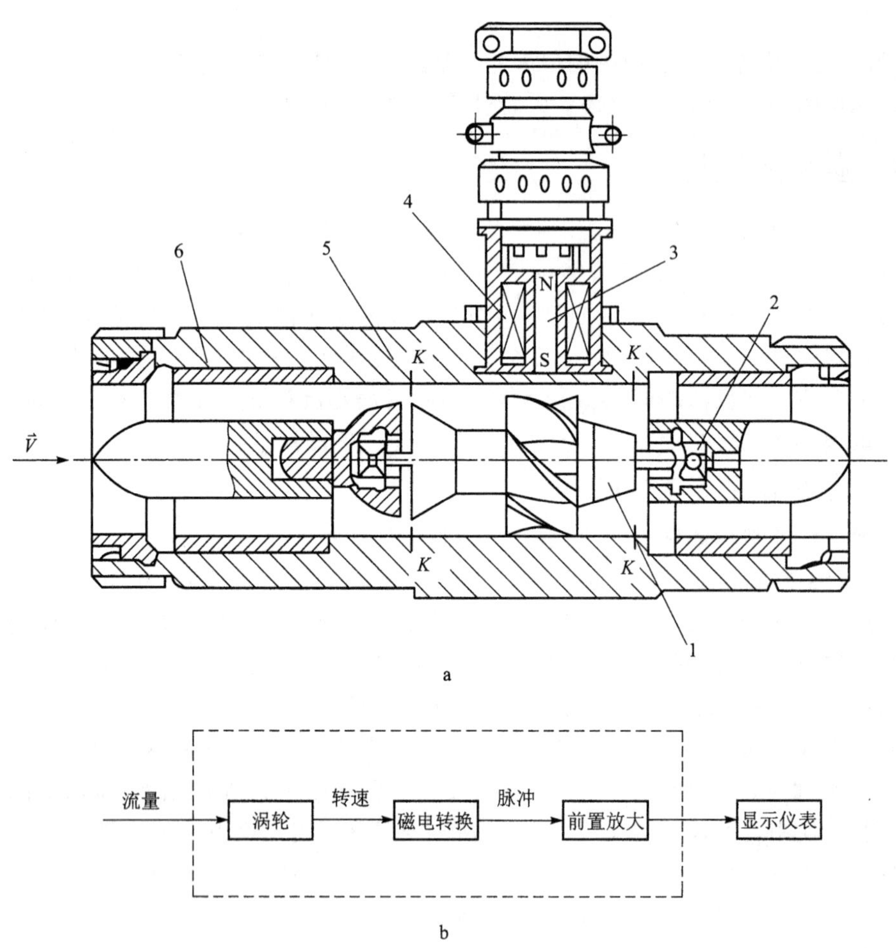

图 4-45 涡轮流量计结构原理图

a. 流量计的结构示意图；b. 流量计的测量原理示意图

1—涡轮；2—支撑；3—永久磁钢；4—感应线圈；5—壳体；6—导流器

由式(4-69)、式(4-70)和式(4-71)可得：

$$f = \frac{Z\text{tg}\beta}{2\pi rF} q_v = \xi q_v \tag{4-72}$$

式中：

ξ——仪表常数，$\xi = \dfrac{Z\text{tg}\beta}{2\pi rF}$，它只取决于流量计本身的结构。

从式(4-72)可知,对于一个定型的涡轮流量计,其流量是正比于流量计输出脉冲信号频率的单值函数。

涡轮流量计的显示仪表实际上是一个脉冲频率测量和脉冲计数仪表,它将涡轮流量变送器输出的单位时间内脉冲数信号和一段时间内的脉冲总数信号按瞬时流量和累计流量显示出来。

4.4.5.2　使用涡轮流量计注意事项

使用涡轮流量计应满足下列要求:

1) 被测流体必须洁净,以防止涡轮叶片被卡和减少轴与轴承的磨损。必要时,仪表前的管道上应加装过滤器;

2) 被测流体的黏度和密度必须与仪表刻度标定时的流体黏度和密度相同,否则必须重新标定;

3) 仪表的安装方式要求与校验情况相同　变送器的进口出口方向不能装反,仪表一般水平安装。仪表除了有导流器外,其前后必须保证有足够的直管段,通常入口直管段长度取内径的 15 倍以上,出口取 5 倍以上,必要时加装整流器。

4.4.6　电磁流量计

4.4.6.1　电磁流量计工作原理

电磁流量计工作原理是基于法拉第定律——电磁感应定律。根据这个定律,运动的物体切割磁场,感应出与物体移动速度成正比的电势,通过测量此电势来测量流量。电磁流量计更多地用于钠冷快堆上液态金属钠的流量测量。

如图 4-46 所示:在一段不导磁的测量管两侧装上一对电磁铁,被测液体由管内流过,管壁上在与磁场垂直的方向上有一对与液体接触的电极,根据电磁感应定律,若管道内磁感应强度为 B(高斯),管内流体的流速为 V(cm/s),切割磁力线的导体的长度就是两个电极间的距离,即管道内径 D(cm),则感应电动势为:

$$E = B \cdot D \cdot V \times 10^{-8}\ \text{V} \tag{4-73}$$

$$\because \quad q_v = V \cdot \frac{\pi}{4} D^2$$

$$\therefore \quad E = \frac{4B}{\pi D} q_v \times 10^{-8}\ \text{V} \tag{4-74}$$

若考虑管道分流和磁场的修正,则有:

$$E = \frac{4}{\pi D} B q_v K_1 K_2 \times 10^{-8}\ \text{V} \tag{4-75}$$

式中:

B——磁通密度,Gs;

q_v——体积流量,cm^3/s;

D——管道内径,cm;

K_1——管道分流修正系数;

K_2——磁场修正系数。

K_1 由内管道的壁厚和电导率决定;K_2 取决于极面长度与管道内径的比例,当极面与管道之间的气隙很小时，若该比值大于 5，则 $K_2 \approx 1$。

对于一只定型的电磁流量计来说有下列关系：

$$E = \frac{4}{\pi D} B q_v K_1 K_2 \times 10^{-8} = K q_v$$

或

$$q_v = CE \tag{4-76}$$

式中：

$C=1/K$，K——电磁流量计的仪表常数。

由此可见，电势 E 的大小就反映出流量的大小。

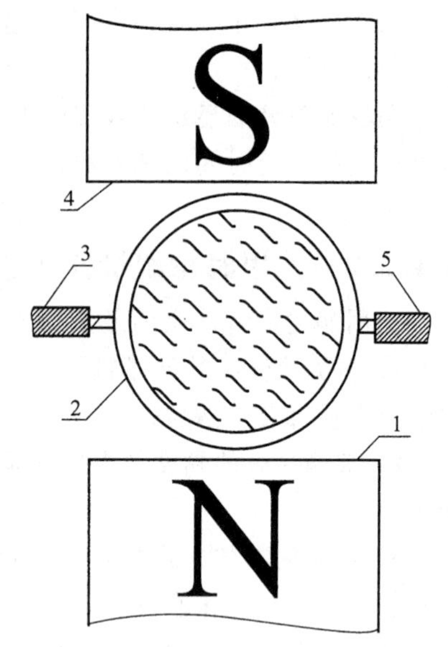

图 4-46　电磁流量计原理图

1、4—电磁铁；2—测量管；3—电极；5—电极

4.4.6.2　电磁流量计在核电厂的应用

用电磁流量计测流量既有一定的优点，也有它的局限性。

（1）电磁流量计的优点

1）由于没有阻力件放在流道中，因此压降非常低；

2）无需运动部件；

3）压力、温度或流量发生瞬变时不易损坏；

4）时间响应快，容易得到动态数据；

5）流体密度或温度的适当变化不会引起显著的误差；

6）用于液态金属场合，非常低的输出阻抗提高了抗干扰能力，并减少了由于电缆的绝缘电阻低所造成的测量误差。

（2）电磁流量计使用的局限性

1）对于高电阻率的冷却剂情况，高的输出阻抗将使得流量计对于下列因素所造成的误差是敏感的，辐射感生电流，电缆的低绝缘电阻，管道材料较低的绝缘电阻；

2）对于在高温和强辐射场中的使用情况，磁铁性能可能难于稳定；

3）流量计的刻度与温度有关；

4）磁路的有效空间将限制磁场强度和输出电压。考虑到上述相对的缺点，目前电磁流量计仅应用于液态金属作冷却剂的反应堆中(即快堆)。

电磁流量计可用于测量电导率大于 10^{-5} V/cm 的各种导电液体的体积流量，例如水和含有悬浮颗粒的污水，半圆体状态的聚状物，腐蚀性液体以及对卫生要求高的液体的流量测量，但电磁流量计不能用于气体和蒸汽流量的测量。

4.4.7　超声波流量计

超声波在流体中向上游和向下游的传播速度不同，主要是因为叠加了流体的流速。因此通过测量超声波在流体中向上游和向下游的传播速度之差来测得流体的流速，从而测得流量。

如图 4-47 所示。设静止流体中的声速为 C，流体流速为 V，超声波发送器 N 和接收器 M 之间的距离为 L，则传播时，声波顺着流动方向从发送器到接收器的传送时间为 $t_1 = \frac{L}{C+V}$，声波逆流动方向的传递时间为 $t_2 = \frac{L}{C-V}$。所以传播时间差为：

$$\Delta t=\frac{L}{C-V}-\frac{L}{C+V}=\frac{2LV}{C^2-V^2}$$

当 $C \gg V$ 时，

$$\Delta t \approx \frac{2LV}{C^2}$$

∵对液体而言，$C=1\ 000 \sim 1\ 500$ m/s，$V=6 \sim 8$ m/s。

故超声波流量计的流量公式为：

$$q_v=VF=\frac{FC^2\Delta t}{2LK} \tag{4-77}$$

式中：

F——液体流动的截面积；

K——考虑在流动中速度分布的系数；

q_v——被测流量。

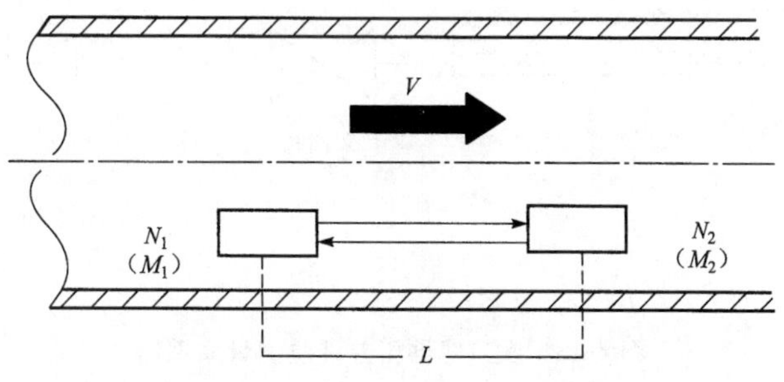

图 4-47　超声波流量计示意图

4.5　液位测量仪表

液位是核电厂重要的工艺过程参数之一，例如反应堆容器内主冷却剂的液位、稳压器的液位和蒸汽发生器的液位直接反映了核电厂反应堆的运行工况，关系到核电厂能否安全可靠地运行。所以液位测量对于核电厂的安全可靠运行是非常重要的。特别是当液位测量仪表作为核电厂反应堆保护系统的一部分时，则仪表要具有很高的可靠性。

液位测量仪表有很多种，但核电厂反应堆的液位测量一般采用差压式液位仪表、浮子式液位仪表、电感式液位仪表以及电阻式液位仪表等。

4.5.1　差压式液位计

在压水堆核电厂，稳压器的水位测量、压力容器的水位测量、蒸汽发生器的水位测量等基本上都采用差压式液位计。

4.5.1.1　差压式液位计的工作原理

差压式液位计的工作原理是把液位高度的变化转换成差压的变化，因此其测量仪表就是差压计(差压变送器)。差压式液位计准确测量液位的关键是液位与差压之间的准确转换。

一般采用平衡容器来实现液位-压差的转换。采用平衡容器的差压式液位仪表的工作原理是：用被测液柱高度与保持液位不变的平衡容器中液柱高度所造成的压差来进行液位测量，平衡容器和与差压计的连接管线充满了被测液体。

差压式液位计（变送器）具有统一的输出 4～20 mA 的电流信号。

(1) 敞口容器的液位的测量原理

图 4-48 表示敞口容器的压差液位测量原理。

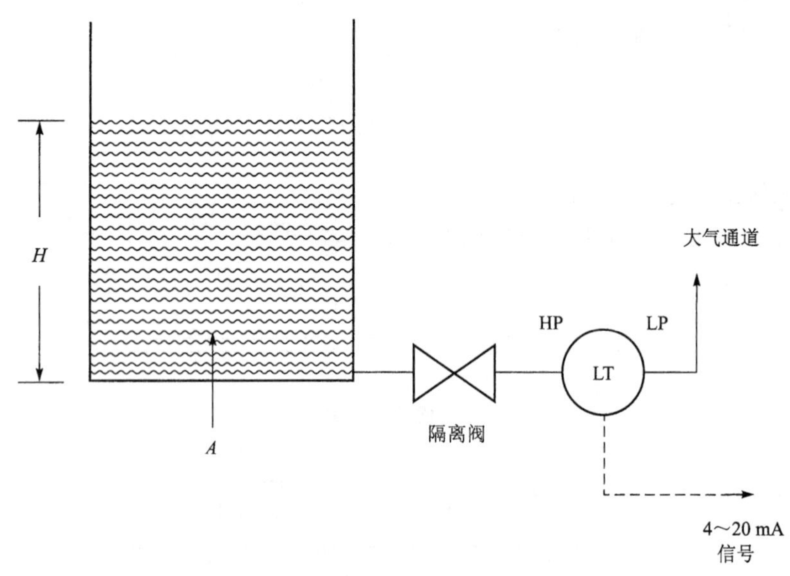

图 4-48 敞口容器压差液位测量原理图

由于容器敞口，其液体表面直接与大气相通。因此差压变送器 LT 高压端的压力 $p_h = p_{atm} + A \cdot H$；低压端直接与大气相通，低压端的压力 $p_l = p_{atm}$。所以压力差 $\Delta p = p_h - p_l = A \cdot H$，于是液位的高度 H 为：

$$H=\frac{1}{A}\Delta p \tag{4-78}$$

式中：

p_h——高压侧压力，Pa；

p_l——低压侧压力，Pa；

Δp——差压，Pa；

A——液体密度，kg/m^3；

H——液位高度，m；

p_{atm}——大气压。

从式(4-78)可知，液位高度 H 正比于差压变送器的压力差 Δp，通过测量 Δp 的大小来测得液位高度 H。

(2) 密封容器的液位测量原理

密封容器内液位测量装置的原理如图 4-49 所示。密封容器中气相的压力必须补偿，气相压力补偿可以通过把气体压力与变送器的高、低压端同时连通来实现。

此时压力公式为：

$$p_h = p_{gas} + A \cdot H$$

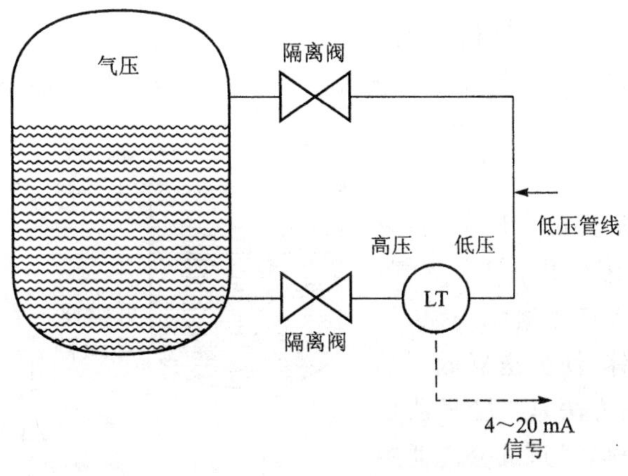

图 4-49　密封容器液位测量装置原理图

$$p_l = p_{gas}$$
$$\Delta p = p_h - p_l = A \cdot H$$
$$H = \frac{1}{A}\Delta p \tag{4-79}$$

式中：

p_h——高压，Pa；

p_{gas}——气压，Pa；

p_l——低压，Pa；

Δp——差压，Pa；

A——液体密度，kg/m^3；

H——高度，m。

图中低压信号线路直接与容器中的气相连接。

4.5.1.2　三通阀

液位变送器实际运用中常用三通阀来保证压力元件不会过载，同时使变送器与工艺回路方便隔离。三通阀的结构如图 4-50 所示。正常运行时，平衡阀关闭，两个隔离阀打开。当变送器与工艺回路中断开时，平衡阀会打开，以保证变送器不会单面受到压力。

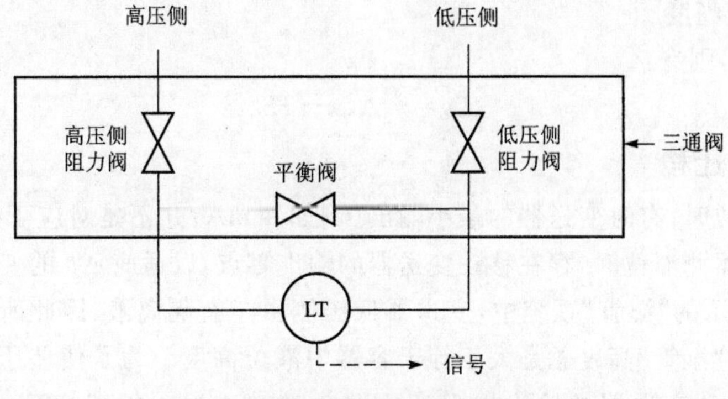

图 4-50　三通阀结构示意图

4.5.1.3 “干管”系统与“湿管”系统

差压式液位测量系统根据差压变送器低压侧是否会有凝结水而分为“干管”系统与“湿管”系统两种。

(1) “干管”系统

图 4-51 给出了完整的“干管”系统图。如果气相为可压缩气体，如水蒸气，那么在低压管路中就会产生凝结现象，从而产生一定体积的液体，使变送器低压端产生额外压力，解决的方法是在变送器低压侧加一个混容器(分离器)，从分离器中定期排出凝结水，保证变送器低压侧始终为“干管”。

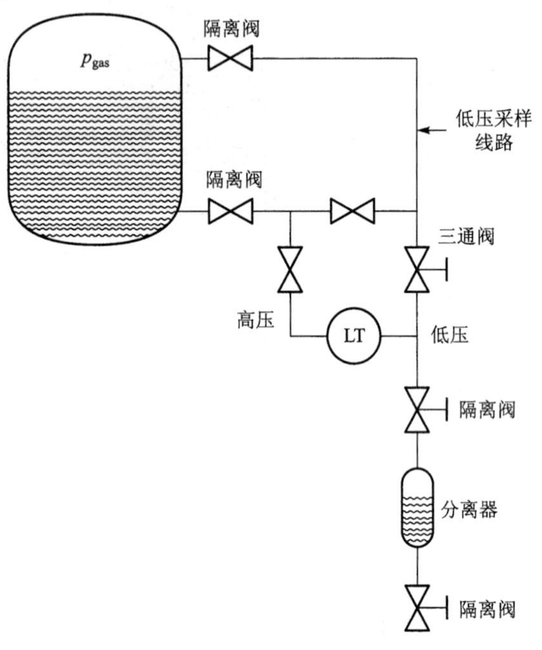

图 4-51 “干管”系统示意图

(2) “湿管”系统

在实际中，核电厂大多数密封容器的液位检测装置都用“湿管系统”。

在“湿管”系统中，低压信号管路完全被液体充满，故而称为“湿管”。图 4-51 表示“湿管”系统的基本工作原理。差压变送器低压侧充有固定的隔离液，此时：

$$p_h = p_{gas} + A \cdot H$$
$$p_l = p_{gas} + A' \cdot x$$
$$\Delta p = p_h - p_l = A \cdot H - A' \cdot x \tag{4-80}$$

式中：

p_h——高压；

p_l——低压；

A——液体密度；

A'——隔离液密度；

H——被测液位高度；

x——隔离液高度。

当 $A'=A$ 时，则有：

$$\Delta p=-A(x-H) \tag{4-81}$$

4.5.1.4 零点迁移

实际测量液位时，有时变送器的最小输出(例如 4 mA)并不是对应于差压 Δp 等于零，因此用差压变送器测液位时，存在移动变送器的输出零点，以适应 Δp 的变化要求。

在图 4-52 所示的“湿管”系统中，变送器低压侧由于有隔离液，因此所受压力总是高于高压侧，这是由于“湿管”高度总是大于等于容器中液位高度。为了使差压变送器能适应此种情况，则需要移动变送器的输出以保证 $H=0$ 时，Δp 为一负值，变送器的输出为最小(4 mA)，此即零点迁移。即在变送器测量量程不变的情况下，移动变送器的零点，以适应现

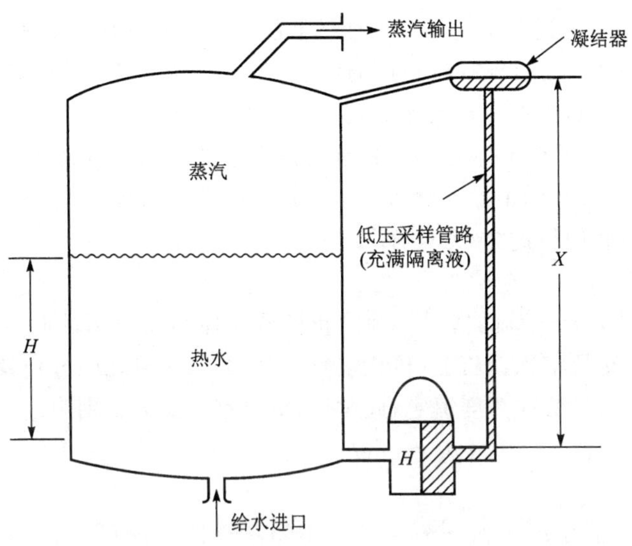

图 4-52　“湿管”系统示意图

场 Δp 的变化范围。根据实际使用条件，零点迁移分为三种情况：无迁移、负迁移和正迁移。图 4-53 表示这三种情况及相应的变送器输出的特性曲线。

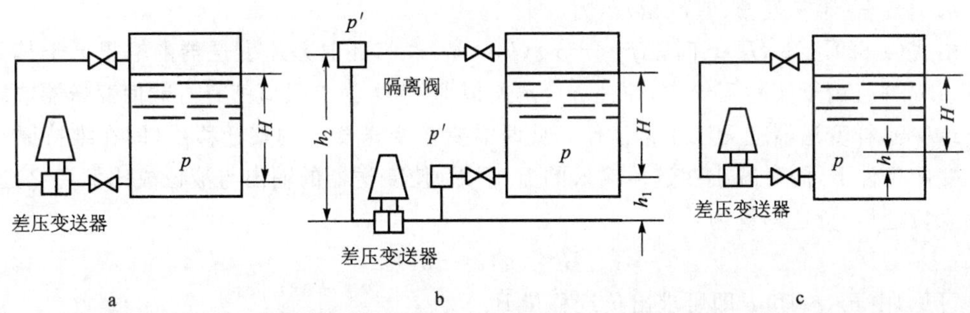

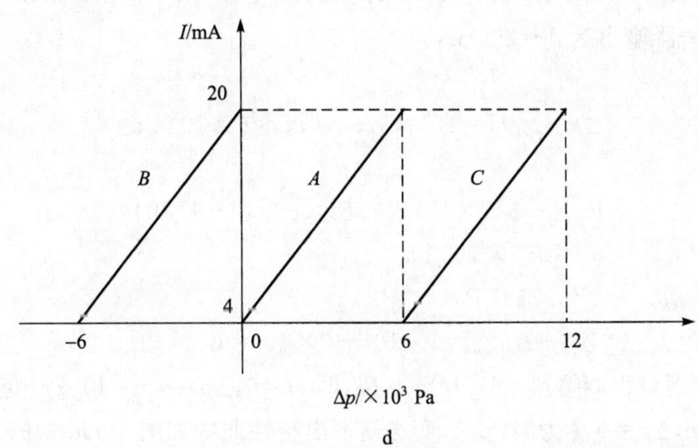

图 4-53　具有零点迁移的差压变送器测量液位的原理及特性曲线

a. 无迁移；b. 负迁移；c. 正迁移；d. 迁移的特性曲线

(1) 无迁移

图 4-53a 表示的是无迁移情况。差压变送器的高压侧和低压侧分别与容器下部液位基准面和容器上部气相(或汽相)的取压点相连通。设被测液体密度为 ρ,变送器正负压室差压为 Δp,液位高度为 H,则有 $\Delta p=\rho gH$。差压与液位高度成比例变化。假设采用输出为 4～20 mA 的变送器,并假设对应于液位的变化所要求的仪表量程为 $\Delta p=6\ 000$ Pa,则变送器的特性曲线如图 4-53d 中曲线 A 所示。Δp 为 0 时,输出电流为 4 mA;$\Delta p=6\ 000$ Pa 时,输出电流为 20 mA,我们称这为“无迁移”。

(2) 负迁移

图 4-53b 表示的是负迁移的情况。为防止被测液体堵塞或腐蚀取压管及差压变送器,在变送器的高压侧(正压室)、低压侧(负压室)与相应的取压点之间分别装有隔离罐,并充以隔离液,并保持负压室的液柱高度恒定,此时正、负压室的压力分别为:

$$p_h = \rho' g h_1 + \rho g h + p_{gas}$$

$$p_l = \rho' g h_2 + p_{gas}$$

$$\Delta p = p_h - p_l = -[\rho' g(h_2 - h_1) - \rho g H] \tag{4-82}$$

式中:

p_h、p_l——分别为变送器高、低压侧的压力,Pa;

ρ、ρ'——分别为被测液体和隔离液的密度,kg/m^3;

h_1、h_2——分别为隔离罐至变送器正负压室的高度,m;

p_{gas}——容器中气相(或汽相)压力,Pa。

由式(4-82)可知 $H=0$ 时,$\Delta p=-\rho' g(h_2-h_1)<0$,此时差压变送器的输出低于其下限值 4 mA,并且由于实际工作中,往往 $\rho'>\rho$,所以即使 H 为上限值都有可能使变送器输出低于 4 mA,这样变送器就无法正常工作。此时需要在变送器上调整迁移量,即在维持原来量程不变的条件下,同时减小变送器输入的上、下限,使变送器的输出与液位成比例变化,这过程称为负迁移,负迁移量为:

$$B=\rho' g(h_2-h_1) \tag{4-83}$$

可见,由 h_2、h_1 和 ρ'即可求出负迁移量 B。

设 $H=0\sim0.6$ m;$\rho'=1.2\times10^3$ kg/m^3;$\rho=10^3$ kg/m^3;$h_1=1.89$ m;$h_2=2.40$ m;$g=9.8$ m/s^2,差压变送器输出为 4～20 mA。

则仪表量程为:

$$\Delta p=\rho gH=10^3\times9.8\times0.6=6\times10^3 \text{ Pa}$$

负迁移量为:

$$\begin{aligned} B &= -1.2\times10^3\times9.18\times(2.40-1.89) \\ &= -6\times10^3 \text{ Pa} \end{aligned}$$

Δp 的下限值:$\Delta p_{min}=-6\times10^3$ Pa

Δp 的上限值:$\Delta p_{max}=\Delta p+\Delta p_{min}=6\times10^3-6\times10^3=0$

安装前,将变送器量程调整到$-6\times10^3\sim0$ Pa,即 $H=0$,$\Delta p=-6\times10^3$ Pa,变送器输出电流 I 为 4 mA;$H=0.6$ m,$\Delta p=0$,I 为 20 mA,变送器输出特性曲线如图 4-53d 中的 B 线所示。

(3) 正迁移

实际应用中,有时变送器位于液位基准面之下方,如图 4-53c 所示,此时作用在变送器正负压室的差压为：

$$\Delta p=\rho g(H+h) \tag{4-84}$$

式中：

h——变送器正、负压室至液位基准面的距离。

当 $H=0$ 时，$\Delta p=\rho g h>0$，差压变送器输出高于下限值 4 mA；当 H 为上限时，变送器输出高于 20 mA。此时，需要在维持原来量程不变的前提下，调整迁移量。同时提高变送器输入的上、下限，使 H 为 0，$\Delta p=\rho g h$ 时变送器输出为 4 mA，H 为上限值时，$\Delta p=\rho g h+\rho g H_{max}$，仪表输出为 20 mA，此过程为正迁移。正迁移量为：

$$A=\rho g h \tag{4-85}$$

只要知道 ρ、g、h，即可知道正迁移量 A。

设 $h=0.6$ m，$g=9.8$ m/s^2，$\rho=10^3$ kg/m^3，则 $A=10^3\times9.8\times0.6=6\times10^3$ Pa，即 $\Delta p_{min}=6\times10^3$ Pa。若仪表量程仍为 6×10^3 Pa，那么 $\Delta p_{max}=6\times10^3+6\times10^3=12\times10^3$ Pa。

安装前，把仪表量程调整到 $6\times10^3\sim12\times10^3$ Pa，使 $H=0$，$\Delta p=6\times10^3$ Pa 时，$I=4$ mA；$H=0.6$ m，$\Delta p=12\times10^3$ Pa 时，$I=20$ mA。变送器特性曲线如图 4-53d 中的 C 线所示。

迁移量的相对值可用下式表示：

$$d=\frac{\text{迁移量}}{\text{测量范围}}\times100\%$$

图 4-53d 中 A 线表示迁移量为 0，或无迁移；B 线表示负迁移 100%；C 线表示正迁移 100%。迁移只是同时改变量程的上下限，而不是改变量程。应该注意：仪表改变迁移量之后的量程上限值不能大于仪表测量范围上限值。

4.5.2　浮子式液位计

浮子式液位计的工作原理是利用液位计测量装置敏感元件（浮子）浸入液体产生的浮力，利用力的平衡来测量液位。浮子式液位计的信号变换，可使浮子带动铁芯上下移动，改变铁芯和置于测量筒外差动线圈的相对位置，从而使差动线圈电压输出发生变化，此变化的电信号输出给放大器和可逆电机等构成自动平衡系统，从而指示液位。

图 4-54 表示一个浮子式液位计工作原理。

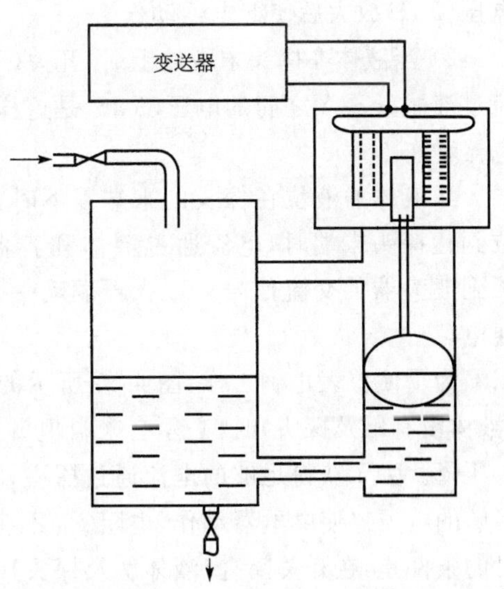

图 4-54　用浮子式液位计的工作原理图

浮子始终浮在液体的表面，它受到两个力的作用，一个是它的重力，另一个是受到液体对它的浮力。这两个力大小相等，方向相反，所以使浮子始终浮在液面上，相对于液面处于平衡的位置。容器内液位上升或下降时，浮子随着液面相应的上升、下降，从而带动铁芯在磁场线圈中移动，导致线圈感抗变化，使得流过线圈的电流发生变化，通过测量此电流的大小来反映液位的高低。

4.5.3 电阻式液位计

电阻式液位计的工作原理是把容器内液位的变化转变为测量电路上的电阻的变化。由于电阻式液位计的特点，它更适合于单点液位测量。图 4-55 表示一个Ⅰ型电阻探头液位计的工作原理。

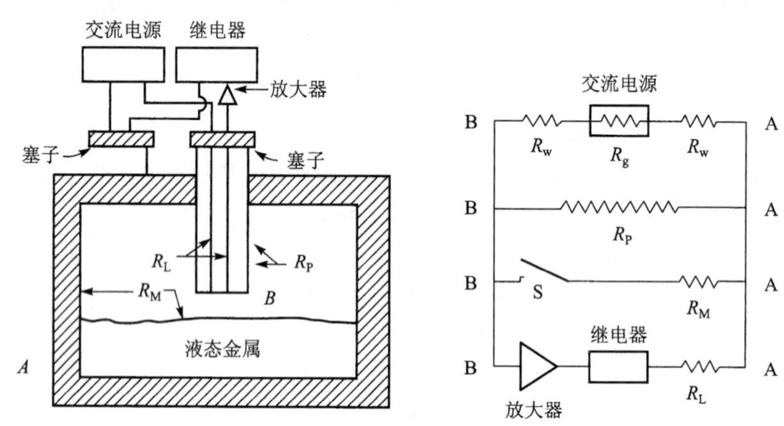

图 4-55 Ⅰ型电阻探头液位计工作原理图

说明：

R_g—电源内阻；R_w—导线到探头的电阻；R_L—探头内部导线电阻；R_P—探头包壳的电阻；

R_M—液体和容器外壳的电阻(R_M<)；S—表示液体到探头末端短接的开关；

A—容器外壳上的接地点；I—来自电源的电流；B—探头的末端

原理：

1）当液体在探头末端以下时，开关(S)是打开的，电流(I)流过探头包壳 R_P。所产生的电压($R_P I$)放大后使继电器动作。

2）当液体在探头末端以上时，开关(S)是闭合的，且由于 $R_M < R_P$，所以几乎全部电流 I 流过液体，B～A 之间的电压($R_M I$)是这样的低，致使在其放大后，信号仍太弱以致不能使继电器动作。

当液体的液位在探头的末端以下时，电流流过探头的包壳，此时继电器被驱动；当液位到达探头末端时，电流通过液体和容器壳体非常低的电阻而被分路，这就大大地减小了到放大器的交流信号。放大器驱动一个小继电器，它只在液体液位低于探头末端时才通电。

为了使仪表正确工作，图 4-55 所示的液位计必须满足两个条件。第一是：在开关打开(液体没有触及探头)时，必须有来自电源的足够的电流流过 R_P 以产生将使继电器动作的电压降。为了获得足够的电流通过探头，R_w 及 R_L 必须不太大。同时，为了在 R_P 两端得到足够的电压以使继电器动作，电阻 R_P 不应该太小(即探头的长度不得太短)；第二个必须满足的条件是：在开关闭合(液体触及探头)时，来自电源的电流在 R_M 两端产生的电压必须小到足以使继电器释放。实际上，如果在液体没有触及探头的情况下，将电流设定在使继电器动作所需的最小值，那么上述条件就能自动实现。

图 4-56 表示一种带有温度补偿的J型探头电阻式液位计。

J型探头的安装必须使要测量的最小液体液位和J型探头的底相一致，使最大液位和无支撑段的末端相一致。在液体表面以上，探头的无支撑段与液体和容器外壳都没有接触。除了探头的J形部分以外，具有公共护套的两根导线都焊在作为接地点的容器外壳上。

探头的工作是这样的：一恒定的直流电流流经探头无支撑腿护套的不浸没在液体里那部分。这是通过使用探头内部的一根导线和一根地线作用至直流电源的电流导线来完成的。这个电流在探头两端所产生的电压直接是液位的函数，该电压可在探头内部的第二根导线和第二根地线之间测得。

由于探头的电阻是温度的函数，所以应当考虑温度补偿。这种补偿是通过调节电流以维持某一导线两端有恒定的电压降来完成的。

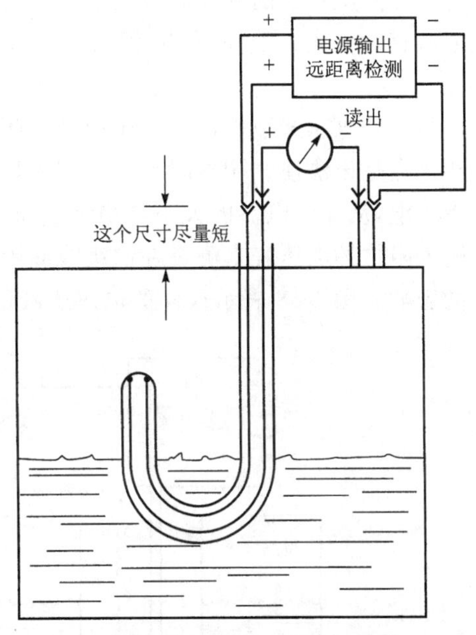

图 4-56 带有外连接温度补偿的J型探头电阻式液位计原理图

4.5.4 电感式液位计

电感式液位计的工作原理如图 4-57 所示。一个通以交流电的线圈在围绕它的任何闭合导电通路中均能感生电流。套管和围绕套管的液体就构成了导电通路。套管里感生的电流流过电阻引起变压器初级线圈功率消耗。当液体沿套管上升时，套管加液体电路的阻抗(变压器的“次级”)就改变了。这时测量线圈里的电流就反映出容器内液体的液位。

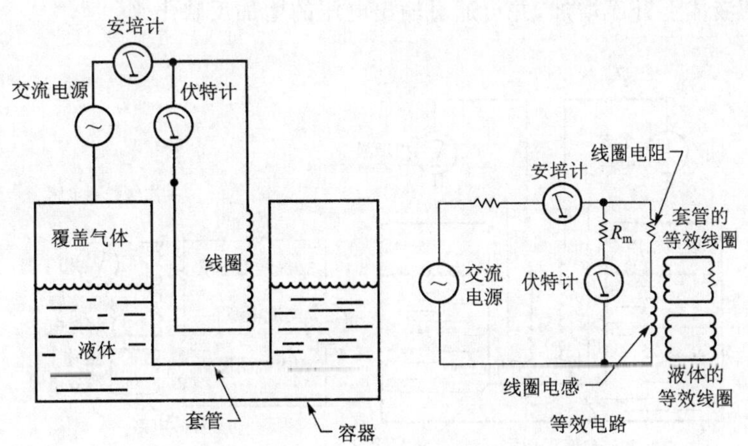

图 4-57 简单的电感式液位计原理图

温度敏感性是这种形式电感探头的一个缺点。由于电流是电阻的函数，而电阻是温度的函数，故刻度只在线圈、套管和邻近液体的温度处于工作温度下才是正确的。如果初级线圈是用低温度系数的导线制成的，并从一恒流源获得电流，则由于绕组电阻率变化而引起的温度敏感性就大大地降低了，但由于液体和套管电阻率变化而引起的温度敏感性则继续存在。

另一种电感式液位计是基于两个线圈之间的互感和由液体提供的耦合程度实现的。其主要优点是设法使线圈电阻不起作用来降低温度敏感度。这是通过使初级线圈从一恒流源获得供电，从而使电流的大小与初级线圈的电阻由于温度变化而引起的改变无关。通过用高输入阻抗的电压表来测量在次级线圈中所产生的感生电动势，也可消除次级线圈电阻变化的影响。图 4-58 表示这样的电感式液位计。

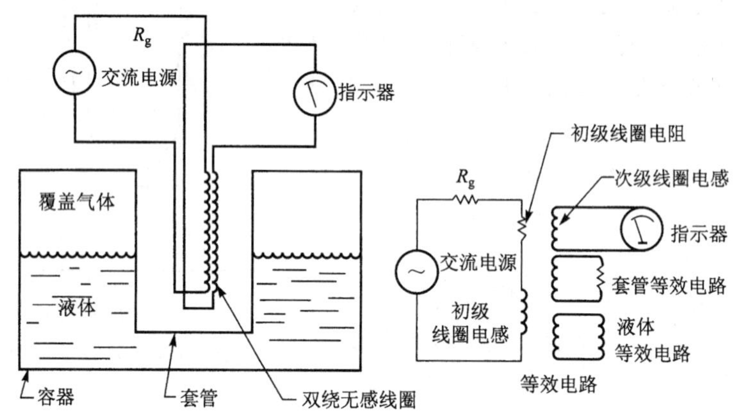

图 4-58 使用双绕无感线圈的液位计

另一种设计采用了不同方式的互感，在这种设计中，耦合存在于成对安装在一个套管里的两个相邻的平行线圈之间，如图 4-59 所示。如果线圈缠绕在非磁性芯子上，则当它们稍微分开和当没有导体环绕它们时，它们几乎具有零的电耦合。当这对线圈被一个闭合电路的导体围绕时，它们就耦合。因此，当这对线圈浸没在液体系统中的一个套管里时，耦合伴随套管周围的液体上升而增加，并可通过输出电压的增加反映出来。

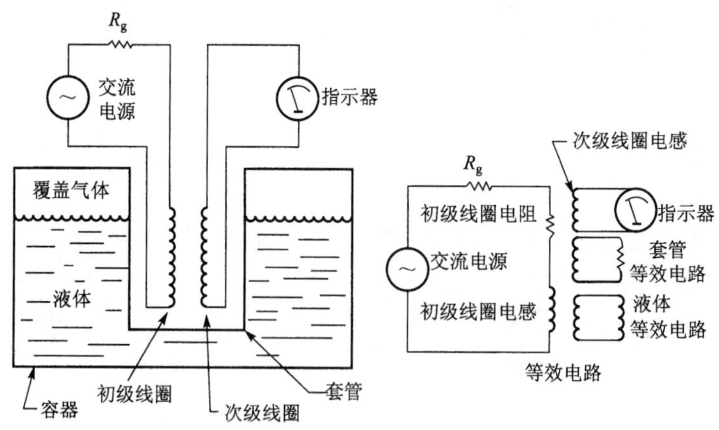

图 4-59 使用由液体感性耦合的线圈的液位计

4.6　设备运行状态监测仪表

核电厂中大型运转设备在运行过程中，会发生振动，影响正常运行，转速越高，带来的影响越大。必须对设备运转过程中所产生的振动、位移及设备转速进行监测，并控制它们在允许的范围内。

4.6.1　振动测量仪表

振动测量大致有两方面的内容：

1）振动基本参数的测量　即测量振动物体上某点的位移、速度、加速度、频率和相位。

2）机构或部件的动态特征的测量　即以某种激振力作用在被测体上，使它产生受迫振动。测量输入（激振力）和输出（被测件振动响应），从而确定被测件的固有频率、阻尼、刚度和振型等参数。

通过测振传感器（也称拾振器）把物体振动信号转换成电信号。传感器的种类很多，但按其工作原理可分为无源式和有源式两大类。无源式传感器是将由于振动而引起测量器件的电气参数（如电阻、电容、电感等）的变化转换成电信号的一种传感器。由于它本身不能直接产生电信号，因此它必须接入电源才能正常工作。常用的无源式传感器有电感式、电容式、电涡流式、变压器式及变阻式等。有源式测振传感器是将被测振动部件的参量直接变成电信号的一种传感器，由于它本身能产生电信号，因此无需外接电源。常用的有源式测振传感器有感应式（又称电动式或电磁式）、压电式、热电式、光电式等，这里仅介绍几种常用的测振传感器。

（1）压电式测振传感器

压电式测振传感器是利用晶体的压电效应将振动参数转变为电信号的一种传感器，压电式测振传感器用来测量振动物体的加速度。

压电式测振传感器原理如图 4-60 所示。传感器主要有压电晶体、惯性质量块、底座和外壳等部分组成。将传感器固定在被测物体上，随被测物体一起振动，质量块的惯性力与振动加速度成正比，而惯性力作用在晶体片上，由于压电晶体的压电效应，在晶体表面便产生电信号输出。显然，此电信号的大小与受力大小成正比，而所受力的大小又与加速度成正比，因此，电信号与被测物体的振动加速度成正比，从而达到测量加速度的目的。

（2）电磁式测振传感器

电磁式测振传感器是一种利用电磁感应原理测量振动信号的传感器。它的基本工作原理是固定在被测物体上的传感器随着被测物体一起振动，传感器内的可动部分相对于外壳产生相对运动，使线圈在工作气隙中切割磁力线产生感应电动势，此电动势的大小即正比于被测物体的振动速度。图 4-61 表示一种电磁式测振传感器的基本工作原理。触销 A 和线圈 B 组成一个整体，它被置于弹簧 R 上，磁铁 M 固定在外壳 P 上。把此传感器装在被测物体上，被测物体振动时，线圈中就产生感生电动势，通过测量此电动势的大小，来测量被测物体的振动速度。核电厂汽轮机轴承振动的测量经常使用此种类型传感器。

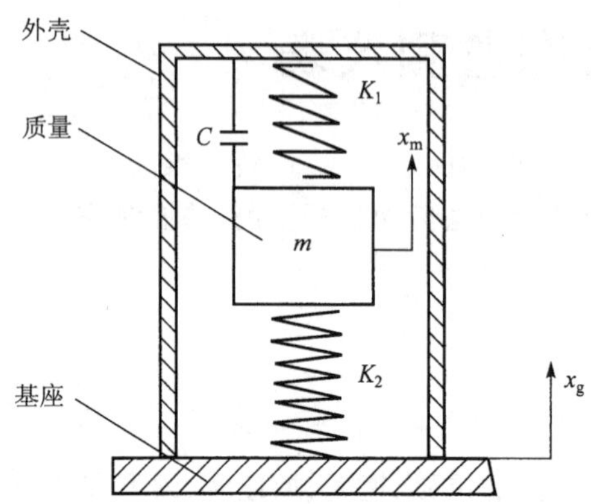

图 4-60　压电式测振传感器原理示意图

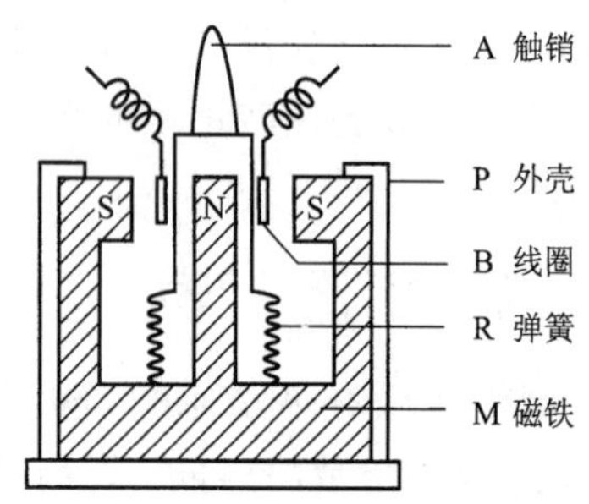

图 4-61　电磁式测振传感器原理示意图

(3) 涡流式测振传感器

涡流式测振传感器是利用电涡流感应原理将被测物体的振动位移转换成电信号。

其工作原理如图 4-62 所示，传感器是由一个电感线圈 L 与电容器 C 并联，构成 LC 谐振回路。当把被测物体置于无穷远时，将此振荡回路调谐于 1 MHz 的频率上。当传感器移近被测物体时，由于 1 MHz 高频电流在线圈中产生的磁场 Φ_1 的感应，使被测导体上产生涡流，此涡流又产生磁场 Φ_2 其方向与 Φ_1 的方向相反，抵抗 Φ_1 的变化。当两磁场叠加后，使电感线圈中的磁通总值发生变化。由于电感 $L=\mathrm{d}\Phi/\mathrm{d}i$，因此 Φ_2 与 Φ_1 叠加的结果，使电感值 L 发生变化。因此 LC 谐振回路失谐，其阻抗发生变化，从而使输出电压 E_0 发生变化。E_0 的变化量与被测物体的材料性质（导磁性及导电性）、形状、尺寸以及与传感器的距离 δ 等因素有关。当被测对象确定后，E_0 的变化就只与传感器和被测物体之间的距离 δ 的变化有关。因此 E_0 便可表示为 δ 的单值函数 $E_0=f(\delta)$，通过测量 E_0 即可知 δ 的大小。δ 的大小反映了被测物体的振幅。

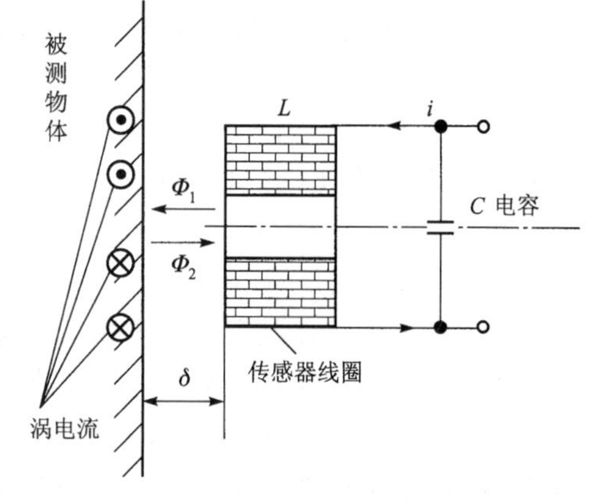

图 4-62　涡流式测振传感器工作原理示意图

综上所述，测振传感器测出被测物体的振动信号（振幅、速度、加速度等），经放大器后送往测量系统的信息处理及显示记录单元，完成对振动信号的分析、显示、记录或报警。

4.6.2　位移测量仪表

位移测量包括运动部件的线位移测量和角位移测量。

位移是向量，它表示物体上某一点在一定方向上的位置变动，因而对位移的测量除了确定其大小之外，还应确定其方向。一般情况下，应使测量方向与位移方向重合，这样才能真实地测量位移量的大小，否则测量结果仅是物体位移量在测量方向上的分量。

测量位移时，应当根据不同的被测对象，选择恰当的测量点、测量方向和测量系统。位移测量系统由位移传感器、相应的测试电路和终端显示装置组成，位移传感器的选择恰当与否，对测量精度影响很大。

位移测量传感器有很多种。考虑到反应堆的特定环境（辐照、腐蚀、密封等要求），核电厂常用的位移测量传感器主要是应变式、差动变压器式、电感式、涡流式等位移测量传感器。

（1）应变式位移测量传感器

应变式位移测量传感器是基于应变片（或丝）的电阻在由位移产生的压力作用下其阻值产生变化，通过测量其阻值的变化来反映出被测物体的位移的大小。图 4-63 表示一种由嵌在陶瓷绝缘中的应变敏感丝做成的应变传感器。这种传感器包括铂-钨应变丝、金属套管和 MgO 绝缘体。把这种传感器焊到发生应变的部件上。物体由于位移而使部件产生应变，从而使应变丝的阻值发生变化。为了补偿温度的影响，在工作应变丝旁边安装一个同样材料做成的辅助应变丝，可以补偿大约 1.5％的应变丝电阻的变化。

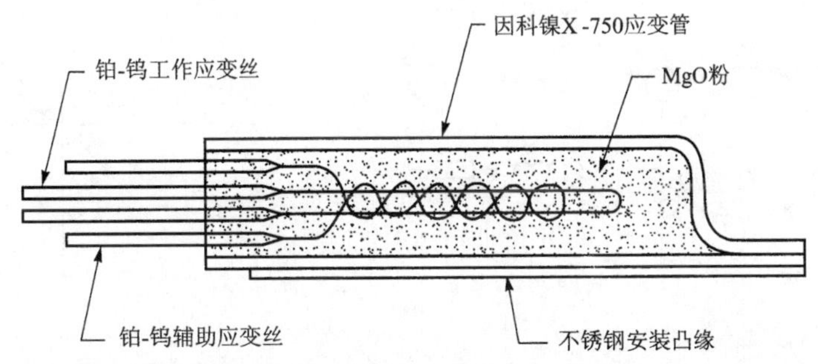

图 4-63　电阻应变式传感器示意图

（2）差动变压器式位移测量传感器

图 4-64 表示差动变压器式位移测量传感器的基本结构及其接线方式。

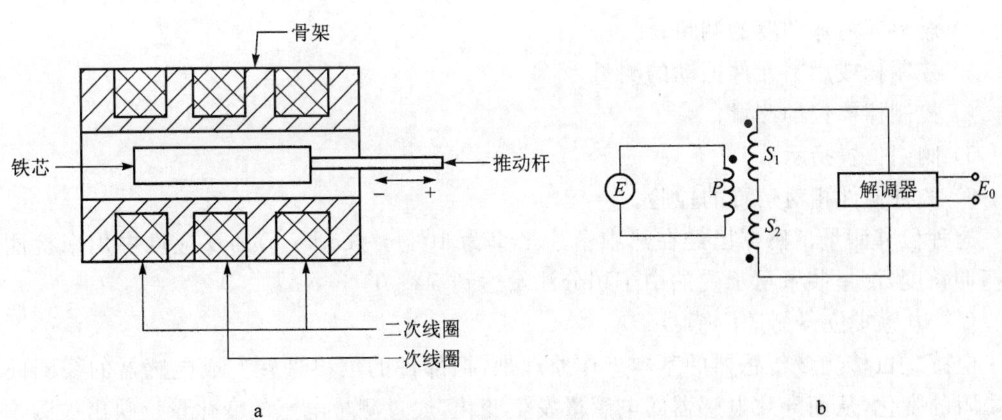

图 4-64　差动变压器式位移测量传感器的基本结构及其接线方式示意图

a. 差动变压器结构图；b. 差动变压器接线图

差动变压器式位移测量传感器是使用差动变压器将位移的变化转化为原边对两副边绕组互感系数的变化，从而使位移量转换为相应的电信号输出。差动变压器的铁芯在被测部件位移的作用下左、右移动，铁芯的移动即改变了变压器原边对两个副边的互感系

数 M_1、M_2。变压器是差动式的，因此副边输出电压 $E_0=E_1-E_2$，假定原边电流为 i，则 E_0 为：

$$E_0=E_1-E_2=-\frac{\mathrm{d}i}{\mathrm{d}t}(M_1-M_2) \tag{4-86}$$

M_1 和 M_2 的改变，使输出电压 E_0 发生变化，E_0 的变化即反应了铁芯位移的大小，其正、负反应出位移的方向。图 4-65 给出其等效电路及输出特性。当被测物体位移为零时，铁芯应处于差动变压器的中间位置，此时应使输出 $E_0=0$。但由于差动变压器两个副边不可能制造得完全对称，因此测量电路必须消除此影响，为此采用相敏检波电路，即能反映铁芯位移的方向，又能消除零点残余电压的影响。

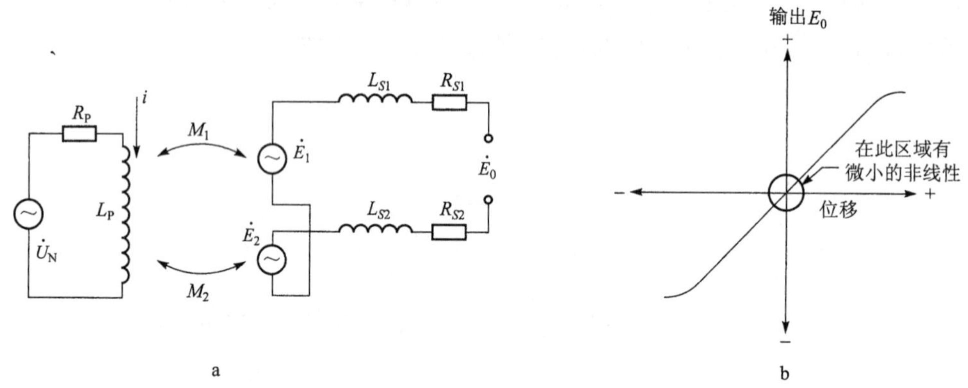

图 4-65 差动变压器等效电路图及输出特性曲线
a. 差动变压器等效电路；b. 差动变压器输出特性曲线

差动变压器位移测量传感器在核电厂中已成功用于：

1）燃料元件轴向膨胀或收缩的测量；

2）燃料元件弯曲度的测量；

3）控制棒或燃料元件振动的测量；

4）控制棒棒位的测量；

5）阀门位置指示；

6）各种构件相对位置的检验。

这种位移测量传感器已经在热中子注量率为 10^{13} n/(cm^2 · s)的反应堆中用来检测燃料棒伸长度，测量装置可承受的中子积分注量达到 5×10^{20} n/cm^2。

(3) 电感式位移测量传感器

电感式位移测量传感器的基本工作原理是：把部件的位移量转变成电感器的线圈回路的磁阻的变化，从而导致电感器的电感量发生变化，通过测量电感的变化量反映出被测物体的位移量。图 4-66 表示电感式位移传感器的基本工作原理。

线圈的电感量为：

$$L=\frac{N\Phi}{I} \tag{4-87}$$

式中：

L——线圈电感量；

N——线圈匝数；

I——电流；

Φ——磁通。

磁通 $\Phi=\frac{NI}{R_m}$，R_m 为总磁阻。把 R_m 代入式(4-87)，则有：

$$L=\frac{N^2}{R_m} \tag{4-88}$$

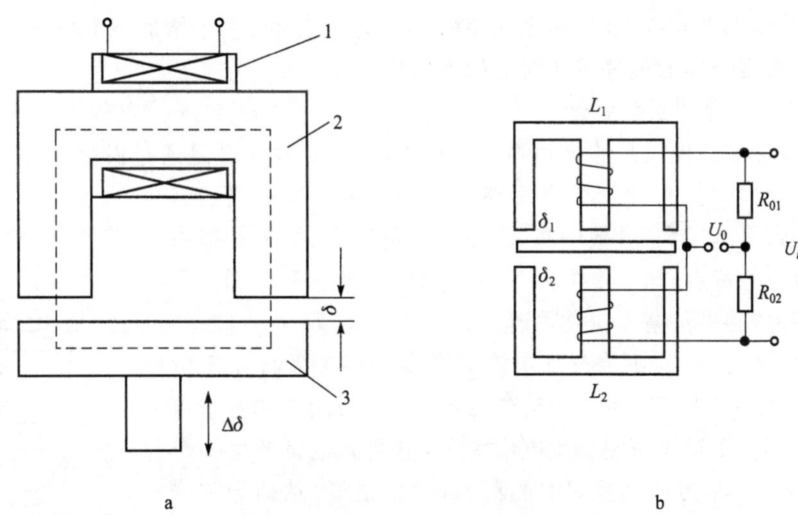

图 4-66　电感式位移传感器原理图

a. 变间隙型电感式传感器；b. 差动电感传感器

1—线圈；2—铁芯；3—衔铁

被测物体的位移带动衔铁产生位移，使铁芯和衔铁间的间隙 σ 发生变化，从而引起了磁路几何尺寸的变化，因而使线圈中电感值 L 产生了变化。这样就使被测量(位移)转换为电感值，此电感值的变化量即反映了被测物体位移的大小。

由图中可见若 δ 较小，且不考虑磁损，则磁路的总磁阻为：

$$R_m=\sum_{i=1}^{n-1}\frac{l_i}{\mu_i A_i}+\frac{2\delta}{\mu_0 A} \tag{4-89}$$

式中：

l_i——第 i 段磁阻长度；

μ_i——第 i 段磁路磁导率；

A_i——第 i 段导磁体的截面积；

δ——气隙距离；

μ_0——空气的磁导率；

A——气隙截面积。

考虑到导磁体的磁阻比空气隙的磁阻小得多，所以可以忽略导磁体的磁阻，故有：

$$L=\frac{N^2\mu_0 A}{2\delta} \tag{4-90}$$

对于一个定型的气隙式电感传感器，N、μ_0 和 A 均为常数，则有：

$$L=\frac{C}{2\delta} \tag{4-91}$$

式中，C 为常数。

可见，气隙式电感传感器的电感量和气隙 δ 之间是单值的函数关系。

为了提高电感传感器的灵敏度，减少测量误差，实际工作中常常采用两个相同的传感器线圈共用一个活动衔铁，构成差动电感传感器，其工作原理如图 4-65b 所示。平衡时，衔铁在中间位置，$\delta_1=\delta_2$，则由 L_1、L_2、R_{01}、R_{02} 组成的电桥处于平衡状态，$U_0=0$。当被测物体产生位移使衔铁偏离中间位置时，两个线圈的电感量（或阻抗）一个增加一个减小，电桥失去平衡，即输出与被测物体的位移量相对应的电信号。

(4) 涡流式位移测量传感器

涡流式位移测量仪表是非接触测量传感器，它的基本原理是通过涡流效应把位移转换为电气参数（例如阻抗）的变化，来实现位移的测量。这种仪表具有结构简单、频率响应宽、灵敏度高、测量线性范围大、抗干扰能力强、体积小等一些特点，在测量方面日益得到广泛重视和应用。图 4-67 表示这种传感器的基本工作原理。

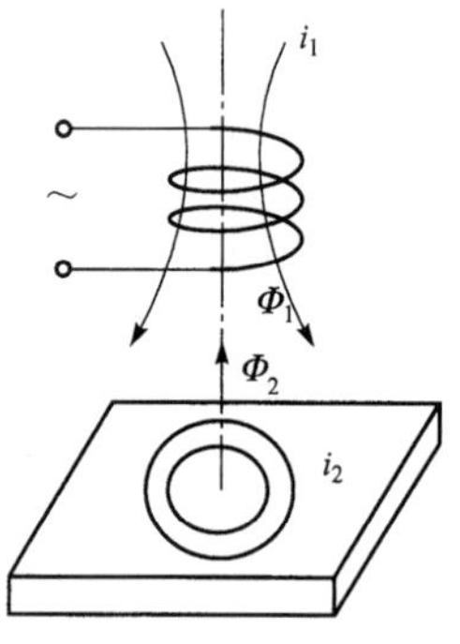

图 4-67 涡流式位移传感器工作原理图

如图 4-67 所示，一个通有交变电流 i_1 的测量仪表线圈由于电流的变化，在线圈周围就产生一个交变磁场 Φ_1，如被测导体置于该磁场范围之内，被测导体内便产生电涡流 i_2，电涡流也将产生一个新磁场 Φ_2、Φ_2 与 Φ_1 方向相反，因而抵消部分原磁场，从而导致线圈的电感量、阻抗和品质因数发生变化。线圈的参数变化与导体的材料、几何结构、电气参数、线圈的几何参数、电流频率和线圈与被测体中间距离 δ 有关。当线圈与导体确定后，导体的材料、结构及电气参数和线圈的几何尺寸皆为常数，则线圈电气参数的变化只与 δ 有关。被测导体的位移使 δ 发生变化，因此通过测量线圈的电气参数的改变即可知 δ 的变化，从而测出被测导体的位移。

4.6.3 转速测量仪表

核电厂反应堆冷却剂循环泵和汽轮机发电机等的转速测量对核电厂的安全可靠性十分重要，要控制它们的转速满足运行要求。

(1) 转速测量方法

测量转速一般采用频率计数法测转速、模拟法测转速和比较法测转速。

1) 频率计数法　是目前转速测量中应用较多的一种，它是将待测转速通过转速传感器转化成与转速成正比的电脉冲信号，再用电子计数器测出该电脉冲信号的频率或周期，从而求得待测转速。

频率计数法测量转速所用的传感器一般为磁电转速传感器和光电转速传感器。磁电转速传感器是将被测轴的转速信号通过磁电感应的方法转换成电脉冲信号。光电转速传感器是将被测转速通过光电转换的原理，转化成电脉冲信号。

2) 模拟法　模拟法测量转速是利用被测轴旋转时引起的某种物理量的变化，例如离心力，发电机输出电压等。通过测量这些物理量的变化来测出转速。它的精度一般要比频率计数法测转速低，且容易受温度影响，但它使用方便，价格低，因此它一般用于精度要求不高的转速测量仪表。

3）比较法　比较法测转速是用已知频率的闪光去照射被测转轴，利用频率比较的方法来测量转速。

测转速的传感器有很多种，例如电容式转速器、离心式转速器、霍尔式转速器、电涡流式转速器、磁性转速器等。我们以电容式转速器和电涡流式转速传感器为例来研究它们测转速的原理。

电容式转速器的结构原理如图 4-68 所示，当电容极板与齿轮相对时电容量大，而电容极板与齿隙相对时电容量最小。当齿轮旋转时，电容量发生周期性变化，由于电容的变化，在测量电路中会产生一系列的脉冲，此脉冲的频率即正比于齿轮的转数。

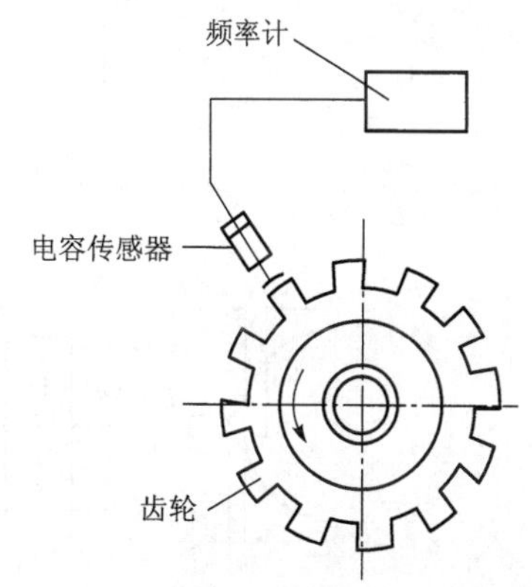

图 4-68　电容式转速器的结构原理图

电涡流式转速传感器的工作原理如图 4-69 所示。

涡流式转速传感器的工作原理是：在转动轴上开一键槽，靠近轴表面安装电涡流传感器，轴转动时便能检测出传感器与轴表面的间隙变化，从而得到与转速成正比的脉冲频率信号。

涡流式转速传感器的电路方框图如图 4-69 b 所示，来自传感器的脉冲信号经放大器和整形后，即可由频率计指示频率值，把此频率值转换为转速即为转速表。

这种传感器对油污等介质不敏感，能进行非接触测量，可安装在轴近旁长期监测转速。测量范围可达 6×10^{6} r/min。

(2) 核电厂设备的转速测量

核电厂有很多转动设备，例如冷却剂循环泵和汽轮机等，其转速的大小直接关系到核电厂的安全运行，因此对这些设备的转速必须加以监测。当转速发生异常时，及时给出报警，甚至直接触发安全动作，以防止核电厂出现严重事故。转速传感器安装在设备上，监测系统接收传感器来的信号，适时地显示出设备的转数。例如汽轮机的转速测量如图 4-70 所示。

在汽轮机高压缸转轴外端处同轴安装了一个 60 齿的测速齿轮、四个涡流式汽轮机转速监测探头和另外五个汽轮机调节速度探头分别安装在齿轮正上方。探头与齿顶的距离设定为 1.5 mm，前置放大器输出灵敏度调整为 8 V/mm。

当测速齿轮旋转时，探头与测速齿轮间的空气间隙就会随着探头对应齿顶或齿根位置而变化，从而在齿轮表面产生的涡流大小也不同。前置放大器将涡流电流变化转换成与转速成比例关系的方波信号。这些方波信号再经过测量单元的处理，转变成 4～20 mA 的电流信号，用于转速指示，记录和激励相关继电器。

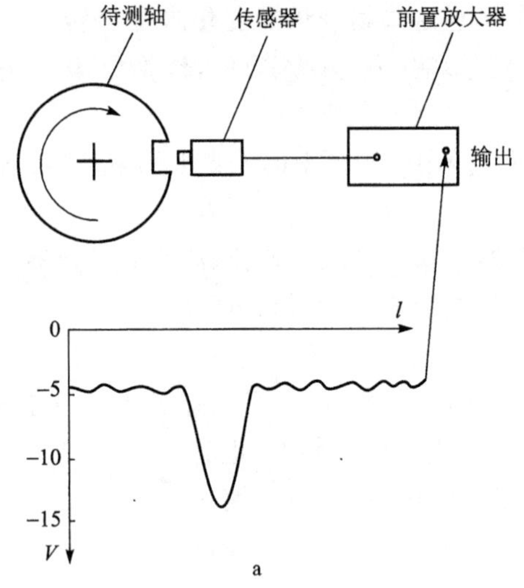

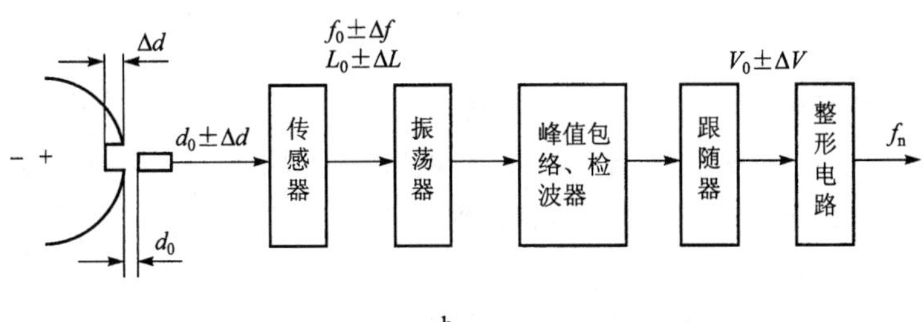

图 4-69 涡流式转速传感器结构原理图

a. 涡流式转速传感器的原理结构图；b. 涡流式转速传感器测量电路方框图

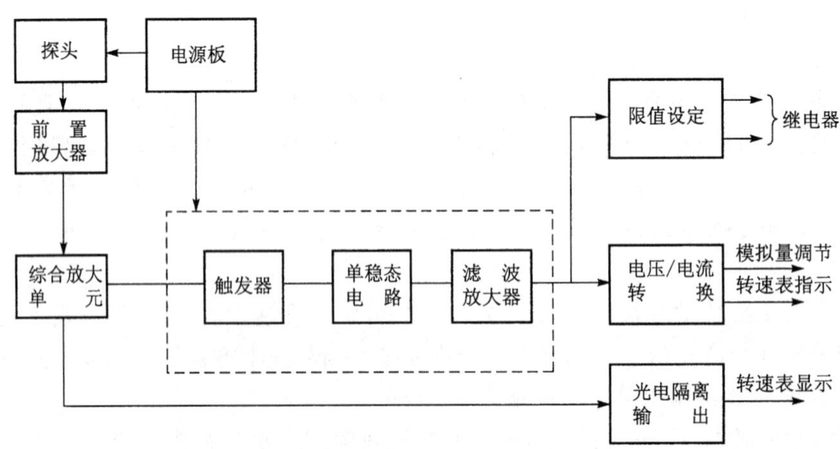

图 4-70 汽轮机转速测量示意图

4.7 火灾探测仪表

火灾探测及消防设施是保证核电厂安全的重要手段之一。火灾探测是为了早期及时地发现火警,以便运行人员采取必要的措施,防止火灾带来重大灾害。

4.7.1 火灾探测器

火灾探测器主要是指对火灾出现时产生的烟、光、热敏感的探测器。

(1) 离子感烟探测器

图 4-71 表示离子感烟探测器的外形及其工作原理。

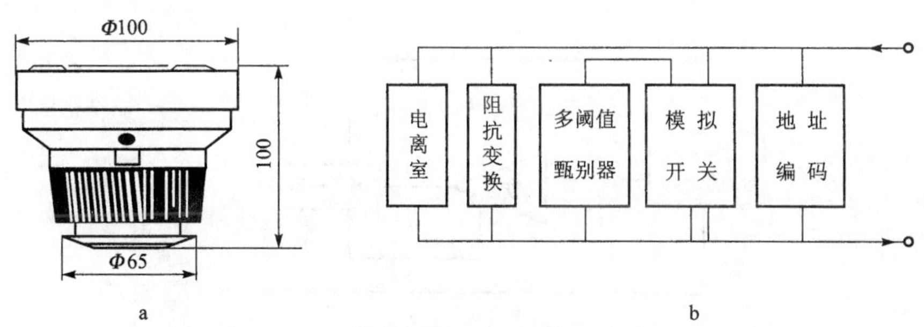

图 4-71 离子感烟探测器原理结构图

a. 外形图;b. 探测器原理示意图

离子感烟探测器主要由电离室、阻抗变换、可变阈值甄别器、模拟开关和地址编码等几部分构成。火灾烟雾进入电离室后使电离电流发生变化,经阻抗变换至多阈值甄别器。这种变化达到某一阈值时,由地址编码部分启动模拟开关报警,并将此报警信号送至控制器。

感烟探测器适用于先有烟雾产生的火灾探测,它不适合用于气流速度大于 5 m/s 有大量粉尘、正常烟雾、水雾滞留或可能发生无烟火灾的场所。

(2) 光电感烟探测器

光电感烟探测器的工作原理是:发生火灾时,烟雾进入探测器,探测器光源发出的光线受到烟粒子的散射,散射光射到光电接收器的光敏元件上,产生光电转换,直至报警信号输出。采用两总线制传输信号,内部由单片机控制,实现软件地址编码且三级报警。探测器内部的智能单元能够对周围环境进行火灾判断处理,并进行数据记忆、比较、分析,作出正确的判断,探测器采用适当的算法辨别虚假或真实的火灾信号。探测器具有自诊断功能和工作点自动跟踪补偿功能,随时检查探测器的工作状态。其工作原理如图 4-72 所示。

(3) 感温探测器

出现火灾的区域,其环境温度会明显上升。通过测量该区域的温度或温升速率,进行火灾报警。

感温探测器兼有差温、定温两种功能。当探测器所在处的温度超过定值或温升速率超过定值,则探测器内的温度敏感元件 P-N 结就会产生相应的信号,此信号经编码控制单元送往报警控制器予以报警,其基本工作原理如图 4-73 所示。

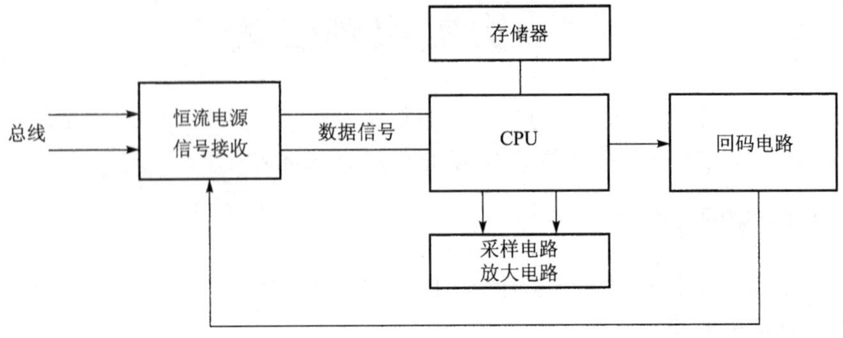

图 4-72　光电感烟探测器原理结构图

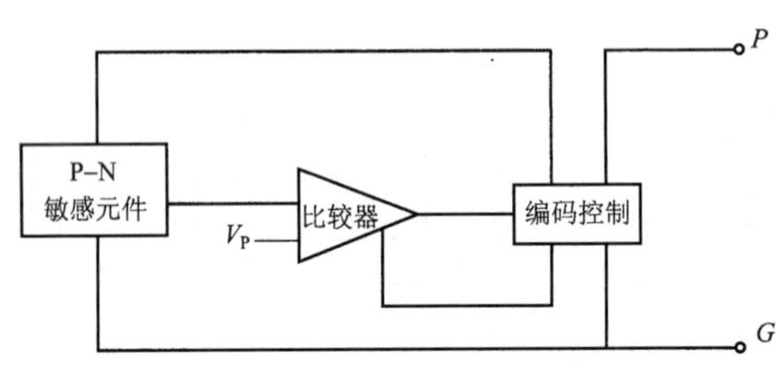

图 4-73　感温探测器原理图

(4) 电缆发热线式探测系统

电缆发热线式探测系统主要用于电缆通道的火灾探测。该系统由一种特殊绝缘电缆组成,沿电缆通道在电缆上方敷设。起火时,绝缘熔化,引起短路,从而实现报警及启动喷淋系统喷水。该探测系统的最大特点是将探测元件由点状布置改为线状布置,从而在探测范围上实现了连续性。

(5) 热-气动探测系统

热-气动探测系统是由充满 0.3～0.35 MPa 压缩空气的管网组成。管网沿具有潜在火灾危险的区域布置,并在各探测点设置用易熔保险片密封的孔板。火灾发生时,温度升高,使保险片溶化,从而引起管内空气降压。当压力降至 0.086 6 MPa 时,就能报警或同时启动消防系统喷淋。火灾后,再手动关死隔离阀。该系统的压缩空气由专用空气压缩机提供。

(6) 手动报警开关

手动报警开关安装在公共场所。当人发现火灾后,按破易碎面板即可向消防控制中心报警。

4.7.2　火灾报警控制器

火灾报警控制器接收火灾探测器的信号,经确认后,发出火灾报警,并启动相关的消防措施。控制器一般分为区域控制器和集中控制器两大类。

(1) 区域报警控制器

图 4-74 表示一个区域火灾报警控制器的原理结构。

控制器通过探测器编码电路发出探测器地址编码信号,由信号甄别器接收探测器回答

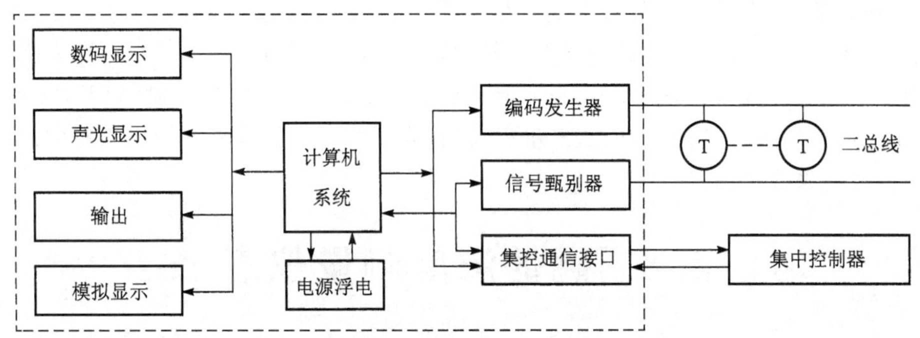

T 为火灾探测器或有编码的其他报警器件

图 4-74　区域火灾报警控制器原理结构图

的各种逻辑状态和各种组合信号，送入计算机存储器，计算机进行分析、判断和处理。如当前探测器一切正常则进行下一个探测器的巡检工作，如确认发生预警或故障，计算机系统控制模拟显示单元和警类指示单元，将发生的警类和探测器信号显示出来，同时发出声报警信号，系统在整个巡检过程中，不断检查巡检电压及充电器，如不正常将以故障编号和时间交替显示的方式报出故障，当集中控制器呼叫时，系统将所有有关的数据以串行码的方式送到集中控制器。

当确认探测器发生火灾时，首次火警地址及标志与火警发生的时间交替显示，并驱动模拟显示器和火警继电器及相应的输出，显示出发生火灾的部位。在集中控制器呼叫时，向集中控制器传送火警数据。

(2) 集中报警控制器

集中报警控制器可与区域报警控制器配合组成集中-区域-探测器系统，也可直接与探测器相接组成一个自动报警系统。集中报警控制器由智能芯片构成。它由主机、显示接口及显示器、打印接口及打印机、报警接口及报警电路、可编程发生器、通信接口、外显示器接口、PC 机接口、电源、充电器及其控制电路等组成，其原理图如图 4-75 所示。

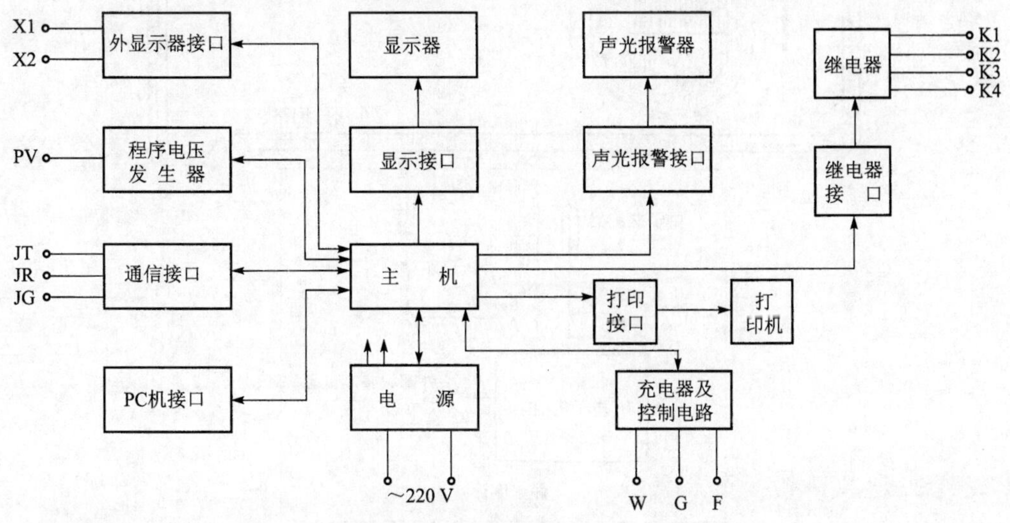

图 4-75　集中报警控制器原理图

集中控制器，以巡检方式对区域控制器或扩展显示器进行巡检，并采用总线制。区域控制器或扩展显示器把探测器和自身发生的各种警类（火警、预警、故障）信息存在自身的存储器中，当集中控制器巡检到该区域控制器或扩展显示器时，它和区域控制器交换信息，并对区域控制器的信息进行确认，如确认发生火灾，将启动声光报警系统并输出火警信息到相关部门，以便及时采取措施。

4.8 硼酸浓度测量仪表

压水堆核电厂，用控制一次冷却剂中硼的浓度，来补偿诸如燃耗、氙毒等缓慢的反应性效应。同时又要控制冷却剂中硼的浓度不能太大，以免引起冷却剂的反应性温度系数变为正的。因此对一次冷却剂中硼的浓度监测，对压水堆的安全运行是十分重要的。

通过对反应堆一次冷却剂取样来监测冷却剂中硼的浓度，从而控制对一次冷却剂加硼和稀释硼的操作，保障反应堆的安全。不论反应堆运行在什么工况，当反应堆冷却剂的硼浓度突然稀释时，硼浓度监测系统都会发出报警信号，因为硼浓度的稀释会导致添加正反应性，可能引起反应堆功率的意外增长。

4.8.1 硼浓度测量装置工作原理

图 4-76 表示压水堆一次冷却剂中硼浓度测量的基本工作原理。

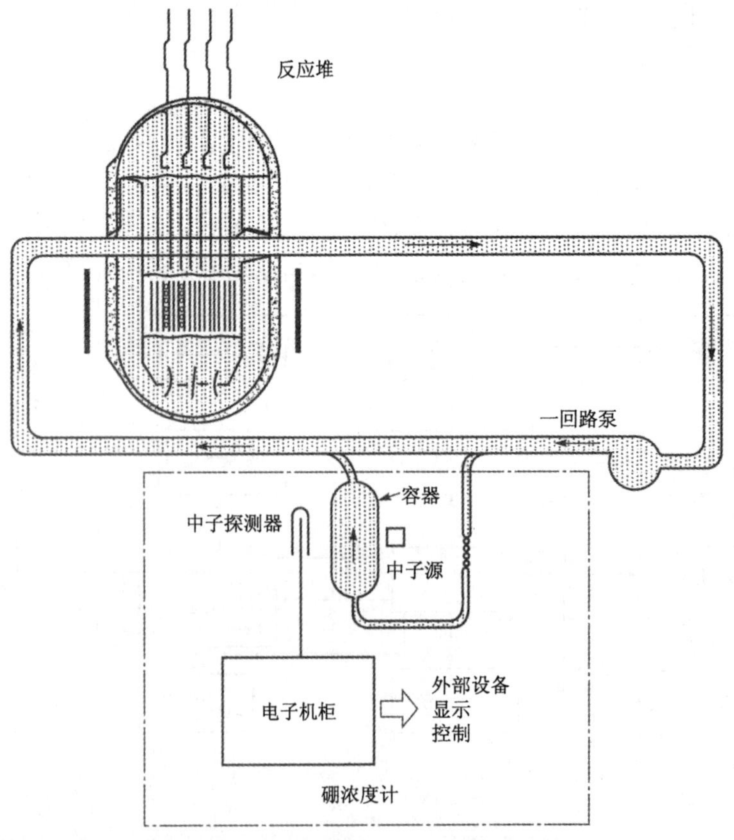

图 4-76 压水堆一次冷却剂硼浓度测量基本工作原理图

硼浓度测量装置的工作原理是：

1）与反应堆一回路相连的取样支路保证一次冷却剂的连续循环；

2）各向同性的中子源和中子探测器安装在测量仪表中的彼此相对的位置上；

3）^{10}B 具有很强的热中子吸收能力，如果冷却剂中 ^{10}B 浓度高，从中子源产生的中子到达探测器就少；

4）把探测器探测到的中子数与中子源产生的中子数相比较，则可算出一次冷却剂中 ^{10}B 的浓度；

5）如果流体的温度不稳定，则必须引入一个温度修正因子，以便改善测量精度。

4.8.2　硼浓度测量装置的组成

硼浓度测量装置包括两大部分：测量单元和信号处理单元，如图 4-77 所示。

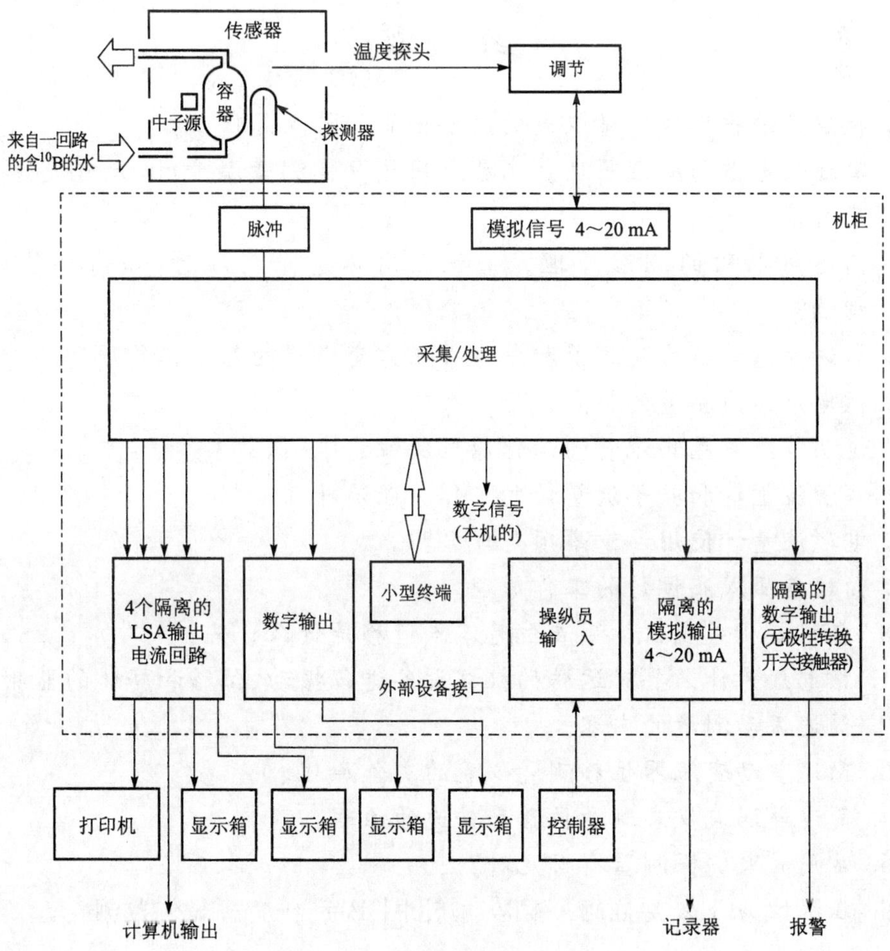

图 4-77　硼浓度测量装置结构图

(1) 测量单元

测量单元三部分：

1）容器和冷却剂　测量装置由一个不锈钢容器组成，被分析的一回路冷却剂在该容器内循环。容器有两个隔间以安放中子源和中子探测器；

2）中子源　中子源由粉状镅和铍的均匀混合物制成，产生各向同性的中子注量率。中子源被包封在圆柱形不锈钢外壳内；

3）中子探测器　这个探测器是一个“裂变电离室”型的中子探测器。它能在γ场很强的情况下测量中子注量。

（2）信号处理单元

信号处理单元包括信号采集和信息处理。

1）信号采集　由中子探测器来的中子脉冲信号，先进行放大、甄别、成形。同时接收温度信号，并进行相应的转换，以便对测量结果进行温度修正。

2）信息处理　计算给出中子计数率、冷却剂中^{10}B的浓度。当^{10}B浓度不正常时给出报警。对整个测量装置进行管理和数据输出，使装置正常运行。

复习题

1. 核电厂过程参数测量仪表的主要功能和特点是什么？
2. 简述热电偶的测温原理。工程上用热电偶测量温度时，如何进行冷端温度补偿？
3. 简述热电阻的测温原理。工程上用热电阻测温时，如何补偿电缆的影响？
4. 简述电感式压力变送器和电容式压力变送器的基本工作原理。
5. 核电厂压力测量的特点是什么？
6. 说明节流装置测流量的工作原理及注意事项。
7. 弯管流量计和转子流量计的工作原理是什么？
8. 电磁流量计使用注意事项是什么？
9. 简述差压式液位计的工作原理。
10. 在用差压式液位计测液位时零点迁移是什么含义？
11. 核电厂为什么要对运转的机械设备进行振动、位移和转速的监测？
12. 简述振动测量的内容。
13. 简述差动变压器位移测量仪表的工作原理。
14. 简述电涡流仪表测量位移和转速的原理。
15. 常用的火灾探测器有哪几种？
16. 压水堆为什么要监测一次冷却剂中^{10}B的浓度？如何监测？

第 5 章　核电厂反应堆控制系统

压水堆控制系统不仅要调节和稳定反应堆功率，还要使一回路产生的功率与二回路所吸收的功率相匹配，同时保证一、二回路的温度和压力等热工参数能满足已确定的稳态运行方案的要求。

反应堆控制系统是压水堆核蒸汽供应系统(Nuclear Steam Supply System，NSSS)的组成部分。这些系统与其他系统相配合，在稳态运行期间，保持主要运行参数与设计值尽可能地靠近。在运行瞬态或设备故障后，保持主要电站参数在允许的运行范围内，以减少反应堆保护系统不必要的动作。

5.1　压水堆反应性系数和自稳特性

反应性 ρ 只要大于零，反应堆就处于超临界状态，功率就会一直增长，如果增长过高，堆芯热量又不能及时导出或导出热量的能力低，使堆内温度升高超过了容许限度，就会造成燃料熔化和对四道安全屏障的破坏，使放射性泄漏，影响周围环境，这是不允许的。

当反应性 ρ 等于零时，反应堆的功率才维持不变。如果此时它受到一个正反应性的扰动，反应堆的功率就会增长，堆内各部分的温度随之升高。温度升高使反应性变大还是减小，用反应性温度系数来度量，它对反应堆运行的稳定性和安全性起着决定作用。

5.1.1　压水堆的温度系数

(1) 慢化剂反应性温度系数

慢化剂温度变化 1 ℃ 时，所引起的反应性变化量称为慢化剂反应性温度系数，用 α_m 表示。当慢化剂温度升高时，它的密度减小，对中子的慢化能力下降，使反应性减小，所以 α_m 是负值。因为压水堆的慢化剂是含硼的水，当温度升高时，硼的密度也下降，单位容积内硼原子数减少。吸收中子的能力下降，会使反应性增大。所以对压水堆来说，当硼酸浓度在一定限值内，α_m 是负值，否则，α_m 将有可能变为正值。由于慢化剂温度的改变必须等待燃料传出热量的变化，所以这种温度效应有一定的时间延迟。

(2) 燃料反应性温度系数

燃料温度变化 1 ℃ 时，所引起反应性的变化量称为燃料反应性温度系数，用 α_f 表示。该温度系数主要是由于 ^{238}U 的共振吸收随温度变化引起的。即温度增高时，单位时间单位体积中 ^{238}U 共振吸收的中子数增加，使逃脱共振吸收概率随温度升高而减小，反应性下降，所以 α_f 是负值。因为燃料温度对功率变化的响应几乎是瞬时的，所以，燃料反应性温度系数对功率的变化响应很快。

(3) 毒物对反应性的影响

热中子反应堆在运行中会产生许多裂变产物，其中有些裂变产物具有很大的热中子吸收截面，对反应性有明显的影响，称它们为毒物。裂变产物中 ^{135}Xe 和 ^{149}Sm 影响最大。它们不仅具有很大的热中子吸收截面，而且它们的先驱核还有较大的产额。它们都能使反应堆产生一个负反应性，但其动态特性有所不同。

除了温度系数和中毒效应以外，在压水堆中，冷却剂的局部沸腾将产生蒸汽泡。在冷却剂中所含的蒸汽泡的体积分数称为空泡分数。冷却剂空泡分数的1%所引起的反应性变化称为空泡系数，用 α_v 表示。

当出现空泡或空泡分数增大时，由于蒸汽泡密度远小于液体的密度，因为吸收中子减少使反应性增加，另外可能使中子泄漏增加造成反应性减小。通常对压水堆，总的空泡系数是负的。因为不允许压水堆出现沸腾，即便有点局部沸腾，也要求空泡分数很小，所以，空泡系数对压水堆影响不大。

5.1.2 压水堆的自稳特性

如果反应堆的反应性温度系数是正的，它自身是不稳定的。这时反应堆的增殖系数将随温度的升高而增大，反应堆功率也随之增加，功率增加又导致温度的进一步升高，温度升高又使反应性增加，功率继续增长，如此下去，如果没有外部控制措施，将可能导致燃料烧毁熔化，产生严重的后果。

相反，如果反应堆的反应性温度系数是负的，它就具有自稳定特性。当它受到正的反应性扰动时，反应堆功率增加，温度随之升高，由于负的反应性温度系数将使反应性下降，抵消了正的反应性扰动，使反应堆功率重新回到稳定状态。显然，具有负的反应性温度系数的反应堆对功率变化是稳定的。这个固有稳定性，称为自稳特性，它是压水堆核电厂安全运行的基础和保障。

当汽轮机负荷增加时，将从一回路吸收更多的热量，会使反应堆平均温度下降，由于负反应性温度系数的影响使反应性增加，堆功率上升，以适应负荷增加的需求。在这个意义上可以说，压水堆具有一定的自动跟踪负荷的能力，这种能力称为自调性。

5.2 压水堆核电厂稳态运行方案

核电厂稳态运行方案是指核电厂在稳态运行条件下，以负荷或反应堆功率为基础，各运行参数，如温度、压力和流量等与功率之间应遵循的相互关系的特性。

核电厂的输出功率 P_H 可以用下式表示：

$$P_H = K_s(T_{av} - T_s) \tag{5-1}$$

式中：

P_H——核电厂输出功率，W；

K_s——蒸汽发生器一次侧到二次侧的等效传热系数，W/℃；

T_{av}——一回路冷却剂平均温度，℃；

T_s——蒸汽发生器出口蒸汽温度，℃。

根据式(5-1)，可以考虑以下几种运行方案。

5.2.1 冷却剂平均温度恒定运行方案

由式(5-1)可以看出，当 K_s 是个常数时，P_H 仅与$(T_{av} - T_s)$成比例。平均温度恒定运行

方案即 T_{av}不随 P_H 的变化而变化，保持恒定。显然，这时要满足式(5-1)，P_H 变大时，T_s 要减小。这会带来两个缺点，根据卡诺原理，蒸汽温度 T_s 的下降可能使汽轮机的效率降低。换句话说，如果保持足够高的汽轮机效率，T_s 的下降将受到限制。另一个缺点是，T_s 降低也不利于蒸汽保持一定的干度，蒸汽含水量高会对汽轮机叶片有侵蚀。采用这种运行方案的优点是，因为 T_{av}恒定，冷却剂容积变化小，稳压器的尺寸相对可以小一些。另外，温度引起的反应性变化也小。一回路排出的待处理液体的容积也少。

5.2.2　蒸汽发生器压力恒定运行方案

蒸汽发生器压力恒定，出口的蒸汽温度也不变，从上面的分析可知，这种运行方案对二回路有利。但是，要满足式(5-1)，T_s 不变，T_{av}将随着 P_H 的增加而增高，使一回路冷却剂容积变化增大，需要较大的稳压器来补偿。同理，一回路排除待处理液体的容积也增大。另外，当功率迅速下降时，T_{av}降低，由于反应性的温度系数是负的，将引起反应性的增大，为了保持反应堆的临界，在短时间内必须靠插入控制棒来补偿，控制棒插入过多会引起功率分布畸变。

5.2.3　折中方案

在选择什么样的运行方案时，一般要考虑以下几方面的要求：

1) 一回路冷却剂平均温度 T_{av}变化不能太大；

2) 蒸汽发生器出口蒸汽温度 T_s 不能过低；

3) 反应堆功率变化的速度必须满足在一定范围内跟踪负荷变化的要求；

4) 避免跟踪电网负荷变化时，控制棒组移动过大，造成反应堆功率分布畸变。

前面介绍的两种运行方案，都不能同时满足上述几项要求，但它们又都有各自的突出优点。为了吸取它们的优点，克服缺点，现在多数压水堆核电厂都选用了下式表示的折中方案：

$$T_{av} = T_{avo} + KP_r \qquad (5\text{-}2)$$

式中：

T_{avo}——为零功率时的平均温度；

K——T_{av}与 P_r 呈线性关系的斜率；

P_r——用%FP 表示的相对功率。

采用这种方案，当输出功率变化时，允许 T_{av}和 T_s 都有些变化，不利的因素由一回路和二回路共同承担，不至于对某一个回路的设备限制太强，要求过高。

图 5-1 所示的是 600 MW 压水堆所用折中控制方案下主要温度变化曲线。一回路平均温度 T_{av} 随功率增加而增大，在 290.8～310 ℃之间变化。蒸汽温度 T_s 随功率增加而逐渐降低。图中还给出了堆出口温度 T_h 和堆入口温度 T_c 随输出功率

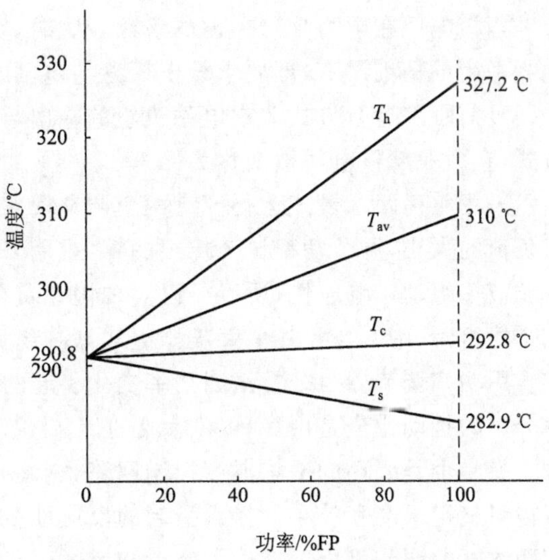

图 5-1　折中方案下主要温度的变化曲线

T_h—堆出口温度；T_c—堆入口温度；T_s—蒸汽温度

增加而变化的曲线。功率在0～100%FP的范围内，堆入口温度只变化2℃，所以又称这种方案为堆入口温度不变方案。

确定了这种方案后，平均温度是否等于整定值就表示了一、二回路的功率是否匹配。换言之，一、二回路功率匹配是以平均温度等于整定值为表征的。

5.3 压水堆核电厂负荷运行方式

负荷运行方式是反应堆操作时的一种方案，按照这种方案，操作人员在确保核电厂安全运行在允许范围内的同时，能使机组产生的功率很好地适应电网所需要的功率。

压水堆核电厂负荷运行方式主要有两种，即带基本负荷运行方式和负荷跟踪运行方式。

5.3.1 基本负荷运行方式

电厂带基本负荷运行，即以最大功率连续安全地运行。采用这种运行方式，减少了反应堆功率的变动，设备受到的热应力小，有利于安全和延长机组寿命。这种运行方式只设有平均温度调节系统一个调节回路，通过调节温度调节棒组，简称R棒组使冷却剂平均温度的实测值等于给定值。是“机跟堆”的运行方式，在大亚湾核电厂被简称为A模式。由于温度调节棒组，即R棒组的插入量受限制，所以径向和轴向燃耗比较均匀。同样的原因，使R棒组调节反应性的能力受到限制，在负荷变化较大时，只能靠调节硼浓度的方法补偿因功率变化引起的反应性变化。因为硼浓度的调节，时间响应慢，所以基本负荷运行模式不能快速跟踪负荷的变化，尤其是在寿期末更为明显。只有缓慢的负荷跟踪能力，满足12－3－6－3的负荷跟踪要求，即在12 h满功率运行后，在3 h内功率以线性变化降到50%FP，在此功率下稳定运行6 h后，又在3 h内以线性变化增加到满功率。

5.3.2 负荷跟踪运行方式

当核电厂在电力生产中占的份额较大时，要求核电机组参与实时的电力生产与电力消耗相平衡的精细调节，即要求核电厂参与电网的负荷跟踪，实现调峰运行。

负荷跟踪运行方式要求电站机组的输出与电网需求相适应。这是一种“堆跟机”的运行方式，在大亚湾核电厂被简称为G模式。

采用负荷跟踪模式运行要有两个调节回路。一个是开环的功率控制回路，它根据汽轮机负荷的大小，调节功率调节棒组的棒位，用来补偿因功率变化引起的反应性变化，因为功率调节棒组动作响应快，所以可以实现快速负荷跟踪。功率调节棒组有G1、G2、N1、N2等四个棒组，其中G1组由4束灰棒组成，G2组由8束灰棒组成，N1和N2各由8束黑棒组成。用功率调节棒组来补偿因功率变化引起的反应性变化，在堆内移动时所引起的轴向功率分布的扰动比全是由黑棒束组成的R棒组小，功率调节棒组的棒位是汽轮机功率的函数。另一个是闭环的平均温度控制回路，它调节温度调节棒组(R棒组)用来补偿因功率调节棒组整定不准和较小的氙毒引起的反应性变化，维持冷却剂平均温度等于整定值。而可溶硼浓度的调节仍用于补偿因氙毒和燃耗引起的慢变化的反应性。

总之，负荷跟踪运行方式的优点是，可以实现快速负荷跟踪，参与调峰运行。并且不会对轴向功率分布造成大的影响。其缺点是，因为不允许负荷降低后用控制棒补偿由氙变化引起的反应性变化，所以，使运行灵活性降低。另外，控制系统也要复杂一些。

5.4　反应堆控制的物理基础

我们知道，在反应堆控制系统中，被控对象是核反应堆。在学习反应堆控制系统的基本工作原理之前，首先了解一下反应堆的基本特性是很有必要的。

因为反应堆控制，是通过控制反应性来实现的，它与反应堆的特性紧密相关。在此，我们仅就与反应堆控制关系密切的几个物理问题，从学习控制的角度作个简要地介绍，便于学员们更好地掌握反应堆控制的基本原理。

5.4.1　有效增殖系数和反应性

核电厂发出的电能是来源于核能。当反应堆内裂变核素，例如^{235}U受到中子轰击时，会发生裂变反应，同时释放出大量的能量。每次裂变大约释放出 200 MeV 的能量，同时还释放出 2～3 个次级中子。如果次级中子再引起燃料核的裂变，又能放出次级中子，如此下去核燃料就能继续自持地裂变下去，反应堆就不断地释放出能量。这样的核反应称为自持链式裂变反应。

虽然每次核裂变能产生 2～3 个中子，但不是所有的中子都有机会再遇上^{235}U核，而且即使跟^{235}U核发生碰撞，也不是每次碰撞都能引起^{235}U核的裂变。有的热中子被^{235}U俘获生成^{236}U，有的中子被^{238}U俘获生成^{239}Pu，有的中子被慢化剂和结构材料吸收，还有些中子在慢化、扩散中泄漏到堆外。总之，要维持自持链式裂变反应并不那么容易，而是需要一定的条件。在中子不断产生和消亡的过程中，要使裂变反应能持续不断地进行下去，就必须保持中子数的平衡，即单位时间内系统中产生的中子数等于消亡的中子数。为了描述堆内裂变中子增殖、平衡或衰减情况，可以用反应堆的有效增殖系数来表示。把堆内某一代中子总数同前一代中子总数之比定义为有效增殖系数，用 K_{eff} 表示：

即
$$K_{eff}=\frac{\text{某一代中子总数}}{\text{前一代中子总数}} \tag{5-3}$$

从式(5-3)可知：

当 $K_{eff}=1$ 时，说明任意相邻两代的中子数相等，即中子的产生和消失处于动态平衡状态，反应堆功率维持不变。称为临界状态。

当 $K_{eff}>1$ 时，表明任一代中子数都大于前一代中子数，功率不断地上升，称为超临界状态。

当 $K_{eff}<1$ 时，表明任一代中子数都小于前一代中子数，功率不断地减小，称为次临界状态。

在研究分析反应堆控制系统时，常以临界为基准，最关心在稳态运行下出现变化的那部分。所以，常用反应性这个术语，它是表征反应堆偏离临界程度的参数，用以衡量反应堆功率变化的速率。

反应性(ρ)的定义是：

$$\rho=\frac{K_{eff}-1}{K_{eff}} \tag{5-4}$$

显然，临界时，$\rho=0$；次临界时，$\rho<0$；超临时，$\rho>0$。

反应性常用的表示方法有：

1）可以用百分数表示，如 $\rho=1\%(\Delta K/K)$；

2）可以用 pcm 这个单位，$1\ \text{pcm}=10^{-5}(\Delta K/K)$；

3）可以用 mk 这个单位，$1\ \text{mk}=10^{-3}(\Delta K/K)$；

4）当 $\rho=\beta$(缓发中子份额)时，反应堆处于瞬发临界状态，我们称反应性为 1 元(＄)，1 元的百分之一称 1 分。

5.4.2 瞬发中子和缓发中子

我们知道热中子反应堆内的裂变反应主要是由热中子引起的。而裂变释放出来的是快中子，它要在介质中经过慢化、扩散直至被吸收消亡，参加新的裂变或被吸收，也可能泄漏到系统外。中子从产生到消亡所经历的平均时间称为中子的平均寿命，用 l 表示。它包含平均慢化时间和热中子平均扩散时间，而后者占主要部分。对压水堆，l 约为 10^{-4} s。这种伴随裂变反应释放出来的中子称为瞬发中子，占中子总数 99％以上。

假设原来处于临界状态的反应堆，它的中子注量率为 Φ。在 $t=0$ 时，有个反应性扰动，使增殖系数 K(即 K_{eff})由 1 变为 1.001。经过一代，中子注量率将变为 $K\times\Phi_0$，再过一代，中子注量率为 $K^2\times\Phi_0$，……，经过 1 000 代，中子注量率将上升到$(1.001^{1\,000})\times\Phi_0$，约上升了 2.7 倍。如果 $l=10^{-4}$ s，只用 0.1 s 的时间。要想控制消除这个反应性扰动，就要用移动控制棒的办法，而启动控制棒最快也需要几秒的时间。显然，反应堆的功率以如此快的速度上升，按目前的技术水平，是无法控制的。

幸好，反应堆中产生的中子并非都是瞬发的，而有一小部分，不到 1％是缓发中子。它们不是裂变时产生的，而是在先驱核素衰变时产生的，在裂变后大约几秒到几分钟之间陆续发射出来。对 ^{235}U、^{239}Pu 等核素，按缓发中子先驱核平均寿命的大小，可以将缓发中子分成 6 组，每一组有它所占中子总数的份额 β_i 和相应的衰变常数 λ_i。如果说第 i 组缓发中子先驱核的平均寿命为 t_i，说明这一组内的中子都可以看作是在裂变后平均时间 t_i 时才出现，那么这一组平均缓发时间应该是 $\beta_i t_i$，所有 6 组缓发中子总的平均缓发时间应等于 $\sum_{i=1}^{6}\beta_i t_i$。再加上瞬发中子平均寿命 l，则考虑了缓发中子的作用后，中子两代间的平均时间 $\bar{l}=l+\sum_{i=1}^{6}\beta_i t_i$。把 β_i 和 t_i 的数据代入后，可知 $l\ll\sum_{i=1}^{6}\beta_i t_i$，所以 $\bar{l}\approx\sum_{i=1}^{6}\beta_i t_i\approx 0.1\ \text{s}$。

可见，由于缓发中子的存在，大大地延长了中子相邻两代之间的代时间，和没考虑缓发中子时的情况相比，同样增殖 1 000 代需要 100 s 的时间，功率增长 2.7 倍，这样的变化速度，用移动控制棒的方法就可以控制了。

5.4.3 反应堆的传递函数

在分析反应堆控制系统时，常把反应堆当作系统中的一个部件来考虑，需要从反应堆动力学方程出发，导出它的传递函数。

反应性作为输入，反应堆的功率作为输出。但是，当反应性随时间正弦变化时，反应堆的动力学方程就不再是常系数了。而常系数是推导传递函数的必要条件。但当反应性变化很小，n 和 C_i 都是在很小的范围内变化，则这些方程组也可以近似地看成是常系数的方程组。这里以无反馈、点堆动力学方程为例，导出开环传递函数。

反应堆点堆中子动力学方程是

$$\begin{cases}\dfrac{\mathrm{d}n}{\mathrm{d}t}=\dfrac{\rho-\beta}{\Lambda}+\sum\limits_{i=1}^{6}\lambda_i C_i\\ \dfrac{\mathrm{d}C_i}{\mathrm{d}t}=\dfrac{\beta_i}{\Lambda}n-\lambda_i C_i\quad i=1,2,\cdots,6\end{cases}\tag{5-5}$$

式中：

n——堆内平均中子密度，与反应堆功率成正比；

ρ——反应性；

Λ——相邻两代中子的平均代时间；

β_i——第 i 组缓发中子的份额；

λ_i——第 i 组先驱核的衰变常数；

C_i——第 i 组先驱核的浓度。

在稳态工况下，加入不随时间变化的小反应性 ρ，则有：

$$\begin{cases}n=n_0+\delta n\\ C_i=C_{i0}+\delta C_i\end{cases}\tag{5-6}$$

式中：

n_0、δn——分别是 n 的稳态值和变动量；

C_{i0}、δC_i——分别是 C_i 的稳态值和变动量。

把式(5-5)的第 2 式代入第 1 式，得：

$$\frac{\mathrm{d}n}{\mathrm{d}t}=\frac{\rho}{\Lambda}n-\sum_{i=1}^{6}\frac{\mathrm{d}C_i}{\mathrm{d}t}\tag{5-7}$$

把式(5-6)代入式(5-7)，得：

$$\frac{\mathrm{d}n}{\mathrm{d}t}=\frac{\mathrm{d}\delta n}{\mathrm{d}t}=\frac{\rho}{\Lambda}n_0+\frac{\rho}{\Lambda}\delta n-\sum_{i=1}^{6}\frac{\mathrm{d}\delta C_i}{\mathrm{d}t}$$

因为 $\dfrac{\rho}{\Lambda}n_0\gg\dfrac{\rho}{\Lambda}\delta n$，所以 $\dfrac{\rho}{\Lambda}\delta n$ 可以忽略。

所以

$$\frac{\mathrm{d}\delta n}{\mathrm{d}t}=\frac{\rho}{\Lambda}n_0-\sum_{i=1}^{6}\frac{\mathrm{d}\delta C_i}{\mathrm{d}t}\tag{5-8}$$

把式(5-6)代入式(5-5)的第 2 式，得：

$$\frac{\mathrm{d}C_i}{\mathrm{d}t}=\frac{\mathrm{d}C_{i0}}{\mathrm{d}t}+\frac{\mathrm{d}\delta C_i}{\mathrm{d}t}=\frac{\beta_i}{\Lambda}(n_0+\delta n)-\lambda_i(C_{i0}+\delta C_i)$$

因为在稳态时，$\dfrac{\mathrm{d}C_{i0}}{\mathrm{d}t}=\dfrac{\beta_i}{\Lambda}n_0-\lambda_i C_{i0}=0$

所以，
$$\frac{\mathrm{d}\delta C_i}{\mathrm{d}t}=\frac{\beta_i}{\Lambda}\delta n-\lambda_i\delta C_i\tag{5-9}$$

把式(5-8)和式(5-9)转换成拉氏变换的形式：

$$s\delta n(s)=\frac{n_0}{\Lambda}\rho(s)-s\sum_{i=1}^{6}\delta C_i(s)\tag{5-10}$$

$$s\delta C_i(s) = \frac{\beta_i}{\Lambda}\delta n(s) - \lambda_i \delta C_i(s) \tag{5-11}$$

式中：

$\delta n(s)$、$\rho(s)$和$\delta C_i(s)$分别是δn、ρ和δC_i的拉氏变换。

对式(5-10)和式(5-11)联合求解，可得反应堆的传递函数。

$$G_R(s) = \frac{\delta n(s)}{\rho(s)} = \frac{n_0}{\Lambda}\frac{1}{s\left[1+\sum_{i=1}^{6}\frac{\beta_i}{\Lambda(s+\lambda_i)}\right]} \tag{5-12}$$

式(5-12)中的$1+\sum_{i=1}^{6}\frac{\beta_i/\Lambda}{(s+\lambda_i)}$经通分后，其分子多项式是一个6次代数方程式，可以解出它的6个根为γ_i，$i=1,2\cdots6$。这样：

$$1+\sum_{i=1}^{6}\frac{\beta_i/\Lambda}{(s+\lambda_i)} = \frac{(s+\gamma_1)(s+\gamma_2)\cdots(s+\gamma_6)}{(s+\lambda_1)(s+\lambda_2)\cdots(s+\lambda_6)} \tag{5-13}$$

所以，$$G_R(s) = \frac{n_0}{\Lambda s}\frac{\prod_{i=1}^{6}(s+\lambda_i)}{\prod_{i=1}^{6}(s+\gamma_i)} \tag{5-14}$$

显然，γ_i是由λ_i、β_i和Λ所决定的常数。式(5-13)的求解可以利用计算机，也可以从参考文献中查到。在实际应用中，式(5-14)可以适当简化。

按照同样的步骤，也可以推导出简化为具有单组缓发中子的反应堆传递函数为：

$$G_R = \frac{\delta n(s)}{\rho(s)} = \frac{n_0(s+\lambda)}{\Lambda s(s+\lambda+\frac{\beta}{\Lambda})} \tag{5-15}$$

式中，λ是等效为单组缓发中子先驱核的衰变常数。

值得注意的是，当考虑有反馈的工况，例如压水堆在工作温度下运行时，情况要复杂得多，传递函数将有更复杂的形式。此外由式(5-14)或式(5-15)可知，传递函数$G_R(s)$都与n_0有关，这表示反应堆的传递系数随反应堆运行功率的变化而改变。也表明反应堆控制系统如果在低功率时是稳定的，而在高功率时还可能出现不稳定。

5.5 反应性控制

5.5.1 反应性平衡

我们知道，反应堆在装料时，必须使增殖系数大于1。同时在反应堆内加入中子吸收体，把增殖系数大于1的那部分反应性补偿掉，使反应堆能维持在临界或次临界状态。

假定反应堆在某个低功率水平下维持临界，功率稳定不变。此时要想提高反应堆的功率水平，就要把中子吸收体比如控制棒提出堆芯一小部分，使反应性由零变到稍正一点，反应堆功率开始增长，反应性越大，功率增长的速度就越快，当功率水平增加到逐渐接近要求的水平时，必须把控制棒重新插回反应性等于零的位置，否则功率会一直增长。如果不考虑其他影响反应性的因素，反应堆的功率水平与控制棒的位置无关。为了改变功率水平，只是暂时地抽出或插入控制棒，功率达到一个新水平后，再把控制棒调回到原来的临界位置。

实际在反应堆运行过程中，影响反应性的因素有很多：

(1) 燃耗的影响

反应堆长期运行，燃料不断地消耗，使增殖系数逐渐减小，这就需要通过减少反应堆内的中子吸收体来补偿由于燃耗引起的反应性下降。燃料消耗到一定程度，中子吸收体减少到最小，无法再继续补偿，就要停堆换料。

(2) 温度效应

由于燃料和慢化剂都具有负的反应性温度系数。当反应堆功率增加到一个新水平，冷却剂平均温度上升，反应性下降，为了维持新的功率水平，保持反应性等于零，就要抽出部分控制棒来补偿由于温度升高造成的反应性下降。当反应堆在室温下处于临界时，此时控制棒位置称为冷临界位置。而反应堆在功率运行温度下处于临界，相应的控制棒的位置称为热临界位置。

(3) 中毒效应

在热中子反应堆运行过程中，会产生一些裂变产物，有些裂变产物在衰变时也会产生下代的核素。在这些直接或间接产生的核素中有一些具有很大的热中子吸收截面，使热中子利用系数降低，从而使反应性减小，起毒化作用称为中子中毒，称它们为毒物。毒物吸收中子而对反应性产生影响，称为毒物的中毒效应。其中特别需要考虑的是裂变产物 ^{135}Xe 和 ^{149}Sm，尤其前者，^{135}Xe 的中子吸收截面是 3×10^6 靶恩(b)，^{149}Sm 的中子吸收截面是 5×10^4 b。

^{135}Xe 的产生和消失如下所示，两个元素之间的时间是衰变的半衰期。

$$^{135}Te \xrightarrow[20\ s]{} {}^{135}I \xrightarrow[6.7\ h]{} {}^{135}Xe \xrightarrow[9.2\ h]{} {}^{135}Cs \xrightarrow[2\times10^6\ a]{} {}^{135}Ba$$

$$^{135}Xe + {}^{1}_{0}n \longrightarrow {}^{136}Xe$$

^{135}Xe 浓度的增加依赖 ^{135}I 衰变的多少。而 ^{135}Xe 浓度的减小取决衰变成 ^{135}Cs 的多少和吸收中子变成 ^{136}Xe 的数量。反应堆开堆升功率后，经过一段时间稳定在某个功率上，^{135}Xe 的产生和消失会达到平衡，即 ^{135}Xe 的浓度达到某个稳定值，自然这时它引入的反应性也恒定，称为平衡中毒，功率越高，毒性越大。开堆后，经过约 40 h 达到平衡中毒。

当反应堆在某个功率水平上运行后停闭，中子注量率很快下降。^{135}Xe 吸收中子变成 ^{136}Xe，使 ^{135}Xe 浓度降低的途径几乎没有了，而停堆前已形成的 ^{135}I 在停堆后还要继续衰变为 ^{135}Xe，所以使 ^{135}Xe 的浓度增加。停堆后约 11 h 使 ^{135}Xe 的浓度增加到最大值，称为最大中毒，引起的反应性下降也最大。停堆前运行的功率越高，停堆后最大中毒引起的反应性下降也越大。停堆 11 h 以后，停堆前已形成的 ^{135}I 经过衰变，浓度已降低，衰变成 ^{135}Xe 的量也下降，而 ^{135}Xe 继续衰变为 ^{135}Cs，使 ^{135}Xe 的浓度下降，毒性逐渐消除。由于反应堆停闭后，反应性要降到一个最低值，它又与 ^{135}I 的浓度有关，所以常称为“碘坑”。大约 40 h 以后，碘坑才能基本消除。

碘坑的出现对反应性控制很重要。如果在停堆后的某个时间要重新开堆，当把控制棒组全部抽出引入的正反应性还小于碘坑引起负反应性的绝对值时，反应堆就达不到临界，堆就开不起来。压水堆在寿期末，剩余反应性小，硼浓度也低，就可能出现这种情况。需要等到氙浓度降低到较小的，反应堆才能重新启动。

当反应堆在稳态工况运行时，保持一定的稳定功率水平。此时，各种因素引起的反应性相互抵消补偿后，反应堆总的反应性 $\Sigma\rho$ 应该等于零，即达到反应性平衡，如下式所示。

$$\sum\rho = \rho_{ex} + \rho_D + \rho_M + \rho_X + \rho_B + \rho_R + \rho_b = 0 \tag{5-16}$$

式中：

ρ_{ex}——表示燃料的后备(剩余)反应性；

ρ_D——表示燃料温度引起的反应性变化；

ρ_M——表示慢化剂温度引起的反应性变化；

ρ_X——表示氙和钐毒引起的反应性变化；

ρ_B——表示硼浓度引起的反应性；

ρ_R——表示控制棒引起的反应性；

ρ_b——表示燃耗引起的反应性。

式(5-16)各项中，ρ_{ex}、ρ_D、ρ_M、ρ_X 和 ρ_b 都是反应堆物理上固有的参数，只有 ρ_B 和 ρ_R 是可调节的。

图 5-2 表示反应堆在一个寿期内的不同阶段正、负反应性的平衡概况。横坐标表示反应堆从冷停堆、冷态临界，直到满功率连续运行到寿期末的几个阶段的时间顺序。纵坐标表示在各个阶段正、负反应性的平衡概况。

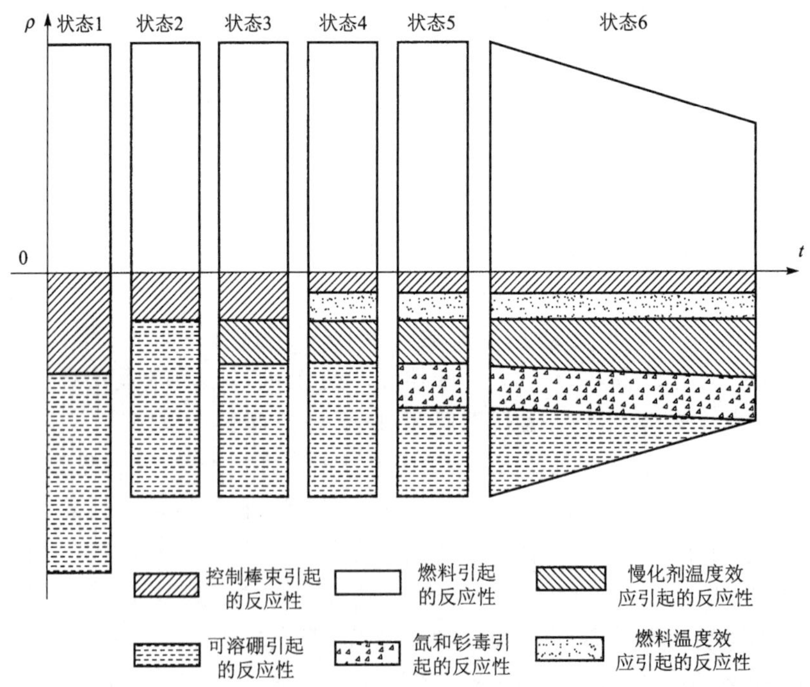

图 5-2 反应堆一个寿期内反应性平衡概况

状态 1—冷停堆状态。通过插入堆芯的控制棒束和硼溶液引入很大的负反应性，和燃料的后备反应性相抵消后，总的反应性是负的，保证有一定的次临界度；

状态 2—反应堆在冷临界状态。通过稀释硼和部分地抽出控制棒束，使反应堆总的反应性$\sum\rho$等于零，把反应堆从次临界提到冷态临界，这个过程大约需要 0.5 h；

状态 3—反应堆在热临界状态，零功率。从冷态临界过渡到热态临界，出现了慢化剂的反应性温度效应，由稀释硼来补偿；

状态 4—反应堆到达额定功率状态。功率增长，出现了燃料的反应性温度效应，通过提升控制棒束来补偿；

状态 5—反应堆在额定功率运行几天，出现了氙和钐的中毒效应，并达到了平衡中毒，它引入的负反应性由稀释硼来补偿；

状态 6—表示反应堆从状态 5 直到停堆换料时反应性平衡的变化情况。这段时间的燃耗由稀释硼补偿。另外，慢化剂的温度效应由于硼浓度的降低而有所增加。当硼浓度为零时，就应该停堆换料，以增加燃料的后备反应性。

5.5.2 反应性控制的任务

首先我们要知道与反应性控制有关的几个术语：

1）堆芯寿期　为了满足反应堆长期运行的需要，它的燃料装载量要比最小临界装载量大，使有效增殖系数大于 1，反应堆具有一定的剩余反应性。当然要用控制毒物抵消这些剩余反应性，使反应性达到平衡。随着反应堆运行时间的延长，燃耗不断加深，有效增殖系数逐渐地减小。有效增殖系数K_{eff}从大于 1 逐渐降低到 1，反应堆满功率运行的时间称为堆芯寿期。

2）剩余反应性　当所有控制毒物全部从反应堆芯中抽出后，反应堆具有的反应性，叫剩余反应性，也称后备反应性，用ρ_{ex}表示。它的大小与燃料装载量和燃耗有关。

3）停堆深度　把所有控制毒物都放入堆芯后，反应堆具有的负反应性叫停堆深度，用ρ_S表示。它的大小与反应堆的临界安全有关。

4）反应性控制能力　显然，全部控制毒物抽出反应堆堆芯到放入反应堆堆芯，所引起反应性变化的绝对值就是全部控制毒物所具有的反应性价值，它表示全部控制毒物的反应性控制能力，用$\Delta\rho$表示。$\Delta\rho=\rho_{ex}+|\rho_S|$　(5-17)

5）功率亏损　对压水堆，功率变化 1%FP 所引起的反应性变化量称为反应性功率系数，用α_p表示。它在堆芯整个寿期内都是负值，只是寿期末比寿期初负的更多。将功率系数在 0～100%FP 范围内的某一区域进行积分，便可得到这一范围内功率变化所引起的反应性变化的总量，称为功率亏损。当反应堆功率升高时，向堆芯引入了负的反应性，是指反应性“亏损”了。

为了保证反应堆有一定的工作寿期，反应堆的初装料必须足够多，使它有一个适当的初始剩余反应性。

要能补偿反应堆的剩余反应性，并能调节反应堆在启动、停闭和功率变化时所引起的反应性变化，在堆芯必须引入适量的可随意调节的反应性，此种受控制的反应性既可以用于补偿反应堆长期运行产生的燃耗、中毒和温度效应等引起的反应性变化，也可以用来调节反应堆的功率，还可以作为停堆手段。

压水堆反应性控制的任务可概况为：

1）在确保安全运行的前提下，采取各种控制方式控制反应堆的剩余反应性，以满足反应堆长期运行的需要；

2）通过控制毒物适当的空间布置和最佳的提棒程序，使反应堆在整个寿期内保持比较平坦的功率分布；

3）通过调节控制棒能消除反应性扰动，维持稳定的功率。还能调节反应堆功率，以适应二回路负荷的变化；

4）在反应堆出现事故时，能快速插入控制棒停闭反应堆，并保持一定的停堆深度。

5.5.3 反应性控制的方法

从原理上讲，凡是能改变反应堆有效增殖系数的方法都可作为控制反应性的手段。比如增加或减少燃料，增加或减少慢化剂，增加或减少中子泄漏以及增加或减少中子吸收体等方法。其中，在反应堆内增加或减少中子吸收体是最常用的控制反应性的方法。

在压水堆上，可控的中子吸收体有控制棒组件，可溶性中子吸收剂（硼酸）和可燃毒物棒。

（1）控制棒组件

控制棒组件是紧急停堆和冷却剂平均温度调节系统的控制执行部件。它是由传动杆带动的一束中子吸收体组成，所以也称为控制棒束。压水堆堆型设计不同，每束控制棒的中子吸收体数量也不尽相同（900 MW 压水堆每束棒有 24 根中子吸收体）。中子吸收体是由中子吸收截面很大的材料制成，它们在燃料组件中的导向管内可上下移动，以实现对反应性的调节。

控制棒组件移动速度快，使用操作灵活可靠，控制反应性的精度也比较高。主要用它来调节快变化的反应性，如燃料温度效应引起的反应性变化，变工况时的瞬态氙效应，硼稀释以及快变化的反应性扰动等。实现快速负荷跟踪时，也要用控制棒组件（灰棒）来调节补偿因功率变化引起的反应性变化。

（2）可溶性毒物

在慢化剂中加入一定量的可溶性化学毒物，要求这种化学毒物具有较大的热中子吸收截面，其化学和物理性能稳定，对堆芯的部件无腐蚀性，并且不吸附在部件上。硼酸能满足这些要求，被压水堆选用作为可溶性控制毒物。通过调节慢化剂中硼的浓度来调节反应性的大小。

可溶性化学毒物主要用来调节慢变化的反应性，如由冷态零功率到热态零功率，由于慢化剂温度效应引起的反应性变化，氙和钐毒引起的反应性变化以及燃耗等。

调节反应堆冷却剂中的硼浓度是化学与容积（简称化容）控制系统的主要功能之一。减小硼的浓度称稀释，增加硼的浓度称加硼。

1）稀释方式　将除盐水充到反应堆冷却剂系统中，同时从冷却剂系统引出下泄流排到硼回收系统，使冷却剂系统中硼的浓度减小，即达到稀释的目的。

操纵人员根据一回路原有的硼浓度和需要降低的硼浓度计算出需要注入的除盐水的总量，根据稀释速率的要求，计算出注入水的流量，然后按下快稀释按钮和启动按钮，随后自动启动除盐水泵和相关的阀门，调节器自动比较流量整定值与实际流量值，调节注入水的流量。当水表累计的注入水量与给定的水量相等时，阀门自动关闭，除盐水泵也同时停运。如果将除盐水补充到容控箱和上充泵吸入口，以获得尽可能快的稀释，即快稀释。如果将除盐水补充到容控箱中，经容控箱流入到冷却剂系统，即是慢稀释。

2）加硼方式　向冷却剂系统注入硼酸，并将相应数量的冷却剂排到硼回收系统，可以提高冷却剂中硼的浓度，即为加硼。

操纵人员根据一回路加硼后预期的硼浓度和原有的硼浓度以及硼酸贮存箱中的硼浓度，计算需要注入一回路的硼酸容积，根据硼化速率的要求计算硼酸注入的流量。然后按下硼化和启动按钮，随后自动启动硼酸输送泵和打开相关的阀门，调节器自动比较流量整定值与实际测量值，调节阀门开度。当注入的硼酸容积达到预定值时，硼酸输送泵自动停运，相关阀门自动关闭，结束硼化过程。

稀释过程水容积的计算和硼化过程中硼酸容积的计算，都可以通过预先设计确定的计算图表求出。

在调节冷却剂的硼浓度时要注意以下几点：

1）快稀释时，除盐水在容控箱下游直接地注入一回路，这种水不含有溶解氢，可使一回路水的氢浓度降低。而足够的氢气可抑制水的辐照分解。因此，在快稀释操作期间内，应认真地监督一回路水的氢浓度；

2）稀释或加硼后，要注意定时监测硼浓度；

3）当负荷在变化时，要防止加硼或稀释，因为硼浓度的改变要引起调节棒束的动作；

4）稀释或加硼后，要时刻监视所引起的调节棒束的移动，并保证温度调节棒处于调节带内。

（3）可燃毒物棒

压水堆在第一次装料时，堆芯中全部燃料都是新的，堆的剩余反应性很大。如果全靠控制棒来补偿这些剩余反应性，则需要很多控制棒，这不但不经济，因为堆芯结构布置紧凑，在工程上也很难实现。如果用调节硼浓度的方法来补偿，则硼酸的浓度会很高，使慢化剂的反应性温度系数由负变为正，不利于安全。

为了解决上述问题，在压水堆第一个寿期中还采用了可燃毒物棒，把它做成固定不动的管状，装入燃料组件的某些套管中，放入堆芯，用来补偿由于首次装料造成的过大的剩余反应性。可燃毒物采用硼硅酸盐玻璃作为吸收体，内外包壳采用不锈钢，做成管状。要求可燃毒物燃耗释放出来的反应性基本上等于同时间燃料消耗所减小的反应性。

采用可燃毒物棒后，可使硼浓度限制在一定范围内，确保慢化剂反应性温度系数是负值。从第二个燃料循环开始堆芯中大部分的燃料已有燃耗，堆芯的初始剩余反应性已明显减小，没有必要再用可燃毒物了。

5.6　控制棒组件及其驱动机构

5.6.1　控制棒组件

（1）控制棒的功能

控制棒是压水反应堆用于控制反应性的中子吸收体。它在堆内可以上下移动，操作灵活可靠，控制反应性的精度高，响应快，主要用它来调节补偿快变化的反应性。主要功能是：

1）启动或停闭反应堆，升降反应堆功率或维持恒定的功率水平；

2）补偿燃料温度变化引起的反应性变化；

3）用于冷却剂平均温度调节系统，还可用于补偿因功率变化引起的反应性变化；

4）调节反应堆轴向功率分布。

以900 MW压水反应堆的控制棒组件为例，每个控制棒组件由一个蜘蛛形接头连接24根中子吸收体，形似一束，所以也称为控制棒束。24根中子吸收体插入燃料组件中的导向管中，蜘蛛形接头的上端与驱动轴连接。控制棒驱动机构带动驱动轴和中子吸收体可以在堆芯中上下移动，如图5-3左部分所示。

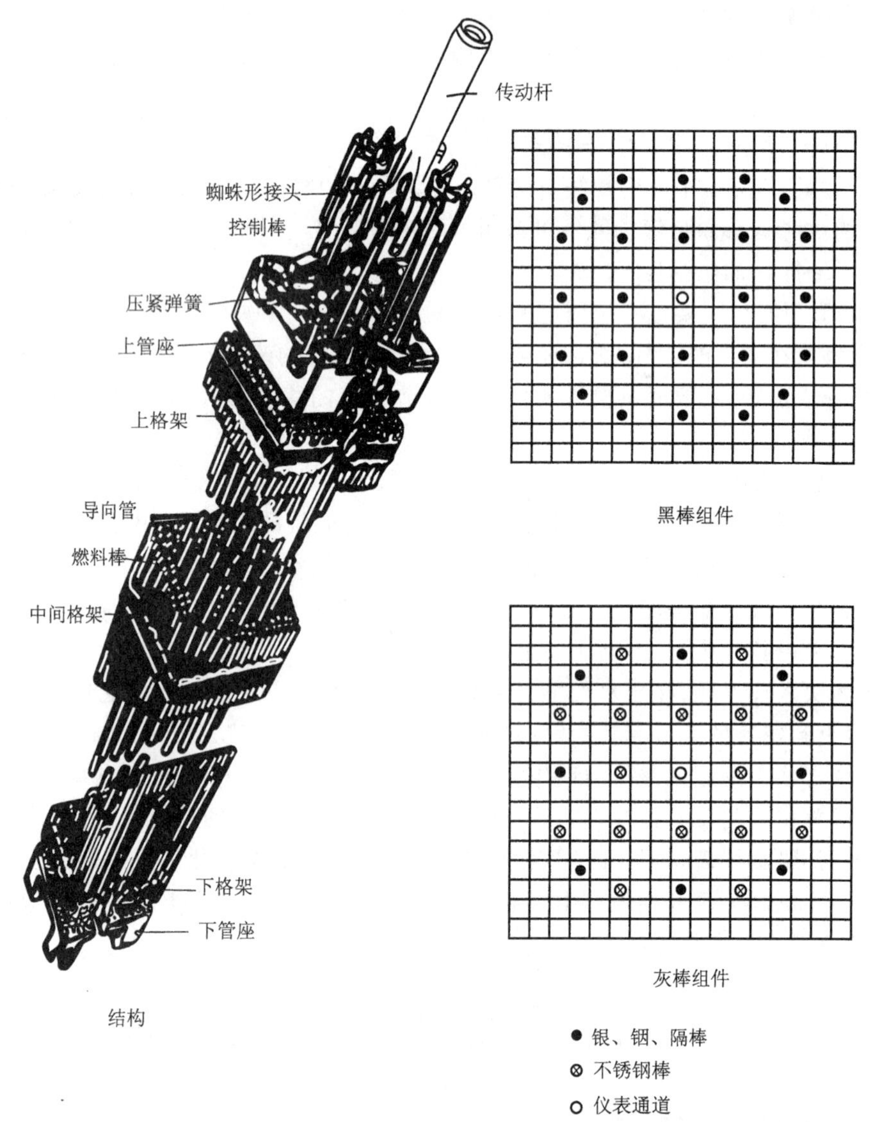

图 5-3 控制棒组件

作为控制棒吸收体的材料，应具有较大的中子吸收截面，材料的燃耗要小，要能抗腐蚀、耐辐照、易加工，并有一定的机械强度。按上述要求，铪(Hf)是一种很理想的做控制棒的材料，但是它的价格很贵。试验证明，重量百分比为Ag(80%)、In(15%)、Cd(5%)组成的合金，其抗辐照和机械性能等都接近于铪，而造价便宜，是压水堆核电厂常采用的控制棒的材料。Ag-In-Cd 合金外面有不锈钢包壳,避免水与合金直接接触。

压水堆上用的控制棒组件分黑棒组件和灰棒组件。组成控制棒的 24 根吸收体全部是 Ag-In-Cd 合金材料的叫黑棒组件。如果 24 根中,只有 8 根是 Ag-In-Cd 合金材料,其余 16 根是不锈钢材料的称为灰棒组件,如图 5-3 右部分所示。先进压水堆 AP1 000 的灰棒组件是由 12 根 Ag-In-Cd 吸收体和 12 根不锈钢棒组成。灰棒组件的反应性价值比黑棒组件低,它在堆内快速大幅度地移动对功率分布影响较小,可以快速调节功率。

(2) 控制棒的反应性价值

控制棒所能控制的反应性,即某一根控制棒从全部提出堆芯外到全部插入堆内所引起的反应性变化称为该控制棒的反应性价值。

控制棒插入堆芯某一高度所引起总的反应性变化,称为该控制棒在这一高度的积分价值。

控制棒在堆内移动单位长度所引起的反应性变化称为控制棒的微分价值,单位为 pcm/步。

(3) 控制棒在堆芯的布置

同子组控制棒在堆内是对称布置的,正常情况下它们是同时移动。这样,控制棒在上下移动时可以减小对径向功率分布的影响。

例如秦山 600 MW 压水堆共有 33 根控制棒束,它们在堆芯中的布置如图 5-4 所示。8 根停堆控制棒分为 SA1 和 SA2 两个子组、每组 4 根。25 根调节控制棒分 A1、A2、B1、B2、C1、C2 和 D 七个子组,C2 只有 1 根控制棒,其余各组均包含 4 根控制棒。

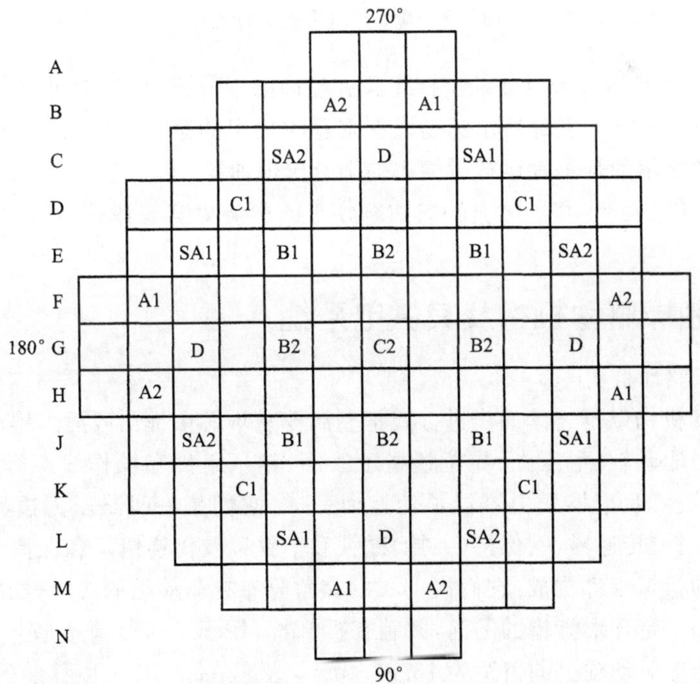

控制棒束共 33 个,分为九个子组:A1、A2、B1、B2、C1、C2、D 为功率调节棒组,SA1、SA2 为停堆棒组;C2 只有一束棒,其余各子组都有 4 束棒

图 5-4　600 MW 压力堆控制棒束在堆芯的布置

(4) 调节棒组重叠运行程序

首先A棒组开始提升,A棒组提升120步后B棒组开始提升,A棒组到达提升上限自动停止,B棒组继续提升,B棒组提升120步后C棒组开始提升,B棒组到达提升上限自动停止,C棒组继续提升,C棒组提升120步后D棒组开始提升,C棒组到达提升上限自动停止,D棒组继续提升,D棒组到达C11后自动停止。重叠程序如图5-5所示。

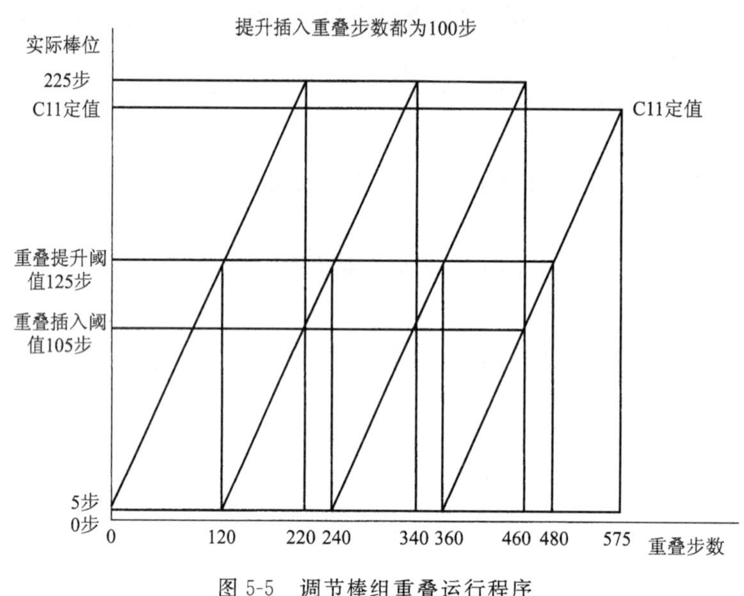

图5-5 调节棒组重叠运行程序

控制棒组的重叠运行可以使控制棒组具有较高的微分价值,补偿同样大小的反应性,棒的移动距离较小。图5-6上部所示的是没有重叠时棒组的微分价值曲线,平均约为6 pcm/步。图5-6下部所示的是重叠运行时棒组的微分价值曲线,平均约为12 pcm/步。

另外,棒组重叠运行,移动时对轴向功率分布的影响更有规律性,这样更便于控制功率偏差。

5.6.2 控制棒驱动机构及其供电系统

(1) 控制棒驱动机构

控制棒驱动机构以不连续的步进方式把控制棒从堆芯中提出或插入堆内或保持在某一位置。该机构由驱动轴、耐压壳、棒位置指示线圈、销爪组件和操作线圈等部分组成,如图5-7所示。耐压壳和反应堆压力容器顶盖连为一体,它们是一回路压力边界的一部分。耐压壳内有提升磁铁、传递磁铁、保持(夹持)磁铁和衔铁以及传递销爪和保持销爪。每个销爪是由三个同样的机械组件构成,它们按120°的夹角分布在驱动轴的四周,如图5-8所示。

驱动轴是一个带环形齿槽的圆筒,并装有拆卸杆,用于连接带有吸收体的蜘蛛形接头。900 MW压水堆上驱动轴上的齿距为15.875 mm,这也是每一步可以移动的距离。

耐压壳外面的操作线圈由提升线圈、传递线圈和保持(夹持)线圈组成。销爪组件和操作线圈组成了控制棒磁力提升装置,如图5-8所示。

通过提升、传递和保持三组线圈的通、断电,使传递销爪、保持销爪及传递磁铁的交替动作,使驱动轴带动控制棒束上升、下降或保持不动,实现对反应性的控制。

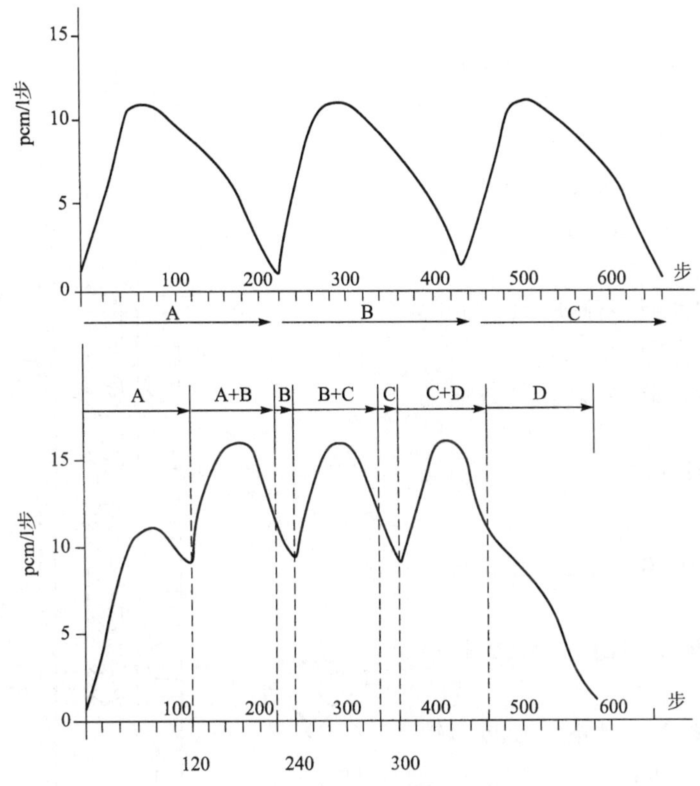

图 5-6　调节棒组重叠与不重叠时的微分价值
(本图引自参考文献[5])

控制棒正常提升时,其各线圈的通断顺序为:

1) 传递线圈(MC)通电　使传递衔铁上移,带动传递销爪向中心移动,插入驱动轴的环形槽,即传递销爪抓入;

2) 保持线圈(SC)断电　使保持衔铁在弹簧和重力作用下向下移动,保持(夹持)销爪从驱动轴的环形槽退出,即保持销爪退出。此时驱动轴载荷由保持销爪转移到传递销爪上;

3) 提升线圈(LC)通电　使传递磁铁带动整个传递销爪组件,连同控制棒一起向上移动一步;

4) 保持线圈(SC)通电　使保持衔铁上移,保持销爪插入驱动轴的环形槽,即保持销爪抓入;

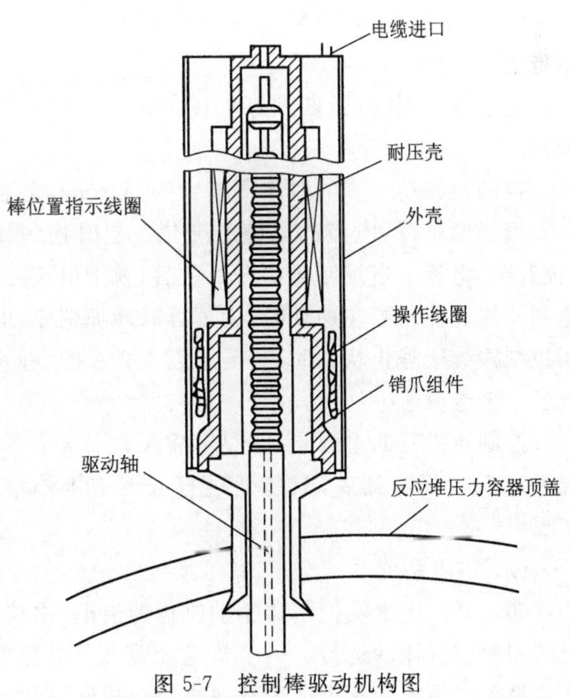

图 5-7　控制棒驱动机构图
(本图引自参考文献[7])

5）传递线圈（MC）断电　使传递衔铁在弹簧力和重力作用下与传递磁铁脱离，传递销爪退出。使驱动轴载荷由传递销爪转移到保持销爪上；

6）提升线圈（LC）断电　使传递磁铁与传递销爪下降一步，重新为下一个步进做好准备。

上述各线圈的通、断顺序如图 5-9 a 所示。

控制棒正常下降一步时，各线圈的通、断顺序为：

1）提升线圈（LC）通电　使传递销爪不带控制棒上升一步；

2）传递线圈（MC）通电　使传递销爪抓入；

3）保持线圈（SC）断电　使保持销爪退出；

4）提升线圈（LC）断电　使传递销爪带控制棒下降一步；

5）保持线圈（SC）通电　使保持销爪抓入；

6）传递线圈（MC）断电　使传递销爪退出。

上述各线圈的通、断顺序如图 5-9 b 所示。

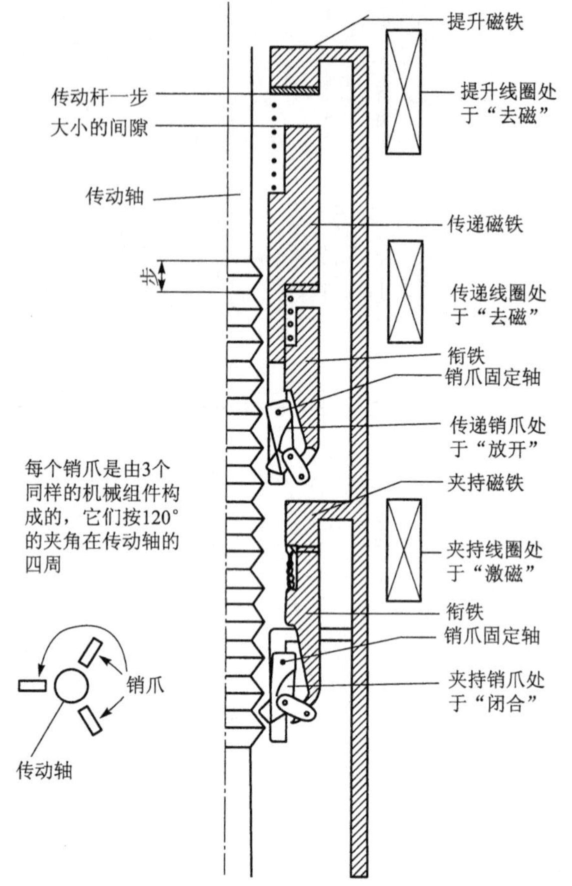

图 5-8　控制棒磁力提升装置结构图

（本图引自参考文献[7]）

控制棒移动一步的时序周期约为 800 ms，它受电流过渡时间的限制。

线圈通电时，电流的幅值有变化。提升控制棒时，因为负载重，应通以幅值为 40 A 的“提升全”电流。当控制棒提升到位后，就把电流减小到 16 A，称为“提升减”电流，以减小耗电和发热。控制棒在移动时，为了可靠地抓住驱动轴，保持线圈通以 8 A 的“静止全”电流。当控制棒处于静止状态时，只需通以 4.2 A 的“静止减”电流。传递线圈因通电时间短，只设置了一个电流值。

控制棒提升的上限是 225 步，插入的下限是 5 步。为了防止控制棒被卡在堆底，正常情况下从 5 步下降到底，只能通过打开反应堆停堆断路器，切断驱动机构的动力电源才能实现。

（2）供电系统

600 MW 压水堆控制棒驱动机构的供电，由棒控电源柜完成。每个电源柜控制一个子组的四束控制棒的运行。一个机组配置九个电源柜。

每个电源柜上有十二个电源机箱分成四组，每组三个，分别向一台控制棒驱动机构的提升线圈、传递线圈和保持线圈供电。

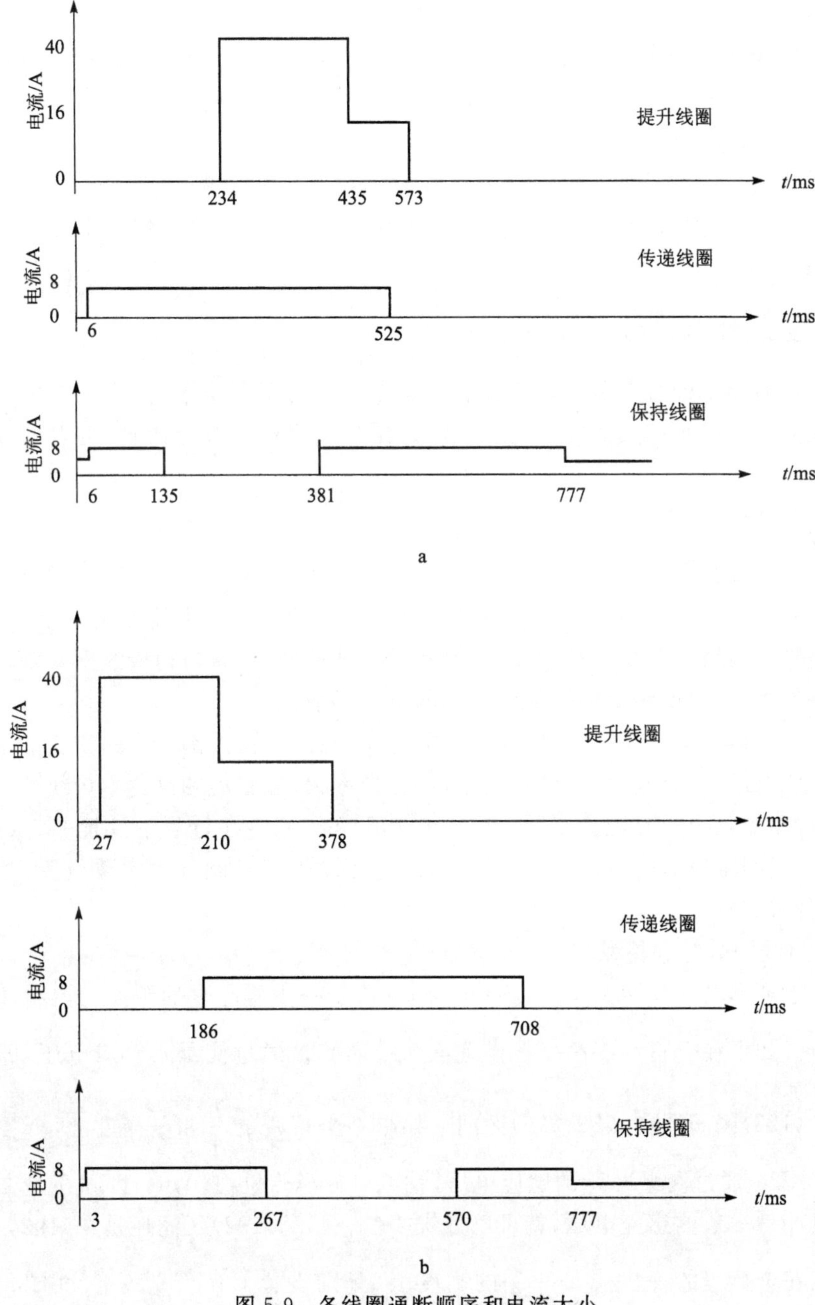

图 5-9 各线圈通断顺序和电流大小

a. 提升顺序；b. 插入顺序

棒控电源柜的动力电源为 AC260 V、50 Hz。它由控制棒驱动机构电源系统提供。该电源系统由两组电动交流发电机组构成。不管配电网的干扰如何，该系统保证对棒控电源柜提供三相的 260 V，50 Hz 的电源。对电源的要求是，电压为交流三相 260 V±5%，频率为 50 Hz±2%，瞬时电压变化为 260 V±10%。供电通过停堆断路器送给棒控电源柜。

两组电动交流发电机组的构成相同，只需一组就足以提供电能。当一台发电机已投入运行，可以通过同步器实现两台机组的并联运行。

每组由一台异步电动机、一个惯性飞轮和配有励磁的交流发电机组成。每台机组通过一个接触器由 380 V 的电源供电。设置一个惯性飞轮，是为了保证在 380 V 电源失电不超过 1.2 s 时能维持发电机输出电压不低于 234 V，频率不低于 44 Hz。当其中一组由于维护或修理而停止工作时，另一组保证正常供电。

正常运行期间，停堆断路器接点闭合，控制棒驱动机构电源系统向棒控电源柜正常供电。紧急停堆时，停堆断路器接点打开，棒控电源柜失去电源，控制棒在重力作用下落入堆底，实现紧急停堆。

5.6.3 控制棒位置监测系统

通过棒位监测系统可以测量每根控制棒束在堆芯的真实位置，并显示在主控室的模拟盘上。操纵人员用显示的真实棒位与棒位计数器的给定棒位进行比较，可以检查棒位的正确性。

5.6.3.1 棒位传感器

(1) 棒位传感器的工作原理

900 MW 压水堆上用的棒位传感器是差分变压器型的。初级线圈是一个长螺线管，沿整个行程绕制。次级有差分连接的 31 个测量线圈和辅助线圈，与初级线圈共轴。测量线圈用于形成棒位编码，辅助线圈用于初级线圈的电流调节。

工作时初级线圈通以 AC220 V，50 Hz 的电压，在传感器内部产生的交变磁场使测量线圈中产生感应电压。驱动轴由磁性材料制造，磁导率大，当驱动轴穿过测量线圈时感应出的电压高，没有驱动轴通过时测量线圈感应出的电压低。只要在行程中设置一定数量的测量线圈，监测各线圈感应出的电压信号，就可以确定驱动轴即控制棒的大致位置，测量线圈越多，棒位的分辨率越高。

(2) 测量线圈分组和格莱码

驱动轴上环形槽的齿距为 15.875 mm，即每移动一步所走过的距离。控制棒的整个行程为 256 步。如果在全行程$\frac{1}{2}$高度上设置一个线圈 Cl_1，通过测量其感应电压，即可分辨出棒位是在(0，128)区间还在(128，256)区间。如果在全行程的$\frac{1}{4}$和$\frac{3}{4}$高度上，再各设置一个线圈 $C2_1$ 和 $C2_2$，通过测量 $C2_1$ 的感应电压，就可以分辨棒位在(0，64)区间还是在(64，128)区间。通过测量 $C2_2$ 的感应电压，就可以分辨棒位在(128，192)区间还是在(192，256)区间。同理还可以在全行程的$\frac{1}{8}$、$\frac{3}{8}$、$\frac{5}{8}$和$\frac{7}{8}$的高度上，分别设置 $C3_1$、$C3_2$、$C3_3$ 和 $C3_4$ 等四个线圈，在全行程的$\frac{1}{16}$、$\frac{3}{16}\cdots\frac{13}{16}$、$\frac{15}{16}$高度上，分别设置 $C4_1$、$C4_2\cdots C4_7$、$C4_8$ 等八个线圈。在全行程的$\frac{1}{32}$、$\frac{3}{32}\cdots\frac{29}{32}$、$\frac{31}{32}$高度上，设置 $C5_1$、$C5_2\cdots C5_{15}$、$C5_{16}$ 等十六个线圈。这样，通过各线圈的电压信号，经过编码输出，就可以把棒位分辨到 8 步，如图 5-10 所示。

将 C1、C2、C3、C4、C5 组分别称为 E、D、C、B、A 组。把线圈按照位置从低到高编号，则各组线圈编号为：

E 组(C1)16；

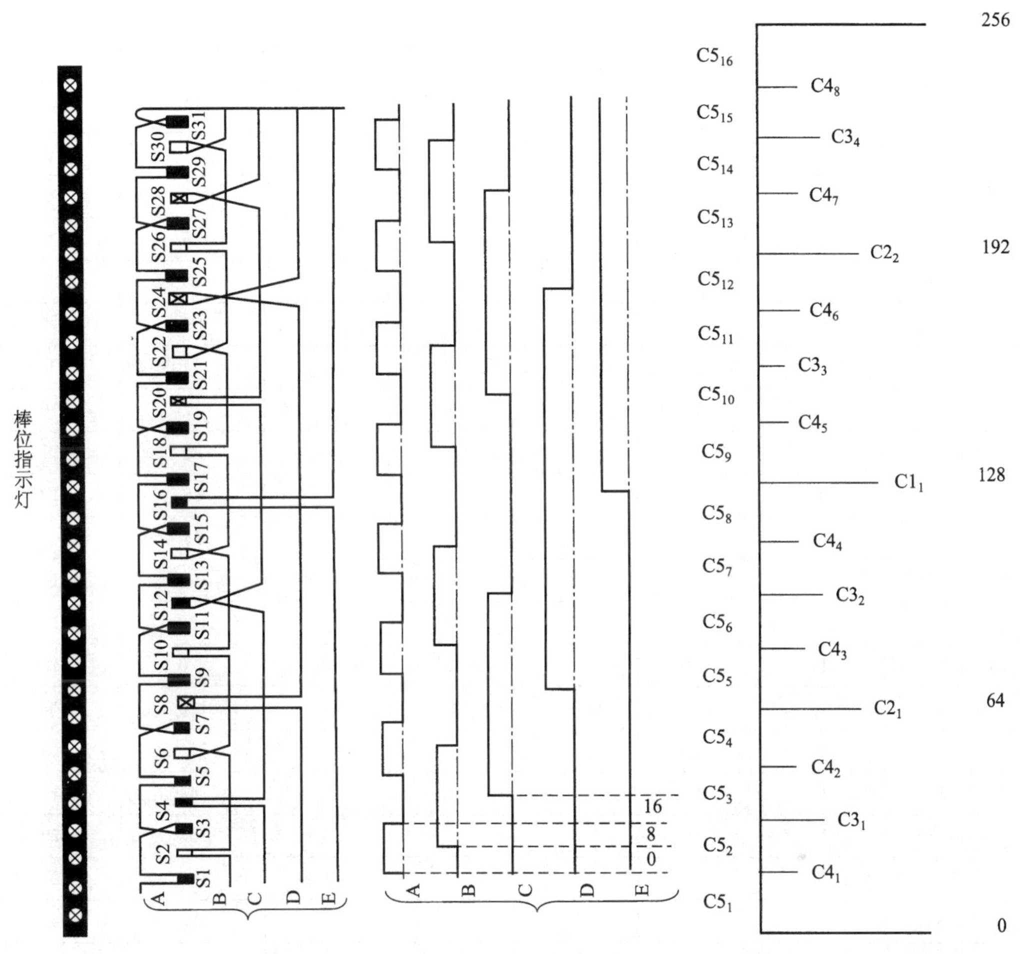

图 5-10　棒位测量线圈

D 组(C2)8、24；

C 组(C3)4、12、20、28；

B 组(C4)2、6、10、14、18、22、26、30；

A 组(C5)1、3、5、7、9、11、13、15、17、19、21、23、25、27、29、31。

各组线圈通过正、反向串联，其输出电压经过整形，形成 E、D、C、B、A 五个电平信号。把这五个电平信号组成一个五位“0”和“1”的编码。棒位从一个区间移动到相邻区间，相邻编码之间只有一位不同，具有这种性质的编码称为格莱码(GRAY 码)，如表 5-1 所示。

表 5-1　格莱码及棒位编号表

棒位区间	格莱码					测量位置	棒位指示灯号
	E	D	C	B	A		
[0,8)	0	0	0	0	0	×	×
[8,16)	0	0	0	0	1	0	1
[16,24)	0	0	0	1	1	8	2
[24,32)	0	0	0	1	0	16	3

续表

棒位区间	格莱码					测量位置	棒位指示灯号
	E	D	C	B	A		
[32,40)	0	0	1	1	0	24	4
[40,48)	0	0	1	1	1	32	5
[48,56)	0	0	1	0	1	40	6
[56,64)	0	0	1	0	0	48	7
[64,72)	0	1	1	0	0	56	8
[72,80)	0	1	1	0	1	64	9
[80,88)	0	1	1	1	1	72	10
[88,96)	0	1	1	1	0	80	11
[96,104)	0	1	0	1	0	88	12
[104,112)	0	1	0	1	1	96	13
[112,120)	0	1	0	0	1	104	14
[120,128)	0	1	0	0	0	112	15
[128,136)	1	1	0	0	0	120	16
[136,144)	1	1	0	0	1	128	17
[144,152)	1	1	0	1	1	136	18
[152,160)	1	1	0	1	0	144	19
[160,168)	1	1	1	1	0	152	20
[168,176)	1	1	1	1	1	160	21
[176,184)	1	1	1	0	1	168	22
[184,192)	1	1	1	0	0	176	23
[192,200)	1	0	1	0	0	184	24
[200,208)	1	0	1	0	1	192	25
[208,216)	1	0	1	1	1	200	26
[216,224)	1	0	1	1	0	208	27
[224,232)	1	0	0	1	0	216	28
[232,240)	1	0	0	1	1	224	29
[240,248)	1	0	0	0	1	232	30
[248,256)	1	0	0	0	0	×	×

(3) 棒位编号

31 个线圈将整个行程分为 32 个区间，即(0,8)、(8,16)、…、(248,256)。把它们从低到高编号为 0、1、2、…、31。

因为驱动轴实际行程只有 228 步，只占用 30 个棒位区间。所以，通常让初始位置位于(8,16)这个区间，最高位置位于(240,248)这个区间。主控室棒位显示屏上设有 30 个指示灯。每个指示灯对应一个棒束可能达到的区间。棒位测量位置是各指示灯对应测量区间的中点。

5.6.3.2 棒位监测系统

棒位监测系统由两个独立的系统组成，即棒位模拟显示系统和数字显示系统，如图 5-11 所示。

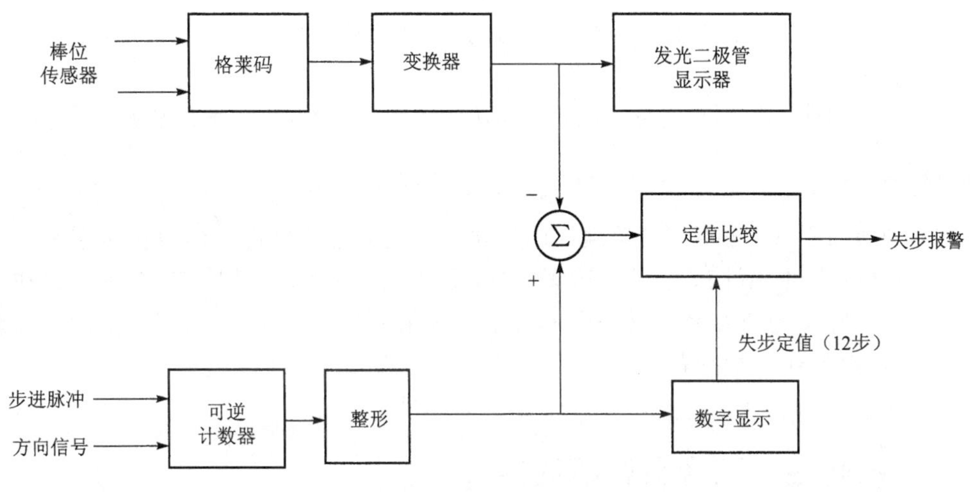

图 5-11 棒位监测系统

模拟显示系统，把每根控制棒束棒位传感器发出的格莱码变换成灯号二进制码，通过发光二极管显示棒位的实际值。

数字显示系统，接收的是控制棒驱动机构逻辑控制装置中产生的步进脉冲，即给定棒位数据，对这些脉冲进行计数、整形、数字显示给定棒位。

当测量棒位与给定棒位相差超过一定值时可发出报警信号。

5.7 压水堆功率分布控制

核裂变能的利用不仅与中子注量率、平均燃耗深度有关，还受到反应堆功率分布的很大制约。一般所说的反应堆功率是指整个堆芯燃料发出的功率。实际上堆芯各区域发出的功率是不同的，即功率分布是不均匀的。功率分布不均匀，可能使堆芯局部超功率。严重时会使燃料包壳和燃料芯块超温，甚至熔化。

功率分布均匀的反应堆，可以达到更高的功率水平。所以，功率分布控制对保证反应堆运行的安全，提高核电厂的经济效益是很重要的。

5.7.1 轴向功率分布的描述

理论计算表明，在无控制棒条件下，压水堆轴向功率分布近似余弦分布，径向功率分布近似零级贝塞尔函数分布。

压水堆径向功率分布可以通过不同富集度的燃料的分区布置，可燃毒物棒和控制棒的径向对称布置等措施来展平。在运行过程中变化不大。而轴向功率分布是变化的，它要受到慢化剂温度效应、氙效应、燃耗及控制棒移动等多种因素的影响，是功率分布控制要考虑的主要问题。

堆芯轴向线功率密度是堆芯高度的函数。堆芯功率分布的均匀程度可以用热点因子来描述。把热点因子 F_q 定义为堆芯最大线功率密度 P_{max} 与堆芯平均线功率密度 P_{av} 之比，即

$$F_q = \frac{P_{max}}{P_{av}} \tag{5-18}$$

热点因子是一个无法直接测量的量，为避免出现热点，运行中对 F_q 要有限值，F_q 值与轴向偏移有关。

轴向功率偏移 AO(%)，定义为堆芯上部功率 P_H(%FP)与堆芯下部功率 P_B(%FP)之差除以堆功率，即

$$AO = \frac{P_H - P_B}{P_H + P_B} \times 100\% \tag{5-19}$$

轴向功率偏移 AO 还不能精确地反映燃料元件的热应力情况。因为在功率水平不同时，即使 AO 相同，由于堆芯上、下部功率的差异及总功率水平的不同，产生的热应力和机械应力也不同。所以，还需要引入另一个量，它能反映在不同功率水平下中子注量率不平衡的状况，这个量就是轴向功率偏差 ΔI(%FP)，它的表达式为：

$$\Delta I = P_H - P_B = AO \cdot (P_H + P_B) \tag{5-20}$$

5.7.2 影响轴向功率分布的因素

(1) 慢化剂温度效应的影响

由于慢化剂温度的改变引起反应性的变化，称之为慢化剂的温度效应。

为保证压水堆的安全性，在技术规范中，要求设计的慢化剂温度系数 α_m 为负值。

慢化剂温度效应对轴向功率分布的影响是由于堆芯的温度由底部到顶部是逐渐升高的。所以，使堆芯下部的中子注量率比堆芯上部的中子注量率高。在寿期初，ΔI 为负值。

(2) 控制棒组件移动的影响

控制棒插入堆芯程度的不同对轴向功率分布有较大影响。在控制棒插入较深时，轴向功率分布偏向堆的下部，即 ΔI 偏负。当控制棒插入较少时，使轴向功率分布偏向堆的顶部，即 ΔI 偏正。如图 5-12 所示。

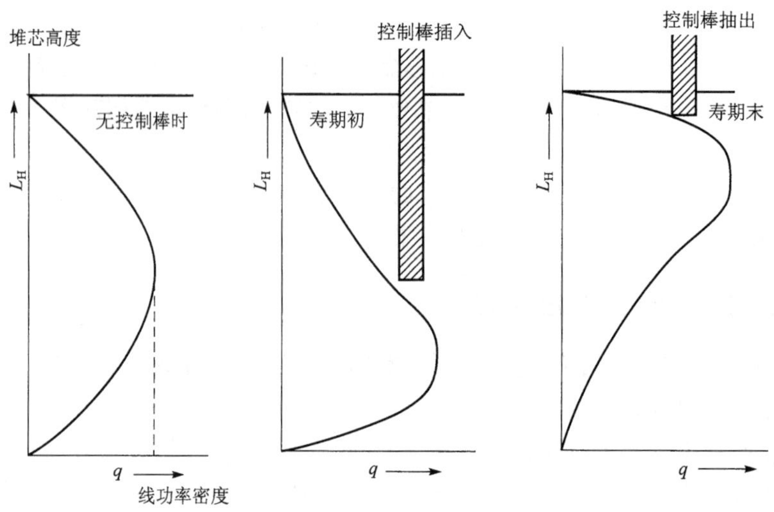

图 5-12 控制棒对轴向功率分布的影响图

(本图引自参考文献[1])

(3) 燃耗的影响

因为轴向功率分布不均匀,功率高的区域燃料消耗快。所以,堆芯下部的燃耗比堆芯上部快。当平均燃耗增加时,会使轴向功率分布偏向上部,即由寿期初 ΔI 偏负,到寿期末 ΔI 接近零。可见燃耗效应对展平轴向功率分布是有益的。

(4) 氙效应的影响

在大型压水反应堆中,局部区域内中子注量率的变化,会引起局部区域氙-135 浓度的改变。如果在一个已经达到平衡氙浓度,功率分布较平坦的反应堆中,氙-135 浓度的轴向分布为 X_0,轴向功率分布 P_0,如图 5-13 a 所示。当反应堆上部受到反应性扰动使功率降低,那么要保持反应堆总的功率不变,反应堆下部的功率就要升高,轴向功率分布由 P_0 变 P_1。扰动瞬间,氙-135 浓度的分布还来不及变化,X_1 近似 X_0,如图 5-13 b 所示。

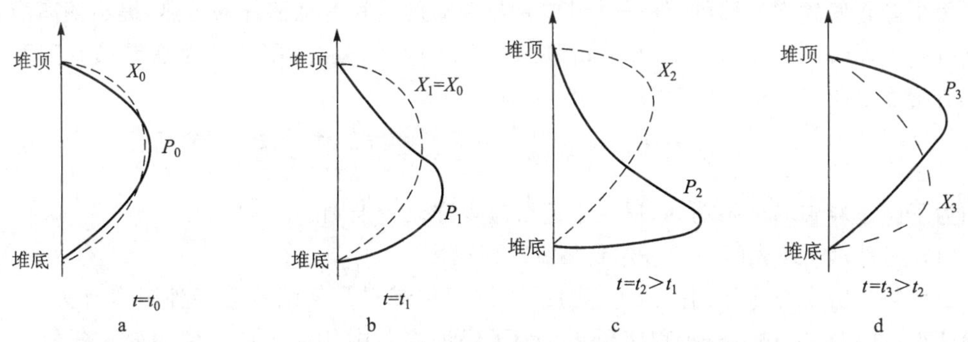

图 5-13　氙振荡原理示意图

a. 稳态运行;b. 功率扰动;c. 氙效应加大了功率不平衡;d. 碘积累使氙分布反向;

(本图引自参考文献[5])

随后,在功率降低的区域,由于氙-135 吸收中子而消失的量减小,同时,堆中存贮的碘-135继续衰变成氙-135,使氙-135 浓度上升,使该区域的增殖系数减小,反应性下降,使功率进一步降低。与此同时,在功率升高的区域,氙-135 吸收中子消失的量增大,使氙-135 浓度减小,反应性增大,功率进一步升高。氙效应加大了功率分布的不平衡。如图 5-13 c 所示。上述过程不会单向地发展下去。因为功率降低的区域,碘-135 的浓度也相应减小,衰变成氙-135 的量也减小。使该区域的增殖系数由原来的减小逐渐转为增大。从而使该区域的功率由原来的下降转为上升。而在功率升高区域内,氙-135 浓度由减小转为升高,功率由上升转为下降,如图 5-13 d 所示。这样,功率的变化将沿着原来的相反方向进行,并重复地循环下去。这就形成了功率密度,中子注量率和氙-135 浓度的空间振荡,简称氙振荡。这种振荡是收敛的,也可能是发散的。取决于反应堆的燃耗,中子注量率和它的物理特性。振荡的周期大约是 15～30 h。

氙振荡时,有的区域氙-135 浓度增加,另外的区域氙-135 浓度减小,但是反应堆中氙-135的总量变化不大。要想从总的反应性测量中发现氙振荡比较困难。只能从局部功率密度或局部中子注量率的测量中才能发现氙振荡。

氙振荡使反应堆热点位置转移和功率峰因子改变,使局部区域的温度升高,若不及时控制,会使燃料烧毁。氙振荡使温度场发生交替变化,加速堆芯材料热应力变化,影响材料寿命。在设计中必须考虑氙振荡问题。在运行中,要及时发现氙振荡,并通过移动控制棒和调硼尽快地消除它。

5.7.3 限制功率分布的准则

裂变过程中，燃料产生的热量要穿过燃料芯块与包壳之间的气隙，通过包壳传递给冷却剂。随着热负荷的增加，元件包壳表面汽泡的密度和汽泡脱离表面的频率相应提高，从而保证了热量迅速从元件表面传到冷却剂中，这个阶段称为泡核沸腾工况。可是当元件表面热负荷继续增大后，汽泡增加来不及脱离即连成一片形成蒸汽膜，将元件表面与冷却剂隔开，转为部分膜态沸腾和膜态沸腾工况。由于汽膜的导热能力降低，使元件表面温度快速上升。从泡核沸腾工况转向膜态沸腾时的表面热流密度叫“临界热流密度”或“偏离泡核沸腾”点。为了保证具有良好的导热性能，必须把热流密度限制在低于临界热流密度的某个值上。

为了防止偏离泡核沸腾，保证燃料包壳与冷却剂之间有足够好的传热，提出偏离泡核沸腾比(Departure From Nuclear Boiling Ratio，DNBR)的概念，用它作为临界热流密度与实际热流密度之间安全裕度的度量。其定义为：

$$\text{偏离泡核沸腾比}=\frac{\text{某点的临界热流密度}}{\text{该点的实际热流密度}} \tag{5-21}$$

为了防止堆芯局部超功率，反应堆运行应遵守以下准则：

(1) 燃料元件外表面不允许达到临界热流密度

临界热流密度与冷却剂的压力、密度、含汽率和燃料几何结构等多种因素有关，一般由试验获得，并用特定热工分析程序预测。为了保证堆芯中任何燃料元件表面上任何点的实际热流密度都应小于该点的临界热流密度，则要求 DNBR 大于等于 1.3。超温 ΔT 保护就是用来防止发生偏离泡核沸腾情况。

(2) 燃料不熔化准则

目前压水堆多数采用 UO_2 作为燃料。未经辐照的 UO_2 的熔点为 2 800 ℃，燃耗每增加 10 000 MW·d/tU，它的熔点降低 32 ℃。考虑到燃耗、负荷瞬态和测量误差等不确定因素，一般要求燃料的最高温度不能超过 2 260 ℃，这时对应的最大线功率密度应小于 590 W/cm。

(3) 失水事故准则

在发生失水事故的情况下，应避免燃料包壳烧毁。针对这一事故的主要安全设施是堆芯应急冷却系统。一般压水堆应急冷却系统的设计准则中要求燃料包壳温度不能超过 1 205 ℃，这时所对应的堆芯线功率密度应小于 480 W/cm，实际要求线功率密度要小于 418 W/cm。

5.7.4 常轴向偏移控制法

为了避免燃料元件出现任何热点，满足限制功率分布的各项准则。这就要通过对轴向功率分布的控制来实现。为此，人们开发了常轴向偏移控制法。即不管反应堆运行功率水平是多少，都要尽量使功率分布保持不变，以一个恒定的 AO_{ref} 作为目标值控制反应堆运行。这个 AO_{ref} 称为轴向偏移参考值。相对应的 ΔI_{ref} 称为轴向偏差参考值。

通常把反应堆在额定功率下稳定运行，氙达到平衡，调节棒处于最小插入位置时所测得的 AO 作为 AO_{ref}。在第一个循环周期，AO_{ref} 随燃耗从 -7% 到 $+2\%$ 变化，所以，需要通过一个实验方法对它进行定期修正。

在实际运行中，ΔI 不可能与 ΔI_{ref} 完全相等。研究表明，如果 ΔI 保持在 $\Delta I_{ref} \pm 5\%$FP 范围内，能满足失水事故准则。所以，一般允许 ΔI 在 $\Delta I_{ref} \pm 5\%$FP 区域内变化。在额定功率水平下，通常把 ΔI 控制在 $\Delta I_{ref} \pm 3\%$FP 范围内。通过控制功率水平、控制棒位置和调节硼浓度对功率分布实施控制。

监督运行中的轴向功率偏差，就是通过四个功率测量通道进行监测。将不同功率水平 P_r 下的功率偏差 ΔI 与它的参考值 ΔI_{ref} 进行比较，当超出限值时，便发出声、光报警，轴向功率分布监测框图如图 5-14 所示。当四个测量通道中，有三个通道的 $(\Delta I - \Delta I_{ref})$ 的值超过 $\pm 3\%$FP 或超过 $\pm 5\%$FP 时均发出红灯报警。用一个计时器记下差值 $(\Delta I - \Delta I_{ref})$ 超过 $\pm 5\%$FP 的时间，如果这个时间超过 1 h，将发出红灯报警，超过的时间以数字显示。当运行功率 P_r 小于 15%FP 时，不限制轴向功率偏差值，全部报警被闭锁。如果 ΔI 超出了 $(\Delta I_{ref} \pm 5\%$FP$)$ 这个范围，那么最多允许每 12 h 中，超出的时间不多于 1 h。

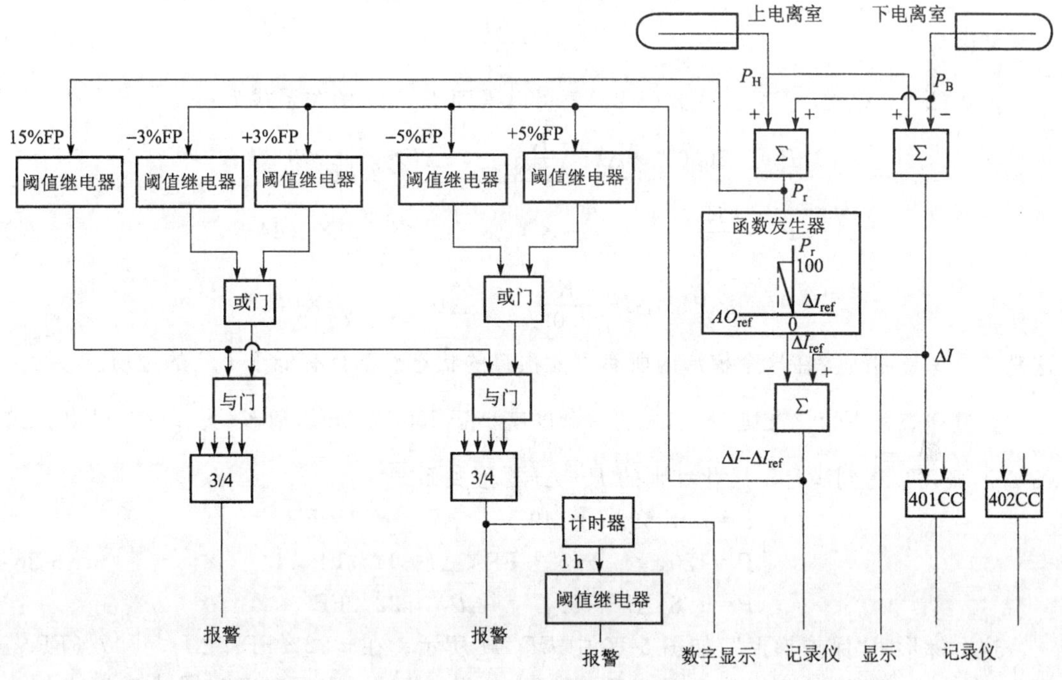

图 5-14　轴向功率分布监测方框图

5.7.5　梯形图的由来和使用

通过对各种运行工况的运行状态点（正常运行、瞬态和氙振荡等状态）进行大量的实验和计算，可以得到如图 5-15 所示的斑点图。确定这些状态点的位置是为了能确定一个包络线。它意味着，对于一个给定的 AO，不管反应堆运行在何种工况，热点因子 F_q 总是小于或等于包络线所给定的极限。如果超越这条包络线堆芯性能就要恶化。

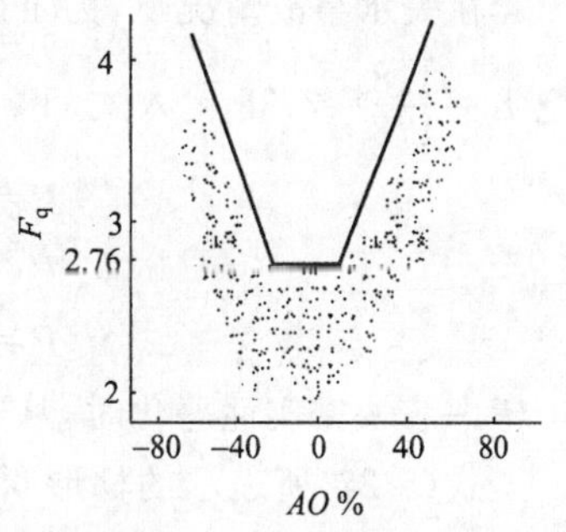

图 5-15　F_q-AO 关系斑点图

以下所列数据来自参考文献[5]，与 900 MW 压水堆的相关资料基本一致。这些数据不一定与某个核电厂完全吻合，重点在于介绍梯形图是如何推导的。

从图中可以归纳出 AO 与 F_q 之间的经验关系式

$$\begin{cases} F_q = 0.0376AO + 2.23, & AO > 14\% \\ F_q = 2.76, & -18\% \leqslant AO \leqslant +14\% \\ F_q = -0.0376AO + 2.08, & AO < -18\% \end{cases} \tag{5-22}$$

为了运行控制的需要，应将 $F_q \sim AO$ 的关系转换成 $P \sim \Delta I$ 的关系。

对于运行功率 $P_r = 0 \sim 100\%\text{FP}$，$F_q = \dfrac{P_{max}}{178 \cdot P_r}$，引入系数 $K = \dfrac{P_{max}}{178}$，式中的 178 是堆芯额定平均线功率密度，可以由反应堆的额定热功率和燃料元件棒的总长度计算得到。

则

$$F_q = \frac{K}{P_r} \tag{5-23}$$

又因为

$$AO = \frac{\Delta I}{P_r} \tag{5-24}$$

把式(5-23)和式(5-24)代入式(5-22)就可以得到 $P \sim \Delta I$ 的关系式为：

$$\begin{cases} P_r = -0.0169\Delta I + \dfrac{K}{2.23}, & \Delta I > \dfrac{K}{2.76} \times 0.14 \\ P_r = \dfrac{K}{2.76}, & -\dfrac{K}{2.76} \times 0.18 < \Delta I < \dfrac{K}{2.76} \times 0.14 \\ P_r = 0.0181\Delta I + \dfrac{K}{2.08}, & \Delta I < -\dfrac{K}{2.76} \times 0.18 \end{cases} \tag{5-25}$$

这是一个梯形曲线。在这个梯形内所有可能预料的状态点都具有低于 P_{max} 的性质。

要遵守燃料不熔化准则，堆芯线功率密度应小于 590 W/cm。把 $K = \dfrac{590}{178} = 3.31$ 代入式(5-25)，则可以得到满足不熔化准则的 $P \sim \Delta I$ 梯形关系式为：

$$\begin{cases} P = -1.69\Delta I + 149, & \Delta I > +17\%\text{FP} \\ P = 120, & -22\%\text{FP} < \Delta I + 17\%\text{FP} \\ P = 1.81\Delta I + 159, & \Delta I < -22\%\text{FP} \end{cases} \tag{5-26}$$

这个梯形叫“保护梯形”，如图 5-16 中 $EFGH$ 所示。在 $-22\%\text{FP} < \Delta I < +17\%\text{FP}$ 范围内，允许 20%FP 的超功率。考虑到 2%FP 的设计裕量，应用时允许最大功率水平为 118%FP。

在失水事故情况下，为了确保燃料包壳不熔化，堆芯线功率密度 P_{max} 应小于418 W/cm。把 $K = \dfrac{418}{178} = 2.35$ 代入式(5-25)，可以得到遵守失水事故准则的 $P \sim \Delta I$ 梯形关系式为：

$$\begin{cases} P = -1.69\Delta I + 105, & \Delta I > 12\%\text{FP} \\ P = 87, & -16\%\text{FP} < \Delta I < +12\%\text{FP} \\ P = 1.81\Delta I + 113, & \Delta I < -16\%\text{FP} \end{cases} \tag{5-27}$$

当考虑芯块密实性恶化时，从安全上考虑，在推导式(5-27)时，取 $F_q = 2.69$。

式(5-27)所表示的梯形叫“运行梯形”，如图 5-16 中 $ABCD$ 所示。

图 5-16 中 OA 叫左物理线，满足 $P = -\Delta I$，OD 叫右物理线，满足 $P = \Delta I$。图 5-16 中 AOD，即 $P \leqslant |\Delta I|$ 的区域是物理上不可能运行的区域。

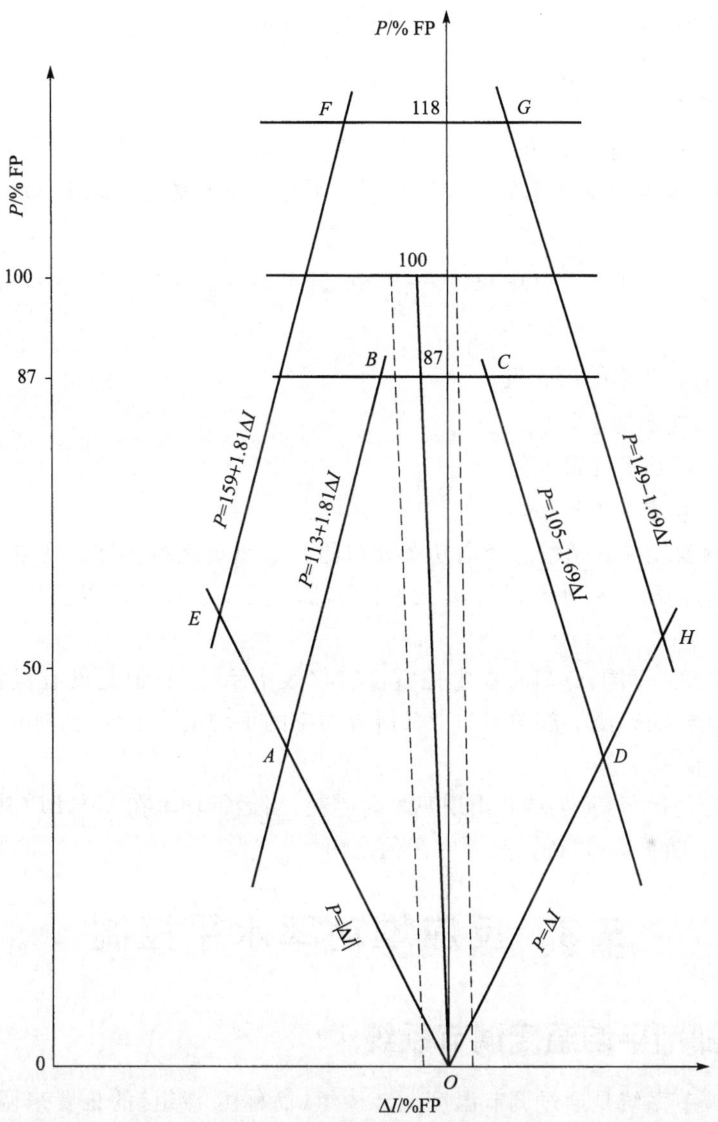

图 5-16　保护梯形与运行梯形图

根据前面的分析推导可以建立起基本负荷运行方式的运行梯形图，如图 5-16 中 *OABCD* 所示。一个实际运行图既要考虑失水事故下的安全性，又要考虑正常运行的经济性。

(1) 当运行功率 $P>87\%$FP 时

在常轴向偏移控制方式运行下，应使 ΔI 维持在 $\Delta I_{ref}\pm5\%$FP 运行带以内。如果超出这个运行带，应限制超出运行带的时间。如果在最近的 12 h 内超出运行带累积时间大于 1 h，则应将功率降到 87%FP，并使 ΔI 保持在正常运行梯形之内。

(2) 当运行功率在 $15\%\text{FP}<P<87\%$FP 时

ΔI 对应的运行功率值应落在运行梯形之内。如工作点接近于梯形腰边界，应降低功率运行。

(3) 当运行功率 $P<15\%$FP 时

由于没有任何氙峰出现的危险，不限制轴向偏移值。

5.7.6 象限功率倾斜比

象限功率倾斜比（QRTR）的定义是，四个象限上部功率的最大值与上部所有功率的平均值之比，或四个象限下部功率的最大值与下部所有功率的平均值之比，取其大者。其表示式为：

$$\text{QPTR}=\frac{P_{\text{Hmax}}}{\overline{P}_{\text{H}}}\text{或 QPTR}=\frac{P_{\text{Bmax}}}{\overline{P}_{\text{B}}} \tag{5-28}$$

式中：

P_{Hmax}——上部功率的最大值；

$\overline{P}_{\text{H}}$——上部功率的平均值；

P_{Bmax}——下部功率的最大值；

$\overline{P}_{\text{B}}$——下部功率的平均值。

象限功率倾斜比是表示堆芯径向功率分布的一个重要运行参数。通常，在压水堆核电厂技术规格书中，要求在功率运行模式，并且功率大于 50%FP 以上时，QPTR 不能超过 1.02。

与功率偏差 ΔI 不同，QPTR 在主控室没有仪表指示记录，但是设有报警装置，只要有任一个通道的上部功率或下部功率与上部所有功率的平均值或下部所有功率的平均值相比超过 2%就发出报警。

为了保证安全运行，防止堆芯出现不均匀燃耗，当运行功率在 50%FP（热功率）以上时，必须对 QPTR 定期验算，以确认是否在限值之内。

5.8 反应堆功率水平控制

5.8.1 冷却剂平均温度调节系统

平均温度调节系统是通过调节温度调节棒组（简称 R 棒组）的位置来调节反应堆冷却剂的平均温度 T_{av}，使它与平均温度程序整定值 T_{ref} 相等。整定值 T_{ref} 是负荷的函数，由稳态运行方案确定。

平均温度调节系统由平均温度控制回路和功率失配通道组成。前者是闭环调节，后者是开环调节。如图 5-17 所示。该系统在负荷低于 15%FP（或 10%FP）时，是手动控制；负荷在（15～100）%FP 范围内，可以投入自动控制。能够响应以下的负荷变化：

1）负荷在（25～100）%FP 之间，有承受功率阶跃下降 10%FP 的能力；

2）负荷在（15～90）%FP 之间，有承受功率阶跃上升 10%FP 的能力；

3）负荷在（15～100）%FP 之间运行，允许负荷以每分钟变化 5%FP 的线性速率变化。

5.8.1.1 平均温度控制回路

平均温度控制回路的工作原理是：

通过平均温度定值通道可以得到与负荷要求相对应的平均温度的整定值 T_{ref}。把这个值与平均温度的实际测量值 T_{av} 进行比较，得到两者的偏差信号。利用这个偏差信号的大

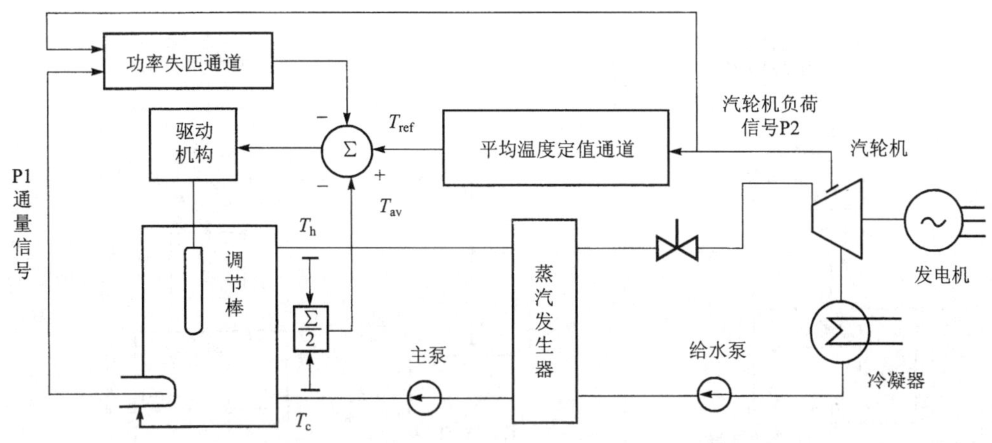

图 5-17　平均温度调节系统框图

小和正负极性去控制 R 棒组移动的速度和方向，从而实现对反应堆功率的调节，改变平均温度 T_{av}，使它与整定值 T_{ref} 相等。满足稳态运行方案的要求。当反应堆受到反应性扰动，功率变化时将引起 T_{av} 变化，当负荷变化时将改变 T_{ref} 的数值。只要两者出现偏差，平均温度控制回路就要进行调节，最终消除偏差，维持 $T_{av}=T_{ref}$。

平均温度控制回路的输入量是平均温度的实际测量值 T_{av} 和汽轮机负荷 P2（或者是 P2 和最终功率整定值两者中的最大值）。因为当蒸汽旁路排放系统工作时，汽轮机负荷不再能代表二回路的总负荷。在这种情况下，人为设置一个功率数值，就称为最终功率整定值。设置了最终功率整定值之后，反应堆即产生了一个大于汽轮机负荷的功率，以便汽轮机负荷增加时能快速跟踪。

为了使系统具有良好的工作品质，T_{av} 和 T_{ref} 在进入比较器之前需要进行滤波和校正，如图 5-18 所示。通常都设置多个冷却剂平均温度测量通道。多个测量值通过高选器选出一个最大值作为 T_{av} 输入到该系统。它首先要经过滤波器 $1/(1+T_5 s)$ 滤波，以消除测量噪声。为了补偿温度测量的热惯性引起的响应滞后，还要通过 $(1+T_3 s)/(1+T_4 s)$ 超前滞后环节，这是个比例微分环节，要求 $T_3>T_4$。因为增加了微分信号项，从而加强了偏差信号并超前于偏差的测量值。汽轮机负荷信号 P2 首先要经过滤波器 $1/(1+T_6 s)$，滤波后的汽轮机负荷通过函数发生器 2 产生平均温度的整定值 T_{ref}，再经过一个相位滞后环节 $1/(1+T_2 s)$ 后输送到加法器 4 与 T_{av} 进行比较。设置这个环节的目的是便于对微小的快变化的负荷扰动，能够依靠动力设备的热容消除而避免系统频繁地调节。

5.8.1.2　功率失配通道

失配通道的基本功能是加速反应堆对汽轮机负荷需求的响应。这是前馈控制。当出现快速功率失配而平均温度尚无明显变化时，失配通道的信号可以直接对控制棒进行调节，加快平均温度调节系统的响应速度和降低瞬态峰值，从而可提高系统的性能。

失配通道的输入信号是经过高选器选出的几个核功率测量值中最大值 P_1 和经过滤波器滤波后的汽轮机负荷信号 P_2。两个信号经过加法器 2 相减以后再通过微分环节 $T_1 s/(1+T_1 s)$，从而得到功率失配的变化率信号 $d(P_1-P_2)/dt$。微分环节是一个高通滤波器，在低频时其增益接近零。微分后的信号再通过可变增益 K_1 和非线性增益 K_2，即得到

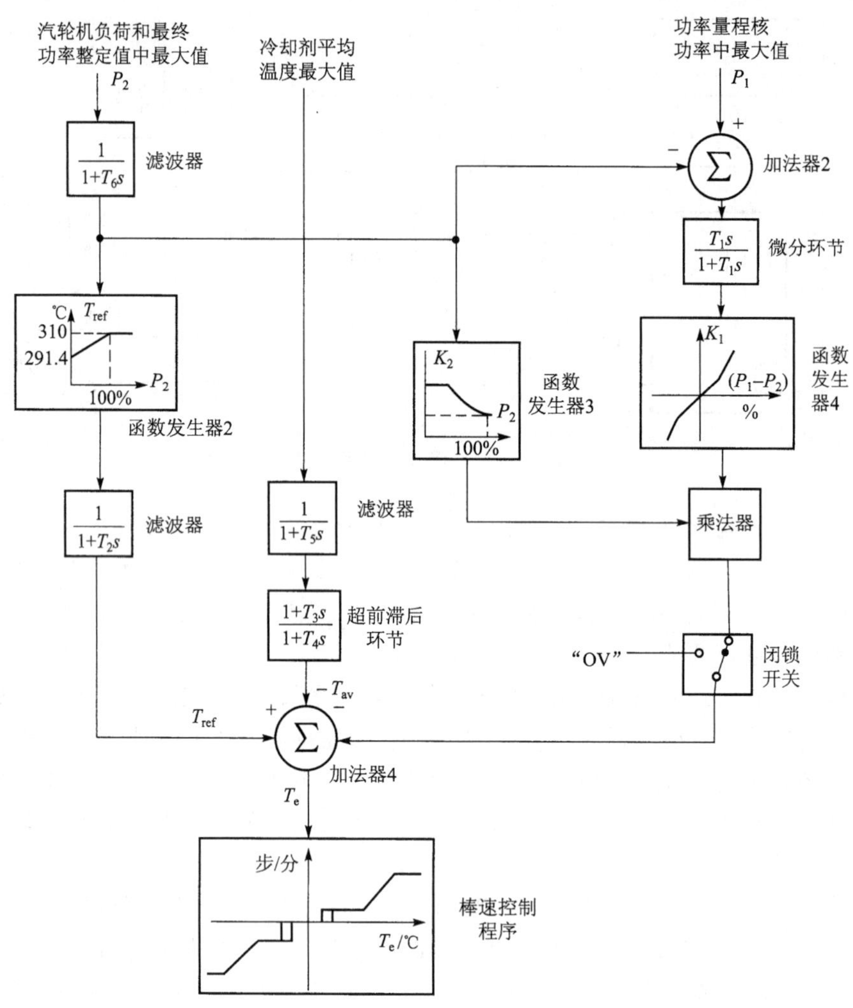

图 5-18 平均温度控制系统原理图

$K_1K_2\mathrm{d}(P_1-P_2)/\mathrm{d}t$ 信号，经过闭锁开关输送到加法器 4。函数发生器 4 表示 K_1 的特性，即偏差变化率小的时候 K_1 的数值较小，偏差变化率超过一定范围时，K_1 的数值要增大。函数发生器 3 表示 K_2 的特性，即当负荷低于 25%FP 时，K_2 取一个较大的常数(例如取 4)，随负荷逐渐增大到 100%FP，K_2 由大逐渐减小到 1。设置非线性增益 K_2 是为了补偿反应堆传递系数随功率增大而变大的特性，以便在不同工况下，使系统的开环放大率基本不变，保持系统动态特性的一致。在失配通道中串联有手动闭锁开关。它的作用是，当该通道出现故障或系统未投入自动时，允许操纵人员手动闭锁该通道的信号，并将"OV"信号接入加法器 4。滤波器和校正环节中时间常数的大小，均由实验来确定。

经过滤波和校正环节后，加法器 4 的输出即为平均温度调节系统的综合控制信号 T_e。

$$T_e=T_{ref}-T_{av}-K_1K_2\mathrm{d}(P_1-P_2)/\mathrm{d}t \tag{5-29}$$

T_e 信号的大小产生控制棒移动速度信号，信号的正负极性产生控制棒的升降方向信号。控制棒速度与 T_e 的关系特性如图5-19所示。当 T_e 为正时，说明 T_{av} 偏低，当 $T_e>0.83$ ℃时，控制棒开始以 8 步/min 的速度提升，直到 $T_e=1.73$ ℃，均保持这个速度。所以，T_e 在 (0.83～1.73) ℃ 这个区间称为最小棒速区。T_e 在(1.73～2.8) ℃ 区间，控制棒在8 步/min和 72 步/min 之间随 T_e 大小线性变化，所以，(1.73～2.8) ℃ 这个范围叫线性棒速区。$T_e>2.8$ ℃ 时，控制棒保持 72 步/min 恒速，这个区域称为最大棒速区。当 T_e 由 2.8 ℃ 逐渐减小时，棒速仍按上述特性变化。当 $T_e<0.56$ ℃ 时，棒速降低为零。T_e 在(－0.56～＋0.56) ℃之间，棒速为零，该区间称为死区。±(0.56～0.83) ℃ 区间称为回环。设置死区和回环的目的是为了避免控制棒驱动机构的频繁动作和因此而引起的机械疲劳。T_e 向负方向变化，将会使控制棒下插，棒速的变化情况与上述相似。

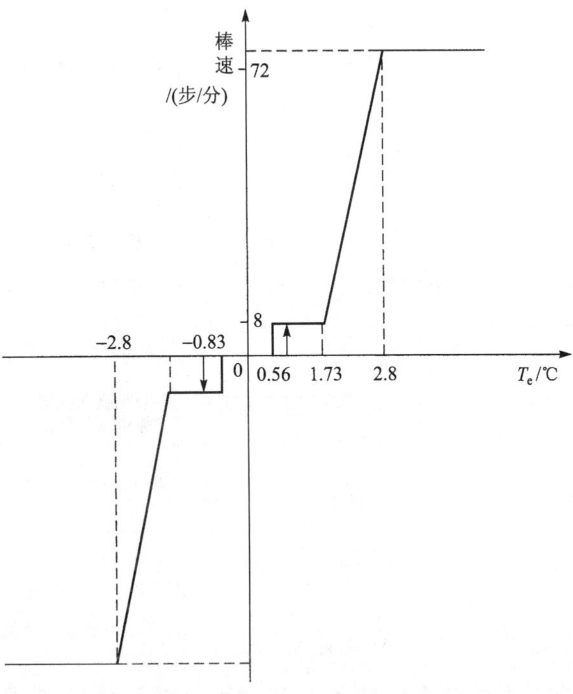

图 5-19　棒速控制程序

平均温度调节系统是控制温度调节棒组即 R 棒组调节反应性，从而调节反应堆功率，改变冷却剂平均温度使其等于整定值。但是，R 棒组不能补偿大范围的反应性变化。因为 R 棒组是黑棒组件，如果它过快地大幅移动会使轴向功率分布不均匀，甚至引起氙振荡，危及堆芯安全。所以对 R 棒组的移动范围要加以限制。允许它在一个比较窄的范围内变化，这个范围叫调节区，也称调节带，如图 5-20 所示。

对 R 棒组的位置有以下限制：

1) 提升极限　当 R 棒提升到上极限时，产生 C11 联锁信号，自动地闭锁该棒组的自动或手动上升并发出报警。此时操纵人员应切换到手动模式并查找原因。

2) “调节区”限制　调节区的上限由实验确定。要求该处 R 棒的微分价值 ≥2.5 pcm/步。这是为了保证棒组具有一定的响应速度。调节区的范围只有 24 步。如果棒组超出调节区上限，要发出报警，操纵人员应进行硼稀释。如果棒组超出调节区下限，要发出报警，操纵人员应进行加硼，使棒组回到调节区内。

3) 棒位低限　是为了防止功率分布发生畸变。当棒组下插到该处要发出报警，提醒操纵人员要启动加硼操作，制止控制棒进一步下插。

4) 棒位低低限　为了保证有一定的停堆深度，R 棒组必须在低低限以上。当棒组下插到该处要发出报警，要求操纵人员紧急加硼。

5) 自动插入低限　当棒组下插到该处时产生 C12 联锁信号，闭锁 R 棒组的自动下插，并报警。

当核电厂采用负荷跟踪运行方式时，在负荷瞬变期间，R 棒组可以协助功率调节棒组控制反应性，此时 R 棒组可能在短时间内超出调节区。当堆芯轴向功率偏差为正时，可以通过硼稀释使 R 棒下插，减少堆芯上部功率的比例，使堆芯上、下部功率趋向相等。当堆芯轴

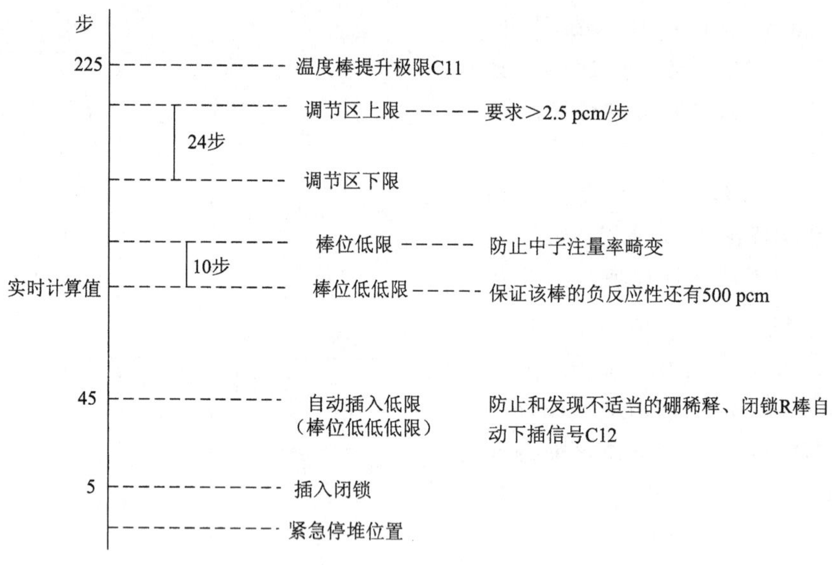

图 5-20　温度调节棒 R 棒位

（本图引自参考文献[1]）

向功率偏差为负时，可以通过硼化使 R 棒提升，增加堆芯上部功率的比例，使堆芯上、下部功率趋向相等。为了控制轴向功率分布，可能需要将 R 棒置于调节区以外一段时间。

5.8.1.3　最终功率整定值生成电路

如果超高压断路器断开或汽轮机脱扣之前，汽轮机负荷大于等于 30%FP，最终功率整定值设置为 30%FP。当超高压断路器断开或汽轮机脱扣之前汽轮机负荷小于 30%FP 时，最终功率整定值设置为当时的汽轮机负荷值。当汽轮机旁路系统置于压力模式时，最终功率整定值为压力整定值所对应的功率。最终功率整定值生成电路如图 5-21 所示。

汽轮机旁路系统运行，并在温度模式。汽轮机脱扣或超高压断路器断开时，K9 闭合，继电器 2 通电。触点 K6、K8 闭合，K7 断开。记忆模块记忆住当时的汽轮机负荷。低选单元在记忆负荷和固定负荷 30%FP 两者中选取一个低值，通过 K6 和 K5 输往有关系统。

当汽轮机旁路系统置压力模式，开关 K1 闭合，操纵员下达的这个“压力模式”命令，通过汽轮机旁路系统第一组前面两个排放阀及其上游隔离阀的实际位置确认有效后，开关 K2 闭合，继电器 1 通电，使 K5 断开，K4 闭合。排放压力整定值经函数发生器 2 转换为相对应的功率值，经 K4 输往有关系统。当最终功率整定值小于汽轮机进汽压力时，阈值继电器动作，将 K9 断开，继电器 2 断电，K6、K8 断开，K7 闭合。结束了最终功率整定值生成工况。汽轮机正常工作时，不产生最终功率整定值。高选单元选的一定是汽轮机负荷。

5.8.2　功率调节系统

如果要求核电厂具有快速负荷跟踪的能力，采用负荷跟踪运行方式。除了设有平均温度调节系统以外，还要设置功率调节系统和功率调节棒组。负荷跟踪过程中所引起的反应性变化，是通过功率调节系统控制功率调节棒组来补偿的。而氙效应和燃耗引起的慢变化的反应性则由调节硼浓度补偿。功率调节系统是开环控制，它对反应性的变化只能进行粗

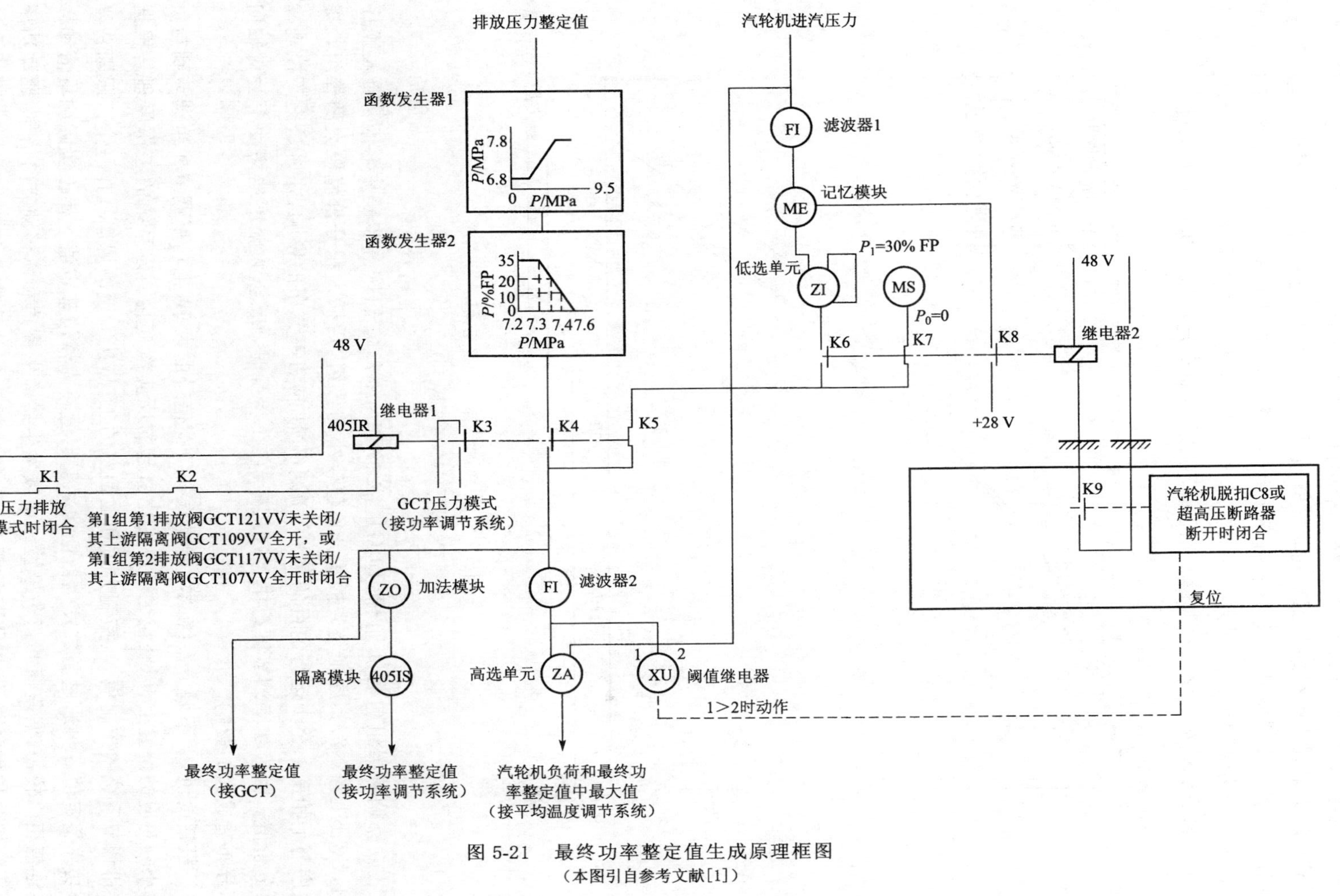

图 5-21　最终功率整定值生成原理框图
（本图引自参考文献[1]）

劣地调整，整定不准确的少量反应性由平均温度调节系统控制 R 棒组实现反应性的精调。为了保证功率调节棒组跟踪调节功率的有效性，必须把它置于一个与功率相对应的位置上，如图 5-22 所示。功率水平与功率调节棒组棒位之间的关系曲线也称为有效标定曲线，它是根据中子动力学理论计算得到。因为功率调节棒组补偿的主要是多普勒效应和慢化剂温度效应引起的反应性变化，它们随燃耗而变，所以，有效标定曲线要进行定期刻度。

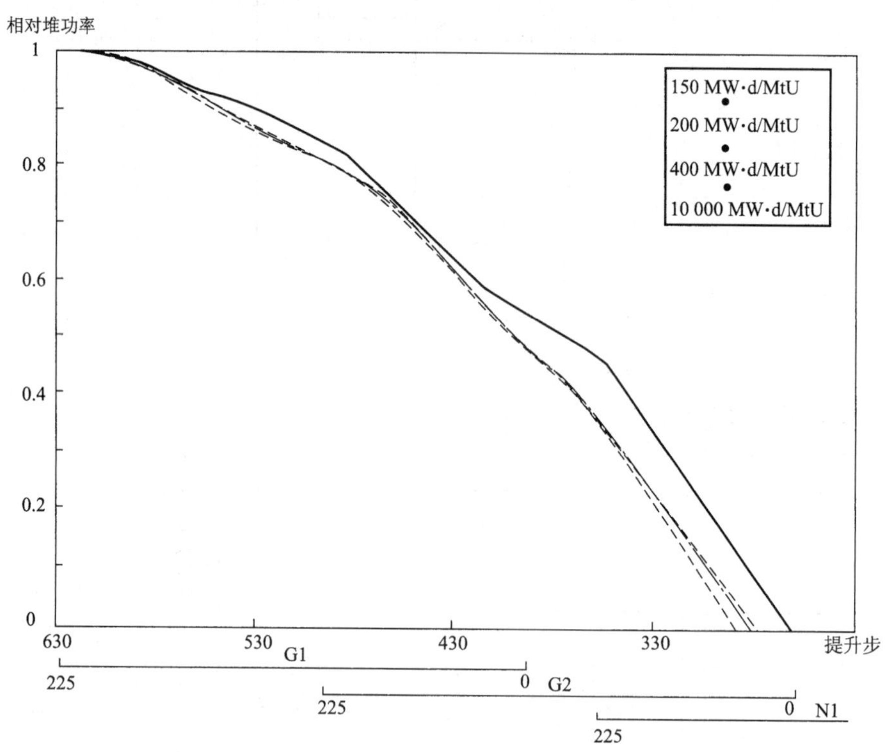

图 5-22 功率调节棒棒位整定值

（本图引自参考文献[1]）

功率调节棒组包含 4 组棒，即 G1、G2、N1 和 N2，它们按叠步程序移动，插入顺序为 G1、G2、N1 和 N2，其原则是先插积分价值较小的棒组，后插入积分价值较大的棒组。提升顺序与上相反。叠步运行的目的是为了减小对轴向功率分布的影响，并尽量提高控制棒的微分价值。因为功率调节棒组中含有灰棒，它在运行时，快速、大幅度地移动不会对轴向功率分布造成大的影响。

概括的讲，功率调节系统的功能是根据负荷信号的大小，把功率调节棒组调节到与负荷大小相对应的位置上，以补偿因功率变化引起的反应性变化。该系统的工作原理是根据汽轮机调节系统的控制模式、控制方式和二回路的工况，按一定的规律选择一个待跟踪功率作为功率整定值。再通过函数发生器把功率整定值转为棒位整定值。棒位实际测量值和棒位整定值相比较，其偏差值和正负极性经函数发生器产生棒速和棒移动方向信号，驱动功率调节棒组按叠步程序移动，以跟踪负荷。

图 5-23 表示是功率调节系统的原理简图。该系统有 7 个模拟量输入信号：

1）汽轮机开度参考值　它是在汽轮机调节系统投入手动模式时，操纵人员设置的汽轮机进汽流量。通过函数发生器 002GD 把汽轮机开度参考值所代表的进汽流量信号转换为电功率信号。

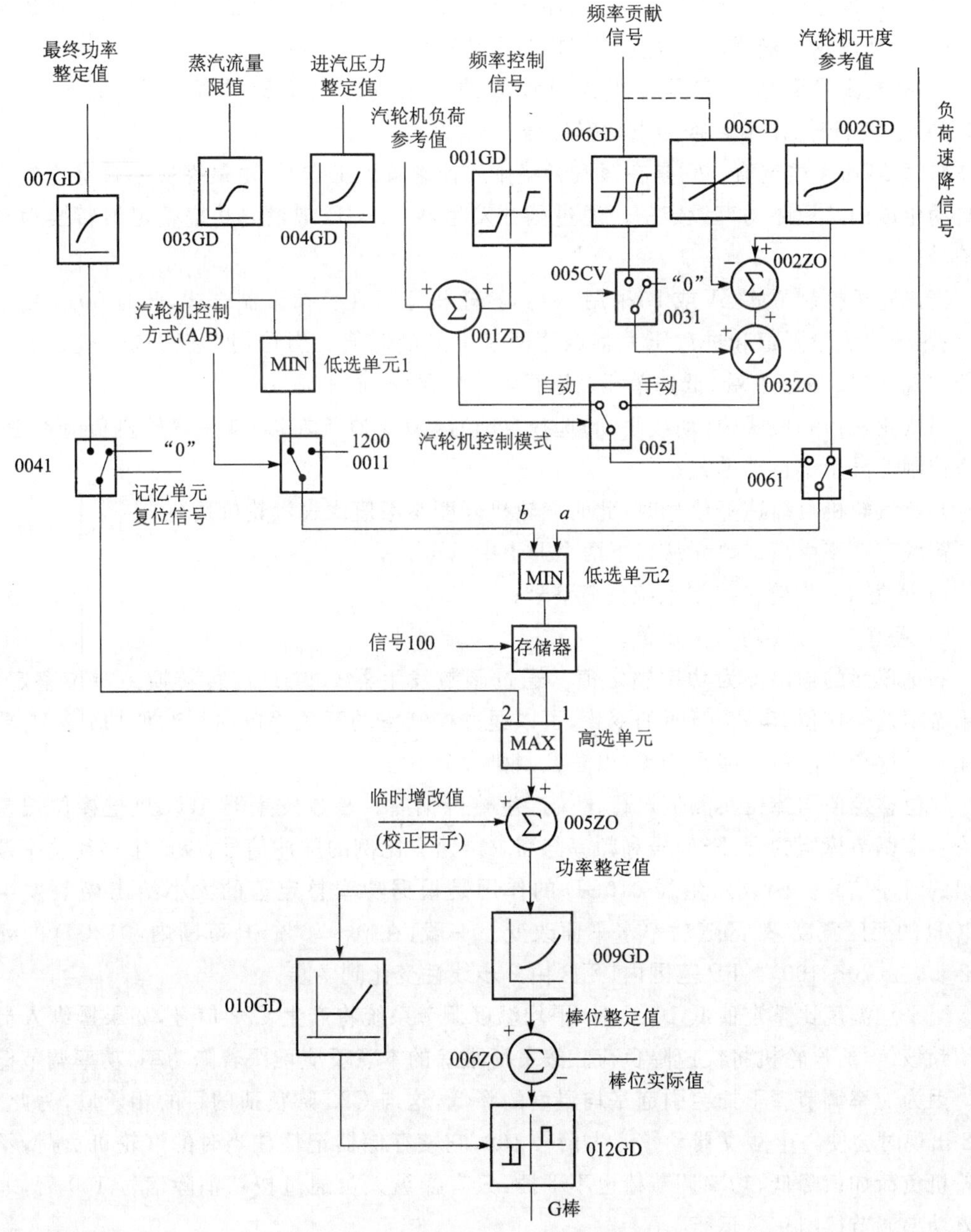

图 5-23　反应堆功率调节系统原理简图

2）频率贡献信号　它是汽轮机调节系统投入手动模式时，对电网频率的补偿信号。函数发生器 006GD 的作用是对频率贡献信号引入衰减系数，死区和限值。在大的电网频率扰动情况下，频率贡献信号(或频率控制信号)的作用都可以通过控制室内的开关加以禁止。

3）频率控制信号　它是汽轮机调节系统投入自动模式时，对电网频率的补偿信号。函数发生器 001GD 的作用是对频率控制信号引入衰减系数，死区和限值。

4）汽轮机负荷参考值　它是在汽轮机调节系统投入自动模式时，操纵人员设置的电功率。

5）汽轮机进汽压力整定值　它是操纵人员设置的汽轮机进汽压力整定值。函数发生器 004GD 把汽轮机进汽压力整定值转换为电功率信号。

6）蒸汽流量限值　它是操纵人员设置的汽轮机进汽流量限值。通过函数发生器 003GD 把进汽流量限值转换为电功率信号。

7）最终功率整定值　它是在蒸汽旁路排放控制系统工作时，由最终功率整定值生成电路自动生成的二回路功率设定值。通过函数发生器 007GD 把最终功率整定值转换为电功率信号。

当汽轮机控制方式(A 或 B)采用 A 时，汽轮机运行在负荷限制方式，此时 0011 置于左端，使用蒸汽流量限值和进汽压力整定值两者中的最低值。当选用 B 时，汽轮机处于正常运行方式，0011 置于右端，低选单元 2 选择的一定是“a”而不是“b”。

当汽轮机控制模式(自动或手动)选择自动时，0051 置于左端，使用汽轮机负荷参考值。频率控制信号用于自动模式。

当有汽轮机负荷速降信号时，此时汽轮机开度参考值代表汽轮机负荷。

待跟踪功率由高选单元从以下两个通道中选取：

1）通道 1　汽轮机控制系统负荷信号；

2）通道 2　最终功率整定值。

高选单元的输出即为功率整定值。通过函数发生器 009GD 即可转换为棒位整定值。如果希望这个棒位有一个暂时的变化，可以通过控制室的开关将临时增改值加到高选单元的输出。这个增改值不能小于零，以防控制棒过分下插。

棒位整定值与棒位实测值进行比较产生棒位偏差。函数发生器 012GD 把棒位偏差转换为功率调节棒组的升、降信号和频率与需求棒速成比例的脉冲信号，以产生移动功率调节棒组的时序信号。函数发生器 010GD 的作用是根据功率整定值的大小给出函数发生器 012GD 的死区宽度，死区随功率水平而改变。一般，在 0～70％FP 范围内，012GD 的死区为 2 步，在(70～100)％FP 范围内，死区由 2 步线性变化到 7 步。

当平均温度比整定值低 10 ℃时，平均温度调节系统将产生 C22 信号，如果操纵人员没有闭锁该信号，汽轮机将快速降负荷。按负荷跟踪的本意反应堆跟着降功率，功率调节棒下插。因为功率调节棒下插会引起平均温度的降低，这与 C22 降负荷的目的相矛盾，为此，在 C22 出现时会使一个触发器动作产生信号 100，它使存储器记忆住当时的汽轮机负荷，不管汽轮机负荷如何降低，功率调节棒也不下插，只有操纵人员通过按钮消除信号 100 后，才能恢复功率调节棒组正常运行。

复习题

1. 冷却剂平均温度恒定运行方案和蒸汽发生器压力恒定运行方案各有什么优缺点？
2. 折中运行方案有什么优点？

3. 基本负荷运行方式和负荷跟踪运行方式各有什么优缺点?
4. 反应堆功率调节系统的功能有哪些?
5. 了解有效增殖系数的物理意义和反应性的定义。
6. 了解反应堆传递函数的形式和特点。
7. 压水堆反应性控制的任务有哪些?
8. 在压水堆上有哪些控制反应性的方法? 这些方法各有什么特点?
9. 控制棒组件的主要用途有哪些?
10. 什么是黑棒组件和灰棒组件?
11. 什么是控制棒的积分价值和微分价值?
12. 控制棒组的重叠运行有什么优点?
13. 控制棒驱动机构主要由哪几部分组成?
14. 控制棒从保持状态开始,上升一步和下降一步,各线圈的通断顺序是怎么样的?
15. 什么是热点因子? 轴向功率偏移和轴向功率偏差?
16. 影响轴向功率分布的因素主要有哪些?
17. 有哪几个限制功率分布的准则?
18. 什么是常轴向偏移控制法?
19. 根据轴向功率分布监测方框图,说明其工作原理。
20. 平均温度调节系统的功能是什么? 它由哪几部分组成? 简述该系统的工作原理。
21. R 棒组棒速控制程序可分为哪几个区域? 为什么要设置死区和回环?
22. 对 R 棒组的棒位有哪些限制? 为什么?
23. 什么是最终功率整定值? 为什么要设置它?
24. 功率调节系统的功能是什么? 请简述该系统的工作原理。
25. 功率调节棒组为什么用灰棒组件?

第 6 章　反应堆冷却剂系统过程参数的控制

基于核电厂的功率大小，反应堆一回路一般包括几条环路。例如大亚湾核电厂的一回路由三条环路组成，而秦山一期核电厂则只有两条环路。我们以三条环路的核电厂为例来讨论对反应堆一回路过程参数的监测和控制。

反应堆一回路的主回路(即反应堆冷却剂系统)的主要功能是依靠冷却剂的循环流动，把反应堆产生的热量导出来，通过蒸汽发生器传输给二回路，从而带动汽轮发电机发电，同时使堆芯冷却，防止燃料元件烧毁。一次冷却剂为轻水，因此它同时也起慢化剂和反射层的作用。一次冷却剂含有一定浓度的硼酸，硼可吸收中子，因此通过控制改变一次冷却剂中硼浓度，可对反应堆的反应性起补偿作用(主要用于补偿由于燃耗和中毒效应而引起的较缓慢的反应性变化)。一次冷却剂系统压力边界是核电厂三道安全屏障的第二道，在燃料元件包壳发生破损时，它可防止放射性物质外泄。

三环路压水堆核电厂一次冷却剂系统基本组成如图 6-1 所示。它包括三条冷却剂循环的环路、一台稳压器和卸压箱，以及相应的阀门和管道。冷却剂的每条环路包括一台反应堆冷却剂泵、一台蒸汽发生器和此条环路所属的管道、阀门和监测仪表等。当反应堆处于运行工况时，每条环路的冷却剂在冷却剂泵的作用下，以一定的流量和温度流经堆芯，把堆芯的热量带到蒸汽发生器。

由于一次冷却剂带有一定的放射性物质，因此正常情况下，它被限制在一次冷却剂压力边界内。一旦冷却剂发生泄漏，则应立即报警并采取相应措施，来缓解冷却剂泄漏所造成的后果。一回路系统中的稳压器用于控制冷却剂的压力，以防止在冷却剂的温度变化范围内发生偏离泡核沸腾现象，保证冷却剂的正常导热功能。

以大亚湾核电厂为例，一次冷却剂的运行参数是：

1) 一次冷却剂的工作压力　15.5 MPa；

2) 每条环路的流量　23 790 m^3/h；

3) 零功率时冷却剂的温度　291.4 ℃；

4) 额定功率时反应堆进口冷却剂温度(T_c)　292.7 ℃；

5) 额定功率时反应堆出口冷却剂温度(T_h)　327.3 ℃；

6) 额定功率时反应堆冷却剂平均温度(T_{avg})　310 ℃；

7) 冷却剂系统总容积　283 m^3；

8) 系统额定热功率　2 905 MW。

为了保障核电厂安全有效地运行，对一回路系统的相关参数必须加以监测和控制，以使冷却剂系统的运行满足核电厂运行工况和安全准则的要求。

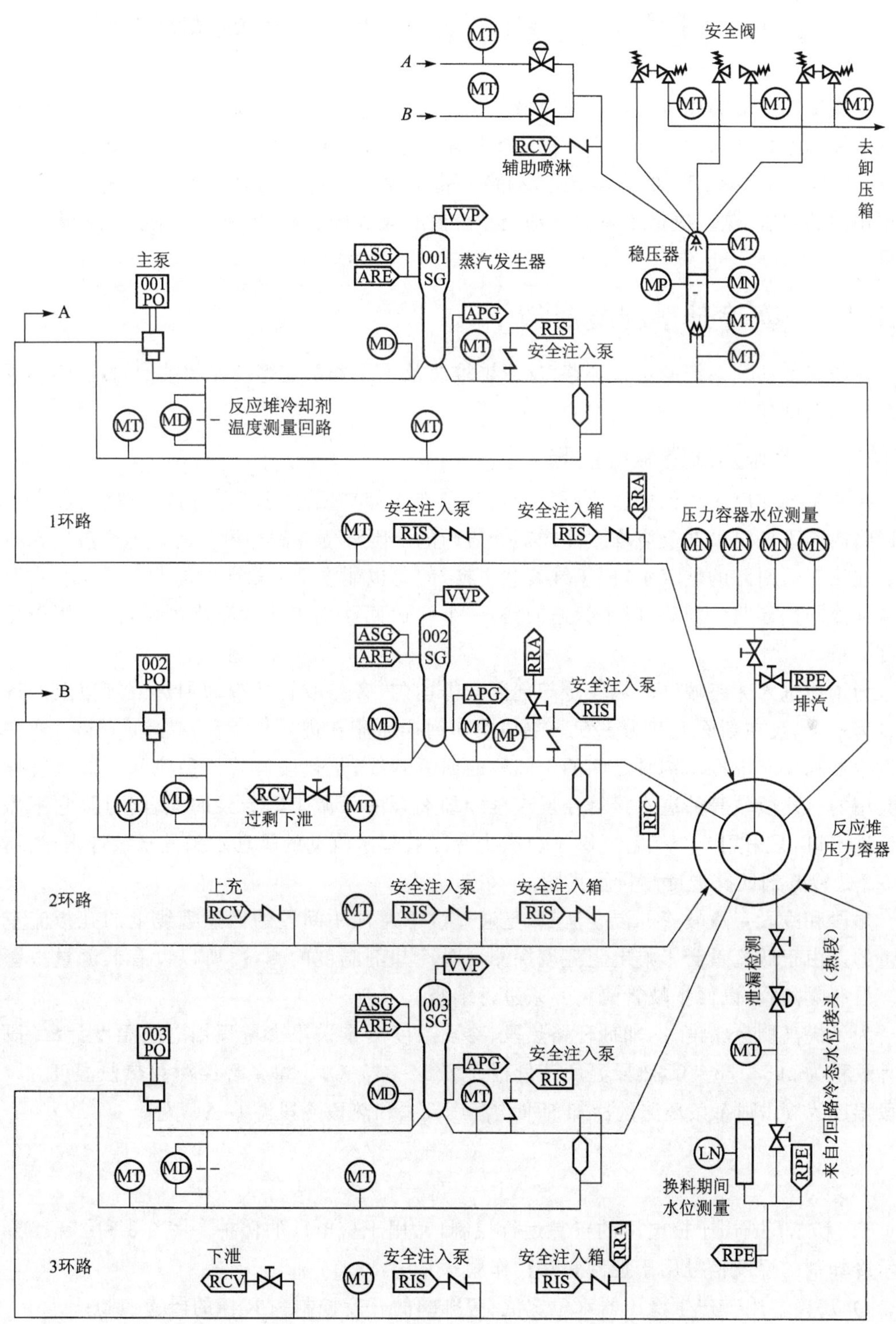

图 6-1　三环路压水堆核电厂一次冷却剂系统基本组成简图

MD—流量测量；MP—压力测量；MT—温度测量；MN—水位测量

6.1 反应堆冷却剂系统过程参数的测量

一次冷却剂的温度、压力、流量及液位正常与否会直接影响核电厂的安全及效率。因此对这些过程参数的监测是非常必要的。反应堆产生的强中子场和 γ 场，以及高温高压介质条件，和 LOCA 事故产生的高湿、强放射性和化学腐蚀环境，加上对反应堆仪表的高可靠性和可用性的要求，这些决定了一次冷却剂系统监测仪表的特点，也决定了对这些仪表的质量要求。

6.1.1 一次冷却剂温度监测

在一次冷却剂系统的每条环路、反应堆堆芯及稳压器系统等设置相关的温度测点，反映冷却剂的温度变化。

6.1.1.1 冷却剂回路温度监测

控制系统和反应堆保护系统所采用的反应堆冷却剂回路温度，是通过直接浸没在小旁通回路内而不是浸没在反应堆主冷却剂管道内的电阻温度探测器测量的。电阻温度探测器安装在该旁通回路的岐管中，便于维修和更换，同时也能满足测量响应时间的要求。在每个反应堆冷却剂环路中，都有两个旁通回路：一个旁通回路用于热段温度测量，一个用于冷段温度测量。

为了使进入旁路岐管的热段冷却剂混合得均匀，旁路岐管从冷却剂热段管道上的进水口设为三个，且在断面上互为 120°。热段冷却剂样品流在进入岐管前混合在一起。通往蒸汽发生器和反应堆冷却剂泵之间的中间段的回返管线，是热段岐管样品流和冷段岐管样品流共用的。冷段岐管的进水接管在反应堆冷却剂泵的下游。因为泵的混合作用，它不需要多个进水口，只采用一个接管就够了。产生冷段岐管水流动的驱动水头是水泵进出口压差。图 6-2 是冷却剂回路温度测量示意图。

热段和冷段旁通岐管的混合流量，是通过位于通往中间段的回返管线上的孔板流量计测量的。由于低流量会影响电阻温度探测器对冷却剂温度的测量，所以设有低流量报警装置。设有隔离阀，以便把岐管隔离开来进行维修。

为了提高测量精度，冷却剂环路热段、冷段温度测量采用窄量程铂电阻温度计（冷段温度计量程为 265～335 ℃，热段温度计量程为 275～345 ℃）。每条环路测得热段温度为 T_h，冷段温度为 T_c，则每条环路的冷却剂平均温度 T_{avg} 和热段冷段温差 ΔT 为：

$$T_{avg} = (T_h + T_c)/2 \tag{6-1}$$

$$\Delta T = T_h - T_c$$

T_{avg} 和 ΔT 既用于核电厂的正常运行控制，又用于核电厂的保护。图 6-3 和图 6-4 分别表示冷却剂的温度信号用于控制和保护作用。其中：

1）$T_{avg \cdot max}$ 用于产生稳压器水位定值、旁排阀的开度控制和 R 棒的棒速控制；

2）ΔT_{max} 用于产生 R 棒插入的低低限值；

3）$T_{avg \cdot min}$ 用于产生 C22 联锁信号；

4）每条环路 T_{avg} 和 ΔT 分别与 $T_{avg \cdot max}$、ΔT_{max} 比较，如果 $T_{avg \cdot max} - T_{avg} > 1.7$ ℃ 或

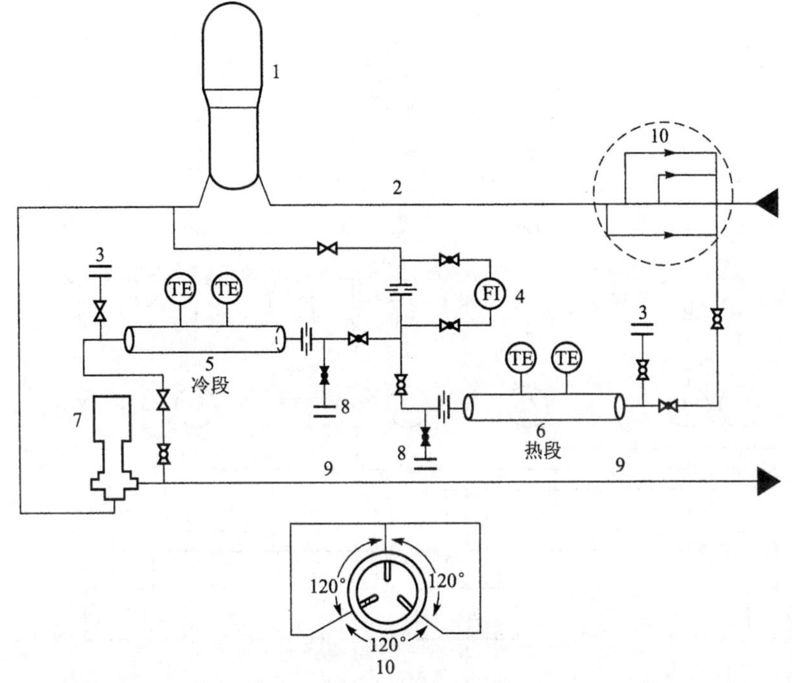

图 6-2　冷却剂回路温度测量示意图

1—蒸汽发生器；2—热段；3—排汽孔；4—旁路流量仪表；5—冷段岐管；6—热段岐管；
7—反应堆冷却剂泵；8—排水孔；9—冷段；10—热段剖面图；TE—温度探测器；FI—流量仪表

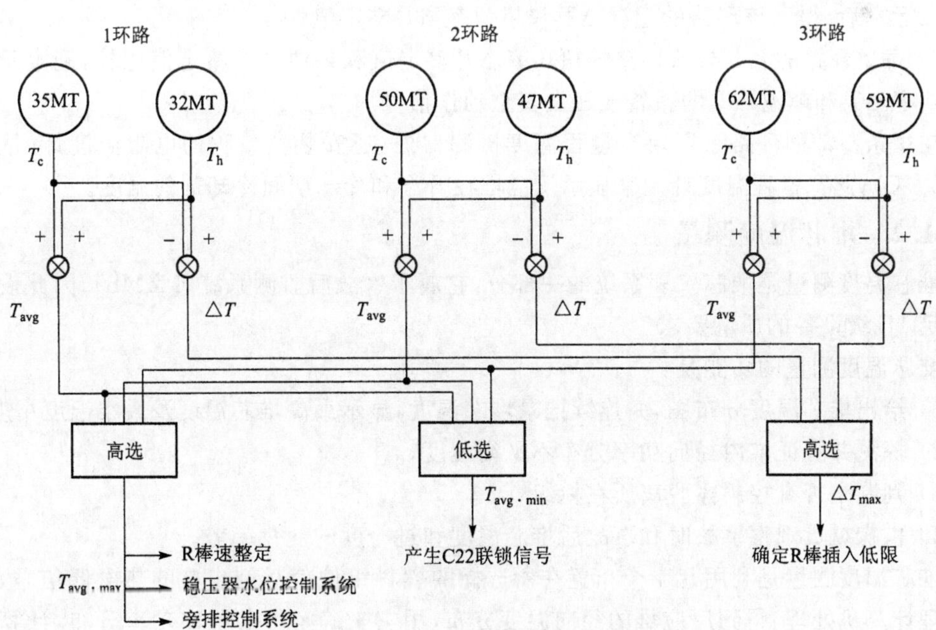

图 6-3　冷却剂温度信号用于控制作用的示意图

$\Delta T_{max}-\Delta T>$相当于 5%FP 时的 ΔT 值，则给出报警；

5）每条环路的 T_{avg} 送给超温 ΔT 和超功率 ΔT 整定值计算单元，将 T_{avg} 及其他一些相

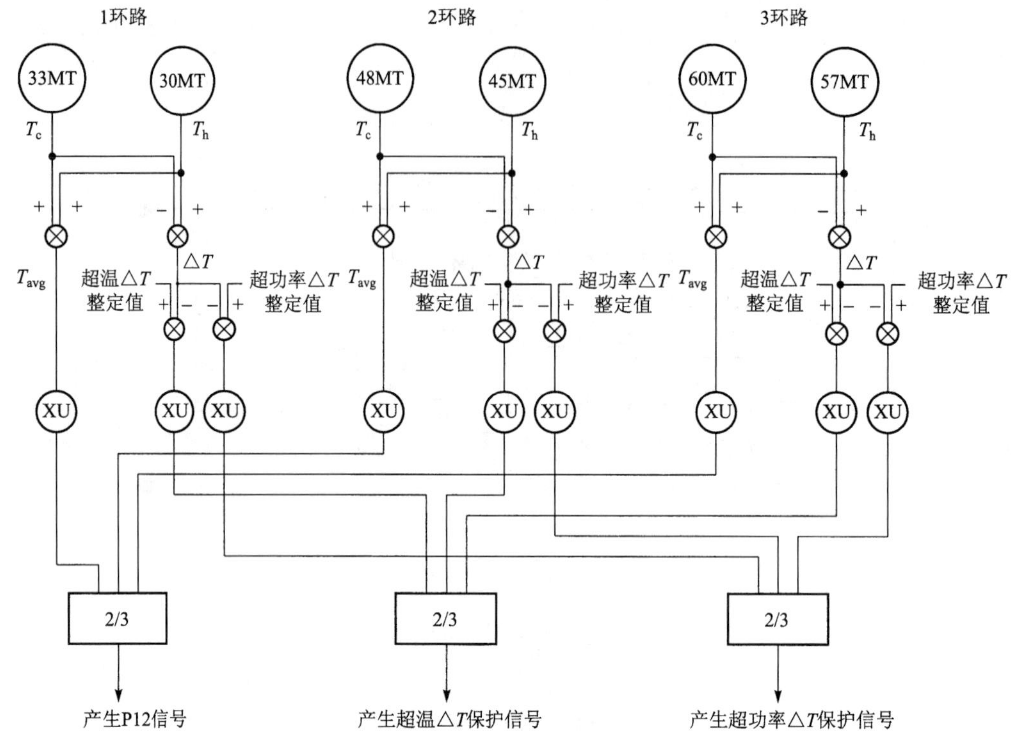

图 6-4 冷却剂温度信号用于保护作用的示意图

关参数运算后,得到该环路的超温 ΔT 和超功率 ΔT 整定值;

6)每条环路的 ΔT 与该环路的超功率 ΔT 整定值和超温 ΔT 整定值比较,确定是否给出超功率 ΔT 和超温 ΔT 的报警或触发安全动作信号。

在每条冷却剂环路除安装窄量程温度探测器外,还安装宽量程的电阻温度计(量程为0~350 ℃),此宽量程温度计用来显示反应堆在升温和冷却期间冷却剂的温度。

6.1.1.2 堆芯温度测量

堆芯温度测量是堆芯仪表系统的一部分,它属于事故后监测系统(PAMS),因此设备必须满足1E级设备的质量要求。

堆芯温度测量的功能是:

1)给出堆芯温度分布图,并连续记录堆芯温度,显示最高堆芯温度及最小温度裕度;

2)探测并验证堆内径向功率分布不平衡程度;

3)判断是否有控制棒脱离所在棒组;

4)供操纵员观察事故时和事故后堆芯温度和过冷度的变化趋势。

堆芯温度测量是利用几十个布置在所选择的燃料组件冷却剂出口的热电偶信号,经数据处理计算机处理,得到反应堆的径向温度分布,用它来确定堆芯径向功率分布,计算冷却剂的热焓和燃耗,校准堆外核功率测量仪器。另一个用途是监视堆芯冷却状况。它利用堆芯热电偶、一回路热段电阻温度计和一回路压力计的测量信号,经冗余的堆芯冷却监视系统的微处理机计算出冷却剂的饱和温度,确定堆芯冷却剂的饱和裕度。

系统设备由不间断电源供电。

测量堆芯温度用的热电偶采用镍铬一镍铝铠装热电偶，外径＝3.17 mm，长度 L＝6.5～9.2 m。精确度为：在 200～370 °C 温度范围内，误差小于 0.8 °C；在 370～1 200 ℃，误差小于 0.4%所测量温度值。全部热电偶分为 A、B 两列，其布置如图 6-5 所示。

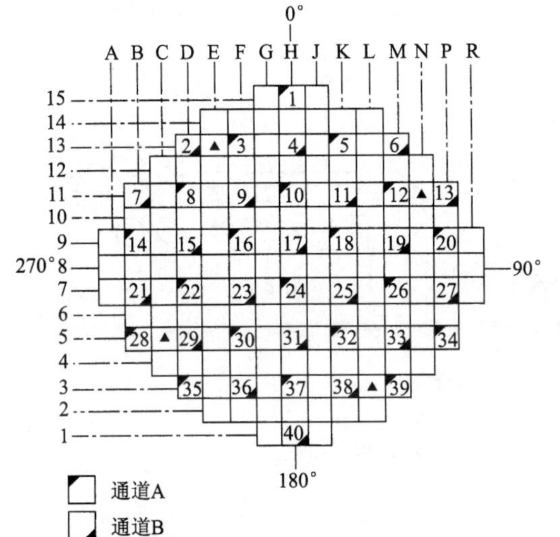

通道	A				B			
支撑柱号	E13		L3		N11		C5	
热电偶分配	1	12	18	32	2	13	7	31
	3	22	20	31	1	17	15	33
	5	16	21	35	6	19	21	36
	8	22	26	37	9	25	23	38
	10	28	30	39	11	27	29	40

图 6-5　堆芯温度测量热电偶(40 个)布置图

6.1.1.3　稳压器系统温度监测

图 6-6 表示稳压器系统的结构。它包括：稳压器、与一条环路冷却剂热段相连的波动管线、分别与两条环路冷却剂冷段相连的两条喷淋管线（喷淋阀及其相应管线）、加热器、卸压阀、安全阀和卸压箱及相关仪表等。

在稳压器系统的各个部件均设有温度监测。

（1）稳压器上的温度测量

在稳压器上，有两种温度探测器：一种是测量蒸汽温度的；一种是测量水温的。在正常工况下，稳压器是处于平衡状态的两相系统。因此，水温和蒸汽温度是相等的。当两者的温度不相等时，就说明出现异常工况。

（2）波动管线上的温度测量

波动管线温度探测器提供温度指示和低温报警。低温说明有大量的比较冷的水涌入；或者表明环境热损耗已使温度降低到整定值。由于波动管线接在一条环路的热管段上，它使一回路中的冷却剂同稳压器内的水能够交换，因此波动管线的温度应保持在较高的水平。

（3）喷淋管线的温度测量

每一条喷淋管线都有一个用来指示温度和发出低温报警的温度探测器。低温可能是由喷淋流量损失引起的。假如喷淋管线和稳压器之间的温度相差太大，那就应该注意喷淋嘴上的热冲击问题。

（4）安全阀的温度测量

在每个安全阀的排放口处都设有一个温度探测器，它设有高温报警，以便指示每个阀门

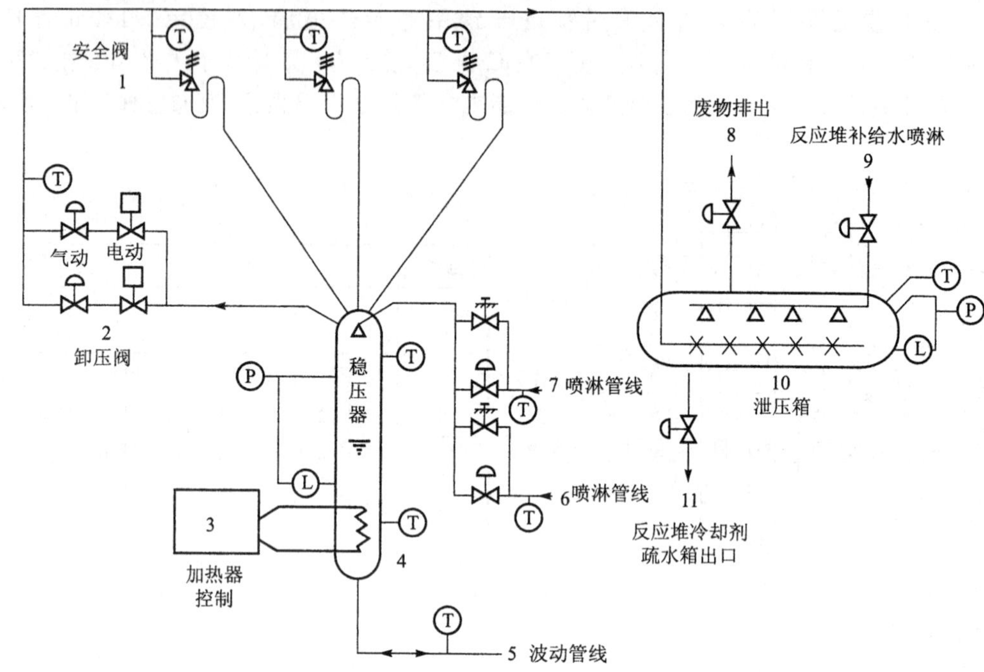

图 6-6 稳压器和稳压器卸压箱

1—安全阀;2—卸压阀;3—加热器控制;4—稳压器;5—波动管线(接反应堆冷却剂系统环路 2 热段);6—喷淋管线(接反应堆冷却剂系统环路 1 冷段);7—喷淋管线(接反应堆冷却剂系统环路 2 冷段);8—废物处置排出;9—反应堆补给水喷淋;10—卸压箱;11—反应堆冷却剂疏水箱出口;P—压力仪表;T—温度仪表;L—水位仪表

是否打开或有无泄漏。

(5) 卸压阀的温度测量

在两个卸压阀的共用排放口处设一温度探测器,它也是高温报警,以便指示这两个阀门是否打开或有无泄漏。

(6) 稳压器卸压箱上的温度测量

在卸压箱上设一台温度探测器并发出高温报警。

6.1.2 一次冷却剂压力监测

(1) 稳压器压力监测

在稳压器上设置三台(或四台)压力监测的变送器,监测的压力用于显示、控制和保护。这些压力变送器是窄量程的,测量压力范围为 11~18 MPa。

(2) 反应堆回路和稳压器卸压箱压力监测

在与一个反应堆环路上的热段相通的余热排出系统吸水管线内,设有两个压力变送器。它们是宽量程(0~20.68 MPa)的变送器,被用来指示启动和停闭期间的压力。它们还提供允许打开和自动关闭余热排出系统下泄管线上的吸水阀的联锁。

6.1.3 一次冷却剂流量监测

反应堆冷却剂的流量信号是保护参数之一。每条环路的流量是由设置在中段弯管处的三个(或四个)压差变送器测量的。在弯外有一个共用的高压测口;在弯内有三个(或四个)低压测口。

6.1.4　稳压器水位和堆芯液位监测

设有三个(或四个)稳压器水位变送器来提供水位指示和供反应堆保护系统及稳压器水位控制系统使用。稳压器水位能直接测量出反应堆冷却剂的装量。这三个(或四个)变送器是按高温标定的。

另外,设一个按低温标定的变送器,用于指示反应堆启动和停闭期间的稳压器的水位。

堆芯液位测量系统的功能是:正常充、排水时观察反应堆内水位变化情况,在主泵启动时监测堆芯的压差,在发生失水事故时监测堆芯淹没情况。

堆芯液位采用差压式液位计。整个测量系统包括水位探测部分、数据处理部分和显示部分。差压式液位计的取压点分别位于压力容器顶部和底部,压力测量的引压管带有金属隔离膜片。差压计分两列。每列三台,其中一台是宽量程差压计、一台是窄量程差压计、一台是参考差压计。当反应堆冷却剂泵都停运时,用窄量程水位计给出较为准确的压力容器内的水位的指示。只要反应堆冷却剂泵以任一方式组合运行,要用宽量程水位计,对堆芯内循环流体的相对空腔给出近似的指示。参考差压计与宽、窄量程差压计置于同一环境中,用于消除宽、窄差压计所指示的水位读数由于温度对水的密度影响而引起的误差。

有些核电厂堆芯液位测量系统,采用堆芯热电偶测量的温度和引压管的环境温度来补偿由于温度变化而引起水的密度化对液位测量的影响。

堆芯液位测量属于事故后监测系统(PAMS)。因此堆芯液位测量分 A、B 两列,在控制室冗余地显示堆芯液位。

6.2　稳压器压力和水位控制

6.2.1　稳压器压力控制

为了防止压水反应堆冷却剂系统偏离泡核沸腾(DNB),反应堆冷却剂系统热段冷却剂的压力必须维持在高于满负荷时热段冷却剂温度所对应的饱和压力。稳压器与 1 个环路的热段相连。在稳压器中,蒸汽空间(40%～50%)和水空间(60%～50%)保持在平衡状态,以减小由于冷却剂的胀缩而引起的压力变化。运行瞬态,反应堆产生的功率和蒸汽发生器输出的功率发生不平衡,冷却剂温度变化,使得反应堆和环路中的冷却剂热胀冷缩导致稳压器内汽、液空间相对变化从而引起冷却剂压力变化。

6.2.1.1　压力控制系统工作原理

稳压器内的压力由装在汽相空间的双回路喷淋系统和液相空间的几组电加热器来控制。压力下降时自动接通电加热器使液相更多地汽化,从而使压力上升;压力增大时自动加大喷淋系统的冷液喷淋量而使蒸汽冷凝,使压力下降。

稳压器还装有卸压阀和安全阀,当稳压器的压力高到卸压阀的动作压力(16.1 MPa)或高到安全阀的动作压力(17.13 MPa),则相应的卸压阀或安全阀打开,把蒸汽从稳压器卸放到卸压箱,降低稳压器内的压力以保持一次冷却剂系统的完整性。

稳压器加热器分为比例加热器和通断加热器两大类：一般设有一组比例加热器和几组通断加热器。比例加热器的输出能根据压力的变化自动调节，以使稳压器在稳态工况期间保持着压力平衡。如果系统的压力下降了，那么比例加热器将提供最大的热输出，必要时通断加热器也要接通；输入热量使水温升高，致使水变成蒸汽的量增加，因而使系统压力恢复正常。当系统压力升高到超过正常整定值时，所有加热器将关闭，并在某一固定压力范围内按比例地打开喷淋阀，容许温度较低的反应堆冷却剂系统冷段的水进入稳压器空间，从而引起蒸汽凝结率增加，使系统压力恢复正常。在稳压器上设有两组卸压阀，每组卸压阀包括一台电动隔离阀和一台气动卸压阀。由于气动阀响应快，因此平时电动隔离阀常开，而靠气动阀快速打开卸压。当发生压力瞬变非常大而喷淋阀又不能控制这种压力波动的事件时，就要打开稳压器上的这两台气动卸压阀。通过这两台卸压阀把蒸汽直接卸入稳压器的卸压箱，让蒸汽在此凝结。万一发生超过控制系统能力的瞬变，那就要由反应堆保护系统执行相应的高、低压事故保护停堆和发出低压专设安全设施动作信号。此外，在稳压器上还设有蒸汽排放到稳压器卸压箱中的三个安全阀，它们作为保护反应堆冷却剂系统完整性的最后手段。

图 6-7 表示稳压器压力控制系统的原理，图 6-8 表示大亚湾核电厂反应堆冷却剂系统

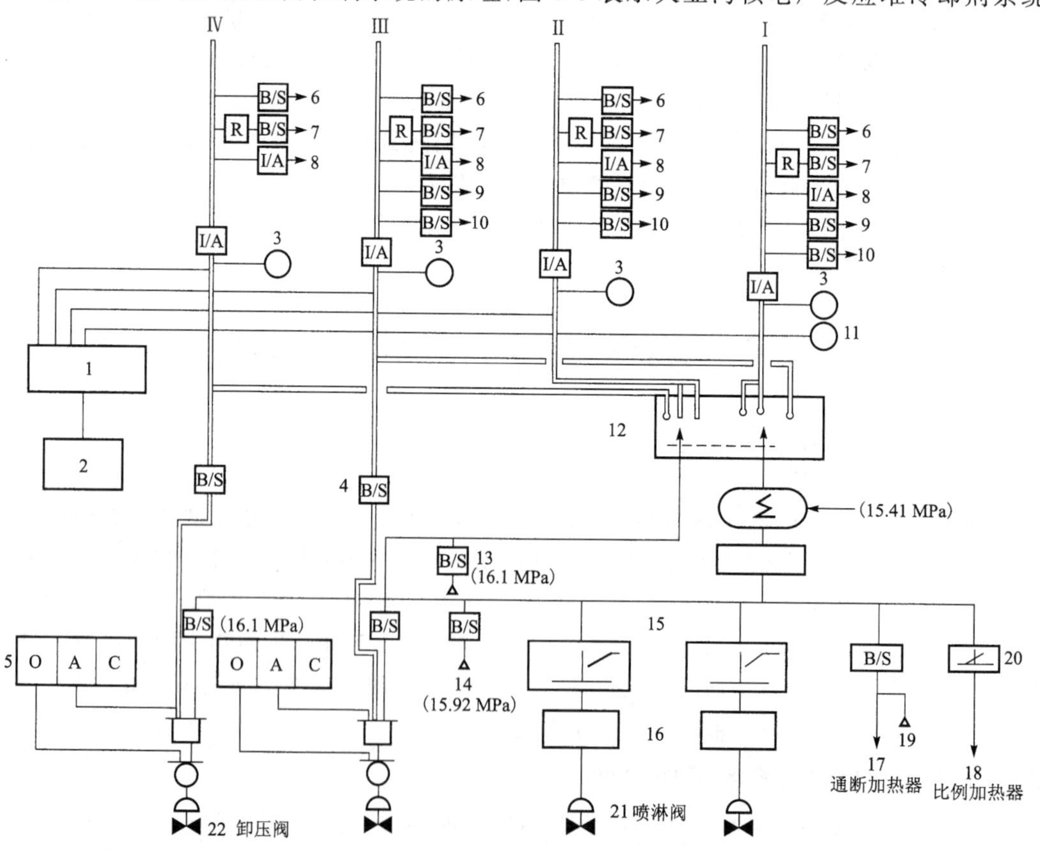

图 6-7　稳压器压力控制系统原理图

1—选择器开关；2—记录仪；3—控制盘仪表；4—联锁装置；5—控制开关；6—高压事故保护停堆；7—低压事故保护停堆；8—超温 ΔT 事故保护停堆；9—安全注入闭锁；10—安全注入；11—停闭面板仪表；12—通道选择器开关；13—高压报警(16.1 MPa)；14—高压报警(15.92 MPa)；15—喷淋阀控制器；16—自动-手动控制台；17—至通断加热器；18—至比例加热器；19—低压报警(15.23 MPa)；20—比例加热器控制器

几个有代表性的压力整定值。压力控制通道的功能就是在正常运行工况，使稳压器的压力保持在所要求的范围内；瞬态时，平衡压力的变化，尽量不引起由于压力异常而触发卸压阀的动作、反应堆停堆或安全阀打开。

稳压器压力
1 17.13 MPa 打开安全阀
2 16.44 MPa 触发停堆
3 16.1 MPa 打开卸压阀
4 15.92 MPa 喷淋阀全部打开
5 15.58 MPa 开启喷淋阀
6 15.51 MPa 关闭加热器
7 15.41 MPa (整定值)
8 15.3 MPa 比例加热器全打开
9 15.23 MPa 通断加热器打开
当p≥10%FP时,此压力值触发停堆
13.58 MPa
10
11 ↓ 12 ↑
11→12——安全注入允许→自动解除闭锁
12.89 MPa
SI SI——安全注入

图 6-8　大亚湾核电厂反应堆冷却剂系统压力整定值示意图

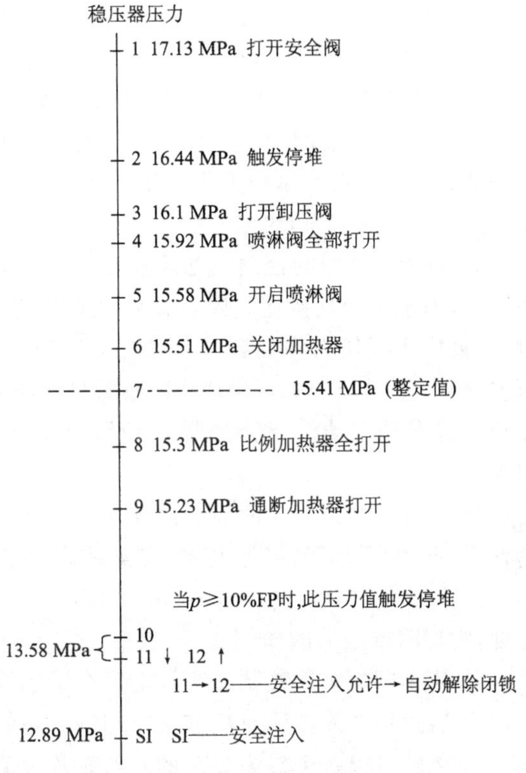

稳压器压力控制系统包括压力测量仪表、压力控制器、加热器的控制和喷淋阀的控制等。

(1) 稳压器的压力测量仪表

在稳压器的蒸汽空间，设置了四个 1E 级压力变送器，测量范围为 11～18 MPa。其中三个用于保护。另外一个用于压力高低报警及压力控制通道中的压力测量信号。

(2) 压力控制器

压力控制器接收来自测量变送器的测量信号(p)和定值器的定值信号(p_{ref})的偏差信号($p-p_{ref}$)，进行 PID 处理后，输出控制执行器的操作信号。

控制器输出端的手动/自动站可提供压力控制的手动/自动转换。如处于手动位置，即可手动操作执行器。

图 6-9 表示稳压器压力控制程序。

调节机构开度
通断加热器
喷淋
比例加热器
补偿压差(p−pref) MPa
−0.17
−0.1
0
0.1
0.17
0.52

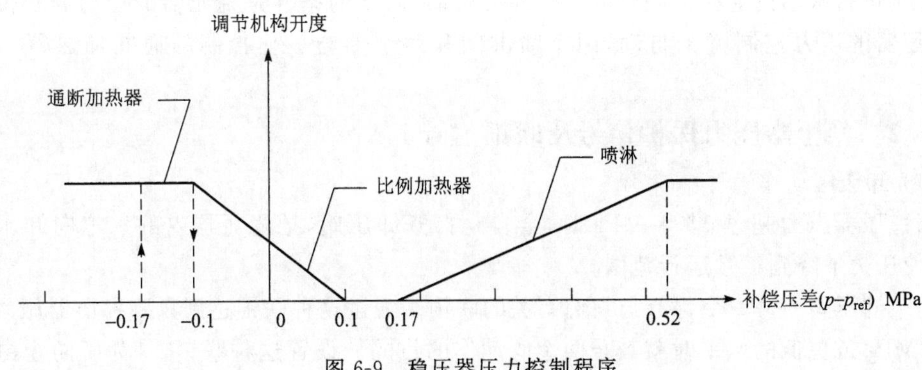

图 6-9　稳压器压力控制程序

1) 压力控制器输出信号　补偿压差低于－0.17 MPa 时，全部通断加热器自动接通使压力回升，当补偿压差回升到－0.1 MPa 时，通断加热器自动断开。

当补偿压差在－0.1～＋0.1 MPa 之间时，比例加热器按线性函数调节；当补偿压差大于＋0.1 MPa 时，比例加热器自动断开。

2) 压力控制器输出信号　补偿压差，通过函数发生器调节喷淋阀的开度。当补偿压差达到＋0.17 MPa 时，喷淋阀自动打开；当补偿压差在＋0.17～＋0.52 MPa 之间时，阀门开

度按线性调节;当补偿压差大于+0.52 MPa 时,两喷淋阀全开。

(3) 压力控制执行机构

稳压器的压力调节的执行器件是比例加热器、通断加热器和喷淋阀。

1) 比例加热器的控制　比例加热器按照图 6-9 所示的补偿压差($p-p_{ref}$)信号,进行线性调节。当稳压器的水位低于 14%的额定水位时,切除比例加热器的电源,以防加热器裸露在蒸汽空间而烧毁,也防止稳压器烧干。

2) 通断加热器的控制　通断加热器可以手动控制,也可自动控制。在控制室设有按钮和开关,用于控制其接通和断开。将加热器置“手动”即可用开关投入电加热器;置“自动”时,如果稳压器压力降低到使补偿压差小于-0.17 MPa 时,通断加热器自动启动;当补偿压差($p-p_{ref}$)大于-0.1 MPa 时,通断加热器自动关闭。当稳压器水位比整定值高 5%,加热器也自动启动。当稳压器水位降低到 14%额定水位以下时,全部通断加热器自动切除。

3) 喷淋阀的控制　两只喷淋阀均为气动阀,控制逻辑相同。在控制室为每只喷淋阀都设置了“自动/手动”转换控制器,使操纵员能够选择手动还是自动来控制它。当把喷淋阀置于“自动”,0.17 MPa$<p-p_{ref}<$0.52 MPa 时,根据($p-p_{ref}$)的大小来线性地改变喷淋阀的开度,实现降低压力的作用。

4) 喷淋阀的极化控制　当核电厂在下述两种情况下,应启动喷淋阀的极化控制:

① 通过稀释或加硼对反应堆冷却剂回路的硼浓度进行调整;

② 汽轮机以一个较为显著的倾斜系数数值升负荷运行。

所谓喷淋阀极化运行是指:先投入两组通断加热器,10 s 以后再将喷淋阀开大到一个预定的开度(22%),如果模拟调节通道要求的开度比这个预定开度大,则喷淋阀的开度仍由模拟调节通道决定。极化运行有助于稳压器的硼浓度与回路中均匀一致,并能避免主回路中的冷却剂通过波动管倒流到稳压器,减少变负荷时对波动管和稳压器底部的热冲击。

极化运行可用设置在控制台的一个开关启动,启动的条件是稳压器的压力和水位均正常,稳压器的压力控制置于自动,两个喷淋阀和两个参与极化控制的通断加热器均置于自动。

6.2.1.2 稳压器压力保护信号及联锁信号

(1) 卸压阀动作

当稳压器压力超过 16.1 MPa 时,会自动打开卸压阀,把稳压器内的水汽向卸压箱排放,以使压力下降到正常运行范围。

两个卸压阀的每一个都有与它们有关的联锁。通过这种联锁达到只要稳压器压力降到 16.10 MPa 或更低的水平时就禁止两个阀动作的目的。设置这种联锁,是为了防止由于压力变送器或控制系统发生故障而造成反应堆冷却剂系统的减压。由于有四个压力变送器,两个压力变送器的信号分别用于触发卸压阀动作,而另外两个用于联锁。使卸压阀发动作的变送器决不会同时提供该卸压阀的联锁。

(2) 高压事故保护停堆

当三台压力测量仪表有任意两台给出压力高于 16.44 MPa 时,会自动触发停堆,为反应堆冷却剂压力边界提供保护。此压力高保护信号不能被闭锁。

(3) 安全阀动作

当稳压器压力达到或超过 17.13 MPa 时，会打开安全阀，为反应堆冷却剂压力高提供最后一道保护。

(4) 低压事故保护停堆

当三台压力测量仪表有任意两台给出压力低于 13.58 MPa 时，会自动触发停堆。低压事故保护停堆仅在反应堆或汽轮机功率高于 10%FP 时才有效。

(5) 超温 ΔT 事故保护停堆

反应堆冷却剂系统的每个环路都有独立的超温 ΔT 计算器。稳压器的每个压力变送器向每个环路的超温ΔT计算器提供压力信号，以便用来计算 ΔT 事故保护停堆整定值。超温 ΔT 事故保护停堆能防止偏离泡核沸腾。在关于偏离泡核沸腾的计算中，压力是一个主要因素。

(6) 专设安全设施动作

利用三个稳压器压力变送器来产生触发专设安全设施的失水保护动作信号。三个压力测量信号中有任意两个给出压力达到 12.89 MPa 或低于此数值的压力时，就会发出专设安全设施动作信号。当反应堆正常降压压力达到13.58 MPa以下时，可以手动闭锁这种由于压力低而触发“专设”的动作信号，进行正常减压；而当压力高于13.58 MPa时，这种信号闭锁自动解除。

6.2.2 稳压器水位控制

反应堆功率运行时，随着功率的改变，一回路平均温度在 291.4～310 ℃之间变化。一回路平均温度的变化会引起一回路水体积变化，所以稳压器水位也随之变化。但稳压器水位不能太高或太低，太高可能使压力调节失效(无汽腔或汽腔太小)，过低会使电加热器裸露在蒸汽空间而烧毁。稳压器水位调节系统的功能就是将稳压器水位维持在随一回路平均温度变化的整定值附近，从而使稳压器能完成其维持反应堆冷却剂压力的主要功能。

6.2.2.1 水位控制系统工作原理

稳压器水位控制是通过调节经过化学和容积控制系统的下泄管道排放冷却剂系统的水和通过上充泵进入冷却剂系统的水之间的平衡保持的。压水堆核电厂多采用恒定的下泄流量，而改变上充水流量来进行稳压器水位控制。图6-10表示稳压器水位控制系统原理，它包括水位定值、水位测量、水位控制及水位报警与保护信号等几部分。

(1) 稳压器水位定值

稳压器水位整定值的设定基础是保持反应堆冷却剂系统中适当的水装量，以便在功率变化时最大限度地减少反应堆冷却剂系统的排放或补给的流体体积，从而减少硼回收系统和废液处理系统的负担。由于功率增加时反应堆冷却剂的平均温度随之增加，而温度增加又引起水的体积膨胀，因而稳压器水位整定值是随功率变化的。图 6-11 给出某核电厂稳压器水位定值随反应堆冷却剂平均温度变化的函数关系。图中 291.1 ℃和 310 ℃分别对应于零负荷和满负荷，在这两端各有一条延伸线，是为了保证在热停堆或满功率时，发生冷却剂过冷或过热瞬态时的调节余量。

稳压器的液位控制使其液位维持在设定值，实质上是对冷却剂系统冷却剂装载容积的控制。

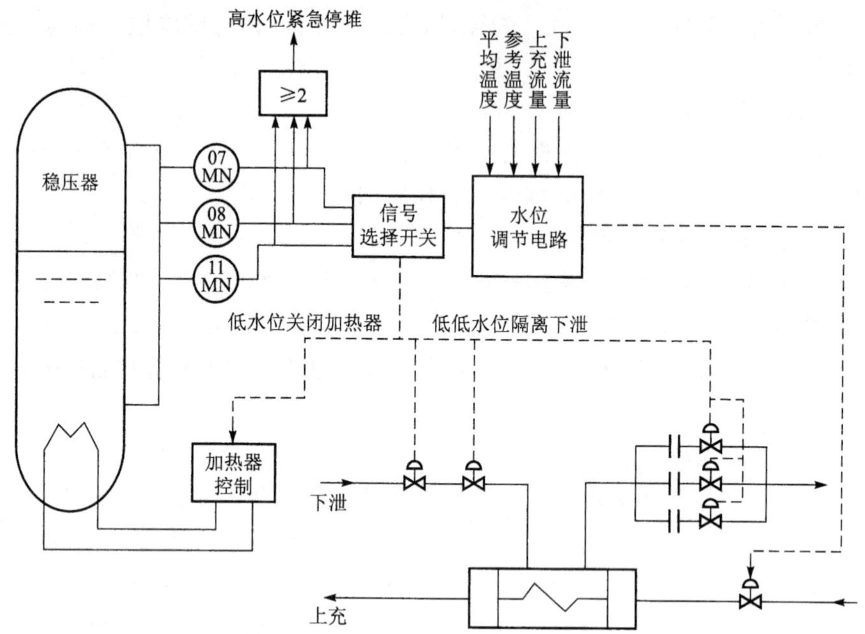

图 6-10 稳压器水位控制系统原理框图

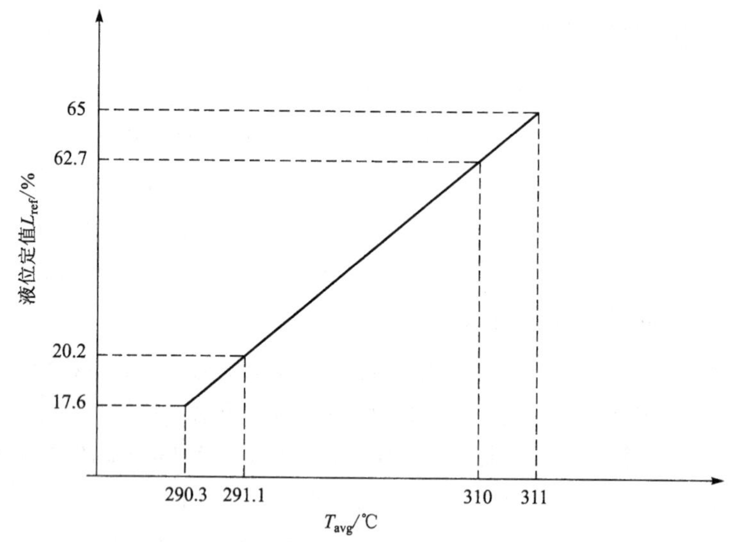

图 6-11 稳压器水位定值与冷却剂平均温度关系

液位的设定值是冷却剂的定值温度(T_{ref})和平均温度(T_{avg})的函数,即反应堆功率的函数,可用下式表示:

$$L_{ref} = L_{ref0} + 2.28(T_{avg} - T_{avg0}) - 0.43(T_{ref} - T_{avg}) \tag{6-2}$$

式中:

L_{ref}——T_{avg}温度时的定值液位;

T_{ref0}——T_{avg0}温度时的定值液位;

T_{avg0}——零负荷功率时的冷却剂温度(291.4 ℃)。

为了确定液位的定值,要用冷却剂的平均温度 T_{avg}。几个环路的 T_{avg} 取其中最大值来确定稳压器的液位定值。

（2）稳压器水位测量

在稳压器上设置四台差压变送器来测量稳压器的水位。其中三个水位变送器是按正常运行温度标定的，用于控制和保护两种功能。余下的一个变送器是按冷停堆工况标定的，仅在启动期间建立稳压器蒸汽空间时用于指示，这种变送器不用于控制和保护功能。稳压器水位测量原理如图 6-12 所示，采用差压式变送器来测液位，这些变送器的输出是相应于 0～100％水位的 4～20 mA 的电流信号。设有一个选择器开关以便在功率运行时从三个变送器中选择两个，其中一个能用于水位控制、下泄隔离和加热器断开，而另一个能够用来进行后备下泄隔离和加热器断开。

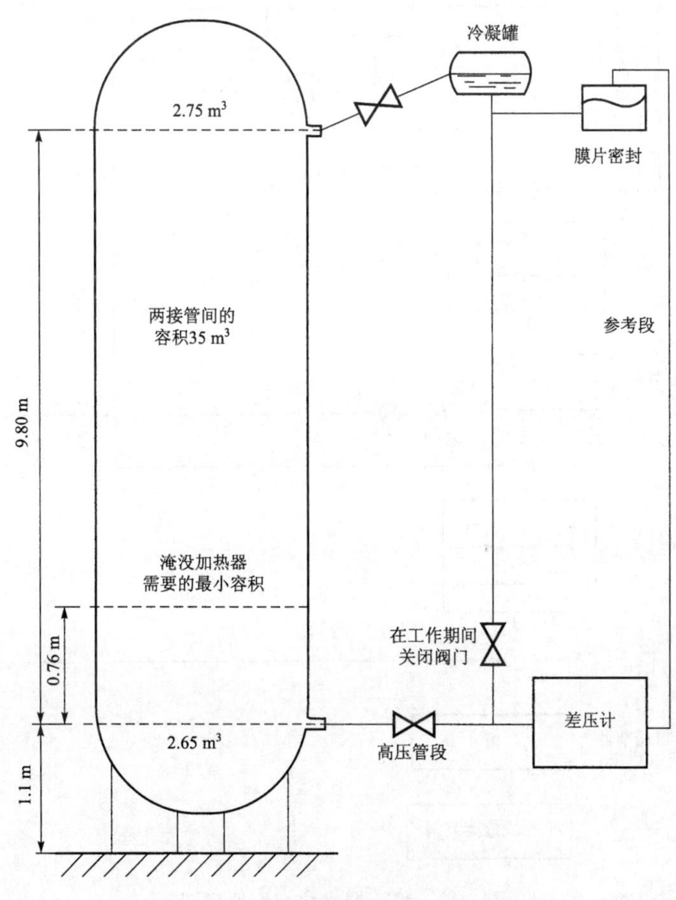

图 6-12　稳压器水位测量原理框图

（3）稳压器水位控制

通过改变上充水的流量来实现稳压器的水位控制。水位控制的执行机构是上充水流量调节阀，通过控制调节阀的开度来改变上充水的流量，从而实现稳压器的水位控制，其控制原理如图 6-13 所示。

此控制系统是一个串级闭环控制器。它的被调量是稳压器水位，调节量是上充水流量，干扰量是二回路负荷和下泄流量，执行机构是上充水流量调节阀。

主控制器是液位控制器，副控制器是上充流量控制器。主控制器是比例积分型(PI)，其

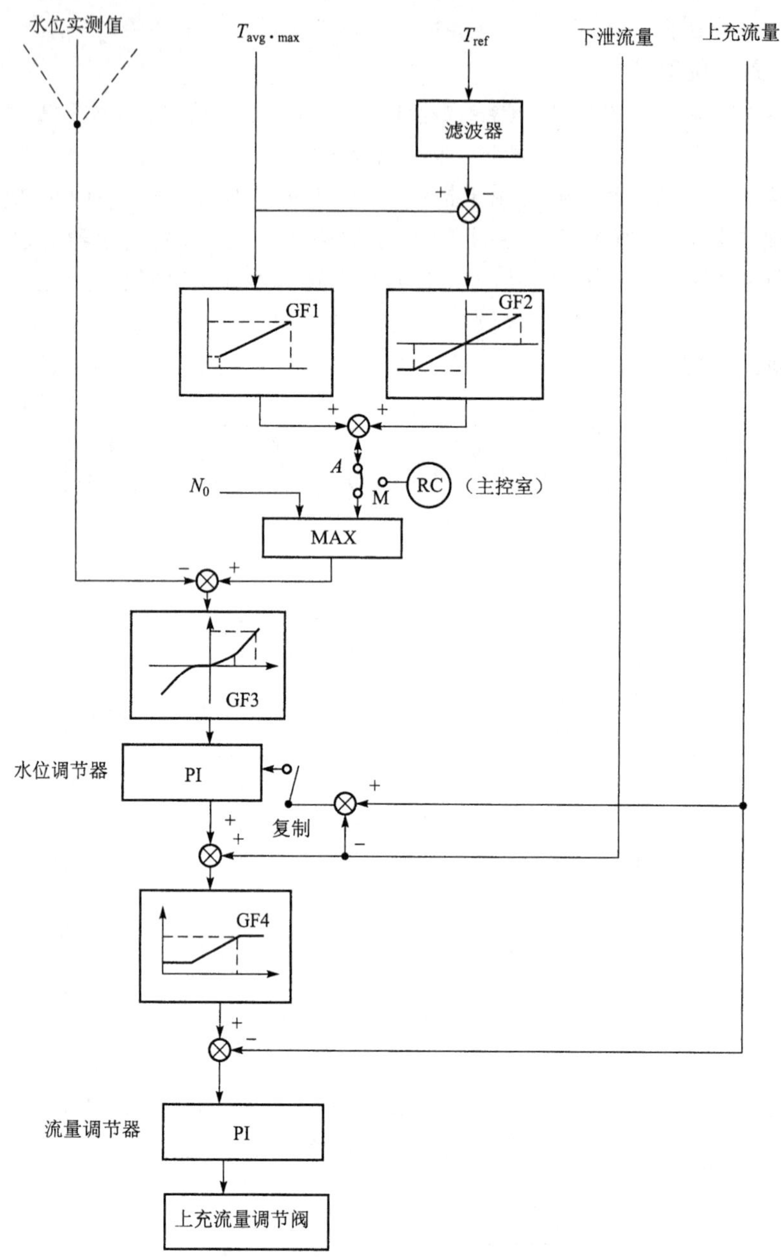

图 6-13 稳压器水位控制原理图

输入信号是液位测量信号(L)和液位定值信号(L_{ref})，(L_{ref})是由冷却剂的最大平均温度($T_{avg \cdot max}$)和定值温度(T_{ref})经函数单元 GF1 和 GF2 处理后提供的。函数单元 GF1 根据 $T_{avg \cdot max}$产生水位整定值。函数单元 GF2 根据($T_{avg}-T_{ref}$)的差值，产生前馈信号，对水位整定值进行修正，($T_{avg}-T_{ref}$)的差值反映了水位的变化趋势。函数单元 GF3 是非线性增益环节，在兼顾调节的稳定性前提下用来提高水位调节器的响应速度。当水位偏差信号较小时，它增益小，减少上充阀频繁动作，保证系统的稳定性；当水位偏差信号大时，它的增益也相应变大，提高系统的响应速度。函数单元 GF4 用来将水位的偏差信号再加上下泄流量变换成上充流量的定值信号，此流量定值与上充流量实测值进行比较后得出流量偏差，此偏差经流量调节器(PI)给出上充流量调节阀的调节信号。

6.2.2.2　稳压器水位异常的报警及保护信号

快速瞬态负荷变化会造成稳压器水位不平衡，需要改变上充水流量。在水位程序中必须考虑到水位的最大值和最小值，以防止发生：在事故保护停堆后稳压器出现排空状态或汽轮机从 100％FP 保护停车而未发生事故保护停堆时稳压器出现充满水状态。

在稳态工况下，在稳压器内保持着稳定的饱和蒸汽-水界面。

一般来说，在瞬态工况下，从稳压器涌出水会造成系统压力下降，向稳压器涌入水会导致系统压力增加。但是，向稳压器内涌入的水量足够大时，由于涌入水比稳压器内原有水温度低，最后会导致系统压力降低。因此，如果稳压器的水位增加到比程序定值水位整定值高出 5％时，该控制系统将自动地使通断加热器通电，尽量补偿上述效应。在负荷阶跃减小时可观察到这种效应。在这种情况下，开始向内涌水，接着向外大量涌水，而造成压力减小。所以，把水位高出其定值水位的 5％这一偏差值作为限制由于负荷减小而造成的压力下降的预警信号。

稳压器水位异常报警及保护值如图 6-14 所示。

1）水位高触发紧急停堆　当水位变送器三取二检测到稳压器水位达到 86％或更高的程度时，产生事故保护停堆信号。然而，这种停堆仅在反应堆功率或汽轮机功率达到 10％FP 或更高时才起作用。

2）当实际水位 $L\geqslant 70\%$水位时，予以报警。

3）当水位比定值高出 5％时，发出报警信号，并自动投入通断加热器，以防压力下降太大，尽快恢复压力到额定值附近。

4）当水位比定值低 5％时，发出报警信号。

5）当水位低于 14％额定水位时，自动断开全部加热器电源，并发出报警。

6）当水位低于 10％额定水位时，自动隔离下泄管线和下泄孔板，并发出报警。

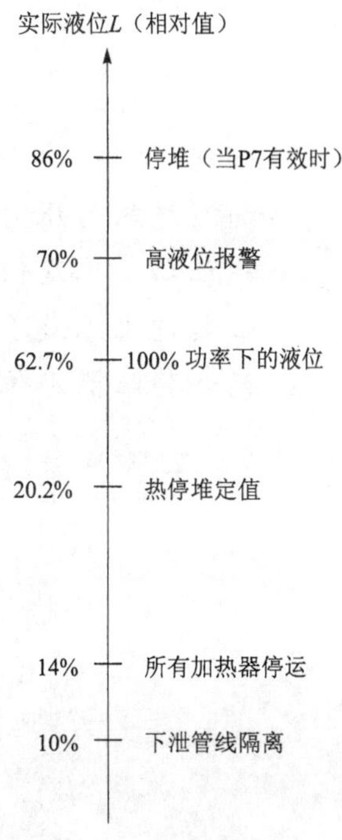

图 6-14　稳压器水位异常报警及保护值

综上所述，稳压器水位调节系统的各种参数如表 6-1 所示。

表 6-1　稳压器水位调节系统的各种参数

名　称	稳压器水位调节系统
被调节量	稳压器水位
调节量(校止量)	上充流量
扰动量	二回路负荷、下泄流量
调节(执行)机构	上充流量调节阀
水位调节器类型	PI
流量调节器类型	PI

6.3 冷却剂环路流量控制

冷却剂每个环路设置一台主泵。当给泵供电，则泵以额定转速运行，使每个环路的流量保持额定流量不变。

总之，由于一次冷却剂在核电厂运行中的重要性，所以对它各种参数的监测和控制对于核电厂的安全有效运行非常重要。对压水堆核电厂，一般情况下，流量是恒定的，冷却剂的温度随核电厂的功率线性变化(由温度调节棒控制系统实现对一次冷却剂温度的调节控制)。冷却剂的压力由稳压器压力控制系统调节，冷却剂的装载量由稳压器水位控制系统调节。

复习题

1. 如何监测一次冷却剂环路的温度？监测的环路温度有何作用？
2. 简述稳压器压力控制系统的功能及原理。
3. 稳压器水位定值 L_{ref} 与一次冷却剂的平均温度 T_{avg} 关系如何？稳压器水位超过上限或下限，控制系统如何响应？
4. 简述稳压器水位控制系统的功能及原理。

第 7 章 二回路过程参数的控制

核电厂的二回路是动力转换系统，它把反应堆产生的热量转换为所需的电能。二回路系统主要由汽回路和水回路组成。另外，为了保证主要系统正常运行，还有一些辅助系统，如油系统、辅助冷却水系统、空气系统等等。不同的核电厂二回路系统虽不完全相同，但基本功能结构是类似的，图 7-1 表示某核电厂的二回路热力系统的组成原理及主要运行参数。

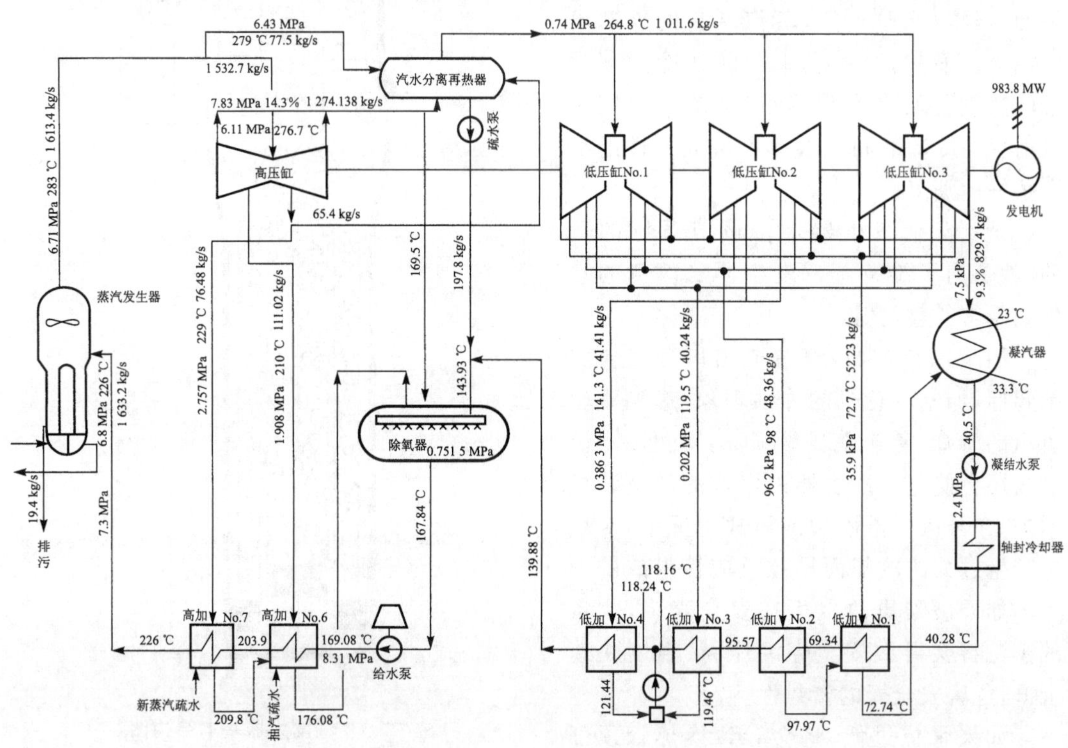

图 7-1 某压水堆核电厂二回路热力系统原理框图

二回路的过程参数监测和控制是比较多的。除汽轮机控制调节和发电机控制外，二回路的主要控制系统包括：

1）蒸汽发生器水位及给水泵泵速控制系统；

2）蒸汽旁排控制系统；

3）汽水分离再加热控制系统；

4）冷凝器水位控制系统；

5）凝结水再循环流量控制系统；

6）除氧器水位和压力控制系统；

7）加热器的水位控制系统等。

本章主要介绍蒸汽发生器的水位控制、给水泵速控制及蒸汽旁排的控制。

7.1 蒸汽发生器水位控制系统

蒸汽发生器把核电厂的核岛和常规岛紧密的联系在一起，它把反应堆产生的热量转换成推动汽轮机做功的蒸汽，它的基本结构如图 7-2 所示。

反应堆冷却剂从它的下部入口进入，经 U 型管束，再从它的下部出口流出；给水从它的上部入口进入，经管束围板外环隙向下流进管束外空间，形成汽水混合物自下而上经汽水分离后，蒸汽从它的顶部出口流出。显然，蒸汽发生器既把冷却剂携带的热量传给水产生蒸汽，又使一次侧带放射性的冷却剂和二次侧不带放射性的给水很好地隔离。

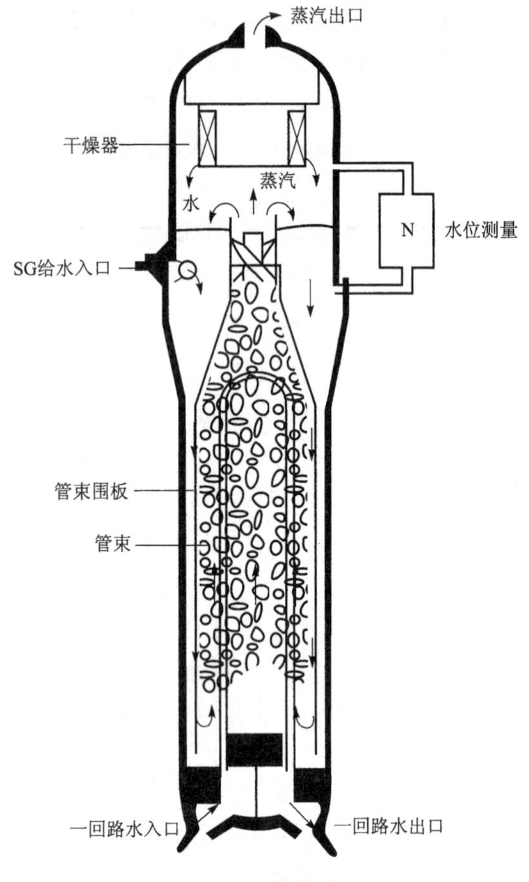

图 7-2 蒸汽发生器基本结构图

设置蒸汽发生器水位调节系统的目的，就是为了维持蒸汽发生器二次侧的水位在需求的整定值上。

如果水位过高，将造成出口蒸汽含水量超标，加剧汽轮机的冲蚀现象，影响汽轮机组的寿命，甚至使机组损坏。而且，水位过高还会使蒸汽发生器内水位的质量装量增加，在蒸汽管道破裂的事故工况下，对堆芯产生过大的冷却而导致反应性事故的发生。如果破裂事故发生在安全壳内，大量的蒸汽将会导致安全壳的压力、温度快速上升，危害安全壳的密封性。

如果水位过低，将会导致换热管顶部裸露，影响堆芯热量的导出。因此，蒸汽发生器水位控制系统的基本功能是：

1）通过控制给水阀和给水泵，使蒸汽发生器的水位满足运行工况的要求；

2）监测蒸汽发生器的水位，当水位出现异常达到报警定值时予以报警或触发停堆。

7.1.1 过渡过程中影响蒸汽发生器水位的因素

（1）负荷变化对蒸汽发生器水位的影响

在负荷变化期间，蒸汽流量和水位都会发生变化。负荷增加时，蒸汽流量将增加；蒸汽流量增加本身会使给水流量增加。但是，负荷增加会造成水位“膨胀”，膨胀本身会使给水流量减少。“膨胀”效应只是暂时的，为此实际水位信号要经过一延迟装置。该装置在“膨胀期间”使实际水位偏差信号延迟，使蒸汽流量-给水流量偏差信号能够增加给水流量，在“膨胀”消除、实际水位信号通过延迟装置之后，该水位偏差信号将占主导地位，使水位回到程序定值水位。负荷减少，将引起给水流量减小，以维持定值水位。

(2) 蒸汽流量突然增加对蒸汽发生器水位的影响

蒸汽流量的突然增加，导致蒸汽发生器内压力快速下降，此时由于“膨胀”水位将升高。此过渡过程结束后，由于蒸汽流量大于给水流量，最终导致水位下降。

(3) 蒸汽流量突然减小对蒸汽发生器水位的影响

蒸汽流量的突然减小，使蒸汽发生器内压力上升，将导致蒸汽发生器的水位将下降。此过渡过程结束后，由于蒸汽流量小于给水流量，最终导致水位上升。

(4) 给水流量突然增加对蒸汽发生器水位的影响

蒸汽发生器给水流量突然增加，首先是使水位上升，然后水位下降，最终水位上升。这是由于有较多的冷水进入管束，使水、汽两相混合物遇冷收缩，因而使水位降低，但由于给水量增加，最终将导致水位重新上升。水位将随给水和蒸汽流量的偏差的积分增加。

(5) 给水流量突然减小对蒸汽发生器水位的影响

给水流量突然减小，将发生“水位膨胀”现象，使水位先升后降。

(6) 一次冷却剂平均温度变化对蒸汽发生器水位的影响

冷却剂平均温度升高导致向给水传递的热量增加，短期内引起汽水混合物增加而水位上升，长期内因更多蒸汽的生成而水位下降。

(7) 给水温度变化对蒸汽发生器水位的影响

给水温度降低使下降通道中水的过冷度增加，在上升通道中沸腾区减小，沸腾减弱，含汽量减小，导致两相流流动加速，水位下降。另外，由于沸腾区减小，含汽量减小(即蒸汽流量降低)，使带入再循环的水量也减小，也使水位降低。

通过上述分析，确定了在不同负荷水平蒸汽发生器水位(L)对给水流量(F_w)和蒸汽流量(F_g)的响应的传递函数(水位用%表示，流量用 kg/s 表示)：

$$L=\frac{G_1}{p}(F_w-F_g)+\frac{G_2}{1+\tau p}F_g-\frac{G_3(1+\beta\tau p)}{\tau^2 p^2+2\in\cdot\tau\cdot p+1}F_w \tag{7-1}$$

式中的系数如表 7-1 所示。

表 7-1　传递函数系数

负荷水平	G_1	G_2	G_3	τ_0	τ	$\in$	β
10%FP	0.003 1	0.402	0.166	10	19.7	0.65	−0.08
20%FP	0.003 5	0.339	0.207	10.4	12.5	1.60	0.44
50%FP	0.003 5	0.188	0.055	6.4	13.3	0.62	0.20
100%FP	0.003 5	0.131	0.028	4.7	6.6	1.68	0.20

由此可知，低负荷时水位较难控制；在 50%FP 以上给水流量的传递函数的系数变化不大，控制较为容易。

7.1.2　蒸汽发生器水位控制系统的基本组成及工作原理

蒸汽发生器的水位控制是通过控制给水流量控制阀的开度和给水泵的转速来实现的。整个控制系统包括测量仪表、执行器、控制器及报警信号输出等几大部分。

图 7-3 表示蒸汽发生器水位控制系统的基本原理结构。

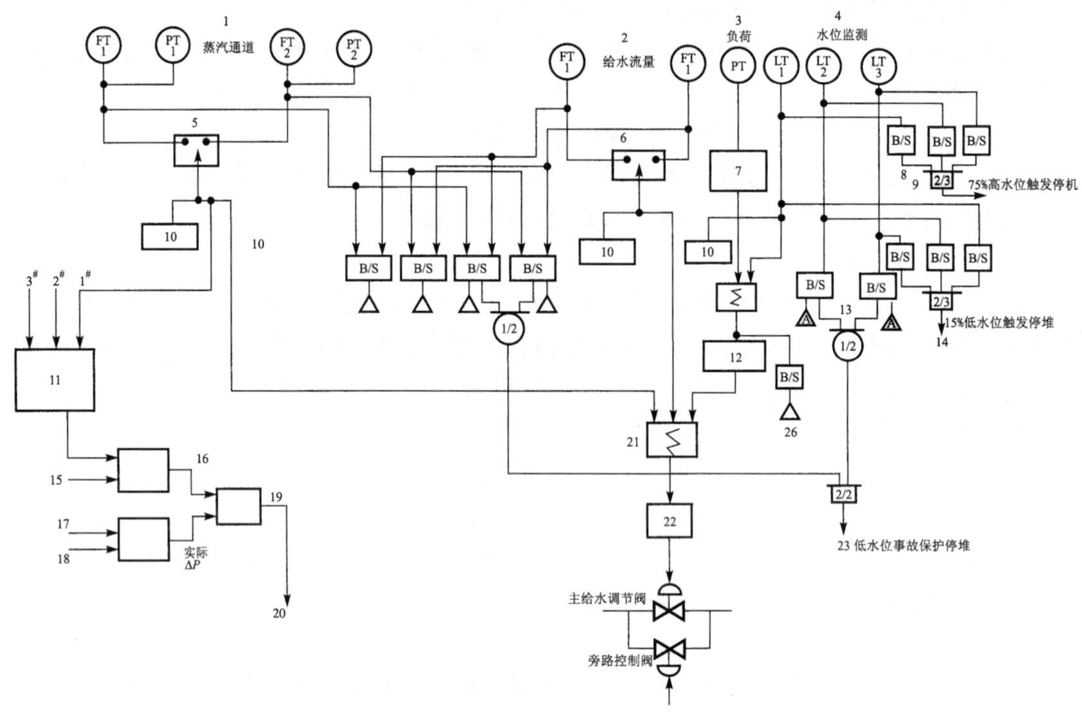

图 7-3 蒸汽发生器水位控制系统原理结构图

FT—流量变送器；PT—压力变送器；LT—水位变送器；1—蒸汽流量通道；2—给水流量通道；3—负荷；4—水位通道；5—选择器开关；6—选择器开关；7—水位程序；8 和 9—75%水位汽轮机事故保护停车；10—记录仪；11—蒸汽流量累加器；12—“水位差——流量”变换器；13—25%水位；14—15%水位事故保护停堆；15—无负荷 ΔP；16—程序 ΔP；17—蒸汽压力；18—给水压力；19—ΔP 偏差；20—泵速信号；21—给水阀控制器；22—自动/手动；23—低水位事故保护停堆

7.1.2.1 测量仪表

(1) 蒸汽发生器水位测量

在每个蒸汽发生器上设置三个(或四个)窄量程差压式液位计和一个宽量程液位计来测量蒸汽发生器的水位。前者测量的水位信号用于控制和保护，而后者测量的水位信号用于显示。

(2) 蒸汽流量测量

每台蒸汽发生器设置两套蒸汽流量测量装置，它们具有压力补偿 。所测量的蒸汽流量(F_g)信号用于蒸汽发生器的水位控制系统、专用安全设施控制系统和反应堆保护系统的输入。

(3) 给水流量测量

用文丘里管来测量蒸汽发生器的给水流量。每条给水管路都装有一个文丘里管，通过测量其上游和管嘴间的压差来测量给水流量(F_W)。每个文丘里管配装三台(或四台)差压变送器，输出的流量信号用于保护、蒸汽发生器水位调节和 ATWT 系统。

(4) 蒸汽压力测量

在每条蒸汽发生器蒸汽管线上，都设有三个压力变送器来测量蒸汽压力。两个蒸汽压力通道用来补偿两个蒸汽流量通道的测量，一个蒸汽压力通道被用来控制大气释放阀的打开(蒸汽发生器卸压阀)。三个通道输出的压力信号都用于对专设安全设施动作系统的输入。

在公用蒸汽集管上,设置一台压力变送器,所测的压力信号用于按照压力模式的蒸汽排放控制和给水泵泵速控制。

(5) 给水压力测量

在公用给水集管上设置一台压力变送器来测量给水压力,它用于给水泵的泵速控制。

(6) 给水温度测量

测量每台蒸汽发生器的给水温度,用于补偿给水流量调节。

7.1.2.2　水位控制系统的执行器

蒸汽发生器水位控制的执行器是给水调节阀和给水泵。

(1) 给水调节阀控制

每台蒸汽发生器的给水管设置一台旁路控制阀和一台主控制阀。旁通控制阀用于15%FP以下的低负荷状态时的流量调节,大于此负荷时阀门保持全开;主控制阀用于高于15%FP负荷状态下的流量调节。

控制阀采用气动控制阀,流量/开度特性为线性,全行程时间为 10 s,快速关闭动作时间为 1～5 s 内可调,每个气动控制阀装有两个电磁阀,分别接受来自保护系统 A、B 系列的信号,任何一个信号至少能使一个电磁阀断电而使控制阀关闭。

(2) 给水泵控制

蒸汽发生器的给水泵受泵速控制器的控制,以调节泵的转速。

7.1.2.3　水位控制系统的控制器

(1) 给水调节阀控制

在 0～100%的负荷范围内,可以实现给水流量的自动和手动控制。控制分低负荷(0～15%FP)和高负荷(15%FP～100%FP)两个控制回路,它们之间根据负荷的大小可自动或手动切换。

1) 高负荷(15%FP～100%FP)时控制回路　高负荷时水位控制系统是一个三元控制系统,其控制原理如图 7-4 所示。三个输入量是蒸汽发生器的液位,蒸汽流量和给水流量。主控制器是 PID 功能模件,它接收经给水温度修正的蒸汽发生器液位整定值和测量值的偏差信号,输出作为副控制器的定值信号。副控制器是 PI 功能模件,它接收蒸汽和给水流量的偏差信号、定值信号,输出主给水控制阀的动作信号。在高负荷控制回路工作期间,由于负荷大于 15%FP,旁路给水控制阀是全开的。

① 水位整定值:蒸汽发生器的水位整定值随蒸汽总负荷变化,其关系如图 7-5 所示。

负荷是指蒸汽发生器的总的蒸汽负荷,它包括三部分:

——以汽轮机高压缸进气压力为代表的汽轮机进气流量;

——ADG(给水除氧器系统)调节信号代表的进入 ADG 的蒸汽流量;

——冷凝器旁路排放系统的调节信号代表的排往冷凝器的蒸汽流量。

这三部分进汽流量之和代表着二回路的总的蒸汽负荷。为了消除带厂用电运行方式的瞬态影响,设置了一个 30 s 延时的滤波环节,以维持该瞬态初期时水位定值不变。

在低负荷时,蒸汽发生器的蒸汽压力高,水的密度大,确定较低的水位定值是为了保持

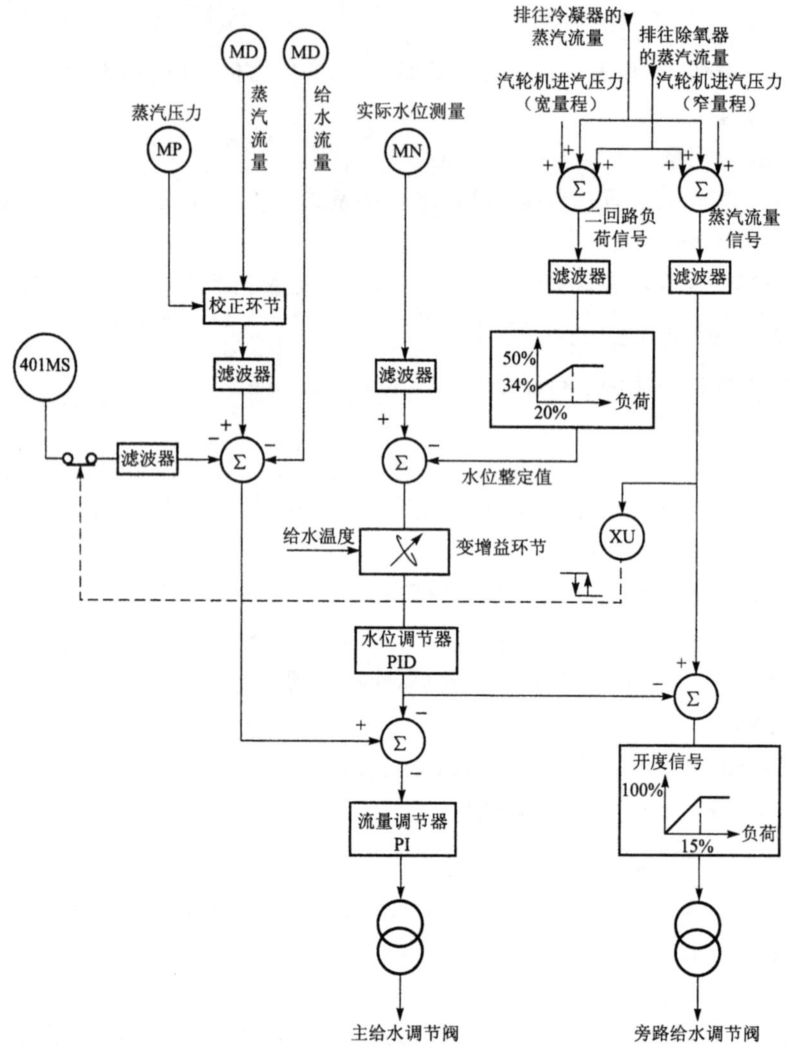

图 7-4 给水调节阀控制原理图

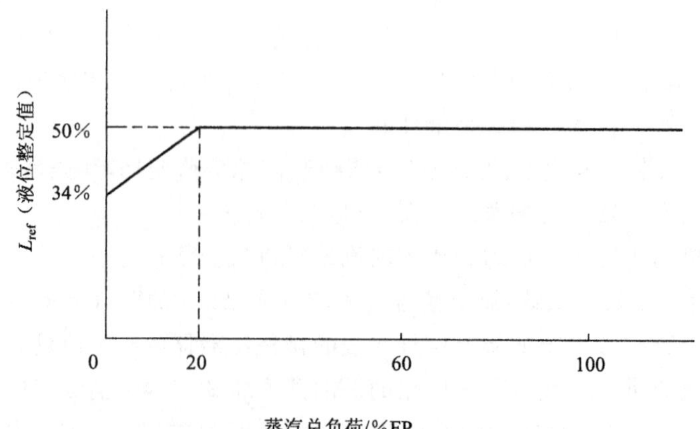

图 7-5 蒸汽发生器水位整定值与蒸汽总负荷的关系

蒸汽发生器中的水装量较小，以防止在主蒸汽管道破裂时，向安全壳释放更多的能量，造成安全壳破坏。

在 20%FP 以下，水位定值随负荷增加而提高。这是因为在负荷减小时，由于蒸汽发生器中汽泡数目减少，使蒸汽发生器中水的密度增加，为了防止水位下降到低水位保护动作值，因此让水位随负荷增加而线性增加。

在 20%FP～100%FP 时，水位定值维持在 50%水位不变。因为随着负荷的增加，蒸汽发生器中汽泡增加，这就降低了蒸汽发生器中水的密度，提高了比容。这时如果不减少蒸汽发生器中水的质量，其水位将会升高到淹没二级汽水分离器，达到不可接受的程度。所以为了保持蒸汽发生器出口蒸汽的干度，在 20%FP～100%FP 时，水位控制系统将水位维持在 50%恒定。

② 给水温度变化补偿(变增益环节)：每台蒸汽发生器设有一台给水温度测量装置。取三个环路中蒸汽发生器给水温度测量值中的最大值参与水位控制补偿。把此给水温度输入变增益环节，使增益随温度变化，如图 7-6 所示。

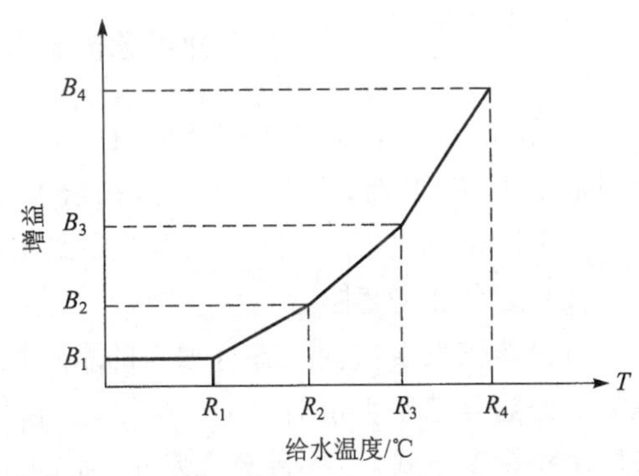

图 7-6　控制回路增益与给水温度的关系

由于给水温度随负荷增加而变高，所以该函数关系实质上反映了增益值随负荷的变化。控制系统将水位偏差信号乘以一个随温度升高而增大的系数。在低负荷时，给水温度低，增益系数小，可使水位调节过程稳定，从而避免调节机构的频繁动作。而在高负荷时给水温度高，增益系数大，使水位调节过程更为灵敏。

③ 开环调节通道：在开环调节回路中，实测给水流量与经过校正后的蒸汽流量相比较，给出汽水失配信号。该信号与水位调节器输出信号在加法器中求和后，被送到流量调节器中。采用汽水失配信号反映水位变化的趋势比水位偏差信号更为灵敏，这是一种前馈，提高了给水流量调节的速度。

考虑到蒸汽密度 ρ 随压力变化而变化，因此在蒸汽流量测量中要考虑 ρ 的变化，即测量的流量是蒸汽质量流量。

④ 闭环调节通道：闭环调节通道的水位调节器产生的给水流量信号与开环调节通道产生的汽/水失配信号叠加后作为流量调节器的输入信号，后者输出对应主给水调节阀的开度信号，控制调节阀的执行机构用以调节阀门的开度，从而改变给水流量以控制蒸汽发生器的水位。

2) 低负荷($P<15\%$FP)时控制回路　设置低负荷控制回路的必要性在于：流量测量采用压差测量，低负荷时流量测量不精确，信噪比过小；主给水控制阀可能运行在微小的开度位置，会引起过度磨损。因此在低负荷时，通过调节旁路给水阀来控制给水流量，从而控制蒸汽发生器水位。

低负荷控制回路是一个单参数控制回路。由主控制器的输出信号直接动作旁路给水控制阀。用总的蒸汽流量信号与主控制器的输出信号相加，再转换为旁路给水流量控制阀的开度信号去控制旁路给水流量控制阀。旁路控制阀的开度与总蒸汽负荷的关系如图 7-7

所示。

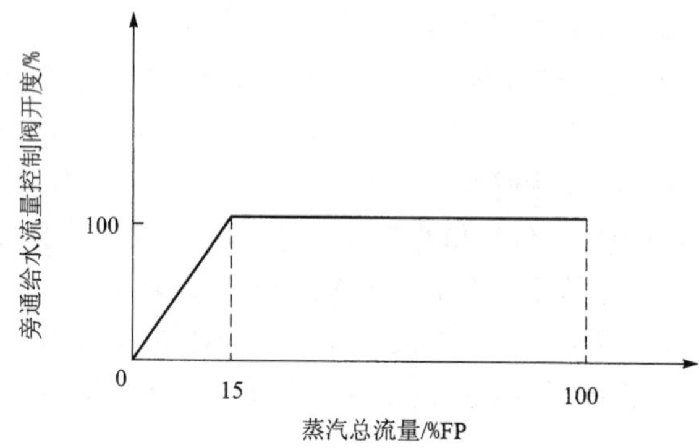

图 7-7 旁路给水流量控制阀开度与总蒸汽负荷的关系

3）低负荷/高负荷控制回路切换　触发切换的信号是经滤波后的总蒸汽负荷信号。当负荷低于15%FP时，产生一个信号在给水流量控制器上，从而使主给水阀关闭。当负荷高于15%FP时，上述信号消失，从而使主给水阀恢复流量控制。

（2）给水泵速度控制

每台蒸汽发生器拥有各自独立的水位调节系统，通过改变调节阀门的开度以改变给水流量从而达到控制水位的目的。但是，三台蒸汽发生器的给水母管是共用的，如果只是单独采用水位调节方式，当一台蒸汽发生器的水位偏离整定值而需要改变给水调节阀的开度以改变给水流量时，将会引起给水母管压力的改变，而此时另外两台蒸汽发生器的给水调节阀开度并没有改变，因而其给水流量因给水母管压力的变化而产生变化，这样，在这两台蒸汽发生器内将出现汽水流量不平衡状况，从而发生了水位的波动。为了避免这种相互的不良影响，避免给水调节阀的频繁动作，改善水位调节系统的工作环境，引入了给水泵转速调节系统，通过调节给水泵的转速使得给水阀的压降在正常范围内（0～100%FP）保持近似恒定，从而优化给水调节阀的工作条件。

给水母管和蒸汽母管的总压降 Δp 由四部分组成：

$$\Delta p = \Delta p_1 + \Delta p_2 + \Delta p_3 + \Delta p_4 \tag{7-2}$$

式中：

Δp_1——给水泵出口和蒸汽发生器给水进口之间的压差，是恒定值；

Δp_2——调节阀压降，应保持恒定；

Δp_3——蒸汽发生器二次侧的压降，随负荷而变；

Δp_4——蒸汽管线和给水管线内的压降，随负荷而变。

图 7-8 表示给水母管和蒸汽母管之间的压差随负荷变化的关系。

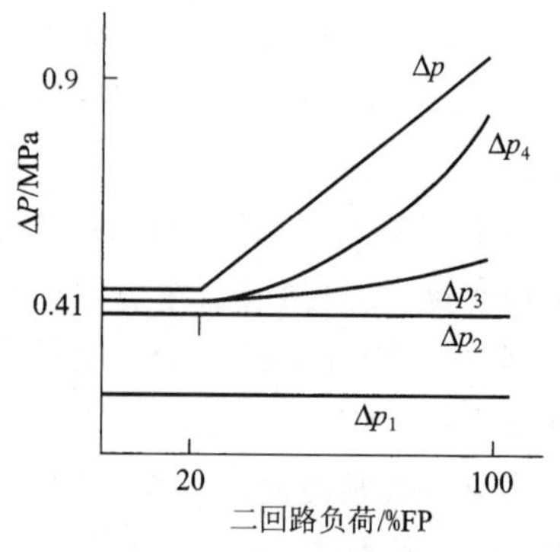

图 7-8 给水母管和蒸汽母管之间的压降

通过调节给水泵的转速，能保证泵的出口压头和流量都随负荷变化而变化。这样不仅能维持给水阀的压降不变，而且能使压头与图 7-8 所示的总压降曲线相吻合，从而排除了三台蒸汽发生器之间单独的流量调节之间的不良耦合。

图 7-9 是给水泵转速调节系统原理简图。三个蒸汽发生器的蒸汽流量的测量值加在一起产生表征总负荷的信号，根据此信号产生程序压降定值 Δp_{ref}（Δp_{ref} 与总负荷的关系用一条折线近似表示），即参考定值。给水母管到蒸汽母管的实测压差与该定值相比较，得出一个偏差信号，根据此偏差（$\Delta p_{ref}-\Delta p_{实测值}$）信号确定给水泵转速定值，泵转速定值与实际泵的转速相比较，用以改变给水泵转速。每台给水泵都配有一台转速调节器。

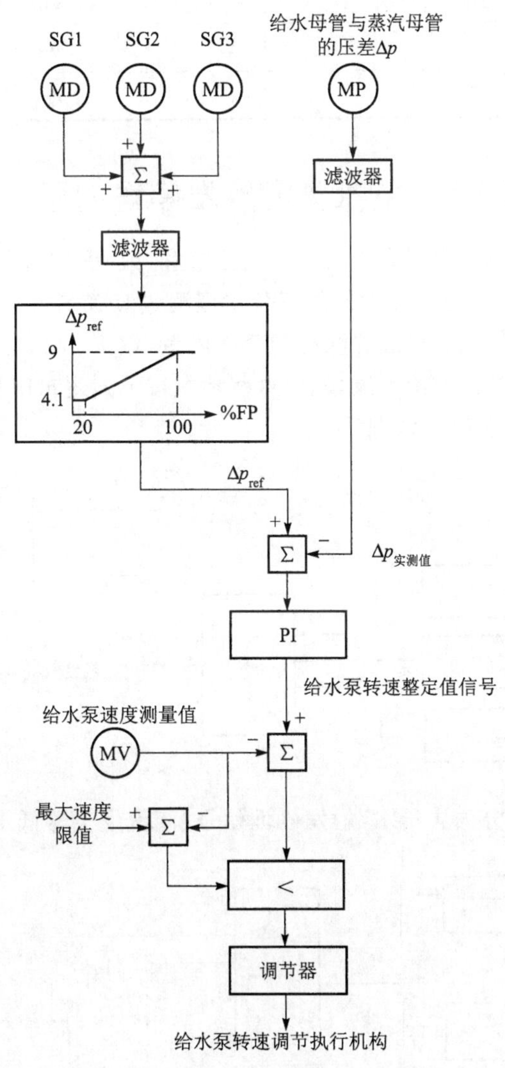

图 7-9　给水泵转速调节系统原理简图

综上所述，每个蒸汽发生器的水位，都是通过一个监测蒸汽流量、给水流量、实际水位和程序定值水位的系统来控制的。通过流量调节阀调节给水流量，来实现蒸汽发生器的水位控制。把该流量调节阀两端的压降程序化，以便使这个阀保持在中间开度范围，实现最佳的调节。通过改变给水泵泵速，调节这个压差。蒸汽发生器水位调节系统的参数如表 7-2 所示。

表 7-2 蒸汽发生器水位调节系统参数

参数名称	蒸汽发生器水位调节系统
蒸汽发生器水位	被调节量
给水流量	调节量(校正量)
蒸汽流量,给水温度	扰动量
给水流量调节阀	调节(执行)机构
PID	水位调节器类型
PI	流量调节器类型

7.1.3 蒸汽发生器水位的报警和触发停堆信号

每台蒸汽发生器的水位出现异常将会给出报警和(或)保护信号。

用 L_1、L_2、L_3 代表每个蒸汽发生器的三套水位测量装置测得的水位值,用 F_{g1}、F_{g2} 代表每个蒸汽发生器的两套蒸汽流量装置测得的蒸汽流量,用 F_{w1} 和 F_{w2} 代表每台蒸汽发生器的两套给水流量测量装置测得的给水流量,则这些参数按下列逻辑组合给出停机或停堆信号:

(1)"蒸汽发生器高水位"保护信号

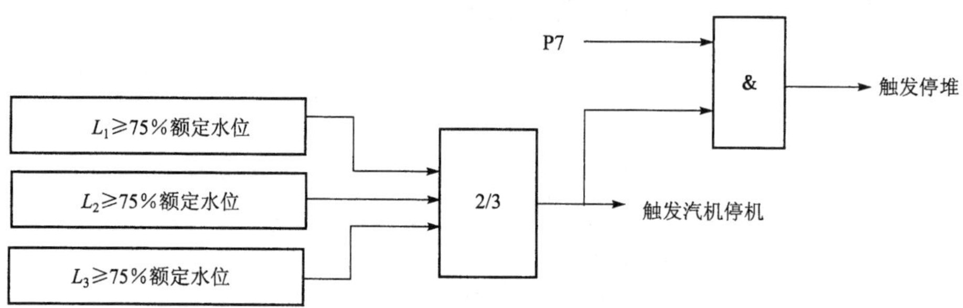

(2)"蒸汽发生器部分失去给水"触发停堆信号(蒸汽发生器低水位)

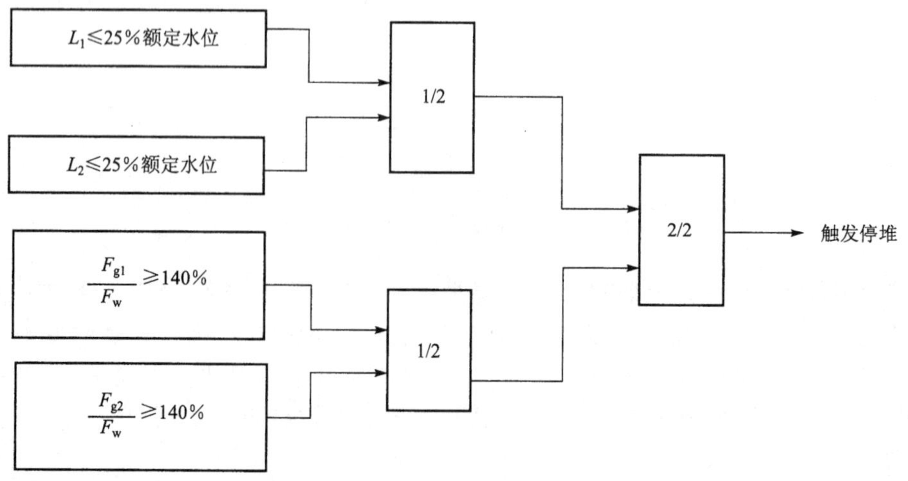

(3)“蒸汽发生器失去给水”触发停堆信号(蒸汽发生器低低水位)

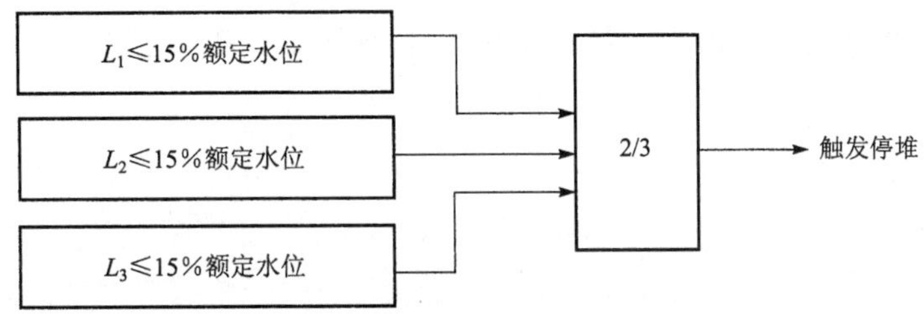

7.2　蒸汽旁排控制系统

核电厂运行时,要求维持一回路和二回路的功率平衡。当汽轮机负荷大幅度快速降低(如甩负荷、汽轮机脱扣等)引起核蒸汽供应系统的温度和压力的瞬态剧变时,利用蒸汽旁排系统(GCT)把多余汽轮机负荷所需的那部分蒸汽排向冷凝器和除氧器或向大气排放,以维持一、二回路的功率平衡,避免核蒸汽供应系统中的温度和压力超过保护限值,确保核电厂的安全。

7.2.1　蒸汽排放系统的功能

蒸汽排放系统由旁路排放系统和向大气排放两部分组成。前者是将超过汽轮机负荷所需要的那部分蒸汽直接导向冷凝器和除氧器,后者是为了在前者不可用的情况下,通过每条蒸汽环路上的大气排放阀将蒸汽排放到大气,以控制蒸汽发生器的压力保持在零负荷值,维持冷却剂的平均温度(T_{avg})接近热停堆值。

(1) 向冷凝器和除氧器排放系统的功能

把蒸汽排放到冷凝器和除氧器的蒸汽旁路排放应具备下列功能:

1) 允许汽轮机突然降负荷而不引起紧急停堆或蒸汽发生器安全阀动作;

2) 允许在某些工况下汽轮机脱扣而反应堆不紧急停堆;

3) 允许反应堆承受超过10%FP的负荷阶跃变化和每分钟超过5%FP的斜率改变负荷;

4) 在紧急停堆期间,防止一回路升温使蒸汽发生器安全阀开启;

5) 使一回路冷却,直至余热排出系统投入运行;

6) 允许在启动汽轮机以前启动反应堆和二回路系统。

7) 由满功率甩负荷至厂用电;

8) 满功率时,汽轮机脱扣。

(2) 向大气排放系统功能

当向冷凝器排放系统不可用时,才使蒸汽向大气排放,以便:

1) 保持一回路平均温度在热停堆值;

2) 使一回路冷却,直至余热排出系统投入;

3) 在瞬态过程中可避免蒸汽发生器安全阀开启。

(3) 安全阀

当蒸汽压力高过安全阀的动作值时,则安全阀开启,排放蒸汽,以保证核电厂的安全。

7.2.2 蒸汽旁排系统的基本组成

蒸汽旁路排放系统一般由向冷凝器排放、向除氧器排放和向大气排放组成。其基本原理如图 7-10 所示。

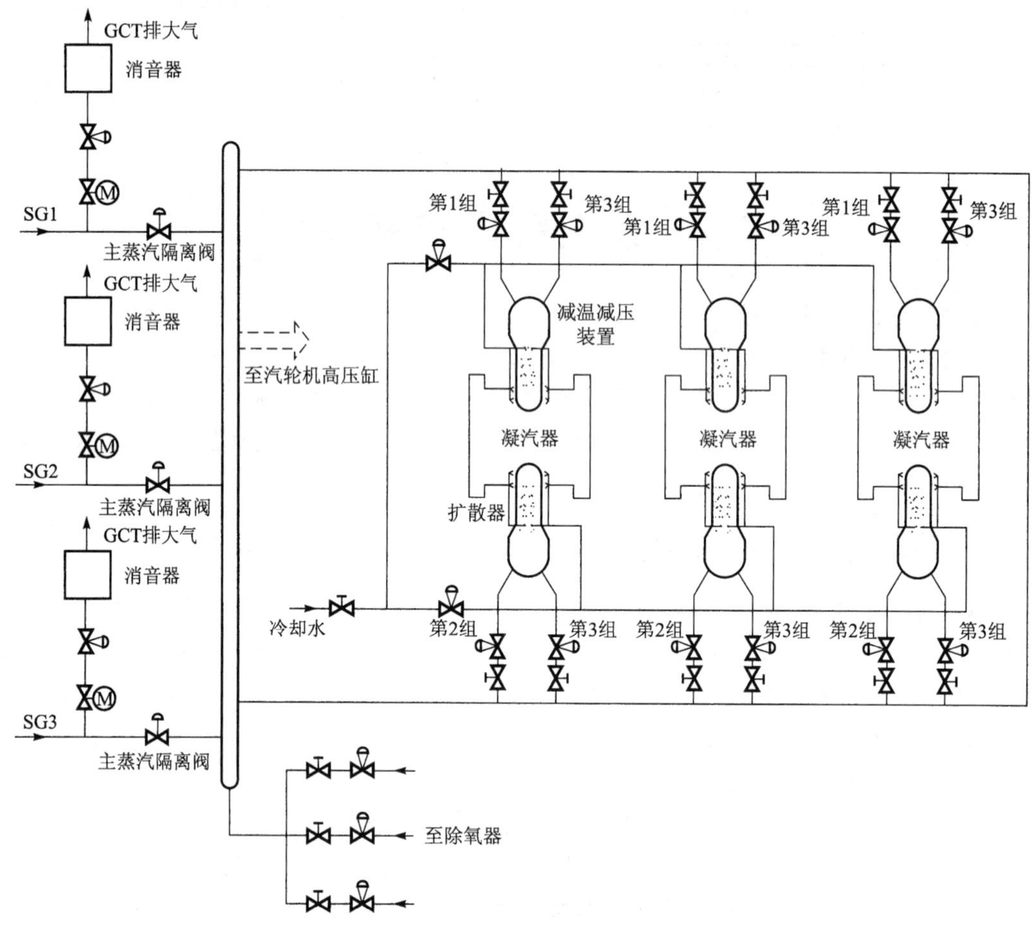

图 7-10 蒸汽旁路排放系统原理图

(1) 向冷凝器排放系统

从主蒸汽母管两端引出两根排放总管,再由排放总管接出 12 根排放支管,从两侧进入冷凝器喉部的 6 个扩散器(也称减温减压装置)。每 2 根排放支管共用一个扩散器,在每根支管上有一个手动常开的隔离阀和一个气动排放控制阀。

(2) 向除氧器排放系统

由排放总管引出一根管道,然后分成 3 组支管,每根管线上有一个隔离阀和一个气动控制阀。

(3) 向大气排放系统

由 3 根独立的管线组成,在每根主蒸汽管道的主蒸汽隔离阀上游有一根大气支管,每根支管装有一个电动隔离阀、一个气动排放控制阀及消音器。

7.2.3 蒸汽排放控制阀(GCT 排放阀)

(1) 向冷凝器和除氧器排放蒸汽的控制阀

向冷凝器和除氧器排放蒸汽的控制阀分组控制。例如某核电厂设置 15 个向冷凝器和除氧器排放控制阀分成四组(见图 7-10):

第 1 组:3 个阀门,排向冷凝器。此三个阀门用于按计划的反应堆冷却,因此又叫"反应堆冷却阀",它比其余的 12 个阀门开启更为频繁,并在较长时间内保持开启状态。

第 2 组:3 个阀门,排向冷凝器。

第 3 组:6 个阀门,排向冷凝器。

第 4 组:3 个阀门,排向除氧器。

蒸汽排放控制阀为气动阀,要求它们应具备下列性能:

1) 任何单个排放阀全开时的最大排放量,在进口绝对压力为 8.6 MPa 时不得超过 135 kg/s,以便在一个阀门意外打开或卡在开位情况下,限制蒸汽的释放;

2) 排放阀在收到快开信号后,必须能在规定时间内从全关到全开;

3) 蒸汽绝对压力在 5～8.6 MPa 的范围内,必须能对阀门进行正常调节,其全程最大时间为 10 s;

4) 排放阀在失去电源或控制气源时必须处于关闭状态;

5) 蒸汽绝对压力在 5～8.6 MPa 的范围内,阀门的最小可控流量小于 17.5 t/h;

6) 前三组阀为调节和快开方式,第 4 组阀只有快开方式;

7) 阀门开启和关闭是按一定顺序进行　开启时,第 1 组 1 号阀开,第 1 组 2 号阀开,第 1 组 3 号阀开,第 2 组所有 3 个阀同时开,第 3 组所有 6 个阀同时开,第 4 组所有 3 个阀同时开。阀门开启顺序是由控制系统控制的。开启是逐次开启,即只有前一个阀或一组阀开到位时,后一个阀或一组阀才能开启。关闭顺序则采用相反的顺序。

(2) 向大气排放控制阀

向大气排放设 3 个控制阀(每个蒸汽发生器蒸汽管路上 1 个),排放容量约为 10%～15%额定流量。大气排放阀失去电源或气源时也处于关闭状态,但它配有应急备用气源。每个大气排放阀的全行程时间小于 20 s,其特性为线性。

(3) 旁排阀的控制

控制每个气动旁排阀有两类信号:一类是控制它开启的信号,包括阀门处于调节工作状态或全开状态两种信号;另一类阀门控制信号是允许闭锁阀门的信号。阀门失去气源或电源时处于关闭状态。

蒸汽排放控制阀的控制原理如图 7-11 所示。

在气路上设有 3 个三通的电磁阀 S1、S2、S3。其中电磁阀 S2、S3 上设有两路冗余的允许开启信号,只有当两路允许信号存在时,三通电磁阀的 1→3 通(3→2 不通),阀门才能开启。这时调节阀信号经电/气转换控制器把开度信号转换为成比例的气压信号进入气动执行机构控制排放阀开度。当有快开信号时,S1 的 2→3 通(1→3 不通),将电/气转换控制器旁路,压缩空气直接进入气动执行机构使排放阀快速开启,当允许开启信号不存在时,电磁阀 S2、S3 的 3→2 通(1→3 不通),排放控制阀驱动机构失压,阀门关闭,这时就是有开启信号也不能打开阀门。

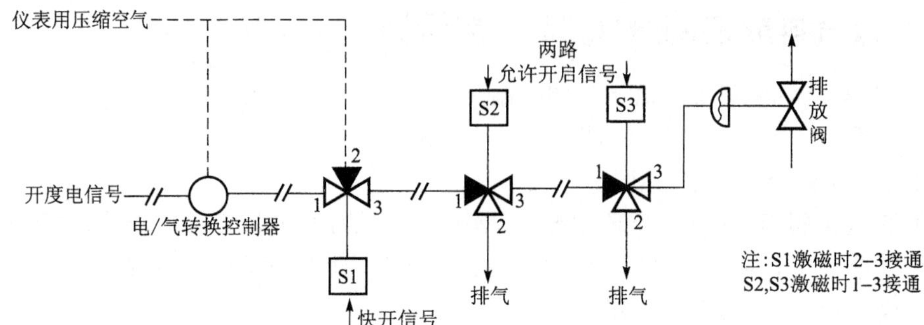

图 7-11 蒸汽排放控制阀控制原理示意图

7.2.4 蒸汽排放控制系统

蒸汽排放控制有两种模式:平均温度控制模式和蒸汽压力控制模式。

温度模式用于 20%FP 以上,它作为控制反应堆冷却剂平均温度的手段之一,用来辅助控制棒的插入。温度模式不适于低功率运行,因为在低功率时平均温度对蒸汽流量变化响应较慢,使控制系统稳定性下降,所以此时采用压力模式。

温度控制模式:GCT 开启信号正比于反应堆冷却剂平均温度与由汽轮机功率决定的温度定值之差。此控制模式用于电厂甩负荷、厂用电运行、汽轮机脱扣、反应堆停闭等运行方式。

压力控制模式:此模式用于维持蒸汽集管压力接近于手动预定值,控制回路是比例积分回路。此模式适用于低负荷控制棒手动控制期间或蒸汽排放阀开启情况下低负荷长时间运行工况(反应堆启动或冷却,余热排出系统退出运行)。

7.2.4.1 平均温度控制模式

平均温度控制模式有两种工况:甩负荷和事故保护停堆。

甩负荷时:在控制棒把反应堆功率降到能与汽轮机功率匹配之前,蒸汽排放起着一种替代负荷的作用。使一次冷却剂的平均温度 T_{avg} 趋向 T_{ref}。

就事故保护停堆而言,蒸汽排放的功能是不同的。蒸汽排放是把蒸汽放掉,以便排除储能和衰变热,使 T_{avg} 回到热停堆工况。

GCT 排放系统温度控制模式的原理框图如图 7-12 所示。它接收汽轮机负荷信号(或最终功率整定值)、一次冷却剂平均温度测量值和事故停堆信号,经函数发生器运算整理后,转化为排放阀的开度信号,从而实现对排放系统的控制。五个函数发生器的功能是:

GF1:将汽轮机负荷转换为平均温度整定值;

GF2:将汽轮机负荷与最终功率整定值之差转换为温度偏差;

GF3:将温度偏差转换为阀门开度校正值;

GF4:将温度偏差转换为阀门开度;

GF5:将紧急停堆后的温度转换为阀门开度。

这五个函数发生器的特性曲线如图 7-13 所示。

不同运行工况,旁排系统的温度控制模式也不一样。

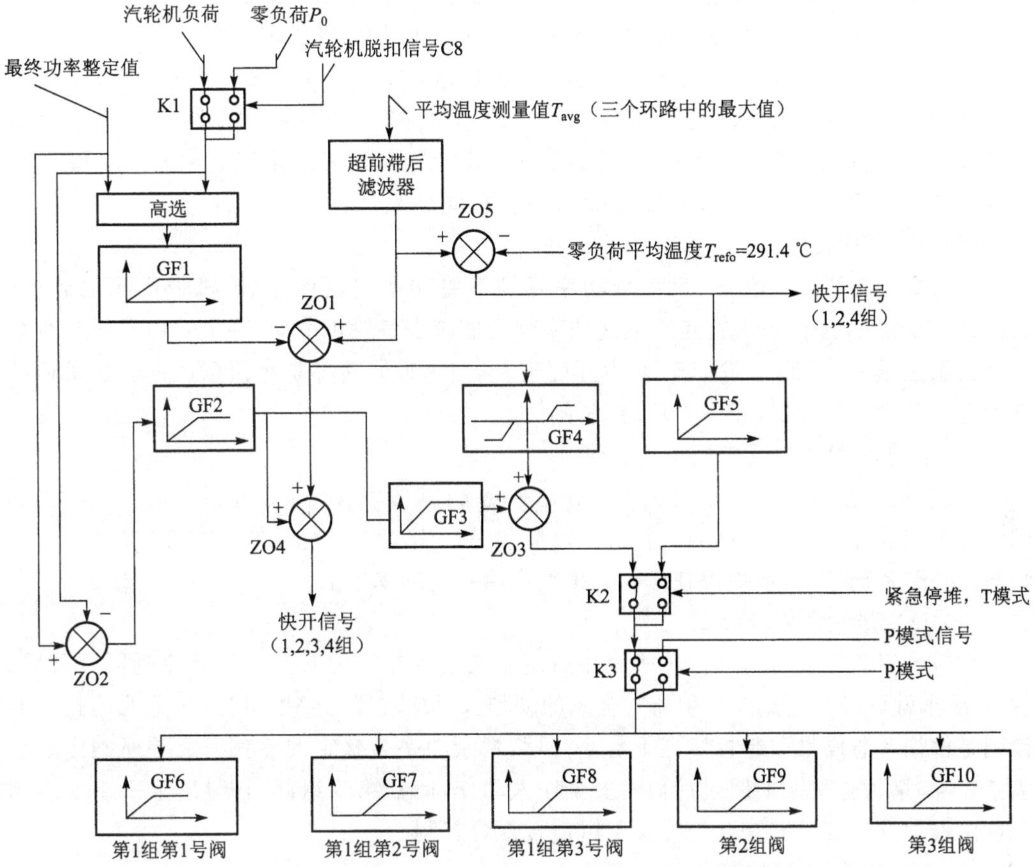

图 7-12　GCT 排放系统温度控制模式原理框图

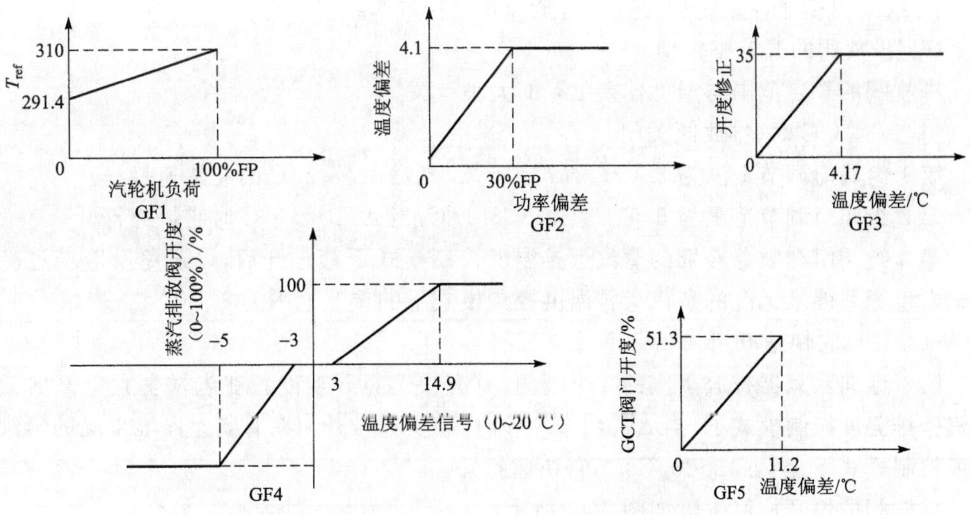

图 7-13　温度控制模式下函数发生器的特性曲线

GF1—汽轮机负荷转换为平均温度整定值 T_{ref} 曲线；GF2—汽轮机负荷与最终功率整定值之差转换为温度偏差曲线；GF3—温度偏差转换为阀门开度校正值曲线；GF4—温度偏差转换为阀门开度曲线；GF5—紧急停堆后的温度偏差转换为阀门开度曲线

(1) 汽轮机甩负荷(未紧急停堆、汽轮机未脱扣、高压断路器未打开)

在汽轮机甩负荷时,堆芯提供的功率与汽轮机吸收的功率之间发生暂时的不平衡。因为调节棒的调节能力有限,根据设计,在阶跃甩负荷幅度大于10%FP或线性变化超过5%FP/min时,GCT就要投入运行。把多余的一回路热排出。在这样的条件下,平均温度最大值经滤波后与由汽轮机负荷GF1得到的平均温度整定值比较产生温度偏差ΔT,GF4将温度偏差转换为阀门开度信号,经K2、K3控制排放阀。

(2) 带厂用电运行

机组高压出线开关断开,反应堆功率降到最终功率整定值,汽轮机带厂用电运行(约5%FP),其余负荷由GCT带走。最终功率整定值减去汽轮机负荷,剩余的功率偏差经GF2转换为温度偏差,再经过GF3转换为开度信号,与由最终功率整定值取代汽轮机负荷的闭环通道的开度信号相加,经K2、K3控制阀门。

(3) 汽轮机脱扣而反应堆未紧急停堆

"汽轮机脱扣"信号C8使开关K1切向零负荷,零功率取代了汽轮机负荷。汽轮机脱扣而没有引起反应堆紧急停堆与汽轮机甩负荷和带厂用电运行时的情况类似,多余的蒸汽由汽轮机旁路系统导出,堆维持在最终功率整定值确定的水平上。

(4) 反应堆紧急停堆(P4)

反应堆紧急停堆将引起汽轮机脱扣而使蒸汽发生器压力升高。如果冷凝器是可用的,GCT动作就可以避免蒸汽发生器安全阀的动作。反应堆紧急停堆引起GCT阀门打开的规律则是根据紧急停堆引起控制棒下落,一回路剩余功率与整定的零负荷之差所确定的。在紧急停堆时,为防止一回路过冷而使安全注入动作,闭锁第3组阀门开启,第1、2、4组阀的开度由模拟开启信号和快开信号及逻辑信号复合控制。

(5) 排放阀的快开控制

闭环温度偏差和开环温度偏差(由功率偏差转换的温度偏差)

在ZO4中相加,超过快开定值时,全开相应排放阀组。

(6) 排放阀的开启整定值

排放阀的开启范围与温度偏差ΔT的大小有关。

当$\Delta T<3$ ℃时,排放阀关闭。

第1组阀门调节范围为3 ℃$<\Delta T<$5.5 ℃,当$\Delta T>$5.5 ℃时它快速打开。

第2组阀门调节范围为5.5 ℃$<\Delta T<$8.1 ℃,当$\Delta T>$8.1 ℃时它快速打开。

第3组阀门在紧急停堆的蒸汽旁排温度控制模式下禁止开启,以避免反应堆过冷。它在未发生紧急停堆工况的蒸汽旁排温度控制模式下的调节范围为8.1 ℃$<\Delta T<$13.1 ℃,当$\Delta T>$13.1 ℃它快速开启。

第4组向除氧器排放蒸汽的3个阀门,只有快速打开功能。在未发生紧急停堆工况的蒸汽旁排温度控制模式下,当$\Delta T>$14.9 ℃时,它快速打开。在有紧急停堆工况的蒸汽旁排温度控制模式下,当$\Delta T>$20 ℃时,它快速打开。

排放阀的快开控制逻辑如图7-14所示。

7.2.4.2 压力控制模式

蒸汽旁排的压力控制模式一般用于低负荷。此时,GCT只根据蒸汽母管的实测压力与整定压力之差可控制GCT阀门的开启。此种模式下无阀门快开控制。图7-15表示它的基

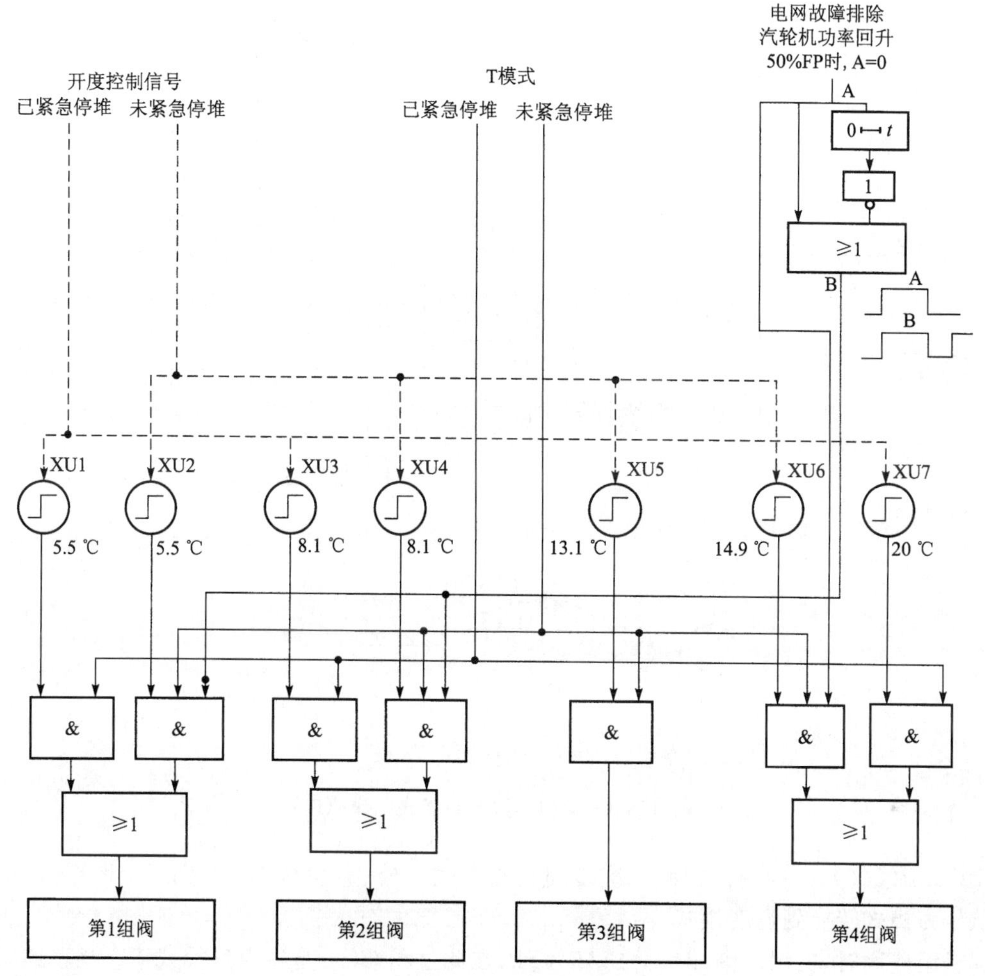

图 7-14　排放阀快开控制逻辑图

本工作原理。

1）压力控制模式时，开关 K1 切向 P 模式(压力模式)。蒸汽母管压力整定点手动站给定蒸汽母管压力整定值。实测压力值与之相比较，其偏差输入至比例积分调节器。后者产生开度信号，控制排放阀。

2）当汽轮机旁路手动控制站置于自动时，压力控制模式下的输出信号与温度控制模式下的输出信号之差大于 2%时，逻辑电路禁止向压力模式切换，该逻辑信号由比较器 ZO1 和阀值继电器发出。

3）当汽轮机旁路手动控制站置于手动时，复制开关 K2 闭合，调节器复制手动信号，以免由手动切向自动时产生扰动。

4）当排放系统置于温度模式，并且第一组排放阀的第一个阀门或第二个阀门未关闭以及相应的隔离阀已全开；复制开关 K2 也闭合时，调节器复制温度模式输出的开度信号，以保证由温度模式切向压力模式切换时不产生扰动。

5）如果 GCT 排冷凝器和除氧器可用，则在压力模式下，靠此完成机组正常启动和停闭。

机组启动时，随着反应堆临界及功率增加，汽轮机冲转、并网、带负荷，当反应堆功率大

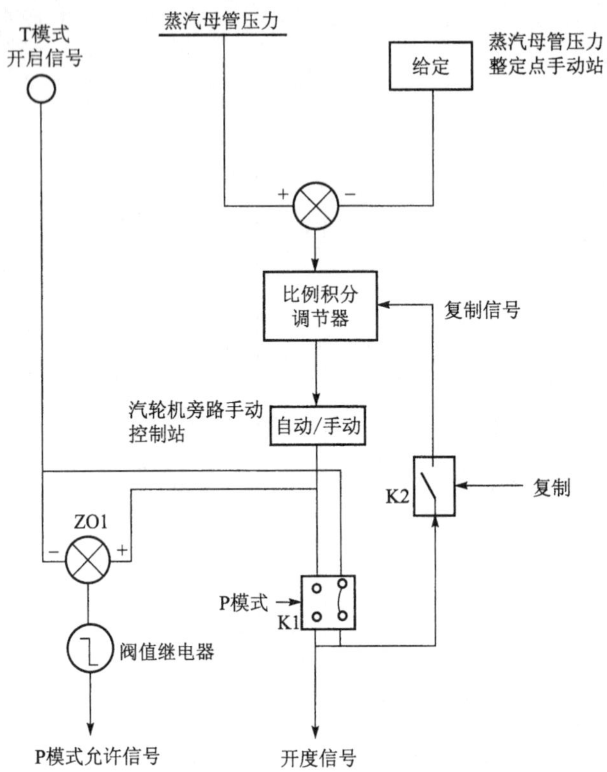

图 7-15 GCT 的压力控制模式工作原理图

于 10%FP(C20),则控制棒控制系统转到自动方式;当汽轮机旁路阀关闭时,将 GCT 的控制从压力模式转换到温度模式。

机组停闭时,机组逐渐减负荷到 15%FP,在此过程 GCT 是在温度模式下。当机组负荷降到 15%FP 以下时,操纵员调整压力定值,将 GCT 从温度模式切到压力模式下,此时 GCT 并没有开启,只作汽轮机跳闸后的准备。

当汽轮机功率降到一定定值之后,汽轮机跳闸,机组与电网解列,GCT 在压力控制模式下工作,维持蒸汽发生器压力在 7.6 MPa。压力模式下只开 GCT 第一、二组阀。在热停堆以下状态,可只靠 GCT 第一组阀将一回路冷却剂冷却到余热排出系统投运。

7.2.4.3 大气排放阀控制

GCT 排大气只有压力模式,它在 GCT 排冷凝器不可用时,完成 GCT 的上述功能,但它只能排 10%左右的额定蒸汽量,故一般用于堆的启停操作中。

当把大气排放阀置于自动控制时,当蒸汽母管实测压力大于大气排放阀的压力整定值时,则打开大气排放阀。

当把大气排放阀置于手动控制时,大气排放阀可在控制室控制,也可在应急停堆屏控制。一般在控制室控制,只有控制室不可用时,才在应急停堆屏对它进行控制。

大气排放阀控制原理如图 7-16 所示。

7.2.4.4 旁排阀的闭锁

出于安全考虑,设置了排放阀的闭锁,其闭锁逻辑如图 7-17 所示。

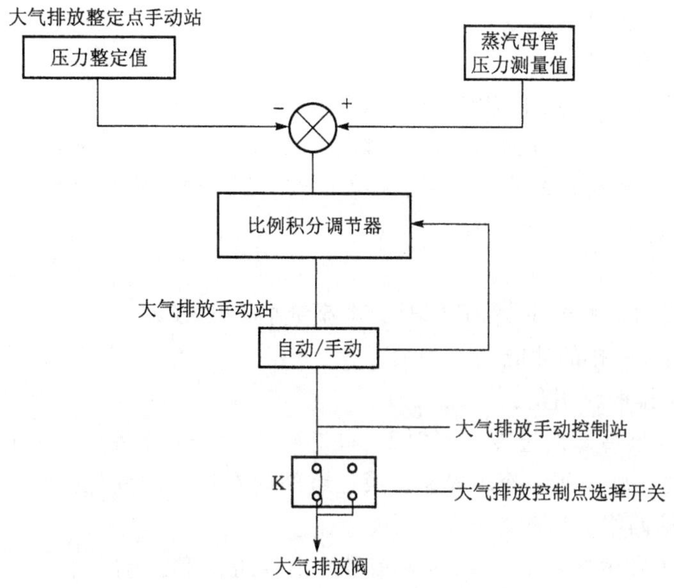

图 7-16 大气排放阀控制原理框图

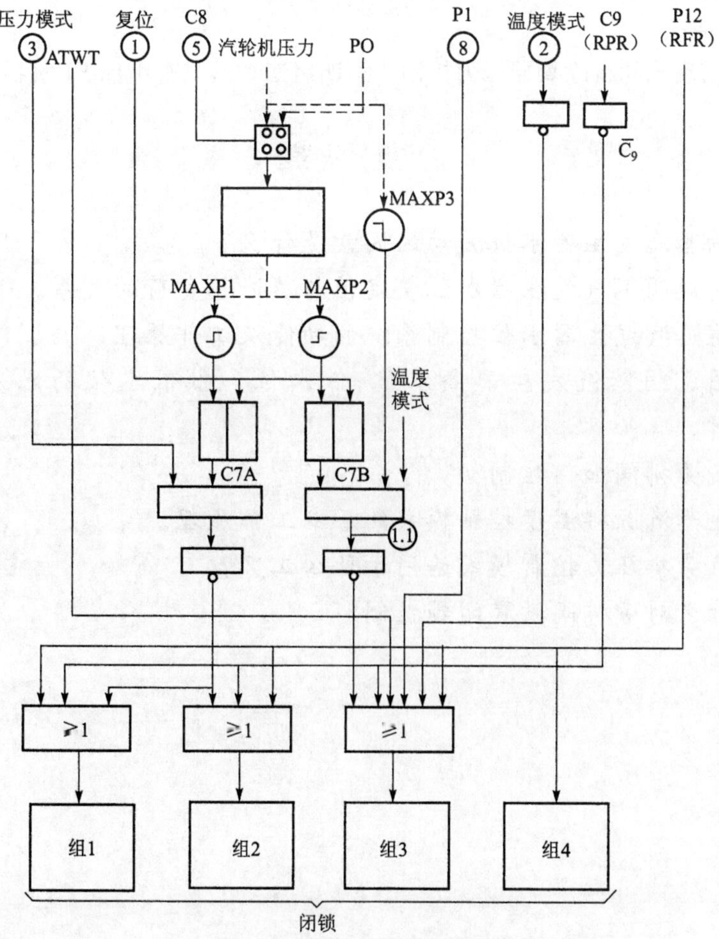

图 7-17 排放阀闭锁逻辑示意图

(1) 闭锁蒸汽旁排的信号

1) $\overline{C9}$,冷凝器故障;

2) P12,一回路冷却剂平均温度<284 ℃;

3) 无 C7A,汽轮机负荷阶跃下降的幅度<15%FP,或降功率的速率<7.5%FP/min;

4) 无 C7B,汽轮机负荷阶跃下降的幅度<50%FP,或降功率的速率<25%FP/min;

5) 汽轮机功率大于 50%FP;

6) P4,紧急停堆;

7) ATWT(功率大于 30%FP 同时给水流量小于 6%FF)。

(2) 闭锁蒸汽旁排的功能

闭锁蒸汽旁排的作用是:

1) 防止反应堆冷却剂过冷　P12(T_{avg}<284 ℃)信号发出后闭锁所有阀门;但第一组阀门可以解锁以便实施一回路冷却操作。第三组阀门在反应堆紧急停堆时自动闭锁,紧急停堆 50 s 后闭锁第四组。

2) 防止蒸汽发生器烧干　ATWT 信号发出后闭锁第三组阀门。

3) 保护冷凝器　冷凝器不可用时($\overline{C}9$),第一、二、三组阀门被闭锁。

4) 防止反应堆意外冷却　如果汽轮机负荷变化速率低于 25%FP/min,第一、二、三、四组阀门均被闭锁。

5) 为了实现汽轮机除氧器压力控制　第四组三个阀只有出现 P12 信号时才能闭锁。

复习题

1. 影响蒸汽发生器水位波动的因素是什么?
2. 画图说明蒸汽发生器水位整定值与蒸汽总负荷的关系。
3. 简述蒸汽发生器水位控制系统的功能及工作原理。
4. 画图说明蒸汽发生器高水位、低水位和低低水位的触发安全动作的逻辑。
5. 蒸汽旁排阀如何控制?
6. 简述蒸汽旁排温度控制模式的基本工作原理。
7. 蒸汽旁排压力控制模式适用于什么工况?
8. 为什么对旁排阀设置闭锁控制?

第 8 章　汽轮机的控制和保护

汽轮机在蒸汽发生器输出的高压蒸汽作用下，带动发电机发电。对汽轮机的控制主要有三个方面：

1）调节汽轮机的转速，以适应核电厂的各种运行工况；

2）监测汽轮机的静态和动态性能，以确保汽轮机安全运行；

3）汽轮机或发电机出现故障，使汽轮机保护停机。

8.1　汽轮机调节系统

8.1.1　汽轮机调节系统的功能

汽轮机是一种将热能转换成动能的旋转机械，当它驱动交流同步发电机时，就进一步将动能转换成电能。汽轮机调节系统的主要功能是调节汽轮机的功率，使与外界负荷相适应。通过对汽轮机进汽阀的控制，实施对机组的功率控制、频率控制、压力控制和应力控制，并对机组的负荷和转速实施超速限制、超加速限制、负荷速降限制和蒸汽流量限制，使机组安全和经济地运行于各种工况，满足供电的需求。

汽轮机一般有一个高压缸（HP）和几个低压缸（LP）。例如某核电机组的汽轮机有一个高压缸和三个低压缸，高压缸有四个高压截止阀和四个高压调节阀，低压缸有六个低压截止阀和六个低压调节阀。高压调节阀、高压截止阀和低压调节阀可连续改变位置，参与调节。低压截止阀只有开、关两个位置，不参与调节。通过电动-液压控制系统对阀门实施控制，以实现汽轮机的调节性能。

（1）功率控制

功率控制是指根据电网功率需求自动或手动地调节进汽阀开度，以调节发电机有功功率。

（2）频率控制

频率控制是指对电网频率偏离额定值进行补偿。

（3）压力控制

压力控制是指限制汽轮机进汽压力或限制汽轮机进汽压力的增长速率。

（4）应力控制

应力控制是指限制升速和升负荷速率，使高压转子和高压汽柜的热应力不超过允许值。

（5）超速限制和超加速限制

汽轮机超速限制和超加速限制是指当汽轮机转速或转速加速度达到限值以后按超过的比例关小汽轮机进汽阀门，以保护汽轮机。

（6）负荷速降

负荷速降是指发生某些异常工况时将汽轮机负荷由现有负荷迅速下降，以防止反应堆保护系统动作以及保护发电机。

(7) 蒸汽流量限制

蒸汽流量限制是指操纵员可以在必要时限制汽轮机进汽流量，以保证汽轮机功率不超过相应的水平。

8.1.2 汽轮机调节系统的组成

汽轮机调节系统由调节器、操纵员终端、转速测量装置和汽轮机进汽阀(调节阀、截止阀)等组成，图 8-1 表示它的基本结构。

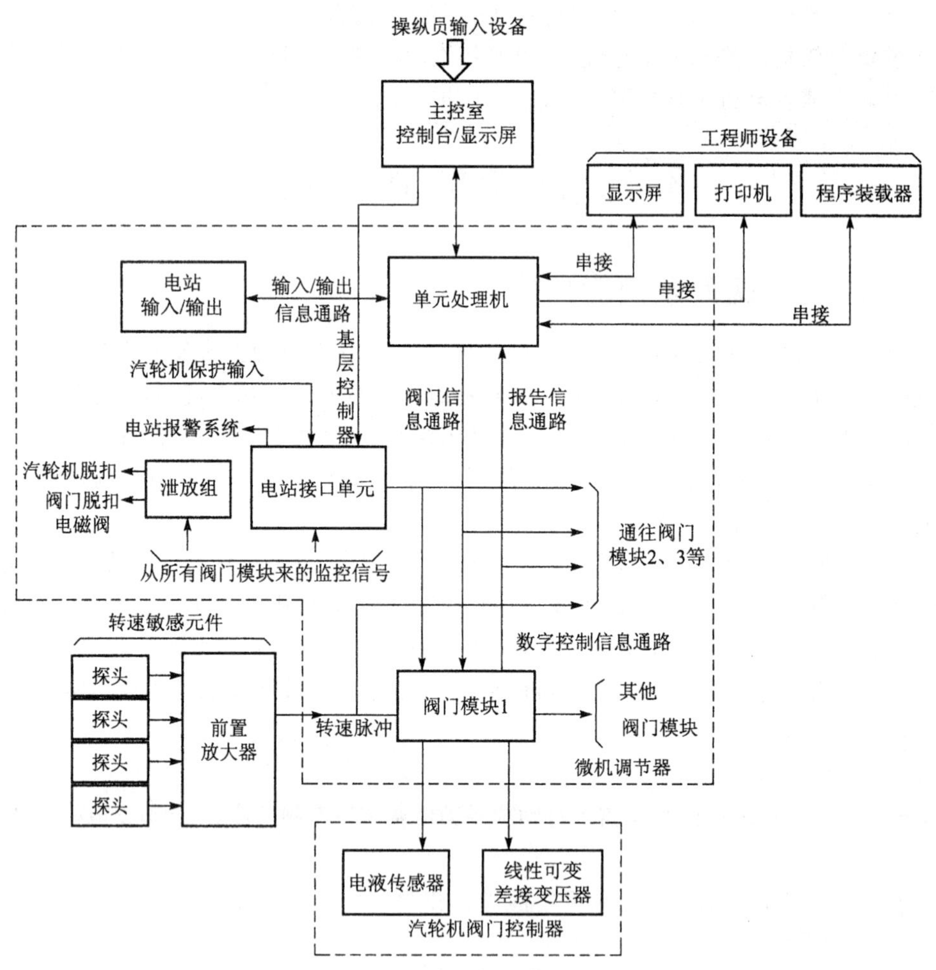

图 8-1 汽轮机调节系统的基本结构框图

(1) 调节器

调节器根据其完成不同功能分为下位机和上位机两部分。下位机主要包括键盘和阀门模块。上位机主要包括上位机键盘、单元处理器及外围设备等。在上位机失效情况下，下位机仍能对汽轮机实施增/减负荷和增/减转速的有效控制。

对于参与调节的每个阀门(高压调节阀、高压截止阀、低压调节阀)都有一个阀门模块。每个阀门模块都由一套完整的微处理机系统构成，它包括整定值输入、转速计算、阀门控制、内部总线和监控器接口。

汽轮机调节器原理如图 8-2 所示。

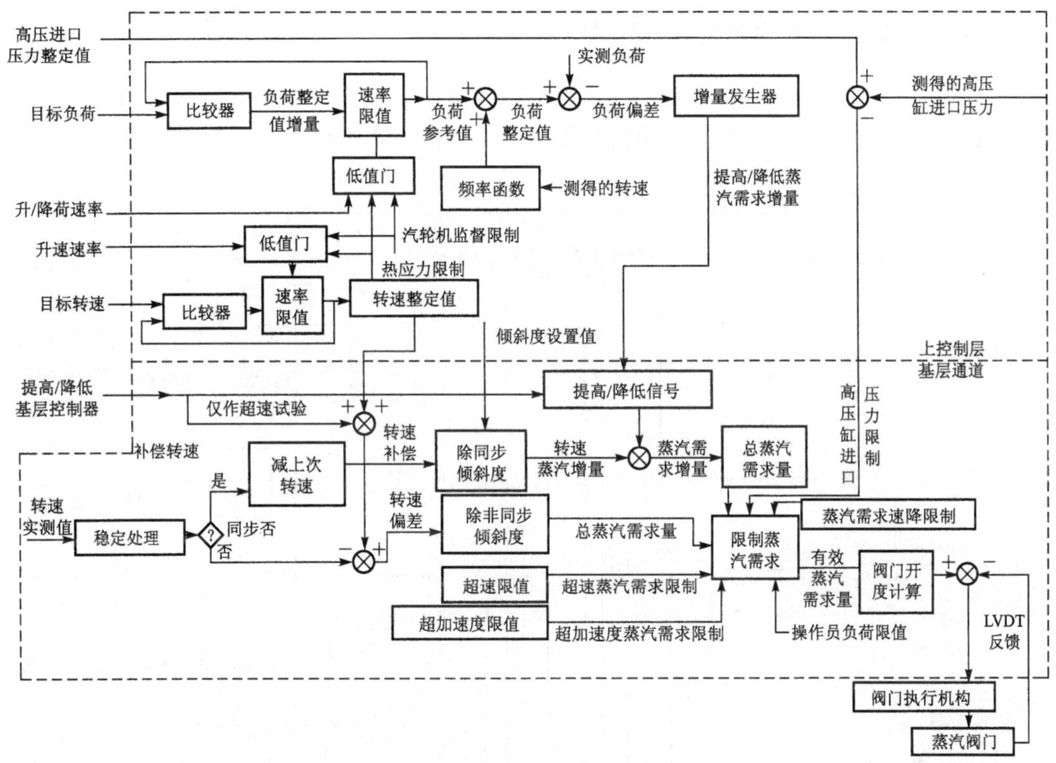

图 8-2 汽轮机调节器原理框图

给调节器供电由两路交流 220 V 电源提供。任何一路电源均可独立承担全部负荷,失去一路电源不影响调节器的正常工作。

(2) 操纵员终端

操纵员终端置于主控室,包括显示器、上位机键盘和下位机键盘。

显示器包括数字显示器和荧屏显示器。

上位机键盘有:应力控制栏、负荷控制栏、频率补偿栏、频率贡献栏、蒸汽需求限制栏、压力控制栏、转速控制栏、阀门偏置栏、阀门复位在线试验栏、自动同步栏、数字栏、信息显示控制栏等。操纵员可通过上述按键选择工况、控制方式、参数设置和显示内容等。

下位机键盘包括:升/降按钮(用来增加/减少汽轮机进汽量,实现蒸汽需求)、允许按钮(允许升/降按钮起作用)、复位按钮(用来在反应堆负荷速降后重新使升按钮起作用)、单元处理机状态的指示灯和轴承座超速试验请求指示灯等。

(3) 转速测量装置

转速测量装置由转速探头(探测器)和前置放大器组成。例如某核电机组汽轮机转速测量探头为磁阻式,安装在 1 号轴承座上,当安装在汽轮机高压转子端部的 60 齿测速轮的齿部掠过探头时,探头感生出电脉冲。共安装 5 只探头,4 只工作,1 只备用。每个工作探头的输出脉冲信号经其前置放大器放大,然后输给微机调节器的每个阀门模块。

(4) 汽轮机进汽阀

汽轮机进汽阀是汽轮机调节系统的执行机构。每个阀门受调节器下位机相应阀门模块控制。阀门的驱动装置由电液伺服阀、阀门定位器、先导阀、油动机和反馈连杆等机构组成。

8.1.3 汽轮机调节器的下位机

下位机主要是控制汽轮机的速度、加速度及负荷。其核心是每个阀门的控制单元，即阀门模块(Valve Module，VM)。下位机的原理结构如图 8-3 所示。

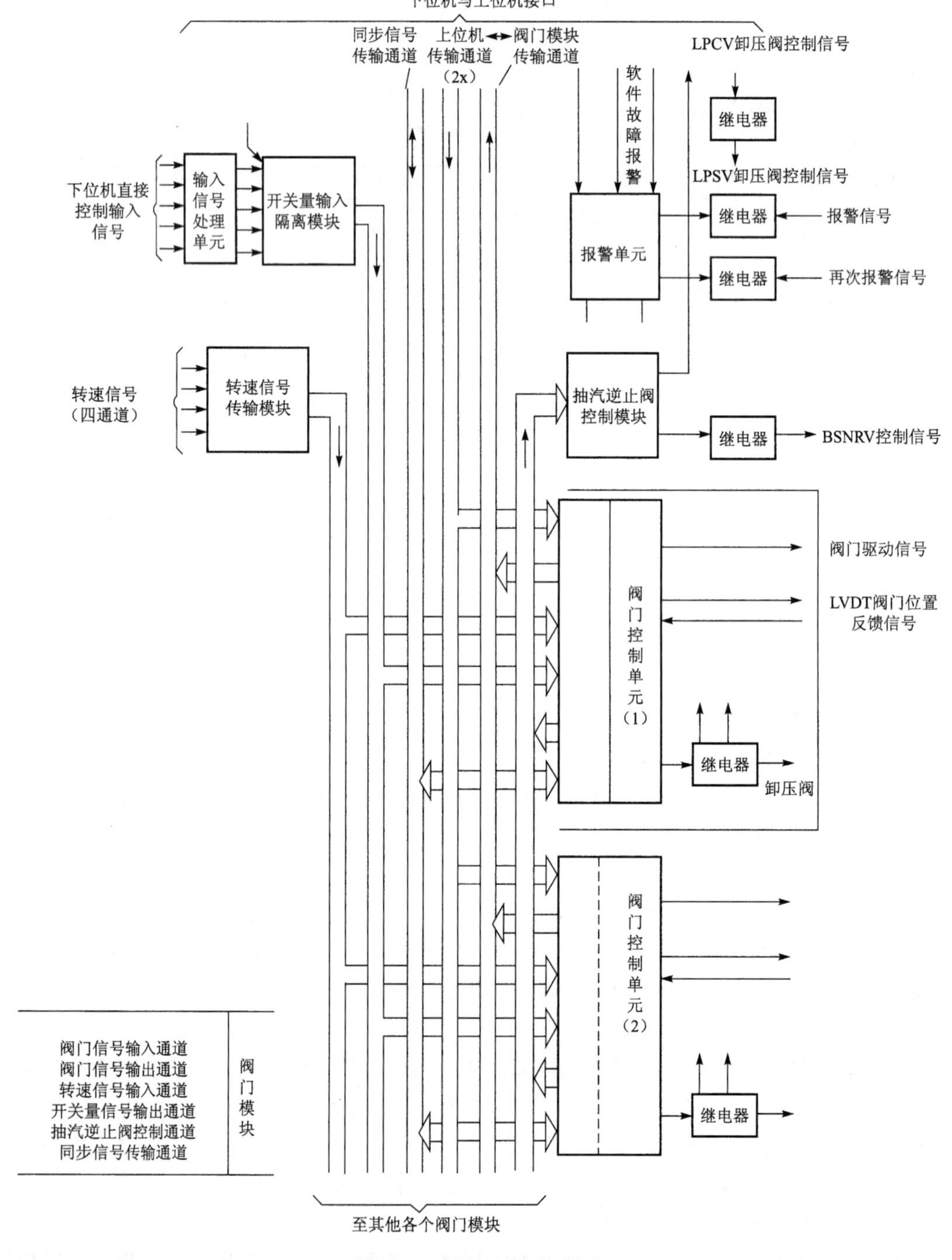

图 8-3 下位机原理结构图

下位机的主要功能有转速测量、蒸汽流量计算、蒸汽流量限值控制、阀门位置控制、关闭阀门、死区选择下位机独立运行和紧急停机。每个阀门控制单元只对对应的阀门起调节作用，某一个阀门控制单元出现故障，只关闭对应的阀门，并不影响其他阀门的正常工作。

(1) 汽轮机转速测量

通过安装在汽轮机高压缸机头侧的测速探头，测出汽轮机的转速，并转化为相应的电脉冲信号，送到调节器的转速测量通道，用于转速的控制和显示。

(2) 所需蒸汽流量计算

下位机每个通道在汽轮机调节过程中，连续不断地对所需蒸汽流量(SD)进行计算，以控制阀门开度。

(3) 蒸汽流量限值控制

对所需蒸汽流量的限制包括：超速限制、超加速限制、蒸汽需求限制和负荷速降限制。

1) 超速限制　超速限制是对汽轮机转速的限制。例如某核电机组汽轮机转速超速限值预置在 103%额定转速。如果实测转速值超过此限值，则由于速度限值特性，下位机会逐渐降低蒸汽流量，关小阀门；如果实测转速值超过 106%额定转速，则下位机关闭阀门。超速限值特性曲线如图 8-4 所示。

2) 超加速限制　超加速限制是对汽轮机转速增加的限制。下位机在每个程序执行周期里，对前后两次实测转速进行比较计算，以获得转速加速度值大小。如果加速度超出预置值(5%额定转速/s)，则蒸汽流量会逐渐减小；如果加速度进一步增大到 7.5%额定转速/s，则蒸汽流量将减小到 0；如果加速度降低至允许范围内，则蒸汽流量恢复至正常调节范围对应的数值，此特性曲线如图 8-5 所示。

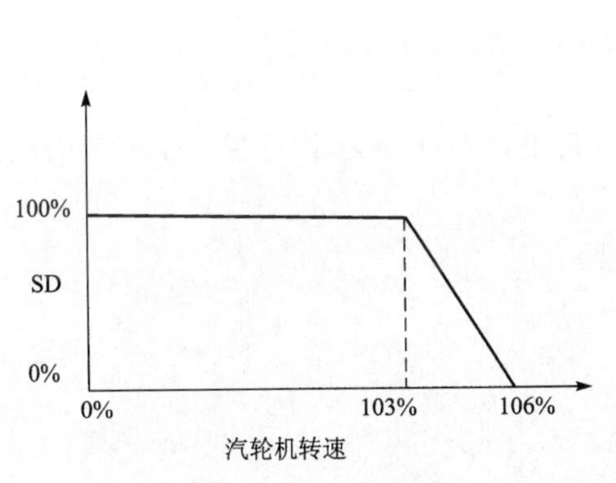

图 8-4　汽轮机超速限值特性曲线

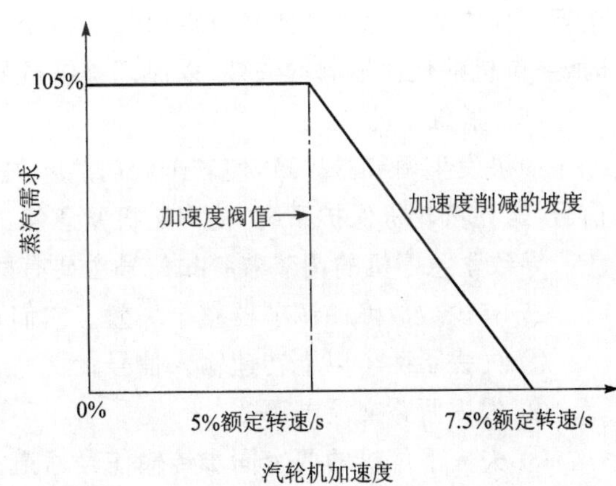

图 8-5　汽轮机超加速限值特性曲线

3) 蒸汽需求限制　操纵员可通过上位机键盘对蒸汽需求量给出一个限值。它可以整定在 50%～105%之间。如果不加限制，则应整定为 105%。

4) 负荷速降限制　当出现下列任一情况时，微机调节器将触发汽轮机快速降负荷，直到降低至 8.5%FP 或相应信号消失为止。

① 发电机定子冷却水流量异常或失去主给水；

② 负荷大于某一限值，同时两台主给水泵未运行(岭澳核电厂是负荷大于 75%FP)；

③ 反应堆保护系统发出任一闭锁信号 C3[①]、C4、C21、C22。

其中，由反应堆保护系统导致的负荷速降是按调占空比的时间以 200%FP/min 的速率降负荷。另外，C22 触发的负荷速降只降汽轮机负荷，反应堆功率不降，其他信号触发的负荷速降信号将使反应堆功率跟踪汽轮机负荷一起下降。

负荷速降期间，微机调节器转为手动状态，切除自动负荷控制作用，并使基层控制器上的升负荷按钮失效，这样可以防止反应堆降负荷脉冲消失时误升负荷。基层控制器上有一复位按钮，当负荷速降工况结束后，可操作该按钮，恢复手动升负荷功能。

(4) 阀门位置控制

每一阀门控制单元都有该阀门偏置和阀门特性两类数据。通过这些数据可以把所需蒸汽流量经计算后转为相应的阀门位置需求，以此阀门位置需求信号去驱动阀门的电液伺服阀，以控制阀门开度。

(5) 关闭阀门

当阀门模块发生故障时，汽轮机调节器会使相应的阀门立即关闭。如果低压缸某一个调节阀被关闭，其对应的截止阀也会关闭。

(6) 死区选择

为了减少由于电网频率微小波动而对汽轮机运行的影响，可通过调节器键盘输入速度死区参数，使汽轮机对电网频率小的波动不予响应。死区设定后，可通过在上位机操作对死区功能进行选择或取消。

(7) 下位机独立运行

当汽轮机在同步运行工况时，如果上位机设备出现故障，则汽轮机就会处于下位机独立运行工作方式。此时会使蒸汽需求量不再变化(除了由于正常转速控制的蒸汽需求外)。此时，上位机的任何控制均失效，以保证操纵员的手动控制。

(8) 紧急停机

如果发生调节器故障，使若干阀门脱扣关闭，其组合不可接受，则产生一个调节器脱扣信号，送往汽轮机保护系统，使汽轮机紧急停机。

导致紧急停机的调节器脱扣信号主要有两种：

1) 有少数故障使调节器整个失效。它们是：

① 失去了两个以上转速输入信号；

② 失去两路交流电源；

③ 失去下位机的两个同步传输信号通道；

④ 汽轮机不带负荷时失去两个阀门模块信号传输通道；

⑤ 如果汽轮机处于非同步状态(未并网)，上位机失去了控制功能。

2) 如果下位机通道发生故障破坏了保证汽轮机安全运行的最小系统原则，也会使调节器脱扣，导致紧急停机。发生下列事件之一就意味着破坏了最小系统原则：

① 高压缸的全部进汽口均被关闭；

② 任何一个低压缸两侧的调节阀同时被关闭；

---

① C3 的物理意义是偏离泡核沸腾裕量小(超温 ΔT 保护)，C4 是线功率裕量小(超功率 ΔT 保护)，C21 是功率偏差(ΔI)超出运行区 C22 是反应堆冷却剂平均温度过低信号。

③ 全部低压缸同一侧的调节阀门均被关闭。

8.1.4 汽轮机调节器的上位机

上位机主要由单元处理机和接口处理机两大部分构成，两者共同完成系统管理、试验和调节功能。图 8-6 表示某核电机组汽轮机调节系统的上位机硬件基本结构。

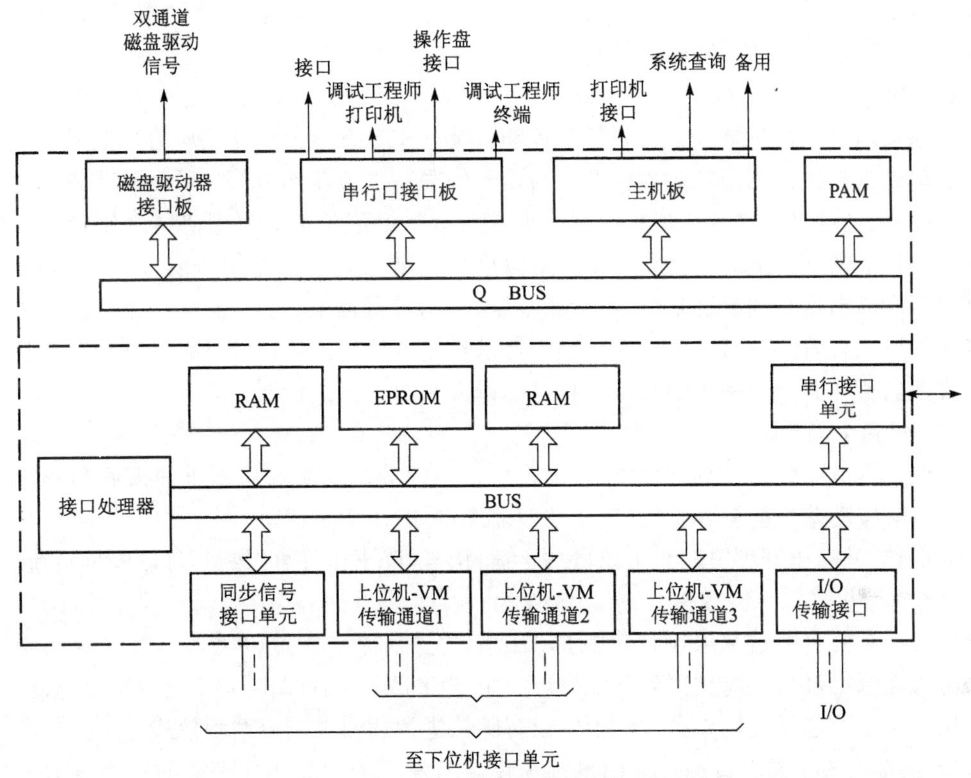

图 8-6 上位机硬件基本结构框图

(1) 系统管理功能

系统管理有权限限制，它分为单元处理机自动完成的工作、调试工程师完成的工作和操纵员完成的工作。

(2) 试验功能

操纵员可通过试验来检查汽轮机的功能是否正常。试验内容主要包括：阀门检查及在线试验和汽轮机超速试验等。

(3) 调节功能

上位机可对调节系统的状态及运行方式进行设置和控制，它们主要是：调节系统复位、启动前检查、汽轮机升速、阀门控制模式和偏置、负荷开关和高压开关状态监测、自动同步、汽轮机带最小负荷、自动负荷控制、汽轮机进汽压力控制、热应力控制和反应堆控制与汽轮机控制之间的接口信号等。

8.1.5 汽轮机的功率控制及运行管理

根据核电厂的工况，通过汽轮机调节器(下位机和上位机)对汽轮机的功率加以控制。

(1) 升负荷(汽轮机转速提升)

操纵员通过上位机键盘设置目标转速和升速速率。升速速率受到应力控制系统计算的升速速率及汽轮机监测系统的暂停升速信号的限制。调节器按受限的升速速率增加转速整定值,转速实测值与整定值相比,转速偏差除以非同步倾斜度,得出蒸汽需求,该蒸汽需求受到超速限制、超加速限制、负荷速降限制、进汽压力限制及操纵员蒸汽需求限制之后得到有效蒸汽需求量,用以计算阀位,计算得到的阀位经过实际阀位校正后送到阀门驱动机构,开启阀门,直到升速至目标转速,即停止升速。

(2) 功率(负荷)自动控制

操纵员通过上位机键盘设置目标负荷和升荷速率。升荷速率受到应力控制系统计算的升荷速率和汽轮机监测系统的暂停升负荷信号的限制。负荷参考值按受限升荷速率向目标负荷增加,负荷参考值纳入频率控制项后形成负荷整定值。负荷实测值与之比较产生的负荷偏差用以计算蒸汽需求增量,加到原来数值中再纳入频率贡献信号后,产生总蒸汽需求量。总蒸汽需求量受到超速限制、超加速限制、负荷速降限制、进汽压力限制及操纵员蒸汽需求限制形成有效蒸汽需求量。有效蒸汽需求量用以计算阀位、开启阀门,直到升至目标负荷。目标负荷和升荷速率可通过上位机键盘以人机对话方式设置。

(3) 负荷手动控制

当微机调节器转为手动状态以后,上位机产生的蒸汽需求增量不再加入到总蒸汽需求量中。只有按动基层控制器上的升/降按钮才能增加/减少负荷。

如操作“升高+许可”按钮,可以增加负荷;操作“降下+许可”按钮,可以降低负荷。

(4) 汽轮机进汽压力控制

压力控制的目的是用限制汽轮机进汽压力的方法来限制蒸汽需求。以限制汽轮机负荷。压力控制也可由反应堆测量系统发出一个逻辑信号启动,以防止反应堆功率超调。

压力控制的选择是操纵员手动投入或解除。进汽压力控制有两种模式:

1) 正常模式　操纵员通过上位机键盘设定参考压力。高压环管上的三个压力表测得的压力经过平均后与参考压力相比较。若不超过参考压力。则压力控制不起作用。若超过参考压力,压力控制系统则产生一个蒸汽需求限值,该限值随压力偏差和压力偏差随时间的积分而下降,从而逐渐减少蒸汽需求,直到使实际压力等于小于参考压力为止。

2) 反应堆模式　当反应堆功率达到96%额定功率时,核功率测量系统向汽轮机调节系统发出启动压力控制请求。汽轮机调节系统立即将压力参考值整定为当时汽轮机进汽压力,以限制进一步升负荷,从而防止反应堆功率继续增加。当反应堆功率稳定后操纵员再按操纵员屏上的一个“释放”按钮,汽轮机参考压力按每分钟0.3%的速率缓慢上升到汽轮机进汽压力参考值(一般设置为105%),汽轮机负荷和反应堆功率也缓慢上升,以防止反应堆在接近满功率时产生超调。

(5) 频率控制

由于电能不能存储,所以电网的频率经常由于在网机组总功率与接网总负荷不匹配而随时波动。如在网机组总功率大于接网总负荷时,造成电网频率增加,反之减小。要维持电网频率值不变,就要求电厂的汽轮发电机自动或手动地改变向电网输送的有功功率来补偿功率与负荷的失配,即调频。补偿能力的大小取决于倾斜度 K。所谓倾斜度 K 就是电网频

率 f 的相对变化 $\Delta f/f_0$ 与其补偿物理量 G 的相对变化 $\Delta G/G_0$ 之比的负值($K=\frac{\Delta f/f_0}{\Delta G/G_0}$)。

汽轮机调节系统投入自动模式时频率补偿成为频率控制，此时补偿的物理量为电功率。当电网频率变化在(50±0.025) Hz 范围内时，调节系统不响应，以减少汽轮机进汽阀频繁动作，此谓“死区”。

当汽轮机调节系统处于非自动模式时，此时的频率补偿成为频率贡献，此时补偿的物理量为蒸汽需求。

(6) 应力控制

应力控制的目的是使汽轮机关键部件的热应力不超过允许限值。所谓关键部件，一是指高压汽柜，二是指高压转子。高压汽柜的热应力是通过监测其内壁/中壁温差测量计算得到的；高压转子的热应力不能直接测量，而改用测量其模拟探头的表面/中心温差来代替。

由温差换算出应力，再由应力换算出允许升速速率和允许升荷速率。操纵员给定的升速速率/升荷速率如果大于应力允许的升速速率/升荷速率时，则用后者取代前者进行升速/升荷。应力控制可由操纵员投入/切除。只要投入，转速/负荷变化即可按设定的速率进行，同时又可将热应力限制在允许范围内。汽轮机进入临界转速和带最小负荷时应力控制不起作用。

(7) 转速及负荷变化的限制

为了保证机组安全运行，对汽轮机的转速及负荷的变化加入一定限制，它们是超速限制、超加速限制、负荷速降限制和操纵员手动设置蒸汽需求限制。

操纵员可通过上位机键盘蒸汽需求限制按键用人-机对话方式设置蒸汽需求限值。在运行中，如果按正常算法计算的蒸汽需求超过所设限值，就用所设限值取代。可设限值的范围为 50%～105%。如果对蒸汽需求不加限制，则将限值设置为 105%。

(8) 汽轮机运行方式

当操纵员设置的蒸汽需求限值或压力控制产生的蒸汽需求限值起作用时，汽轮机调节系统就进入了限荷方式，又称为 A 方式，反之称为正常方式，又称 B 方式。只要进入限荷方式，自动负荷控制功能失效，同时改变逻辑信号“A/B 控制”的值并送到反应堆功率调节系统。

(9) 自动同步并网并带最小负荷

当汽轮机升到名义转速时，只要通过了同步并网前的校验，就允许操纵员启动自动同步装置。自动同步装置在使发电机端电压、频率及相位与电网的相应参数匹配以后，就发出合上负荷开关或两个超高压开关之一的信号，使机组并入电网。

自动同步并网后，汽轮机发电机组将自动地带上最小负荷。即汽轮机负荷自动地以 5%额定转速/min 的速率将负荷升到 5%MCR(MCR 为最大持续输出功率)。

(10) 阀门管理

阀门管理包括阀门试验、阀门偏置和阀门复位。

1) 阀门试验　汽轮机调节系统具有阀门试验功能。即所有汽阀均可在微机调节器控制下来回地开关。阀门试验必须在蒸汽发生器出口隔离阀关闭且汽轮机转速低于 126 r/min 时才能进行。

2) 阀门带负荷试验　各汽阀均可在汽轮机带负荷情况下进行开关试验，以试验其动作情况。在线试验是分组进行的，每项试验包括同一汽柜的一个截止阀和一个调节阀。

3）阀门偏置　所谓阀门偏置就是把阀门模块计算出来的阀位加上补偿性偏置量。调节系统共有两种偏置方式：高压调节阀方式和高压截止阀方式。高压调节阀方式中，高压调节阀不偏置；高压截止阀方式中，高压截止阀不偏置。设置两种方式是为了增加调节器对不同机组的适应性，供升速时选择。

4）阀门复位　阀门模块出现故障或操作机构出现故障都会使所属汽阀关闭。阀门复位就是在故障排除后重新使阀门投入运行。此项操作可在上位机键盘上的“阀门复位”按钮进行，并可设置复位速率。

（11）超速试验

超速试验的目的是检查在汽轮机发生超速的情况下，机械超速保护装置能否及时可靠地工作。

超速试验只能在汽轮机升速到额定转速，未并网之前进行。也就是说，上层控制级处于手动转速控制状态时，当汽轮机转速小于额定转速的103%时，进行超速试验。

进行超速试验时，试验工程师一直按着“转速增加”按钮，当汽轮机转速升到接近设定保护值时，保护装置动作，保护油被泄掉，各个进汽口阀门被迅速关闭，从而保证汽轮机不能继续超速。如果试验期间，超速保护不能动作，试验工程师可在机头操作盘紧急手动打开闸门，使汽轮机脱扣。

8.2　汽轮机监测系统

为了确保电厂汽轮机的安全运行，在汽轮机上安装了各种安全监测和保护装置，以便对各种重要过程参数以及振动和位移等机械量进行监视和控制。特别是随着汽轮机组容量不断增大，大功率机组为了提高运行的经济性，其效率都设计得很高，级间间隙、轴封间隙等都选择得比较小。运行中如控制不当，很容易发生转动部件与静止部件间的相互摩擦，引起主轴弯曲、振动过大等问题，这将造成严重损坏事故。大功率机组损坏后造成的损失是巨大的。因此，为保护大功率机组的安全，需要监测和保护的项目也就增多。而且，对各种过程参数监测和保护装置也提出了更高的要求，对运行中的汽轮机要有效而准确地运行监测。

汽轮机监测系统从监测信号的特性角度考虑，可以分为两大类：一类是静态监测信号；另一类是动态监测信号。

所谓静态监测信号主要指工作介质及汽轮机本体部分的各种温度及压力信号，如蒸汽压力和蒸汽温度、汽室温度或温差信号（金属壁温信号）等。这些信号经模拟量处理单元处理后，送到主控室记录、报警或输入汽轮机调节系统，以保证在升速或升负荷过程中，汽轮机发电机组在允许的应力值范围内运行。

动态监测信号为汽轮机运行过程中重要的监测信号，是监测系统的主要构成部分。动态监测装置主要监测下列几种类型的信号：

1）转子偏心度信号；

2）转子振动信号；

3）轴向位移信号；

4）汽轮机转速信号；

5）汽轮机胀差信号；

6）轴承振动信号；

7）阀门位置信号；

8）绝对膨胀量信号；

9）汽轮发电机组功率信号；

10）阀门振动信号等。

下面介绍几个主要测量通道的工作原理。

(1) 转子偏心测量通道

在汽轮机的高压缸轴承座和低压缸轴承座处安装汽轮机转子偏心测量探头，安装角度与水平成15°角。探头为涡流式探头，其输出接至前置放大器。前置放大器的功能是提供探头工作所需的高频电流，根据涡流原理将探头与轴面间的间隙变化转变为电信号，送至测量单元进行处理。偏心测量通道的原理如图 8-7 所示。

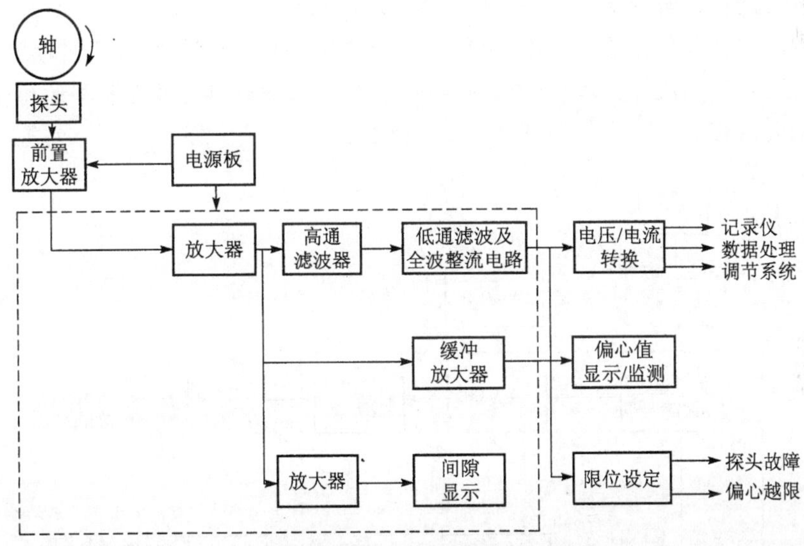

图 8-7　汽轮机转子偏心测量通道原理框图

探头与轴面间设定距离为 1.5 mm，探头与轴面间的有效工作距离为 1～2 mm。在此范围内，可以保证探头工作间隙与前置放大器输出有良好的线性关系。前置放大器的输出灵敏度要求调整为(8±0.1) V/mm。

由现场前置放大器送来的交流峰－峰值信号，送至测量板后，经由高低通滤波器，分解为偏心度信号及直流偏置信号。直流偏置信号反映了运行中探头与轴面的实际距离。如果实测偏心量超出设定值，则主控室内相应的报警单元会提醒运行人员采取必要的措施。如果探头发生开路或短路故障，主控室内也有对应的报警单元予以报警，保证测量通道准确无误地工作。

(2) 转子振动测量通道

在汽轮机的每个轴承的左右各安装一个轴振动测量探头。正常运行时，只有位于左侧(从高压缸方向看)的探头起监测作用，而位于右侧的探头起备用作用。只有需对振动信号进行分析时，可比较左右两侧振动信号。对左右两侧探头的技术要求完全一致。轴与探头的设定间隙为 1.5 mm 对应前置放大器输出灵敏度要求调整为(8±0.1)V/mm。轴振动测量探头也为涡流式探头，其测量通道构成与偏心度测量通道相类似。

在对探头进行最后安装定位时，应考虑到整个轴系在静止状态和高速运行时位置会有一定的差别。当汽轮机以额度转速 3 000 r/min 运转时，大轴会向左偏移约 0.4 mm。这样对左侧的工作探头而言，如果在静态时设定为 1.5 mm 间隙，在动态时，间隙可能会减小甚至低于 1 mm。为了保证探头在动态时能在其规定的线性范围内工作，在静态设定时就要相应把左侧探头间隙加大至(1.9±0.5)mm。这样在正常运行状态，探头可以保证在 1～2 mm 的线性区域内工作。减小了由于探头工作在非线性区而造成的误差。

(3) 轴向位移测量通道

监测轴向位移也就是监测推力瓦块磨损，是汽轮机监测系统重要监测参数之一。

汽轮机的每个推力轴瓦块上安装一个涡流式轴向位移监测探头，根据汽轮机的四个推力瓦块相对推力盘的位置，探头分为左前、右前和左后、右后两组。探头穿过推力块上的螺孔至推力块工作面，设定探头至工作面距离为 1.25 mm。

运行过程中，轴向位移量的大小，也就是推力块工作面(乌金层)的磨损程度，改变了探头与工作面的距离，涡流探头就会输出对应的电信号，从而可以有效地监测运行中轴向位移量的大小，轴向位移测量通道的原理如图 8-8 所示。

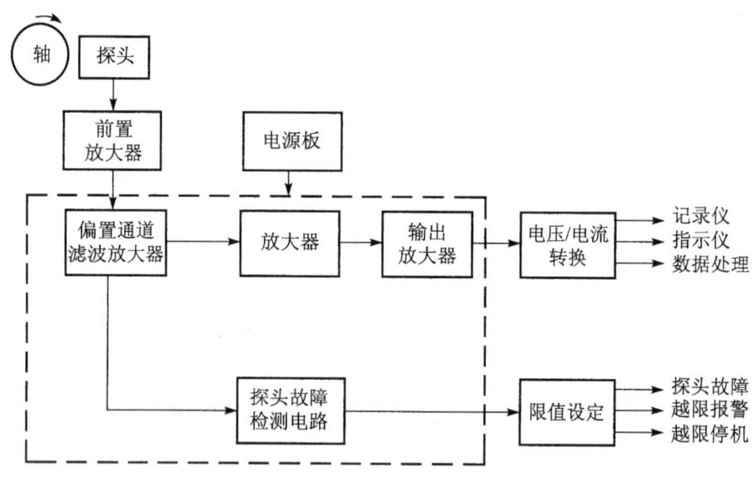

图 8-8 汽轮机转子轴向位移测量通道原理框图

由于轴向位移监测信号对保证汽轮机正常运行具有重要作用，因此对该通道工作的准确性与可靠性的要求比其他测量通道要高。应定期检查该测量通道工作是否正常。

如果轴向位移量超过规定值。则限值单元激励汽轮机保护系统实行紧急停机，从而避免发生动、静叶片摩擦乃至碰撞的恶性事故。

(4) 汽轮机转速测量通道

在汽轮机高压缸转轴处端处同轴安装了一个 60 齿的测速齿轮、四个涡流式汽轮机监测速度探头和另外五个汽轮机调节速度探头分别安装齿轮正上方。探头与齿顶的距离设定为 1.5 mm，前置放大器输出灵敏度调整为 8 V/mm。

当测速齿轮旋转时，探头与测速齿轮间的空气间隙就会随探头对应齿顶或齿根位置而变化，从而在齿轮表面所产生的涡流大小也不同。前置放大器将涡流电流变化转换成与转速成比例关系的方波信号。这些方波信号再经过测量单元的处理，转变成 4～20 mA 的电流信号，用于转速指示，记录和激励相关继电器。转速测量通道的结构如图 8-9 所示。

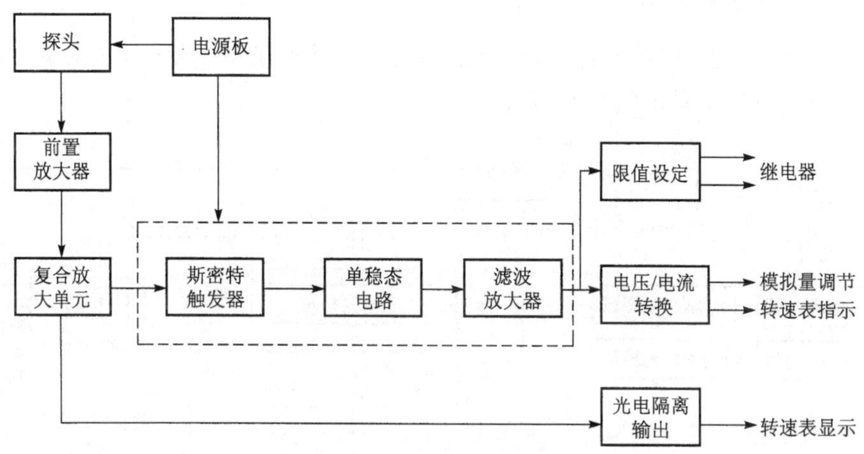

图 8-9　汽轮机转速测量通道结构框图

（5）汽轮机胀差测量通道

汽轮机转子相对其轴承座的膨胀（或收缩量）即是汽轮机的胀差。

胀差监测系统分别对高压缸转子和 1 号至 3 号低压缸转子相对于其轴承座的膨胀量（或收缩量）进行监测。

根据胀差测量范围不同，可以选用单个探头或一对探头。高压缸胀差监测采用单个探头。而对低压缸而言，由于胀差从 1 号低压缸至 3 号低压缸逐渐叠加，因此单个探头的量程范围不能满足实际测量要求，因而需采用一对探头。

当汽轮机转子相对其轴承座有膨胀（或收缩）量时，探头与轴面间的相对间隙 G 会随之变化。间隙 G 的变化，改变了探头线圈两端感应电压的大小。通过交流/直流转换器，将间隙 G 变化量转换放大为 0～10 VDC 的直流输出。

（6）轴承振动测量通道

通过对轴承振动监测，可以及早发现由于转子振动或转子偏心量过大，以及由于轴承安装问题而造成轴承存在不平衡支承力的问题。

最常用的轴承振动的监测方向为垂直方向和水平方向。所用的探头是用弹簧片支撑的磁铁。当有振动信号时，磁铁就会随振动方向而左右移动。这样就改变了铁芯与测量元件间的气隙大小。铁芯上绕组两端就会感应出随振动量变化的电信号。经测量单元处理后，送至报警、数据处理及汽轮机调节系统等各有关单元。

8.3　汽轮机保护和停机系统

汽轮机保护和停机系统用于当汽轮机或发电机发生预定故障时，使汽轮发电机停运。

汽轮机停机的引发分为二级。一级停机是指在汽轮机停机的同时，要求发电机的高压开关或负荷开关也跳闸。二级停机是指对电气系统无紧急动作要求，只用于使汽轮机停机，此时发电机高压开关或负荷开关则通过低正向功率保护继电器延时跳闸。

汽轮机保护系统触发汽轮机紧急停机同时，要把汽轮机停机信号送给反应堆保护系统。

8.3.1 汽轮机保护系统组成

汽轮机保护系统监测汽轮机的运行参数，一旦某一参数超越汽轮机运行限值，则触发汽轮机停机。汽轮机保护系统的原理如图 8-10 所示。

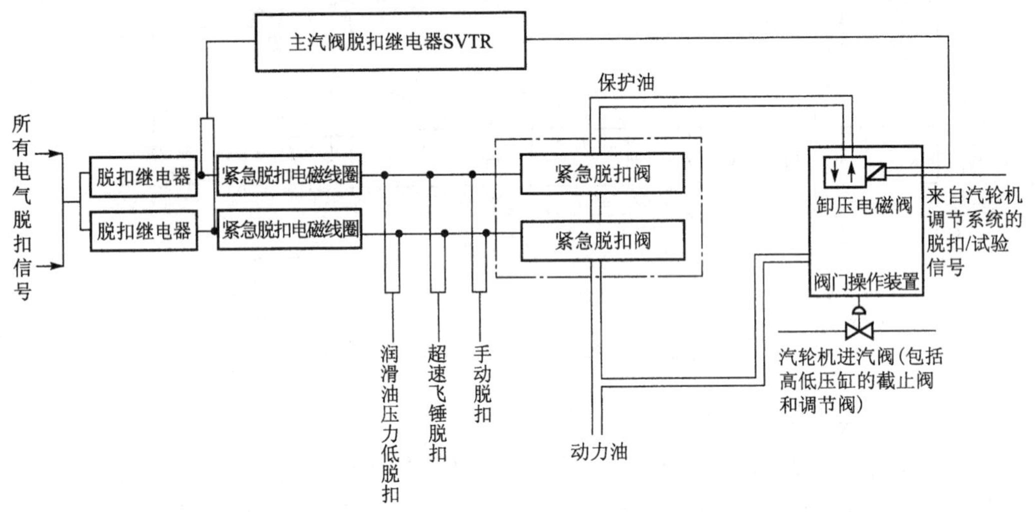

图 8-10　汽轮机保护系统原理框图

汽轮发电机组的停机是通过切断供向汽轮机蒸汽阀门操作装置的动力油，同时排出操作装置内的残留油，使蒸汽阀门在弹簧作用下快速关闭来实现的。这可独立地由下列两个途径完成：

1）使紧急脱扣阀动作；

2）使位于每个蒸汽阀门操作装置内的卸压电磁阀通电。

从汽轮机调节油系统来的液压动力油分成两路，一路直接送往汽轮机高、低压缸截止阀和调节阀的操作装置，由汽轮机调节系统控制阀门的开度，以便根据不同的负荷要求调节汽轮机进汽量；另一路经过两个紧急脱扣阀后，作为保护油送至高、低压缸调节阀和截止阀操作装置顶部的卸压电磁阀，用于控制动力油进、出阀门操作装置的油动机活塞，使高、低压缸截止阀和调节阀开启或关闭。

为保证汽轮机保护系统的可靠性，汽轮机保护系统设置了两个相互独立的冗余通道。所有的触发停机保护信号都送到两个冗余通道，任一通道动作都可使两个紧急脱扣阀动作，实现保护停机。

触发汽轮机保护动作（使紧急脱扣阀门动作）的信号主要有两大类：机械/液压系统引发的脱扣和电气系统引发的脱扣。

（1）机械/液压系统引发的脱扣

机械/液压系统引发脱扣的信号直接触发紧急脱扣阀，实现汽轮机停机。此类信号主要包括手动脱扣、超速飞锤脱扣和润滑油压力低脱扣等。

（2）电气系统引发的脱扣

电气系统引发的脱扣是监测的超过限值的保护参数作用在脱扣继电器上，经脱扣继电器使紧急脱扣线圈通电，从而紧急脱扣阀动作，实现汽轮机保护停机。

8.3.2　触发汽轮机保护动作的信号

触发汽轮机脱扣保护信号的逻辑如图 8-11 所示。

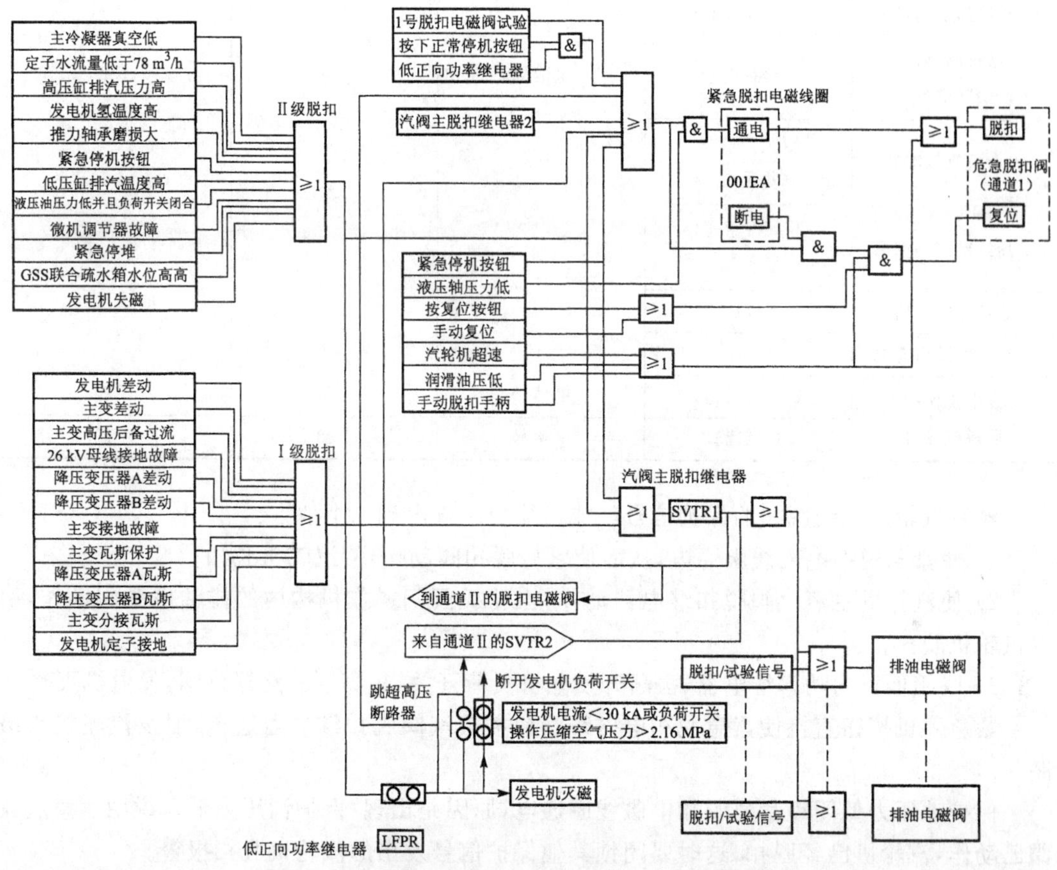

图 8-11　触发汽轮机脱扣保护信号逻辑框图(一个通道)

表 8-1 列出了汽轮机脱扣信号及引发脱扣的类别和能否在线试验。

表 8-1　汽轮机脱扣信号及引发脱扣的类别和能否在线试验一览表

名　称	逻　辑	触发原因	类　别	在线试验
润滑油压低	1/2	机械信号	Ⅱ级	能
汽轮机超速	1/2			
动力油压低	2/2(每通道)	电信号		
MSR 联合疏水箱水位高	2/2(每通道)(每个水箱)			
汽轮机推力瓦磨损大	2/2(每通道)(每侧瓦)			
高压缸排汽压力高	2/3(每通道)			

续表

<table>
<tr><th>名 称</th><th>逻 辑</th><th>触发原因</th><th>类 别</th><th>在线试验</th></tr>
<tr><td>手动脱扣手柄</td><td>1/1</td><td>机械信号</td><td rowspan="9">Ⅱ级</td><td rowspan="9">不能</td></tr>
<tr><td>冷凝器真空低</td><td>2/3(每通道)</td><td rowspan="8">电信号</td></tr>
<tr><td>定子冷却水流量低</td><td>2/3(每通道)</td></tr>
<tr><td>微机调节器
跳闸信号</td><td>各种符合逻辑</td></tr>
<tr><td>发电机氢温度高</td><td>双重二取一
(每通道)</td></tr>
<tr><td>低压缸排汽温度高</td><td>2/2(每通道)
(每个 LP)</td></tr>
<tr><td>紧急停机按钮</td><td>1/1</td></tr>
<tr><td>反应堆联跳汽轮机</td><td></td></tr>
<tr><td rowspan="2">发电机保护
联跳汽轮机</td><td>1/1(每通道)</td></tr>
<tr><td>1/1(每通道)</td><td>电信号</td><td>Ⅰ级</td><td>不能</td></tr>
<tr><td></td><td>1/1(每通道)</td><td>电信号</td><td>Ⅱ级</td><td>不能</td></tr>
</table>

触发汽轮机二级脱扣的保护信号经或门综合后输出到三个地方：

1）使紧急脱扣电磁线圈通电，从而使紧急脱扣阀动作，使汽轮机脱扣；

2）使汽轮机主蒸汽阀脱扣继电器动作，汽轮机阀门操作机构内的排油电磁阀动作，引发汽轮机脱扣；

3）联锁低正向功率继电器，去断开发电机负荷开关，超高压断路器跳闸，发电机灭磁。

紧急停机按钮直接使紧急脱扣电磁线圈和主蒸汽阀脱扣继电器通电，引发汽轮机二级脱扣。

保护油压力低闭锁紧急脱扣电磁线圈通电，原因是出现“保护油压力低”，说明紧急脱扣阀已动作，汽轮机已经脱扣，这时要闭锁其他保护信号发出的汽轮机脱扣报警。

汽轮机超速、润滑油压低、手动脱扣手柄这些液压/机械引发的脱扣直接作用在紧急脱扣阀上。

由发电机和变压器保护系统来的保护信号，引发汽轮机一级脱扣。综合的引发一级脱扣的信号送到三个地方：

1）使紧急脱扣电磁线圈通电；

2）使主蒸汽阀脱扣继电器通电；

3）跳超高压断路器及断开发电机负荷开关。

触发汽轮机保护动作的逻辑通道设置两个。图 8-11 表示的只是一个通道的结构。该通道还要接收另一通道的保护信号，同时也把本通道的脱扣信号送往另一通道。

汽轮机脱扣后，可在控制室通过操作复位按钮使其复位。

8.3.3 汽轮机脱扣与反应堆紧急停堆

汽轮机脱扣信号分 A、B 两列送往反应堆保护系统。但汽轮机脱扣信号是否引发反应堆保护停堆，要看反应堆的工况。

1）当反应堆功率 $P<40\%$FP 时，汽轮机脱扣不导致反应堆紧急停堆。

2）当反应堆功率 $P>40\%$FP 时，出现下述情况汽轮机脱扣将引发反应堆紧急停堆：

① 冷凝器出现故障不可用时，立即紧急停堆；

② 蒸汽旁排系统排往冷凝器的隔离阀关闭或蒸汽排放阀出现闭锁信号，则汽轮机脱扣延迟 1 s 后引发紧急停堆。

复习题

1. 汽轮机调节系统的功能是什么？
2. 简述汽轮机保护系统的工作原理。
3. 汽轮机紧急停机是否一定会导致紧急停堆？

第 9 章　反应堆保护系统

保护系统是探测核电厂偏离可接受状态并发出指令维持安全的核电厂的安全系统。

当核电厂运行中，不管是由于控制系统发生故障，或由于发生某种事件使过程变量变化太快而控制系统来不及动作，或由于核电厂的某些安全重要设备发生故障，导致核电厂的某些过程变量超出允许值，此时保护系统发出指令，触发相应系统动作，把核电厂发生的异常瞬态或事件的影响减到最小或缓解事故的后果。

保护系统的范围及与其他系统的连接简图如图 9-1 所示。按照我国核安全导则“HAD102/10 核电厂保护系统及有关设施”的规定，保护系统包括从敏感元件（包含敏感元件在内）到安全驱动系统和安全系统的辅助设施输入端的所有电气和机械部件及回路的设备，它产生与保护任务有关的信号。

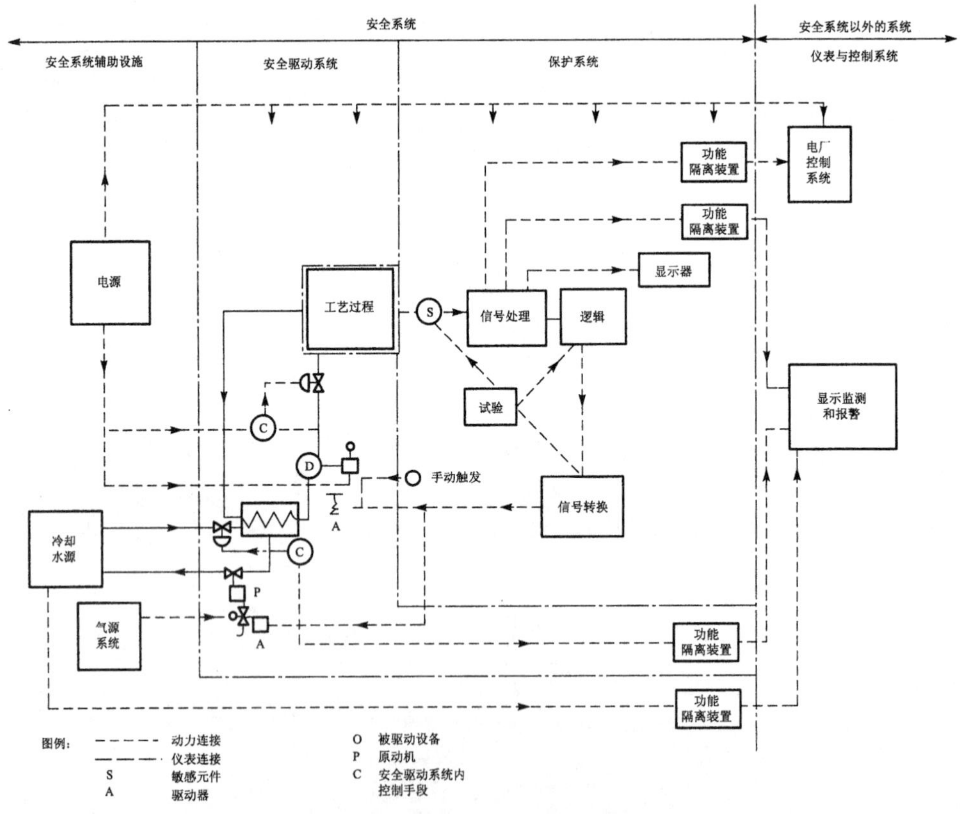

图 9-1　保护系统的范围及其他系统连接简图

9.1　反应堆保护系统的功能

核电厂启动和运行过程中，保护系统的目的是保证反应堆的三道安全屏障（燃料元件包壳、一回路压力边界、安全壳)完好,限制反应堆在允许范围内运行或是缓解事故后果,保护反应堆、环境、人员的安全。

为此,核电厂保护系统必须:

1) 连续监测反映预计运行事件的各种保护参数和一些安全级设备的运行状态,一旦所监测的参数超出允许值或安全级设备出现故障,立即给出报警和相应的触发安全动作的信号,以保证发生预计运行事件时,核电厂的主要系统不超出规定的设计限值;

2) 当监测到核电厂运行出现异常瞬态或事件时,立即自动触发停堆,把异常瞬态或事件的影响减到最小;

3) 当监测到核电厂运行出现事故工况时,除自动触发停堆外,还自动触发相应的专设安全设施动作,把事故工况的后果减到最小。核电厂的专设安全设施主要有:安全注入系统、安全壳隔离系统、安全壳喷淋系统、蒸汽管道隔离装置、主给水隔离装置、辅助给水系统和应急电力系统等;

4) 在预计运行事件及事故或事故后工况下,排出堆内的余热;

5) 给出允许信号,允许在一定条件下闭锁某些保护功能,以保证核电厂按计划改变工况;

6) 给出闭锁信号,抑制控制系统的不安全动作。

一个特定安全驱动器被保护系统触发的结果是一种安全动作。一般一种假设始发事件将引起保护系统发生许多保护动作,这些保护动作又将触发同样数目的安全驱动器,因而引起同样数目的安全动作。

在一种假设始发事件之后,用于维持电厂在设计基准规定的限值以内运行的保护系统、安全驱动系统和安全系统辅助设施内的设备的组合称作一个安全组合,对于每一种假设始发事件,都有一个特有的安全组合,每个安全组合完成它自己的安全任务。

图 9-2 的流程图表明保护系统的保护动作、保护任务、安全动作及安全任务的相互关系。

对于每一种假设始发事件,保护系统都将触发安全驱动系统和安全系统辅助设施内的特定的安全驱动器动作。特定的安全驱动器的每一次启动,定义为一种保护动作。每一种假设始发事件的保护动作的总和是一项保护任务。因此,保护系统以一项保护任务对应于一种始发事件,这项保

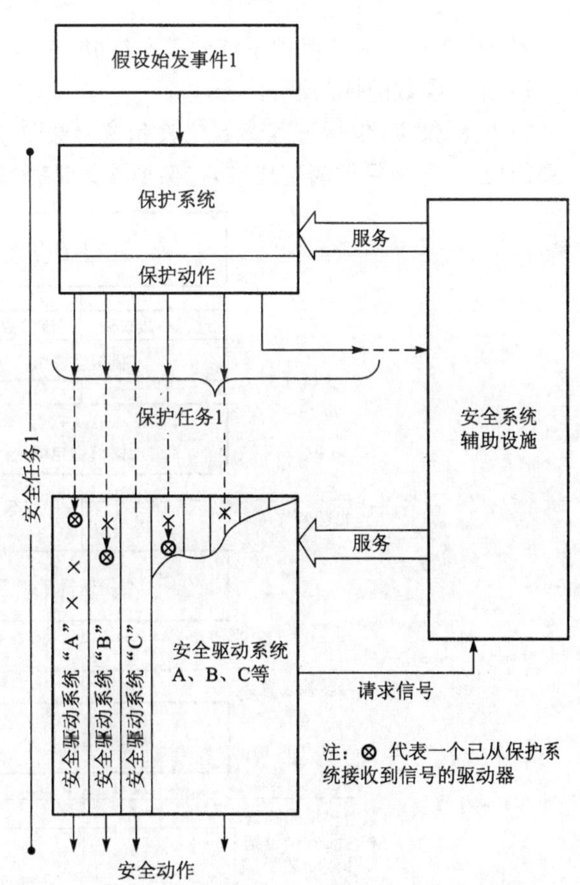

图 9-2　保护动作、保护任务、安全动作和安全任务的相互关系

护任务对这种特定假设始发事件是特有的。

对于一座核电厂来说，设想多少种假设始发事件就有多少个安全组合，由于假定的几种假设始发事件不会同时出现，所以一个安全组合内的某些部件可以与其他安全组合共用。同样，一个保护动作可以是若干保护任务所共有的，而且由一些安全系统辅助设施提供的服务，也可以供各种不同的安全任务共用。

9.2 保护系统的范围

就保护系统的范围而言，可分为广义保护系统和狭义保护系统。

广义保护系统包括从参数测量的敏感元件到产生保护动作信号的所有有关的电气和机械部件及电缆等。因此，它除包括保护逻辑运算及安全驱动信号输出单元外，还包括保护参数的监测装置(核仪表系统和过程参数仪表系统的传感器及信号处理电路)。

狭义保护系统是广义反应堆保护系统的一部分，它包括那些为了保护反应堆，根据电厂参数变化而控制紧急停堆断路器和专设安全设施执行机构动作的全部电气设备。

9.2.1 保护系统的组成

图 9-3 表示反应堆保护系统的基本组成，它包括下列主要功能单元：

1) 保护参数的探测器；

2) 监测仪表(包括过程参数仪表和核参数仪表)，它接收相应探测器送来的信号，进行必要的处理，并与保护阈值比较，把保护参数是否越限信号送往逻辑装置；

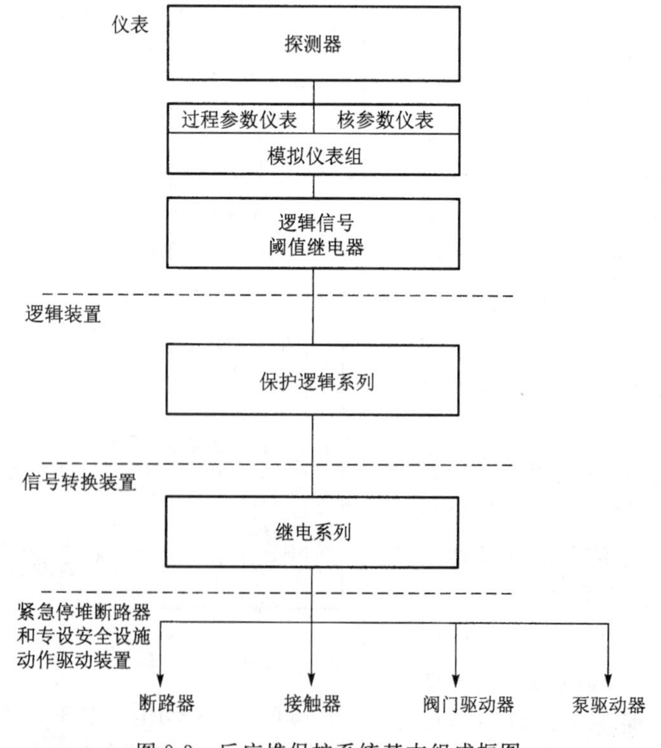

图 9-3 反应堆保护系统基本组成框图

3）安全逻辑装置(用于保护参数和保护通道的逻辑算法)；
4）为保护动作提供输出到驱动器的信号转换装置；
5）手动触发停堆的信息显示器；
6）隔离装置；
7）旁通控制及显示装置；
8）手动触发停堆单元；
9）安全闭锁装置；
10）装有保护系统设备的控制盘、机箱、机柜；
11）电缆及电缆管道；
12）电气及仪表电缆的安全壳电气贯穿件。

除此之外，保护系统还应有保护系统设备的状态监视器。

9.2.2 保护系统的接口

保护系统与其他系统有很多接口，其接口部件应满足保护系统的要求。

从图 9-1 可看出保护系统有下列几种接口：

1）保护系统内的敏感元件与被保护的电厂工艺系统的接口；
2）安全驱动系统内的驱动器与安全驱动系统的接口；
3）位于保护系统内的功能隔离装置与运行人员的信息显示器的接口；
4）保护系统内的功能隔离装置与控制系统的接口。

9.3 保护系统的可靠性要求及设计准则

保护系统必须具备与它执行的安全功能相适应的可靠性，并且当系统出现单一故障时，不会失去完成任何必要的保护任务的能力。任何核电厂的保护系统的功能及可靠性要求是通过安全分析确定的，系统的设备必须满足或超过这些要求。保护系统的设计除考虑拒动率要低之外，也要考虑误动率也不能高，以免影响核电厂的正常运行。一般情况下保护系统应满足下列要求：

1）系统平均无故障工作时间 $T \geqslant 10^6$ h；
2）系统全部功能恢复的平均时间 $T_B \leqslant 1$ h；
3）每个变量在要求保护动作时，系统因随机故障而不动作的概率应小于 10^{-5}。

9.3.1 保护系统的设计准则

为了保证保护系统的可靠性要求，保护系统必须满足我国核安全导则“HAD102/10 核电厂保护系统及有关设施”的规定，减小系统失效的概率。为此，保护系统的设计必须满足一些基本原则的要求和采用若干已认可的设计方法，以保证它实现安全功能的能力。

(1) 保护系统的功能和性能要求

对保护系统的功能和性能要求通过核电厂的安全分析加以确定，使保护系统必须完成核电厂在全部正常运行工况下可能需要的保护任务和出现假设始发事件引起的后果时必要的保护任务。一旦要求保护系统动作，它就能在规定的时间内完成所要求的保护功能。

（2）自动触发

保护系统必须能够自动触发每个预计运行事件或事故工况所要求的保护动作。保护动作一经触发就必须完成规定的保护任务。

（3）单一故障准则

保护系统必须满足单一故障准则的要求，不管是自动触发还是手动触发均必须满足。单一故障准则是指要求某设备组合在任何部位发生可信的单一随机故障时仍能执行其正常功能的准则。该准则要求保护系统内发生单一故障或由单次事件引起的继发故障不得损害系统的保护功能。

（4）冗余、符合逻辑（多重性）

为了满足单一故障准则的要求，保护系统必须采用合适的冗余、符合逻辑。系统设置冗余通道（即多重性原则）。每一个通道都具有提供所需安全功能的能力。但考虑到系统的可靠性，对冗余通道采用一定的符合逻辑之后再去触发所要求的保护动作，这样既可保证触发保护动作的可靠性要求，又可适当降低误动率，保证核电厂有效安全运行。

（5）多样性

为了克服共因故障，保护系统的设计必须考虑多样性原则。多样性是指功能多样性和设备多样性。功能多样性是指使用至少两种不同的方法来完成一个特定任务，以保证保护系统对该任务的响应；设备多样性是指保护系统采用不同厂家的设备或使用不同工作原理的设备，以防止设备制造中的共因缺陷对系统功能的影响。

（6）独立性

有许多设备故障的原因是由于外界影响、预计运行事件、事故工况、或系统内部某一部分故障造成的。为了减少这些故障对系统的影响，应该考虑独立性原则使系统在任何假设始发事件后均能完成安全任务。

独立性是指：

1）保持多重安全系统部件之间的独立性；

2）保持安全系统部件与一个或多个假设始发事件间的独立性；

3）保持安全系统部件与非安全系统部件之间的独立性。

采用功能隔离和实体分隔来实现保护系统对其他系统的独立性。同样在保护系统内也采用功能隔离和实体分隔来实现冗余部件之间的相互独立。

功能隔离是指必须采取措施以减小系统多重部分之间相互作用的可能性。这种相互作用是由正常或异常运行，或系统中任一部件的故障所引起的。它可能是由电磁感应、静电干扰、短路、开路、接地故障等事件所产生。防止这些相互作用可考虑采用功能隔离放大器、光电隔离器、电缆屏蔽等措施。

实体分隔是指系统内冗余部分必须采用距离或屏障或两者相结合来实现系统内冗余部分设备分开，以便减少某些类似假设始发事件和故障引起不利后果的可能性。

（7）误动率低

保护系统在保证完成保护动作要求的同时，必须考虑把误动作的概率降低到允许的水平，以保证核电厂的正常运行。

（8）“故障安全”设计

设计保护系统时，尽量考虑设备可能出现的故障，使其导致安全动作概率增加，而不是增加不安全动作概率。

(9) 设备质量鉴定

保护系统的安全级别是 1E 级，其设备质量必须满足 1E 级的要求。

所选用的设备必须尽可能经过实际使用考验、必须符合可靠性目标的要求，而且必须易于标定、试验、维护和修理。必须对安全系统设备进行质量鉴定，以保证该设备在需用时所出现的环境条件(如温度、压力、喷淋、辐射、地震等)下，能连续满足安全任务所需的设计基准性能要求(如范围、精度、响应等)。这些环境条件必须包括正常运行，预计运行事件和事故工况下预期的变化。鉴定的方法采用：

1) 对可代表待供应设备的样品设备进行型式试验；

2) 对实际供应的设备进行试验；

3) 运用过去类似应用中的有关经验；

4) 根据在相应条件下的试验数据和运行经验合理外推所作的分析。

设备鉴定时可按实际情况采用这几种方法中的任何一种或它们的组合。

(10) 运行旁通控制

在一种正常运行方式下的反应堆保护动作，可能会使反应堆不能转换到另一种运行工况，为了在需要时实现这种转换，有必要采用运行旁路来阻止不需要的和不希望的动作的触发。例如，可以采用运行旁路来阻止一个特定的保护动作(若不阻止它就会动作)，以便允许启动反应堆或有秩序的停堆，或在某些反应堆运行情况下阻止某一保护动作。在这些情况下，必须改变安全系统的连接方式，以便维持反应堆功率运行。

一旦不满足允许条件，则保护系统必须自动完成下列动作：

1) 防止运行旁路接入；

2) 执行断开已接入的运行旁路，或触发相应的保护动作。

(11) 接近保护系统设备的控制

接近保护系统和其他安全系统的设备必须受到适当限制，这是防止未经批准的人员接近和经批准的人员可能的错误所必需的。根据监督的严格程度或设备的远近，可采用实体安全措施(例如房间、机柜加锁)和行政管理相结合的方法。接近保护系统设备的关键问题是保护定值和精度的调整，因为这对保护系统的性能起很重要的作用。

(12) 对指示假设始发事件的变量的监测

保护系统必须连续监督和探测那些要求完成规定安全任务的核电厂变量的偏离以便减轻任何假设始发事件的影响。电厂变量的测量必须确切而且必须满足设计基准中规定的性能要求。在实际可行时，对所有关心的电厂工况，应用直接测量来监测，而不应从其他几个间接测量来推导。检测变量或变量组合的选择必须考虑可能出现的故障。

(13) 在役检验

保护系统设备在役期间必须具备可试验性。或是在线检测，或是定期试验，以确保保护系统设备的功能能力。

(14) 保护动作中操纵员的介入

手动触发安全动作功能，作为自动触发安全动作的后备。手动触发安全动作尽量直接。

当能够证明运行工况不会超出容许的限值时，操纵员可以手动启动或停止一些特定的安全动作，例如事故后，把核电厂停闭在最佳状态的操作，自动保护动作程序完成后执行的某些安全任务等。

在保护动作触发和自保持之后，保护系统需要经过操纵员手动复位才能投入以后的运行方式下的待保护状态。手动复位必须有很多条件限制，核电厂及安全设备都恢复正常状态，才允许操纵员手动使保护系统投入待保护状态。

(15) 维护、修理和校准

保护系统设备设置在便于接近、易于诊断、易于维修的地方。如需要维修旁通时，则系统其余可运行的通道必须继续满足单一故障准则的要求。

(16) 标识

安全系统设备及相互连接线，必须借用标签或色码作适当的标识，以便把该系统与核电厂的其他系统区别开来。另外，安全系统内的多重通道也必须适当加以标识，以减少维护、试验、修理或校准时选错通道的可能性。识别这些标识时不应要求参看图纸、手册或其他参考资料。

9.3.2 保护系统的符合逻辑

为了满足单一故障准则的要求，核电厂反应堆保护系统设计中普遍采用一定的符合逻辑算法来实现其安全功能，这样可降低系统的故障率。表 9-1 列出了系统的故障率和符合逻辑算法的关系，很显然不采取符合逻辑的设计是不能满足可靠性的要求的。

表 9-1 系统的故障率和符合逻辑算法的关系

符合逻辑	非安全故障概率（拒动率）	安全故障概率（误动率）
单通道(1/1)	$q(t)$	$P(t)$
二取一(1/2)	$q^2(t)$	$2P(t)$
二取二(2/2)	$2q(t)$	$P^2(t)$
三取一(1/3)	$q^3(t)$	$3P(t)$
三取二(2/3)	$3q^2(t)$	$3P^2(t)$
四取二(2/4)	$4q^3(t)$	$6P^2(t)$
双重二取一(2×1/2)	$q^4(t)$	$4P(t)$

注：$q(t)$，$P(t)$代表 T 时间内单一故障发生的概率。

从表 9-1 中可以看出，采取“三取二”或“四取二”的符合逻辑，既满足了系统的拒动率要求，也能很好的满足误动率的要求。

保护系统的符合逻辑选择可分为三种情况：多通道局部符合逻辑、多通道总体符合逻辑和局部-总体符合逻辑。

(1) 多通道局部符合逻辑

图 9-4 表示多通道局部符合逻辑。

这种结构的特点是对每个(同一种)保护变量的冗余通道的信号分别进行 2/3(或 2/4)符合逻辑，各保护变量在处理上是互相独立的。各个保护变量产生的触发保护动作的信号经 $1/N$ 运算(“或”)后去触发保护动作。只有当同一种保护变量的两个或两个以上通道同时超过整定值时才能产生触发保护动作的信号，从而可以大大降低信号波动或仪表故障造成的系统误动概率。

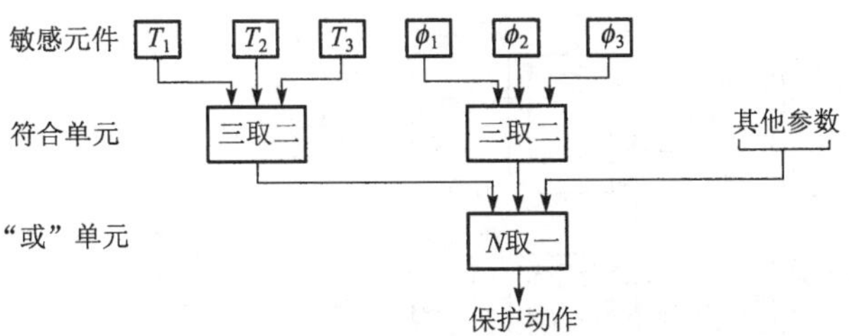

图 9-4 保护系统多通道局部符合逻辑

但在这种情况下单个符合逻辑装置故障可能会导致系统丧失保护功能(拒动),为了提高动作可靠性,通常对每个参数采用三个(或少至两个、多至四个)符合逻辑单元同时进行 2/3(或 2/4)符合逻辑处理,每个符合逻辑装置的输出再进行 2/3(或 1/2、2/4)符合后发出触发保护动作信号,防止单个符合逻辑装置故障而影响保护功能。这样既可以降低系统的误动率,又可以降低系统的拒动率,因此是一种常用的保护系统的典型结构。

(2) 多通道总体符合逻辑

多通道总体符合逻辑如图 9-5 所示。

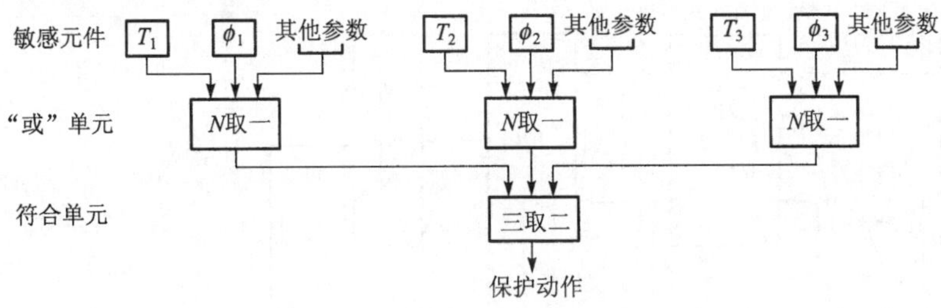

图 9-5 保护系统多通道总体符合逻辑

总体符合逻辑对同一通道内的各个保护变量先进行 $1/N$(“或”)运算,然后对三个通道的“或”逻辑输出信号进行 2/3 或 2/4 符合运算,产生触发安全动作信号。采用这种总体符合逻辑,只要两个通道有触发安全动作信号输出,系统就会产生触发安全动作信号,而不管是否是同一个保护变量的信号波动或仪表故障,因此,系统的误动率较大,且误动概率随保护变量通道数量增加而增加,故这种逻辑除少数实验堆上采用外在核电厂上几乎没有采用的。

(3) 局部-总体符合逻辑

图 9-6 表示 900 MW 压水堆核电厂保护系统通常采用的局部-总体符合逻辑。这种符合逻辑是先在每个通道里对保护参数进行局部符合逻辑,然后对不同的保护参数进行“N 取一”符合,在同一通道里对 X、Y 两个“半逻辑”进行总体符合输出,最后对两个通道的输出再进行总体符合后去驱动安全动作。这种局部-总体符合逻辑既可以发挥上述两种逻辑结构的优点,又可以避免它们各自的缺点,这种逻辑结构能够很好地满足单一故障准则,即随机单次事件引发的故障或由单次事件引起的多故障都不影响系统的保护功能。

图 9-7 表示秦山一期压水堆核电厂保护系统的局部一总体符合逻辑框图。这种符合逻辑共设有四个通道 A1、A2、B1、B2。先在每个通道里对保护参数进行局部符合逻辑,再对全部保护参数进行“n 取一”符合。四个通道按“四取二”符合逻辑去驱动保护动作。

传感器
定值器
X半逻辑
Y半逻辑
I
II
III
IV
1
2
n
XU
2/4
(1/2)
(2/3)
1/n
("或")
2/2
1/2
控制棒驱动机构电源

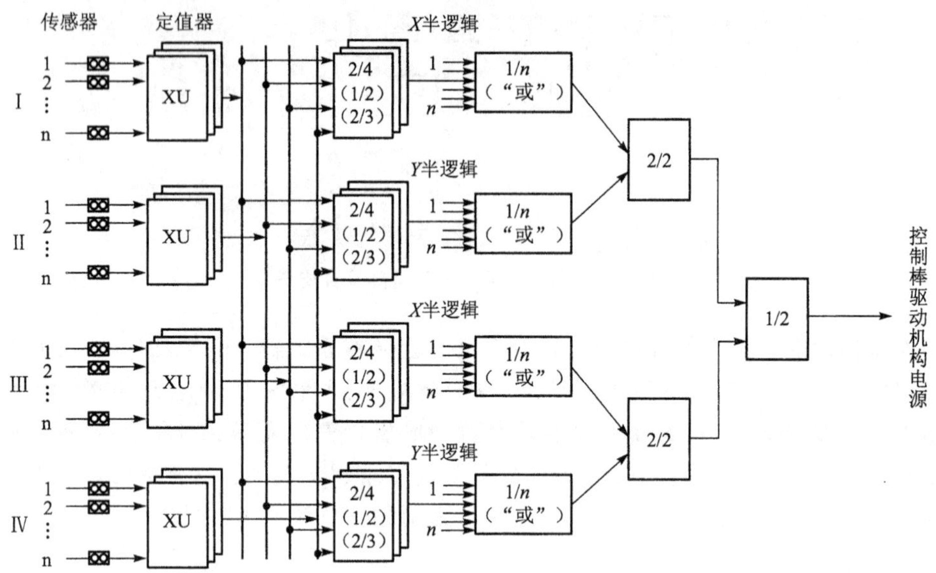

图 9-6 大压湾压水堆核电厂保护系统的局部-总体符合逻辑

保护参数监测装置及定值器A1-1
保护参数监测装置及定值器A2-1
保护参数监测装置及定值器B1-1
保护参数监测装置及定值器B2-1
2/4
(或2/3、1/2)
1/n
断路器A1
断路器A2
断路器B1
断路器B2
2/4
(断路器硬件接线)
控制棒驱动机构电源

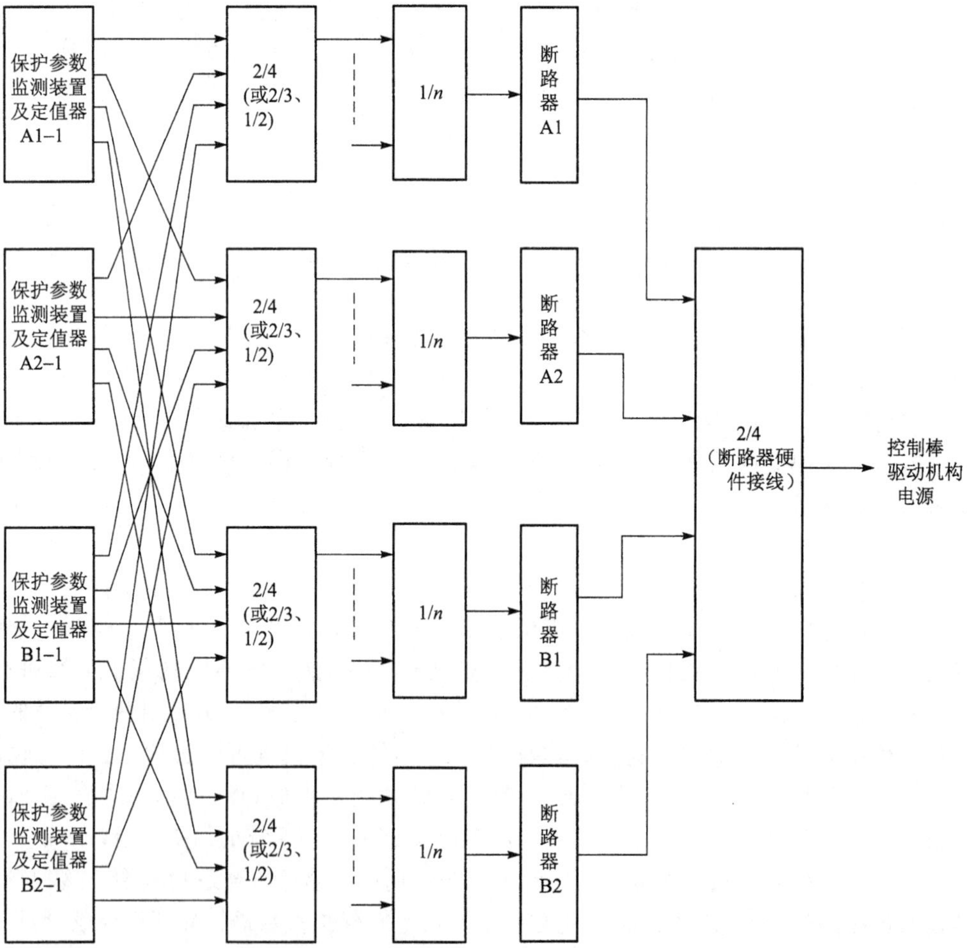

图 9-7 秦山一期压水堆核电厂保护系统的局部-总体符合逻辑框图

通常实验堆保护系统采用三通道"三取二"局部-总体符合逻辑结构,如图 9-8 所示。这样既能满足保护系统的要求,又符合实际运行情况。

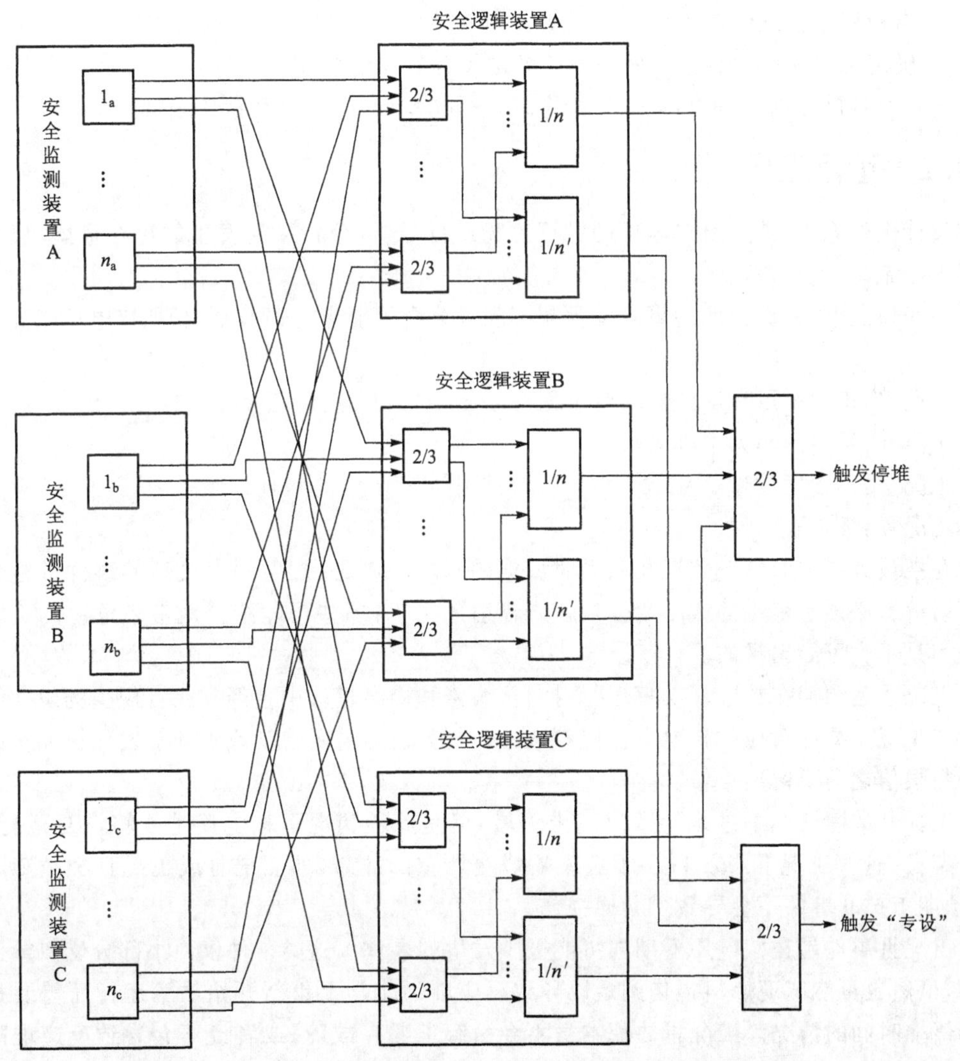

图 9-8 保护系统三通道"三取二"局部-总体符合逻辑原理框图

9.4 保护系统的设计依据及步骤

设计保护系统时,必须要明确具体核电厂反应堆保护系统的功能要求。这种功能要求是通过核电厂的安全分析确定的。在安全分析中,明确核电厂的假设始发事件,以及对它的监测及所采取的措施。

9.4.1 安全分析

必须进行安全分析,以确定保护系统的功能要求。主要的步骤是:

1）确定可能发生的事故(或设计依据)；

2）检查后果；

3）规定事故情况下反应堆特性的安全界限；

4）选择用于触发保护动作的电厂变量和敏感元件；

5）确定保护动作的类型和保护系统必须具有的性能特性。

一旦要求已经确定，就可以对保护系统进行初步设计，并对其特性进行分析。

9.4.2 运行工况

设计保护系统，首先要对电厂的运行工况进行分析，分析可能发生的潜在危险，以便采取保护措施。

一般情况下，根据预期的事故发生频率和对公众可能有的辐射影响，把核电厂工况分为四类：

工况Ⅰ：正常运行和操作的瞬变过程；

工况Ⅱ：发生频率为中等的故障；

工况Ⅲ：不常见故障；

工况Ⅳ：极限故障。

在把设计要求与每1工况相联系时依据的基本原则是：发生频率最高的事件带给公众的辐射危害必须是很小的或不给公众带来辐射危害，而那些可能给公众带来危害的极端情况应当是不大可能出现的。

工况Ⅰ是预期在核电厂功率运行、换料、维修和操纵过程中会经常或有规律的发生的事件。与工况Ⅰ事件对应的核电厂任何参数的运行数值与需要自动或手动触发保护动作的相应参数限值之间要留出裕量。

工况Ⅱ故障最坏不过是导致反应堆停堆，但是此种情况下核电厂是能够恢复运行的。根据定义，这些工况Ⅱ(或事故)不会发展成更严重的故障，即工况Ⅲ或工况Ⅳ类故障。此外，预期工况Ⅱ事件不会导致燃料棒损伤。

工况Ⅲ事件是在核电厂寿期内可能极少发生的事件。这类事件仅使小部分燃料棒遭到破坏，虽然也可能出现燃料损伤到足以导致反应堆不能马上重新开始功率运行而需要相当长的停堆时间的情况。工况Ⅲ故障本身不会引起工况Ⅳ故障，或者说不会导致反应堆冷却剂系统或安全壳屏障功能的重大失效。

工况Ⅳ事件是预期不会发生的事件，但还是假定它会发生，因为其后果之一是可能释放出大量的放射性物质。它们是必须在设计上设法防止发生的最严重的事件，因而它们代表了极限设计情况。工况Ⅳ事件不会给公众健康和安全带来过大的风险，裂变产物向环境的释放不会超过国家规定的标准。

表9-2列出了运行工况分类表，并给出发生的概率及可能导致的后果。

表9-2 运行工况分类表

工 况	概率/次/(堆·年)	放射性后果/mSv	特 点
Ⅰ	无限制	$<\frac{1}{1\,000}$	物理参数变化不超过保护阈值，对公众无影响

续表

工　况	概率/次/(堆·年)	放射性后果/mSv	特　点
Ⅱ	<1	$<\frac{1}{1\,000}$	最坏情况引起紧急停堆，采取相应操作后可很快恢复运行，对公众无影响
Ⅲ	$<10^{-2}$	<5	少量燃料元件损坏，堆芯几何形状不受影响，对公众无影响
Ⅳ	$<10^{-6}$	<150	对付故障的系统（如安全注入系统）正常，反应堆冷却系统和安全壳不受另外的破坏，有放射性物质向环境释放，会影响公众安全

保护系统主要是针对Ⅱ、Ⅲ和Ⅳ类工况设计的。根据运行工况，选择典型事件（或事故）作为保护系统的设计依据事件。

在确定设计基准事件（或事故）时，通常要考虑典型的可能功能失常和故障。它们包括：

1）控制棒不受限制的抽出、控制棒弹出、蒸汽管道破裂、冷却剂沸腾、燃料元件包壳破损或失去自动控制；

2）由于泵驱动电源或调节器故障所引起的功率与流量失配；

3）由于一回路系统中结构故障所引起的失去冷却剂；

4）蒸汽发生器结构故障；

5）自然灾害，例如地震、暴风、洪水和火灾；

6）电厂内、外的飞射物的可能影响。

设计电厂的保护系统时，必须考虑上述事故的危害，尽量避免或缓解事故的后果。

9.4.3　确定保护动作

针对典型事故，确定保护动作。在无保护系统动作的情况下，对每个假设事故对反应堆和公众安全的影响，必须进行详细的分析。通过分析确定哪里需要保护动作，保护系统的性能要求、保护系统故障的严重性和限制严重事故后果的固有特性的能力。在电厂设计中，应该及早分析没有保护情况下事故的后果，因为这些故障的后果在确定保护系统所要求的必要性和可靠性方面都是重要的因素。

保护动作必须提高电厂的安全特性，把因事故所造成的影响减小到最小，限制事故扩展，联锁其他系统的动作，防止某些事件或继发事件发生。

同时，也应考虑保护系统误动作的经济代价和安全代价，控制误动率。

9.4.4　确定保护参数

在安全分析的基础上，确定触发保护系统，给出触发信号的变量及其整定值。确定这些变量必须考虑对假设始发事件的充分保护，特别要考虑：

1）反应性保护；

2）堆芯保护；

3）压水堆堆芯偏离泡核沸腾的保护；

4）一回路冷却剂边界完整性保护；

5）汽轮机截止阀关闭或蒸汽管道破裂；

6）安全壳屏障的保护和限制事故发展；

7）外电网失电保护。

专设安全设施的各种动作是由来自诸如冷却剂低液位、冷却剂低压力、安全壳高压力、安全壳中辐射强度过高、蒸汽管道内辐射强度过高、高蒸汽流量、蒸汽发生器中低水位以及蒸汽发生器低压力等这样一些电厂变量的保护动作信号所触发，并在事故期间进行控制。

9.4.5 保护系统的响应时间

保护动作必须在变量超过定值之后的某一时间间隔之内发生，以防止核电厂变量达到安全极限。图 9-9 说明了由于反应堆停堆系统的延迟而引起的典型的瞬态超调。事故发展速度和所需要的保护系统响应速度是密切相关的。

保护系统的响应时间要求取决于最快的设计依据事故发展的最大速度。

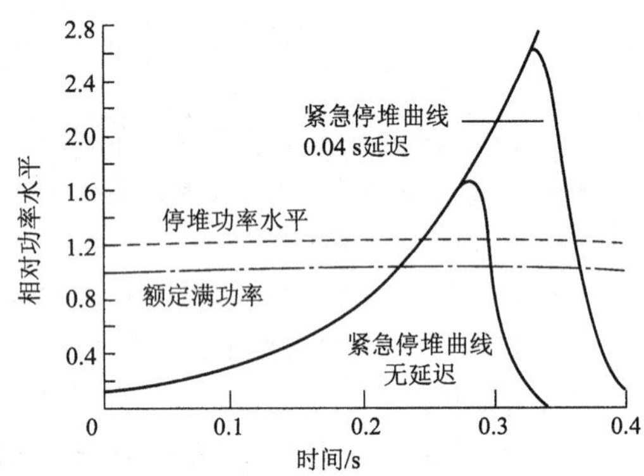

图 9-9 超功率紧急停堆动作

反应堆处于 0.1 s 周期，停堆功率水平为满功率 120%

9.4.6 环境条件

保护系统设备不仅在正常环境条件下能够实施其保护功能，即使在极限环境下也能很好地完成其保护功能。当发生地震时，不仅在正常运行地震情况能实施其保护功能，即使发生安全停堆地震时，也能很好地完成其保护功能。

9.4.7 确定系统总体结构及性能要求

根据上述反应堆的具体要求，来确定保护系统的总体结构，并编制保护系统设计的任务书。根据此任务书，来具体实施系统的设计，并确定设备的质量要求，以满足保护系统可靠性目标。

9.5 保护系统中逻辑运算符号

在保护系统的逻辑结构图中，经常会用到一些逻辑运算符号。各种逻辑符号的意义如表 9-3 所示。

表 9-3 逻辑符号

符 号	逻辑功能	备 注
&	与	仅当每次全部输入存在时，产生一次输出的器件

续表

符　号	逻辑功能	备　注
	非	仅当输入不存在时产生输出的器件
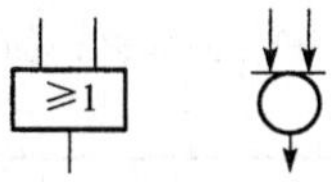 ≥1	或	当存在一个(或一个以上)输入时产生一次输出的器件
	记忆门(非再现记忆)	保持与最后一个输入信号相应的输出状态的器件(但是断电时使该器件恢复到原始状态)
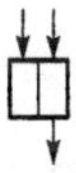	记忆门(保持记忆)	保持与最后一个输入信号相应的输出状态的器件(断电时保持断电前的状态)
	可调整时间延迟通电	在接收一个输入信号后经过一段故意的时间延迟后产生一个输出的器件
	可调整的时间延迟断电	在输入信号已经去除之后的一段时间内继续产生输出的器件
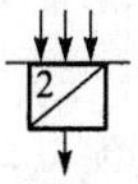 2	符　合 (图示为三取二)	当规定数目输入存在时产生一次输出的器件(对图的例来说,要产生这一输出,须有至少两个输入存在)
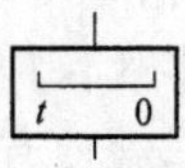 t　0	前沿延时定时器	输出信号前沿在输入信号前沿延迟 t 秒时出现,输出信号的后沿与输入信号的后沿相同
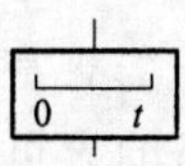 0　t	后沿延时定时器	输出信号前沿与输入信号前沿同时,而输出信号的后沿在输入信号后沿延迟 t 秒时出现
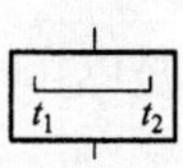 t_1　t_2	前后沿延时定时器	输出信号前沿在输入信号延迟 t_1 秒时出现,而输出信号的后沿在输入信号后沿延迟 t_2 秒时出现
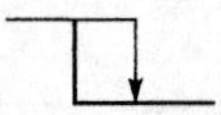	高整定值失电保护动作器件	表示测量参数正常时低于保护定值,不产生有效保护信号,其输出为高电平;当测量参数增加超过保护定值时产生有效保护信号,其输出为低电平
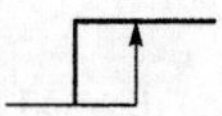	高整定值激发保护动作器件	表示测量参数正常时低于保护定值,不产生有效保护信号,其输出为低电平;当测量参数增加超过保护定值时产生有效保护信号,其输出为高电平

续表

符　号	逻辑功能	备　注
	低整定值失电保护动作器件	表示测量参数正常时高于保护定值，不产生有效保护信号，其输出为高电平；当测量参数降低超过保护定值时产生有效保护信号，其输出为低电平
	低整定值激发保护动作器件	表示测量参数正常时高于保护定值，不产生有效保护信号，其输出为低电平；当测量参数降低超过保护定值时产生有效保护信号，其输出为高电平

9.6 停堆断路器

9.6.1 停堆断路器的功能及质量要求

断路器是控制停堆执行机构实现停堆功能的部件。反应堆通常靠快速把控制棒插入堆芯来实现紧急停堆，通过断路器来控制控制棒驱动机构的电源，从而完成紧急停堆功能。

压水堆核电厂所用的停堆断路器是大功率的接触器，触发它断开的控制线圈有两个，分别为“失电动作线圈”和“带电动作线圈”。当“失电动作线圈”失电或“带电动作线圈”带电时，停堆断路器断开。“失电动作线圈”接受自动停堆命令，这可满足失电安全准则：“带电动作线圈”接受手动停堆命令，这满足多样化原则。

停堆断路器的复位是由设在停堆断路器中的“合通控制线圈”控制，它为高电平有效，只接收手动复位命令。停堆断路器只有停堆命令解除后方可手动复位，其他情况下复位操作无效。由此可见停堆断路器具有双稳态电路功能。

按照某种符合逻辑（见 9.6.2 节）连接的反应堆事故保护停堆断路器把电能从控制棒电动—发电机组传到控制棒驱动机构上。当这种机构失去电源时，可使控制棒落入堆芯。

只有保护系统处于正常投入运行状态，而又没有出现事故保护停堆时，事故保护停堆断路器的低电压动作线圈才通电，从而使该断路器闭合。低电压动作线圈断电，会使有关事故保护停堆断路器断开，因此切断控制棒驱动机构电源，而使控制棒落入堆芯。

从上述可知，断路器是安全停堆系统中非常重要的部件之一。它的可靠与否直接影响反应堆的安全运行。因此应当按 1E 级的要求对它进行质量鉴定，质量合格的方可用在反应堆的保护系统中。

现在核电厂中多数采用接触器来做断路器。有些反应堆，在满足被控回路电压、电流变化范围情况下，也可采用继电器或大功率开关管做断路器。

9.6.2 停堆断路器的连接

断路器的连接要求满足单一故障准则，并且要允许对断路器进行在役检验。在反应堆保护系统断路器的连接形式中经常采用“二取一”、“三取二”、“四取二”三种连接方式。

(1) “二取一”连接

现在运行的压水堆核电厂的停堆断路器多数采用“二取一”的连接方式。由逻辑序列 A 和逻辑序列 B 分别控制的断路器串接在一起，来控制控制棒驱动机构的电源。

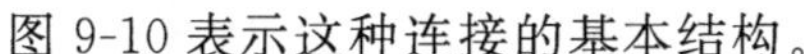

图 9-10 表示这种连接的基本结构。

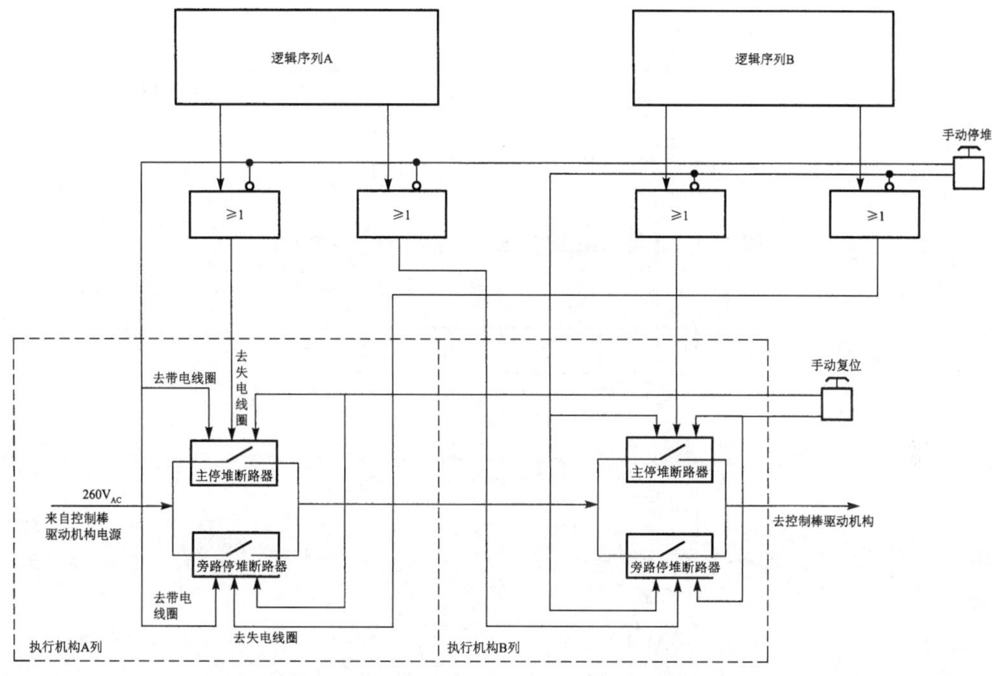

图 9-10　停堆断路器“二取一”连接(断电有效)结构图

当反应堆正常运行时,主停堆断路器闭合,而旁路断路器断开。

每个事故保护停堆断路器并联有旁路断路器,从而允许在线试验事故保护停堆断路器。序列 A 保护系统能使序列 A 事故保护停堆断路器的低电压动作线圈断电和序列 B 旁路断路器低电压动作线圈断电;序列 B 保护系统能使序列 B 的事故保护停堆断路器低电压动作线圈断电和序列 A 旁路断路器低电压动作线圈断电。当一个事故保护停堆断路器被旁路时,就认为有关这个断路器的保护序列是无效的。旁路断路器是这样联锁的:如果在一个旁路断路器闭合的同时,企图闭合第二个旁路断路器,那么这第二个旁路断路器应脱扣断开。这就防止了两个序列同时被旁路。

失电停堆命令被称为自动命令,除了自动命令以外,还设有手动停堆命令。手动命令为正逻辑设计。它直接操作“带电动作线圈”使反应堆停堆。由手动停堆按钮来的停堆命令也向“失电动作线圈”发出停堆命令,只是在向“失电动作线圈”送停堆命令前,要对手动命令进行“非”逻辑处理以便满足负逻辑设计要求。当反应堆启动时,可通过手动复位按钮使断路器复位。

(2)“三取二”连接

三个逻辑通道 A、B、C 分别控制三组断路器 A1 和 A2、B1 和 B2、C1 和 C2。这二组断路器按图 9-11 所示的方式连接。当 A、B、C 三个通道中,任两个同时给出停堆信号,则总的断路器断开,实现停堆。

(3)“四取二”连接

四个逻辑通道 A1、A2、B1、B2 分别各控制两个断路器触点 A1-1 和 A1-2、A2-1 和 A2-2、B1-1 和 B1-2、B2-1 和 B2-2。这四组断路器触点按图 9-12 所示的方式连接。当 A1、A2、B1、B2 四个通道中有任何两个同时给出停堆信号,则总的断路器触点断开,实现停堆。

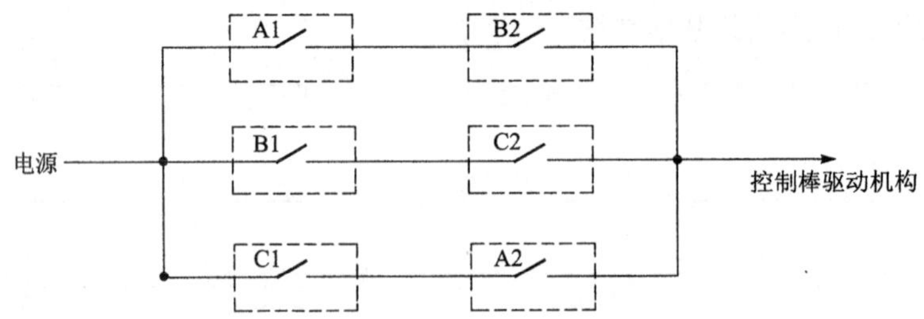

图 9-11 停堆断路器“三取二”连接(断电有效)方式

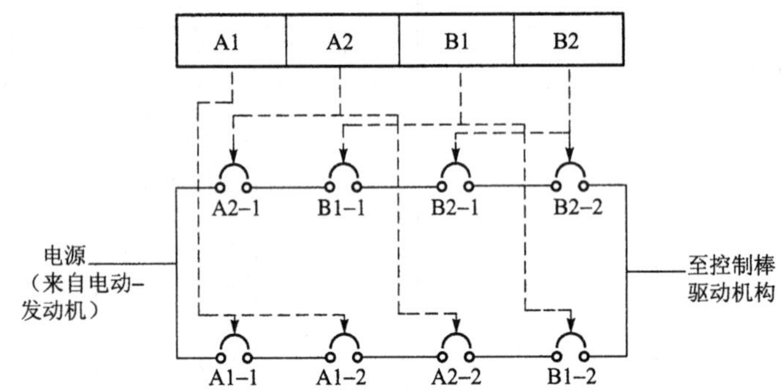

图 9-12 停堆断路器“四取二”连接(断电有效)方式

9.7 反应堆保护系统实例

9.7.1 大亚湾核电厂反应堆保护系统

大亚湾核电厂反应堆保护系统的功能及性能要求对于一般压水堆核电厂反应堆保护系统具有典型性。它采用四取二(4/2)符合逻辑,最大限度减小保护系统的拒动和误动概率,以提高核电厂的安全性及可用性。图 9-13 表示大亚湾核电厂保护系统总体结构。核仪表系统和过程仪表系统把保护动作触发信号送给逻辑序列。在反应堆保护系统柜里,有两组完整的、独立的逻辑电路。每组构成一个逻辑序列。当监测装置检测到异常时,就向保护系统逻辑柜发信号。如果要求进行保护停堆,保护逻辑柜向反应堆保护动作断路器发出信号,断路器脱扣,停止向控制棒驱动机构供电,使控制棒落入堆芯。如果要求触发专用安全设施,保护逻辑柜将触发相应的专用安全设施。逻辑序列还提供允许信号,允许自动或手动触发闭锁和旁路装置。

保护参数主要是两大类:工艺过程参数和核参数。工艺过程参数主要来自反应堆冷却剂系统,主蒸汽系统、给水流量控制系统、汽轮机调节系统、汽轮机保护系统;核参数主要来自中子注量率监测系统。

保护系统的动作信息通过继电器回路给出保护执行信号,既可以发出紧急停堆信号,又可给出投入各项专用安全设施的指令。

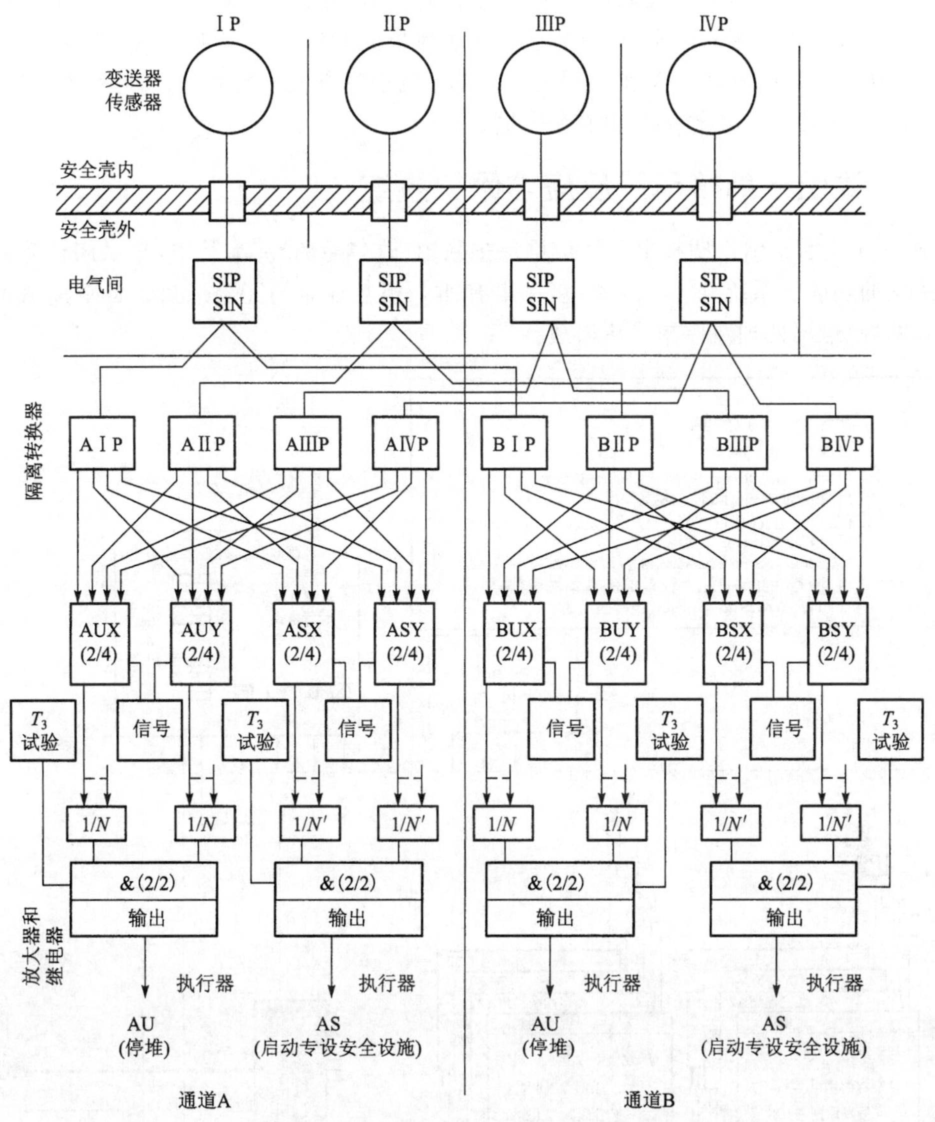

图 9-13 大亚湾核电厂保护系统总体结构图

从图 9-13 可知，对同一保护参数设置四套（或三套、至少两套）监测的传感器变送器。这些参数经过位于仪表间的四个 SIP(SIN)柜，进行信号变换和阈值处理。这四个仪表柜在电气上实体上是相互隔离的。

这四个仪表柜送出 8 路信号，4 路送 A 通道，4 路送 B 通道。上述信号分别输入到 A 列的 AIP～AIVP 和 B 列 BIP～BIVP 隔离转换装置，每一路信号经隔离后又分成四路，分别输入到 X、Y 半逻辑列的输入级。

AUX、AUY、ASX、ASY 和 BUX、BUY、BSX、BSY 半逻辑列处理单元，对同一个保护监测变量（如“冷却剂流量低”）的信号分别进行 2/4（或 2/3 或 1/2）逻辑运算（视不同的保护变量而异，详见图 9-15 逻辑处理，并经过允许和闭锁级）形成对这一个保护监测变量的保护触发信号。各个保护变量经 2/4（或 2/3、1/2）逻辑运算后输出的保护触发信号经“N 取一”

(“或”)后输出,作为X、Y半逻辑单元的各自输出。AUX和AUY经2/2逻辑单元后给出A通道的触发停堆信号;ASX和ASY经2/2逻辑单元后给出A通道的触发“专设”动作的信号。B通道也同样处理。A和B两通道按1/2的逻辑方式触发停堆。触发“专设”的逻辑根据不同的“专设”,其逻辑关系也有所不同。

9.7.2 秦山一期核电厂反应堆保护系统

图9-14表示秦山一期核电厂反应堆保护系统(改建后的)基本结构,它采用计算机实现保护系统的功能。系统分为a、b两组,每组有四个相互独立的冗余通道。每个通道由信号采集和调理、运算处理及控制模块组成。

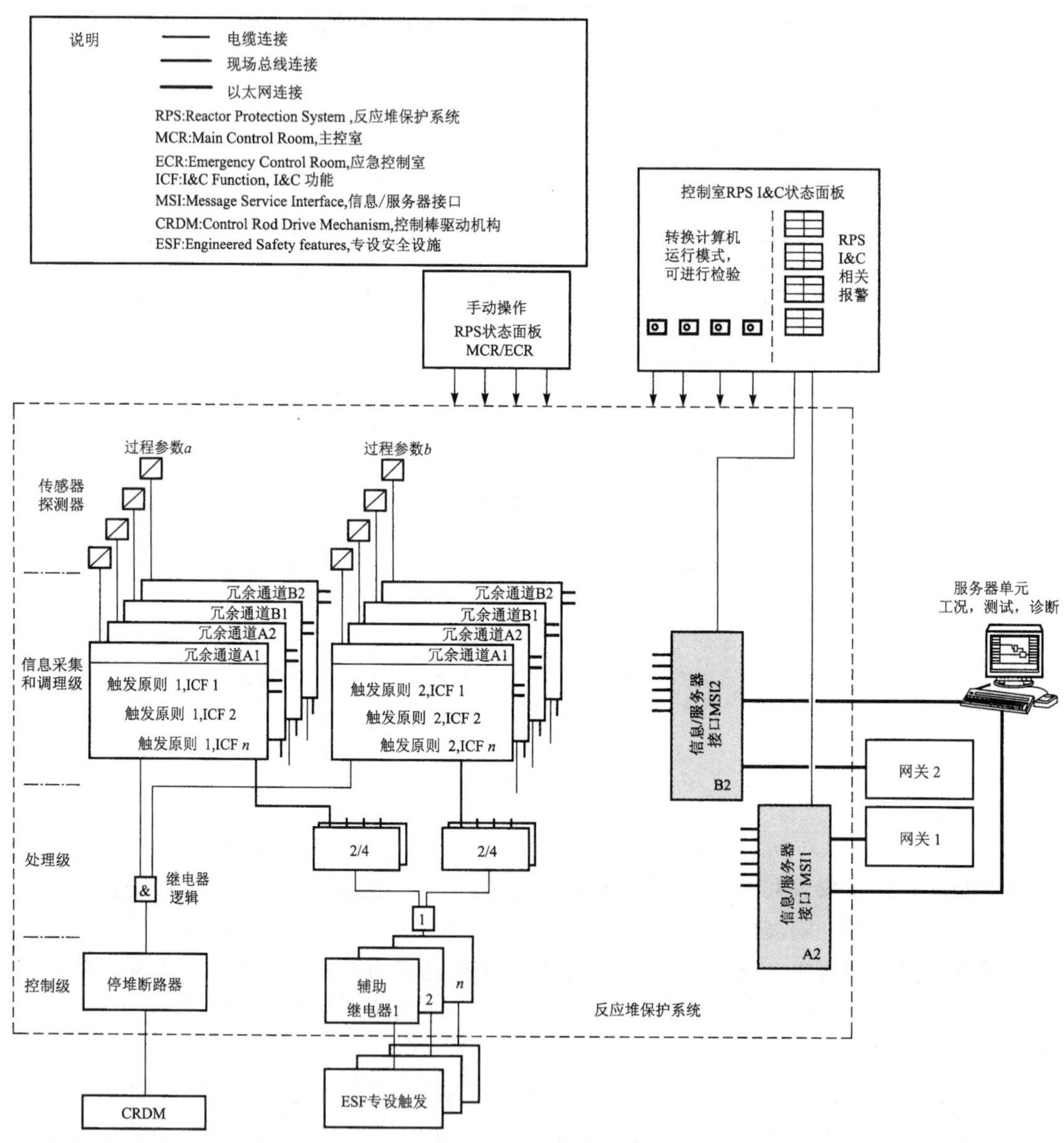

图9-14 秦山一期核电厂保护系统(改建后的)基本结构

(1) 信号采集和调理单元

信号采集和调理单元接收来自传感器的信号,并进行数字化处理,按照保护任务的要求生成保护信号。触发停堆的信号和触发“专设”动作的信号在不同的计算机上生成。

(2) 触发紧急停堆

触发停堆信号来自每个冗余通道的 a、b 两组。该通道 a、b 两组都给出停堆信号,则本冗余通道给出停堆信号。每个通道控制两组断路器,四个通道所控制的断路器按“四取二”的方式连接来实现对控制棒驱动机构供电的控制。断路器断开,控制棒插入堆芯则实现紧急停堆。

(3) 触发“专设”启动

正常运行时,计算机输出“0”信号,不触发“专设”动作。当需要启动“专设”时,计算机输出“1”信号。在数据采集和调理计算机,对应每个“专设”采集相应的信号。每组的四个通道(A1、A2、B1、B2)先进行“四取二”的逻辑运算,a、b 两组经过“或”运算去触发相应的“专设”启动。

每个冗余通道的两个不同模块组 a、b 都各设有一台数据采集/处理计算机,两个独立的数据采集和处理计算机(例如 RPS-A1. a 和 RPS-A1. b)采集不同的测量信号,处理不同的安全功能,为此把全部的安全功能分到 a、b 两个组里,以保证即使一组安全功能全部丧失,仍然实现对反应堆异常和事故的控制。每组每个通道包括处理停堆信号的计算机和处理触发“专设”启动信号的计算机。

每个组内的四台处理停堆信号的计算机(RPS-A1、RPS-A2、RPS-B1、RPS-B2)通过光纤连接进行通信,实现了每台计算机与其他三台计算机点对点的直接通信。

每个模块组内触发“专设”动作的计算机(ESF-A1、ESF-A2、ESF-B1 、ESF-B2)被设计成“主要控制计算机/核查计算机”对,通过光纤电缆与本组内的处理停堆信号的计算机(RPS 计算机)相连接,这样使 ESF 计算机对 RPS 计算机产生的保护信号进行表决。

每个模块组内的所有计算机(RPS 计算机和 ESF 计算机)都通过光纤连接到信息指令人-机界面计算机(MSI)。所有的报警信号以及系统自检/故障等信号都通过光纤传给 MSI,MSI 输出保护系统的相关信息。

两台冗余的接口处理计算机(MSI)通过以太网与电厂计算机系统(PCS)相连,既实现对 PCS 的数据传输,又实现隔离功能,保证了 PCS 的故障不会对保护系统产生影响。

服务器通过以太网连接到 MSI 上,通过编辑可以实现对保护系统的检验。

9.8 反应堆保护停堆功能

当核电厂反应堆运行中出现异常瞬态或事件时,保护系统必须触发停堆,以实现对堆芯和冷却剂系统的保护。

堆芯保护的原理是,对功率、流量、轴向功率分布、 回路冷却剂温度和压力等参数,确定一个允许运行区间,以便当运行达到这一区间限值时,触发保护停堆。

如果反应堆保护系统接收到了接近非安全运行工况的指示信号,那么该系统就触发报警装置,防止提升控制棒,触发减负荷装置,和(或)断开保护停堆断路器。

通过切断棒束控制组件电源,实现保护停堆。以断路器为“二取一”连接为例,电流通过两个串联的保护停堆断路器从驱动棒的电动发电机组传递到棒束控制组件上去。打开这两个串联保护停堆断路器中的任何一个,都会切断所有的控制棒电源。这种断路器是这样设计的：当断路器组件中小的低压动作线圈断电时，由于弹簧力作用打开断路器。当线圈断电时，它引起一个机械闩销运动，借助弹簧力断开保护停堆断路器。通过保护序列“A”向保护停堆断路器“A”的低电压动作线圈供电。通过保护序列“B”向保护停堆断路器“B”的低电压动作线圈供电。因此，即使两个保护序列中有一个失去作用，余下的一个仍会触发全部的保护停堆装置。

一个三环路的压水堆核电厂反应堆保护系统提供的停堆功能逻辑结构一般如图 9-17 所示。从图 9-15 可以看出，每个保护参数是按一定的符合逻辑关系来触发停堆功能。

(1) 手动保护停堆

手动触发装置与自动保护停堆电路无关，而且它不受可能使部分自动线路不能工作方面的故障影响。触发控制室内的两个手动保护停堆装置的任何一个，都会引起事故保护停堆和汽轮机保护停车。

在辅助控制点(或应急停堆盘)也设置手动停堆装置。它的功能和控制室的手动停堆装置相同，但它独立于控制室的设备。

(2) 中子注量率高保护停堆(源量程)

当两个源量程通道中任一个指示出每秒计数高于 10^5 时，这一电路就产生保护停堆信号。源量程保护停堆能禁止非正常的启动。当中间量程通道二取一超过 P6 整定值(约为 10^{-10} A)时，可以手动旁路源量程保护停堆装置。当两个中间量程通道值减小到 P6 整定值以下时，该停堆装置自动复位。当手动旁路这一保护停堆装置时，源量程中子探测器将断电，使源量程处于不动作状态。在直到 P10 整定值(10%FP)触发闭锁装置之前的任何时刻，操纵员都可以手动恢复源量程探测器供电。这就防止了在高中子注量率水平情况下重新使探测器通电。在这种情况下通电，会损害这些探测器。

(3) 中子注量率高保护停堆(中间量程)

设置两套中间量程中子注量率监测装置。这两套监测装置中有任何一个指示的电流超过 25%额定功率的电流时，则触发保护停堆。当功率量程以“四取二”的符合逻辑关系指示功率大于 P10 时，可以手动旁路中间量程中子注量率高保护信号。当功率量程指示值“四取三”低于 P10 时，自动恢复中间量程中子注量率高保护信号。

(4) 中子注量率高保护停堆(功率量程低整定值)

功率量程设置四个监测通道，四个通道按“四取二”的关系指示功率超过 25%FP 时，触发保护停堆。

当功率量程“四取二”指示超过 P10 时，可以手动旁路此保护信号。当功率量程“四取三”指示低于 P10 时，自动恢复功率量程的低整定值保护。

(5) 中子注量率高保护停堆(功率量程高整定值)

四个功率量程中子注量率监测通道，“四取二”指示功率高于 109%FP 时，触发保护停堆。

功率量程中子注量率高保护停堆逻辑如图 9-16 所示。

(6) 中子注量率正、负变化率值超过 5%FP/2s 触发保护停堆

在功率量程的四套中子注量率监测装置中，除监测中子注量率的当前值之外，还分别监测中子注量率的正、负变化率。其中任两套(或两套以上)监测出现中子注量率增长过快信号(≥5%FP/2s)，则触发保护停堆。

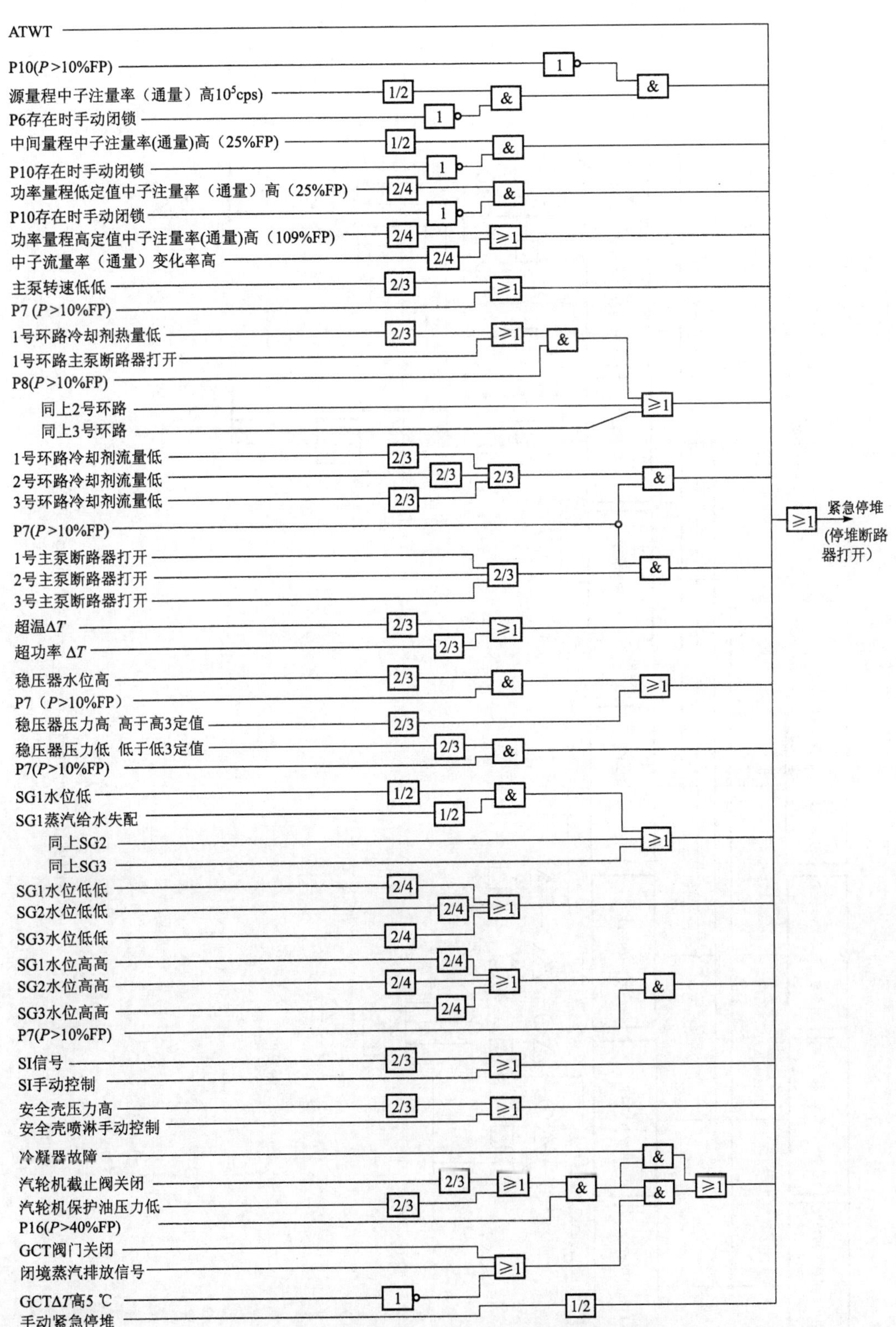

图 9-15　压水堆核电厂（三环路）紧急停堆逻辑图

SG—蒸汽发生器；SI—安全注入；GCT—蒸汽旁排系统

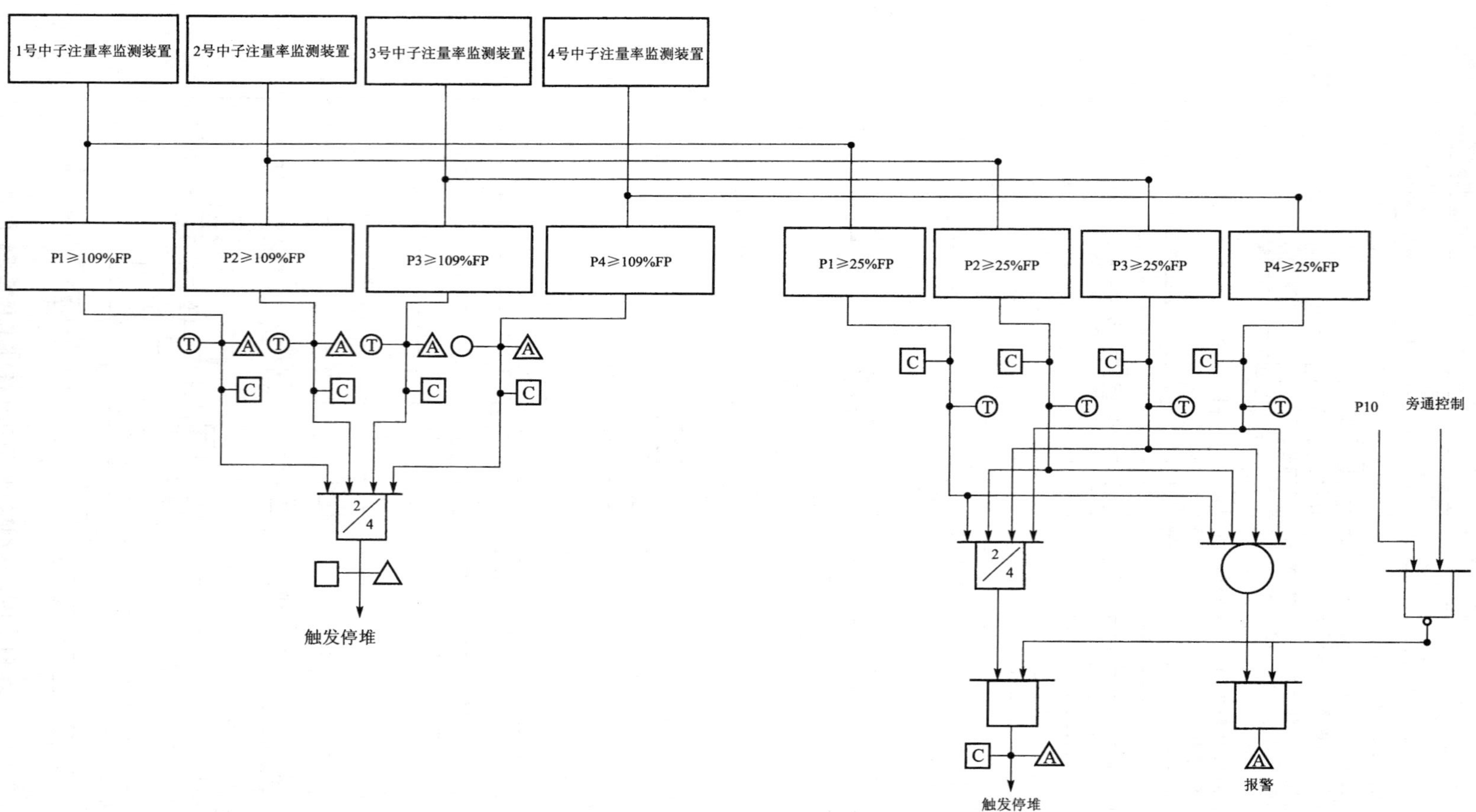

图 9-16 功率量程中子注量率高保护停堆逻辑

同样四套监测装置中，任两套(或两套以上)监测出现中子注量下降过快信号(中子注量率变化率≤−5%FP/2s)，则触发保护停堆。

(7) 一次冷却剂流量低触发保护停堆

以一次冷却剂有三个环路的核电厂为例。每个环路设置三套相互独立的流量计。当每套流量计监测的流量≤88.8%的额定流量时，则该套流量计给出流量低的信号。这三套流量计按“三取二”原则给出该环路流量低的信号。另外该环路的冷却剂泵的断路器打开，也给出该环路丧失流量的触发停堆信号。

当核电厂功率 $P\geqslant$P8 时，这三个环路中任一环路给出流量低信号都将触发停堆(P8=30%FP)；

当核电厂功率 $P\geqslant$P7 时，这三个环路中，任何两个环路同时给出流量低信号，则将触发停堆(P7=10%FP)。

一次冷却剂流量低触发停堆逻辑如图 9-17 所示。

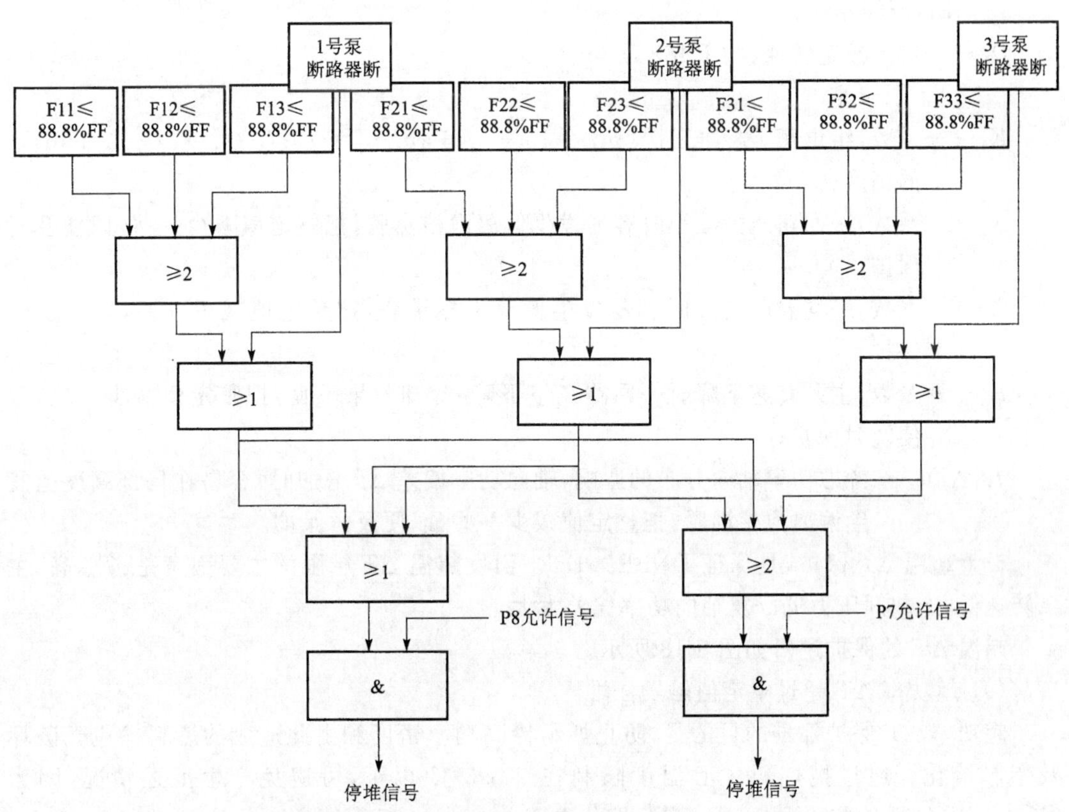

图 9-17　一次冷却剂流量低触发停堆逻辑示意图

(8) 超温 ΔT 超过整定值触发停堆

设计超温 ΔT 保护停堆是为了防止发生偏离泡核沸腾。因为偏离泡核沸腾会使得燃料棒和反应堆冷却剂之间的传热系数大大降低，从而引起燃料包壳温度升高。

在这种保护系统中，利用所指示出的环路的温差 ΔT 作为反应堆功率的量度，并把 ΔT 与随 T_{avg}、稳压器压力和轴向通量差异自动改变的整定值进行比较。

如果 ΔT 信号超过计算出的整定值，受影响环路将出现保护信号；如果有两个或两个以上环路同时有保护信号，将产生保护停堆。在超温 ΔT 值达到停堆整定值的 97%时，汽轮机将减速，并禁止自动或手动提升控制棒。

超温 ΔT 的整定值 $OT\Delta T_{ref}$ 由下式确定：

$$OT\Delta T_{ref}=\Delta T_{avN}\left[K_1+K_2(p-p_{avN})-K_3\frac{(1+\tau_3 S)}{(1+\tau_4 S)}\cdot\frac{1}{(1+\tau_1 S)}\cdot (T_{avg}-T_{avN})+K_4\left(\frac{\Omega}{\Omega_N}-1\right)-f_1(\Delta I)\right] \tag{9-1}$$

式中：

ΔT_{avN}——反应堆额定功率时，该环路的 ΔT；

T_{avN}——反应堆额定功率时，该环路的 T_{avg}；

p_{avN}——稳压器稳态额定压力(约 15.41 MPa)；

T_{avg}——反应堆该环路冷却剂平均温度；

p——稳压器压力；

Ω_N——主泵额定转速(约 1 485 r/min)；

Ω——主泵转速；

K_1——系数，给出额定标准工况($p_{avN}=15.41$ MPa，$T_{avN}=310$ ℃，$\Omega_N=1\,485$ r/min)下的裕度；

K_2——系数，一回路压力减小时容易发生偏离泡核沸腾，把整定值减少一些，以便及时保护；

K_3——系数，平均温度增加时容易发生偏离泡核沸腾，把整定值减少一些，以便及时保护；

K_4——系数，主泵转速下降时一回路流量下降，冷却效果不良，把整定值减少一些，以便及时保护；

$f_1(\Delta I)$——考虑功率轴向分布的影响，轴向功率偏差 ΔI 增加时，容易在局部高度上发生偏离泡核沸腾，把整定值减少一些，以便及时保护。

设置超温 ΔT 保护，是保证 DNBR>1.3。引发超温 ΔT 越限的主要因素是：T_{avg} 高、主泵转速低、冷却剂压力低以及轴向功率偏差太大。

超温 ΔT 的保护逻辑如图 9-18 所示。

(9) 超功率 ΔT 超过整定值触发停堆

超功率 ΔT 保护停堆的目的是，防止燃料棒高功率密度和由此造成的燃料棒包壳破坏及燃料熔化。通过把燃料中心温度限制在 2 593 ℃ 以下，可避免产生上述情况，因为 2 593 ℃这一温度明显低于 UO_2 实际熔化温度。

利用该环路冷却剂的热段冷段温差 ΔT 作为反应堆功率量度，并把该 ΔT 温度与随 T_{avg} 和轴向功率偏差自动改变的某一整定值相比较。如果 ΔT 信号超过计算出的整定值，受影响的环路会产生保护信号。如果有两个或两个以上环路同时产生保护信号，就会发生保护停堆。在 ΔT 值达到超功率 ΔT 保护停堆值的 97%时，汽轮机将减速运行并禁止自动或手动提升控制棒。因为堆芯热功率并不是准确地同与冷却剂密度及热容量的变化效应有关的 ΔT 成正比的，所以要利用一个是平均温度函数的补偿项。同样，所规定的超功率限值可能并不完全适合于极不对称的轴向功率分布，因此，要采用一个与 ΔI 有关的补偿项。

超功率 ΔT 的整定值 $OP\Delta T_{ref}$ 由式(9-2)确定：

$$OP\Delta T_{ref}=\Delta T_{avN}\left[K_5-K_6\frac{\tau_5 S}{1+\tau_5 S}\cdot\frac{1}{1+\tau_1 S}\cdot T_{avg}-K_7\frac{T_{avg}-T_{avN}}{1+\tau_1 S}-K_8\frac{1}{1+\tau_7 S}\cdot\left(\frac{\Omega}{\Omega_N}-1\right)-f_2(\Delta I)\right] \tag{9-2}$$

式中：

ΔT_{avN}——反应堆额定功率时，该环路的 ΔT；

T_{avN}——反应堆额定功率时，该环路的 T_{avg}；

T_{avg}——反应堆该环路冷却剂平均温度；

Ω_N——主泵额定转速；

Ω——主泵转速；

K_5——系数，给出额定标准工况下的裕度；

K_6——系数，平均温度 T_{avg} 增加过快时，热量来不及导出，易于超功率，把整定值减小一些，以便及时保护；

K_7——系数，平均温度 T_{avg} 高时不利于热量导出，把整定值减小一些，以便及时保护；

K_8——系数，主泵转速降低时，相应的修正超功率 ΔT 的整定值；

$f_2(\Delta I)$——轴向功率偏差 ΔI 增加时，容易引起局部超功率，因此降低一些整定值，以便及时保护。

引发超功率 ΔT 越限的主要因素有：一次冷却剂平均温度 T_{avg} 过高、T_{avg} 增加的速率大、主泵转速低、轴向功率偏差大。

图 9-18 表示超功率 ΔT 的保护逻辑。

(10) 稳压器压力超过限值触发停堆

稳压器设置三台压力监测装置。当任两台(或两台以上)监测装置监测的压力超出限值时，将触发停堆。

稳压器高压保护停堆的作用是，限制需要进行超温 ΔT 事故保护停堆的范围和防止反应堆冷却剂系统超压。当稳压器高压信号三取二超过 16.44 MPa 时，就会发生高压保护停堆，并且这种保护总是处于工作状态。

稳压器低压保护停堆的作用是防止堆芯出现过大蒸汽空间和限制需要超温 ΔT 事故保护停堆保护的范围。当稳压器低压信号三取二降到低于 11.72 MPa 时，就会产生低压保护停堆。当汽轮机第一级压力降到大约比 10%FP(P13)低并且反应堆功率也低于 10%FP(P10)，即没有 P7 信号时，这种低压保护停堆动作自动闭锁。

稳压器压力超限保护停堆逻辑如图 9-19 所示。

(11) 稳压器水位高过限值保护停堆

设置稳压器水位高保护停堆，是为了防止迅速热膨胀的反应堆冷却剂流体充注到稳压器中。从蒸汽释放到水的迅速变化，可能对卸压阀和安全阀造成损害。当稳压器高水位信号三取二超过 86%水位时，就会发生稳压器水位高保护停堆。在功率降到 10%FP(P7)以下时，这种保护动作将自动闭锁。

稳压器高水位保护停堆逻辑如图 9-20 所示。

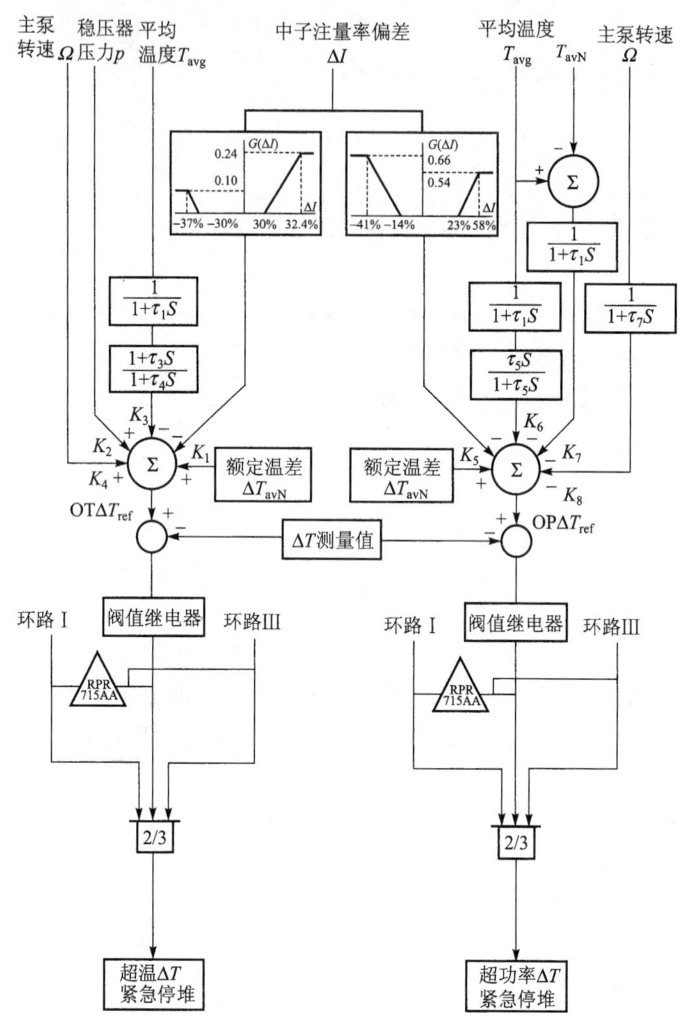

图 9-18 超温 ΔT 超功率 ΔT 的保护逻辑示意图

(12) 蒸汽发生器(SG)水位超过限值保护停堆

蒸汽发生器水位超过限值保护停堆分为三种情况:SG 低水位保护停堆,SG 低-低水位保护停堆和 SG 水位高-高保护停堆。

SG 低水位保护停堆的作用是,防止反应堆突然失去热阱。这种保护停堆是通过蒸汽流量-给水流量失配信号与蒸汽发生器低水位信号符合逻辑触发的。

SG 低-低水位保护停堆是防止可能失去反应堆热阱。

SG 高-高水位保护停堆是防止蒸汽品质变坏,保护汽轮机。这种停堆保护只在 P7 有效时($P \geqslant 10\%$FP)才起作用。

SG 水位越限停堆保护逻辑框图如图 9-21 所示。

(13) 汽轮机跳闸触发停堆

当核电厂运行在 40%FP 以上(P16 有效),如果蒸汽旁路系统排冷凝器不可用时,汽轮机跳闸将触发停堆。

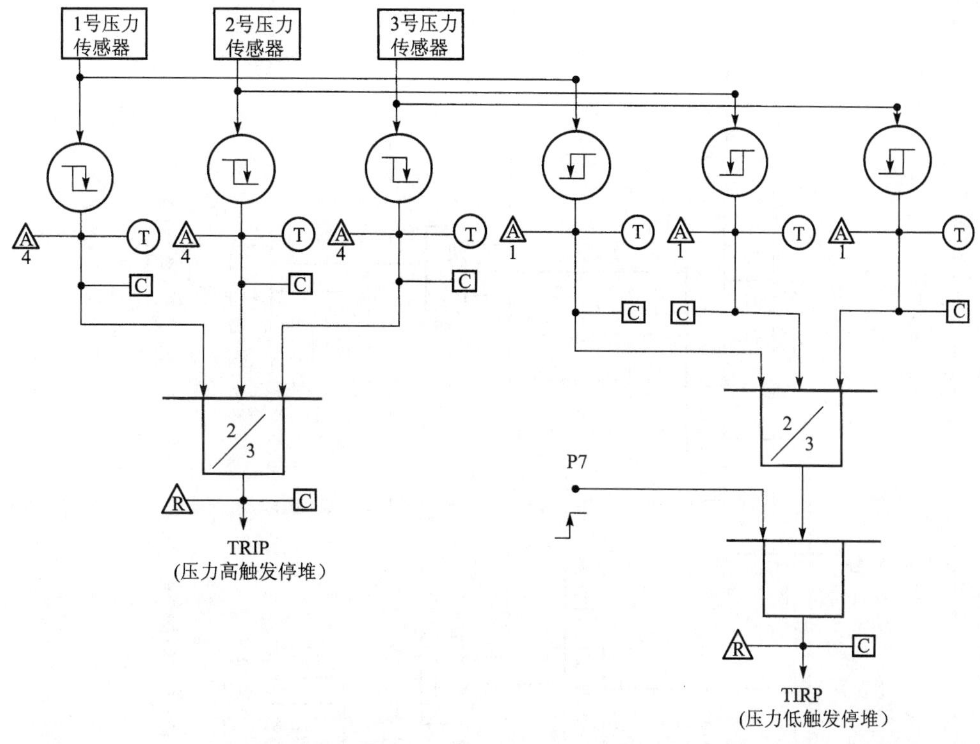

图 9-19　稳压器压力超限保护停堆逻辑框图

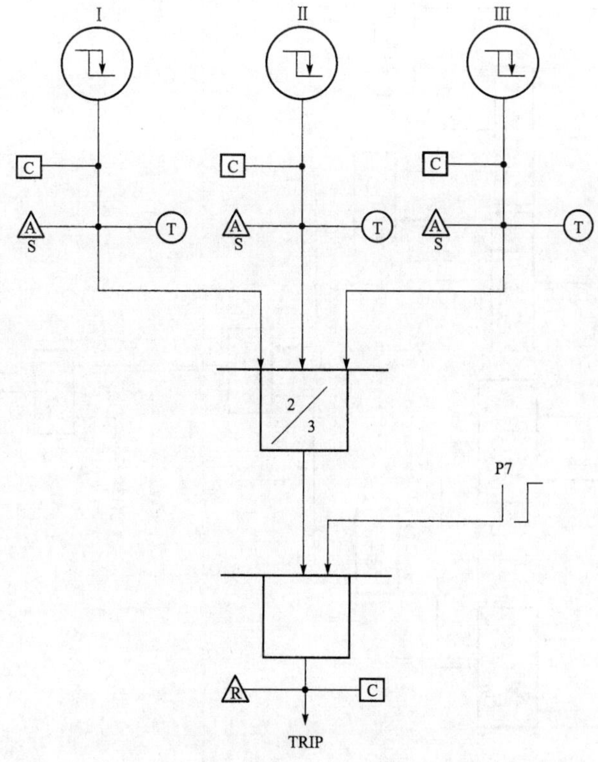

图 9-20　稳压器高水位保护停堆逻辑框图

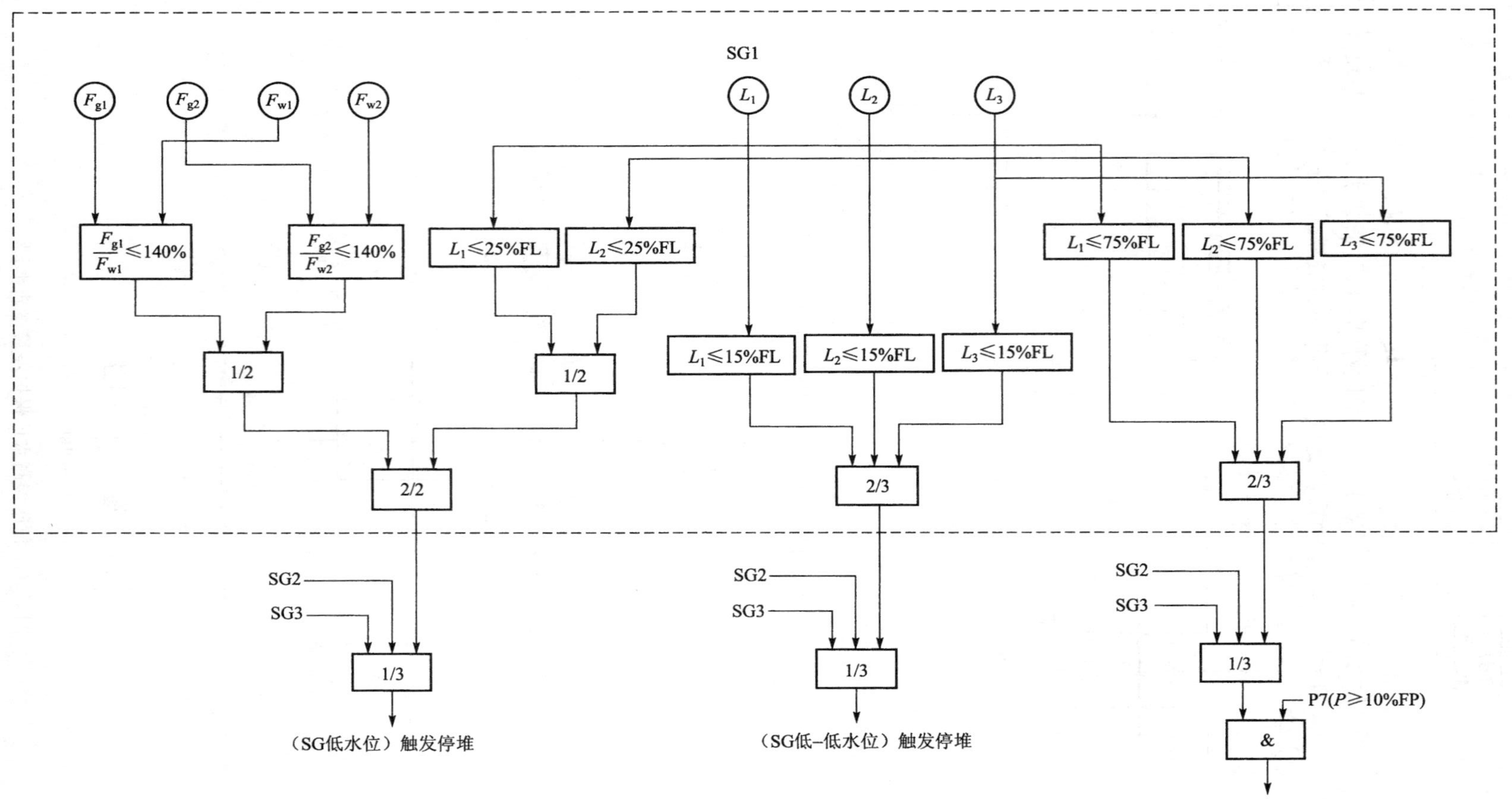

图 9-21 SG水位越限停堆保护逻辑框图（三个环路）

(14) 专设安全设施动作触发停堆

当触发安全注入或喷淋专设安全设施动作时，就会联锁触发保护停堆。

触发保护动作的保护参数及相应的保护事件如表 9-4 所示。

表 9-4　核电厂(三环路)停堆保护参数

序号	停堆保护信号	符　合	保护动作整定值	闭锁条件	保护的事件
1	源量程中子注量率高	1/2	10^5 cps	$P \geqslant P6$ 时手动闭锁	禁止意外功率升高，防止反应性增加事故： ① 次临界或低功率下失控提升控制棒； ② 意外的硼稀释； ③ 由蒸汽管道破裂或水增加等事故引起的过多热量排放
2	中间量程中子注量率高	1/2	25%FP	$P \geqslant P10$ 时手动闭锁	禁止意外功率升高，防止反应性增加事故： ① 次临界或低功率下失控提升控制棒； ② 意外的硼稀释； ③ 由蒸汽管道破裂或水增加等事故引起的过多热量排放
3	功率量程中子注量率高(低定值)	2/4	25%FP	$P \geqslant P10$ 时手动闭锁	禁止意外功率升高，防止反应性增加事故： ① 次临界或低功率下失控提升控制棒； ② 意外的硼稀释； ③ 由蒸汽管道破裂或水增加等事故引起的过多热量排放
4	功率量程中子注量率高(高定值)	2/4	109%FP	无闭锁	限定最高功率水平。防止意外的功率骤增： ① 负荷的过多增加； ② 热量的过多排放； ③ 硼稀释事故； ④ 意外提升控制棒，弹棒事故
5	中子注量率正变化率高	2/4	≥5%FP/2s	无闭锁	限制功率骤增，防止造成不能接受的功率分布。弹棒事故
6	中子注量率负变化率高	2/4	≤−5%FP/2s	无闭锁	落棒事故
7	超温 ΔT	2/3	连续计算	无闭锁	防止泡核沸腾比 DNBR<1.30 的运行。防止相对比较缓慢的瞬态事故： ① 功率运行下的失控提升控制棒； ② 失控的硼稀释； ③ 负荷的过多增加； ④ 反应堆冷却系统的减压
8	超功率 ΔT	2/3	连续计算	无闭锁	防止功率密度(kW/m)过大。防止比较缓慢的功率骤增事故： ① 功率运行下的失控提升控制棒； ② 负荷的过多增加； ③ 硼稀释事故； ④ 蒸汽管线破裂

续表

序号	停堆保护信号	符　合	保护动作整定值	闭锁条件	保护的事件
9	稳压器压力低	2/3	11.72 MPa	P<P7 时闭锁	由下述情况造成反应堆冷却剂系统的减压事故： ① 失水事故； ② 蒸汽管道破裂； ③ 蒸汽发生器管道破裂
10	稳压器压力高	2/3	16.44 MPa	无闭锁	保护反应堆冷却剂系统压力边界的完整性
11	稳压器水位高	2/3	86%FL	P<P7 时闭锁	防止全水运行。防止通过卸压阀和安全阀排放高能水
12	反应堆冷却剂流量低	每个环路 2/3	≤88.8%FF	当 P≥P8 时，一个环路流量低就触发停堆；当 P≥P7 时，两个或两个以上环路流量低才触发停堆	保证有足够高的环路流量以便导出堆芯热量(有偏离泡核沸腾比裕量)
13	反应堆冷却剂泵转速低	2/3	低于正常转速的 90%	P<P7 时，闭锁	作为低流量保护停堆的冗余
14	反应堆冷却剂泵断路器打开	1/1		P<P7 时，闭锁	作为低流量保护停堆的冗余
15	蒸汽发生器水位低-低	2/3	15%FL	无闭锁	失去正常给水保护，防止失去热阱
16	蒸汽发生器低水位与“蒸汽流量/给水流量”失配相符合	低水位(1/2)汽-水流量失配(1/2)	25%FL，蒸汽流量比给水流量大 40%	无闭锁	部分失去主给水保护，防止失去热阱
17	蒸汽发生器水位高-高	2/3	≥75%FL	P<P7 时，闭锁	保护汽轮机
18	汽轮机跳闸触发停堆			P<P16 时闭锁	失去负荷保护
19	专设安全设施动作触发停堆			无闭锁	触发安全设施的任何事故联锁停堆
20	手动停堆	1/2		无闭锁	操纵员启动的后备停堆手段

9.9 专设安全设施的触发与启动

当核电厂出现事故时，就要触发相应的专设安全设施动作，用于限制事故的发展和减轻事故的后果，以确保堆芯热量排出和安全壳的完整性。

压水堆核电厂全厂性的事故一般认为有冷却剂回路失水事故、全厂断电事故和二回路系统蒸汽管道破裂等事故。核电厂一旦发生这类事故，若保护措施不能及时投入工作，后果都是比较严重的，多数情况会造成反应堆烧毁，电厂周围环境受到放射性污染。为此，核电厂设置了安全注射系统，安全壳喷淋系统以及其他一些安全措施。这些设施在事故状态下由专设安全设施驱动系统按一定次序自动驱动投入工作。

失水事故是指反应堆在运行情况下冷却剂回路管道破裂，造成冷却剂系统泄压，冷却剂流失到安全壳内，这时由于堆芯压力降低和失去了冷却水，温度将很快上升，很容易烧毁燃料组件。另一方面，因为冷却剂回路压力为 15.5 MPa 左右，严重时安全壳也将因为内部压力过高而遭到破坏，使放射性物质扩散到大气中去。

二回路系统蒸汽管道破裂使系统内部压力急剧下降，安全壳内压力上升，并使冷却剂回路热量大量被带走，温度和压力突然迅速下降。其结果可能在温度下降到正负温度系数拐点以下，这时由于正的温度效应使反应性上升，引起不可控的反应性增长事故。

全厂断电事故的直接危害是冷却剂循环泵停转，因此堆芯可能因冷却剂断流而被烧毁。

如果核电厂发生上述事故，则由保护系统给出触发相应专设安全设施动作信号，启动相应的专设安全设施投入运行，来终止事故和缓解事故后果，实现核安全基本目标：停堆、排出堆芯余热和限制放射性排出物不超过限值。

不同的“专设”触发信号，相应触发安全注硼、安全壳隔离、安全壳喷淋、隔离主给水、启动辅助给水等功能。

9.9.1　专设安全设施的启动

9.9.1.1　安全注入系统

安全注入系统由高压安全注入、中压安全注入和低压安全注入三个子系统组成。

(1) 安全注入系统的功能

安全注入系统的功能是：

1) 在一回路小破口失水事故时或在二回路蒸汽管道破裂造成一回路平均温度降低而引起冷却剂收缩时，安全注入系统用来向一回路补水，以重新建立稳压器水位；

2) 在一回路大破口失水事故时，安全注入系统向堆芯注水，以重新淹没并冷却堆芯，限制燃料元件温度的上升；

3) 在二回路蒸汽管道破裂时，向一回路注入高浓度硼酸溶液，以补偿由于一回路冷却剂连续过冷而引起的正反应性，防止堆芯重返临界。

除此之外，安全注入系统还有一些辅助功能：在换料停堆期间，低压安全注入泵可用来为反应堆水池充水；用水压试验泵进行反应堆冷却剂系统的水压试验；在失去全部电源时为主泵提供轴封水(利用水压试验泵)；在 LOCA 后的再循环阶段，处于安全壳外的部分起到密封屏障的作用。

(2) 安全注入系统的启动信号

高压和低压安全注入系统由反应堆保护系统响应冷却剂丧失和蒸汽管道破裂事故所产生的信号发出安全注入启动信号。如果自动控制电路故障，可由控制室手动启动。如果厂外电源丧失，所有设备(水压试验泵除外)由柴油发电机应急供电。

中压安全注入系统不需要外电源或启动信号就能快速响应。当反应堆冷却剂压力降到低于安全注入箱的压力时就开始向反应堆冷却剂系统的冷段注水，保证快速冷却堆芯。

安全注入系统可由下面任一信号触发：

1) 稳压器压力低(11.9 MPa，三取二逻辑，P11 未闭锁)；

当一回路压力边界(包括蒸汽发生器的传热管)发生泄漏时,稳压器的压力和水位会下降,由此可导致燃料元件熔化和包壳烧毁的风险,所以要启动安全注入系统。

在机组作功率运行时,一回路压力维持在 15.5 MPa(绝对)左右,P11 未出现时,安全注入的自动启动是可以实现的。当一回路卸压到 13.9 MPa(绝对)时,P11 出现,如果是可控的卸压,可以手动闭锁安全注入的启动(这在机组降温降压时会遇到);如果是不可控的卸压则不能手动闭锁安全注入。

2) 主蒸汽压力低[3.55 MPa(绝对),2/3 逻辑]+两台 SG 蒸汽流量高(高于定值 20%);

3) 一次冷却剂平均温度低低(P12 出现,即 $T_{avg.\ max}<284$ ℃)+两台 SG 蒸汽流量高(高于定值 20%);

4) 蒸汽管道间主蒸汽压差高($\Delta P>0.7$ MPa);

5) 安全壳内压力高(定值一般为安全壳的设计压力的 10%,约 0.13 MPa,2/3 逻辑);

6) 手动启动安全注入系统。

上述启动安全注入系统的信号,其中 1)是反映一回路系统的工况的;2)、3)、4)这三个信号反映的是不同工况下二回路的状态。当出现 P12 时,可以手动闭锁蒸汽压力低和蒸汽流量增加这两个启动安全注入系统的信号。当机组不带负荷,主蒸汽隔离阀关闭时,发生蒸汽管道破裂时,依靠蒸汽管道之间压力差高来启动安全注入系统。

启动安全注入系统的逻辑如图 9-22 所示。

(3) 安全注入系统启动动作

当启动安全注入系统的信号出现后,会自动完成下列动作:

1) 反应堆紧急停堆(再次确认停堆状态);

2) 汽轮机脱扣;

3) 安全壳第一阶段隔离;

4) 安全注入系统投运;

5) 启动电动辅助给水泵,辅助给水系统投入运行;

6) 主给水泵系统隔离,主给水泵停运;

7) 上充泵房应急通风系统启动;

8) 设备冷却水系统和重要厂用水系统启动;

9) 核燃料厂房通风和安全壳外贯穿件房间通风切换到事故通风工况。

安全注入系统启动信号出现后,自动锁存,5 min 后才解锁。安全注入启动信号解锁后,才允许操纵员根据实际情况手动复位安全注入启动信号,停运安全注入系统。

9.9.1.2 安全壳喷淋系统和安全壳隔离

(1) 安全壳喷淋系统的功能

安全壳对核电厂安全具有特别重要的意义,它是阻挡来自燃料的裂变产物及一回路放射性物质进入环境的最后一道屏障。在发生 LOCA 或安全壳内蒸汽管道破裂事故情况下,高温、高压的蒸汽喷放出来,使安全壳内压力和温度升高。安全壳喷淋系统的功能就是通过喷淋冷凝蒸汽,使安全壳内压力和温度降低到可接受的水平,确保安全壳的完整性。

除此之外,安全壳喷淋系统还有一些辅助功能:

1) 降低安全壳内裂变产物浓度,特别是清除放射性碘;

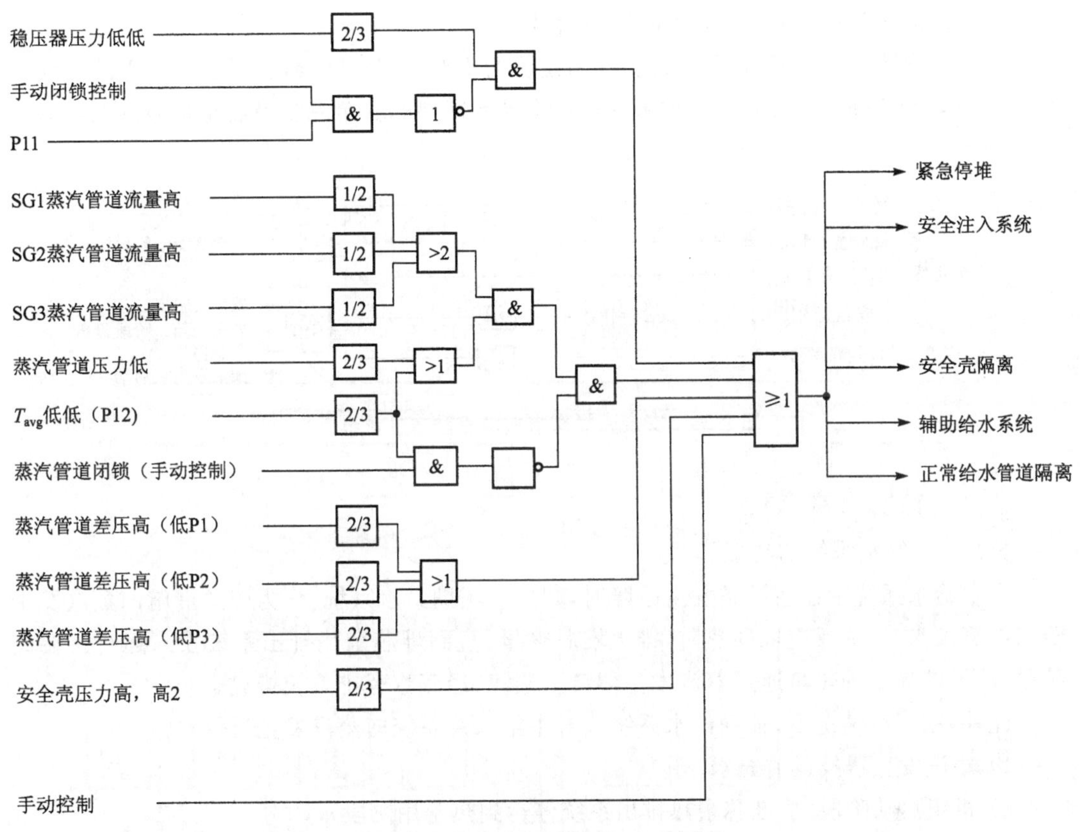

图 9-22　启动安全注入系统的逻辑图

2）降低安全注入喷淋的硼酸对金属设备的腐蚀；

3）当反应堆厂房发生火灾时，可手动安全壳喷淋系统灭火；

4）在冷停堆工况下，也可用它来冷却乏燃料保存水池的水；

5）在发生 LOCA 15 d 后，安全壳喷淋泵也可作为低压安全注入泵的备用；

6）在再循环喷淋阶段，安全壳喷淋泵从安全壳地坑吸水，安全壳喷淋系统在安全壳外管段成为第三道安全屏障的一部分。

(2) 安全壳隔离

安全壳隔离是为了防止安全壳内的放射性物质扩散到安全壳外。安全壳隔离分为两个阶段：安全壳第一阶段隔离和安全壳第二阶段隔离。

安全壳第一阶段隔离由出现的安全注入启动信号或操纵员手动启动。当出现安全壳第一阶段隔离信号后，将同时关闭安全壳贯穿件上的一些阀门。而这些阀门的关闭短期内不会导致安全壳内重要设备的损坏，以防止放射性物质通过这些管道扩散到安全壳外面。

安全壳第二阶段隔离由安全壳内压力高过定值（定值压力约为 0.24 MPa，2/4 逻辑）或操纵员手动启动。手动启动安全壳第二阶段隔离时，为了防止误动，设置两个启动按钮，同时按下才有效。

安全壳第二阶段隔离实现对裂变产物的包容。与安全壳第一阶段隔离相比，此时不再考虑对安全壳内安全管线的隔离。

(3) 安全壳喷淋和安全壳隔离的启动信号

安全壳喷淋由安全壳内压力太高(压力定值为 H14,0.24 MPa,相当于安全壳的设计压力的 50%,2/4 逻辑)或操纵员手动来启动。安全壳隔离和安全壳喷淋启动信号的逻辑如图 9-23 所示。

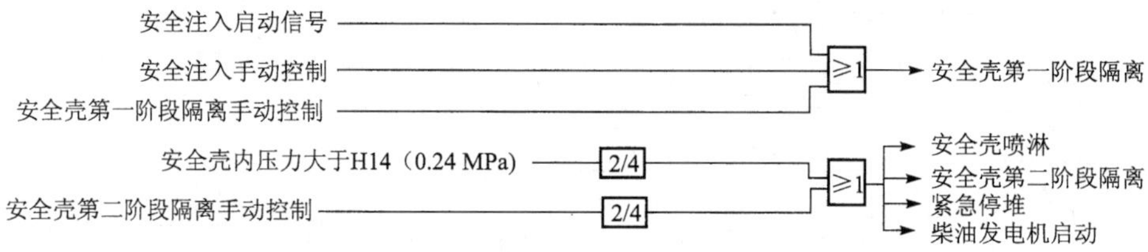

图 9-23 安全壳隔离与喷淋启动信号逻辑图

9.9.1.3 辅助给水系统

(1) 辅助给水系统的功能

当主给水系统中任何设备发生故障时,则启动辅助给水系统,作为应急措施向蒸汽发生器二次侧供水,保证反应堆的热阱,排出堆芯热量,直到堆芯余热排出系统投入运行。在此阶段,从堆芯导出的热量通过蒸汽发生器产生蒸汽,经蒸汽旁排系统排放。

此外,在下列情况下,辅助给水系统代替主给水泵系统向蒸汽发生器供水:

1) 蒸汽发生器投运前充水;

2) 机组启动阶段(从堆芯余热排出系统停运到热备用阶段);

3) 热停堆时,如果给水流量控制系统失效;

4) 机组停堆时,从热停堆至堆芯余热排出系统投入运行前,用辅助给水系统来冷却反应堆的冷却剂。

(2) 辅助给水系统启动信号

一般的说,主给水系统故障或者主给水系统被隔离,则启动辅助给水系统。

1) 主给水系统隔离信号　任一下列信号出现将隔离主给水系统。

① 手动隔离;

② 安全注入信号;

③ 蒸汽发生器水位高信号(水位高过 75%额定水位,2/4 逻辑);

④ 一次冷却剂平均温度低和紧急停堆信号(P4)同时存在。

2) 辅助给水系统的启动　辅助给水系统的启动靠启动它的给水泵实现。一般情况下,它包含有两台电动辅助给水泵和一台汽动辅助给水泵。有的信号要求启动两台电动辅助给水泵,有的信号要求启动汽动辅助给水泵,而有的信号要求启动全部给水泵。具体的启动信号是:

① 安全注入信号:安全注入信号直接启动两台电动辅助给水泵。同时,安全注入信号使主给水泵跳闸,隔离主给水流量控制系统的主调节阀及旁路阀。主给水泵的跳闸信号确认两台电动辅助给水泵的启动。

② 任一蒸汽发生器出现高高水位(P14 出现):当蒸汽发生器水位太高时,旋叶式分离器及干燥器将无法正常工作,蒸汽可能带水进入汽轮机,导致汽轮机叶片损坏。当蒸

汽发生器水位达到窄量程 75%时，出现 P14 信号，触发汽轮机脱扣，主给水泵跳闸及主给水流量控制系统的主调节阀及旁路阀关闭。主给水泵的跳闸信号触发两台电动辅助给水泵启动。

③ 主给水泵的跳闸信号：来自给水回路的故障信号引起电动、汽动主给水泵跳闸，此跳闸信号自动启动两台电动辅助给水泵。

④ 凝结水泵供电母线电压低：凝结水泵供电母线电压低是通过对凝结水泵的供电系统母线测量得到的。如果凝结水泵的供电母线电压 $U<0.65\ U_n$（U_n 为母线供电电压额定值），延迟一定时间（约 6 s）后，启动两台电动辅助给水泵。

⑤ 反应堆冷却剂泵转速低低：主泵供电母线失电后，转速将降低，由于主泵惯性飞轮的存在和自然循环的作用，一回路冷却剂流量将维持一定的时间，为了疏导余热，需要继续维持蒸汽发生器的给水。当电厂功率 $P>$P7 时，反应堆冷却剂泵转速低低信号将启动汽动辅助给水泵。

⑥ 任一蒸汽发生器出现水位低低信号：主给水系统的故障造成丧失主给水的情况，使蒸汽发生器水位出现低低，导致其导热能力下降。因此，任一蒸汽发生器出现水位低低（低于它的额定水位的 15%）信号，延迟 8 min，自动启动全部辅助给水泵。

⑦ 某台蒸汽发生器水位低低且其给水流量低：此复合信号出现后，立即启动全部辅助给水泵。

⑧ ATWT 信号：ATWT 又称 ATWS，意为未能紧急停堆的预期瞬变（Anticipated Transient Without Trip Scram），该信号是两个信号的组合，一个是两台蒸汽发生器给水流量低信号，一个是中间量程测得的核功率 $P>30\%$FP 的信号。

ATWT 信号出现后，立即启动全部辅助给水泵，同时触发紧急停堆、汽轮机脱扣及闭锁蒸汽旁排系统的第三组排放阀的开启。

⑨ 手动控制：电动和汽动辅助给水泵均可手动控制。

另外，紧急停堆时，不一定启动辅助给水系统。当发生紧急停堆时（P4 有效），汽轮机脱扣，给水加热回路停运，进入蒸汽发生器的给水相对变冷，就维持一回路平均温度 $T_{avg}=291.4$ ℃ 来说，给水流量显得过大，可能造成一回路过冷，因此，当紧急停堆并出现一回路平均温度低（$T_{avg}<295.4$ ℃）信号时，隔离主给水流量控制系统的主阀，旁路阀保持一定的开度（相当于 10%FF 的给水流量），不启动辅助给水系统。

隔离主给水及启动辅助给水的逻辑框图如图 9-24 所示。

(3) 辅助给水系统的运行

机组正常发电运行时，辅助给水系统的三台泵均处于备用状态，与泵相对应的六个调节阀保持 100%开度。

机组在正常的启动或停闭过程中，如前所述，在适当的情况下代替主给水向蒸汽发生器提供给水。

当发生事故，出现启动电动辅助给水泵信号时将出现下列动作：

1) 两台电动辅助给水泵按要求启动；

2) 与两台电动辅助给水泵相关的调节阀为 100%开度；

3) 隔离蒸汽发生器的排污。

当出现要求启动汽动辅助给水泵的信号时将引起下列动作：

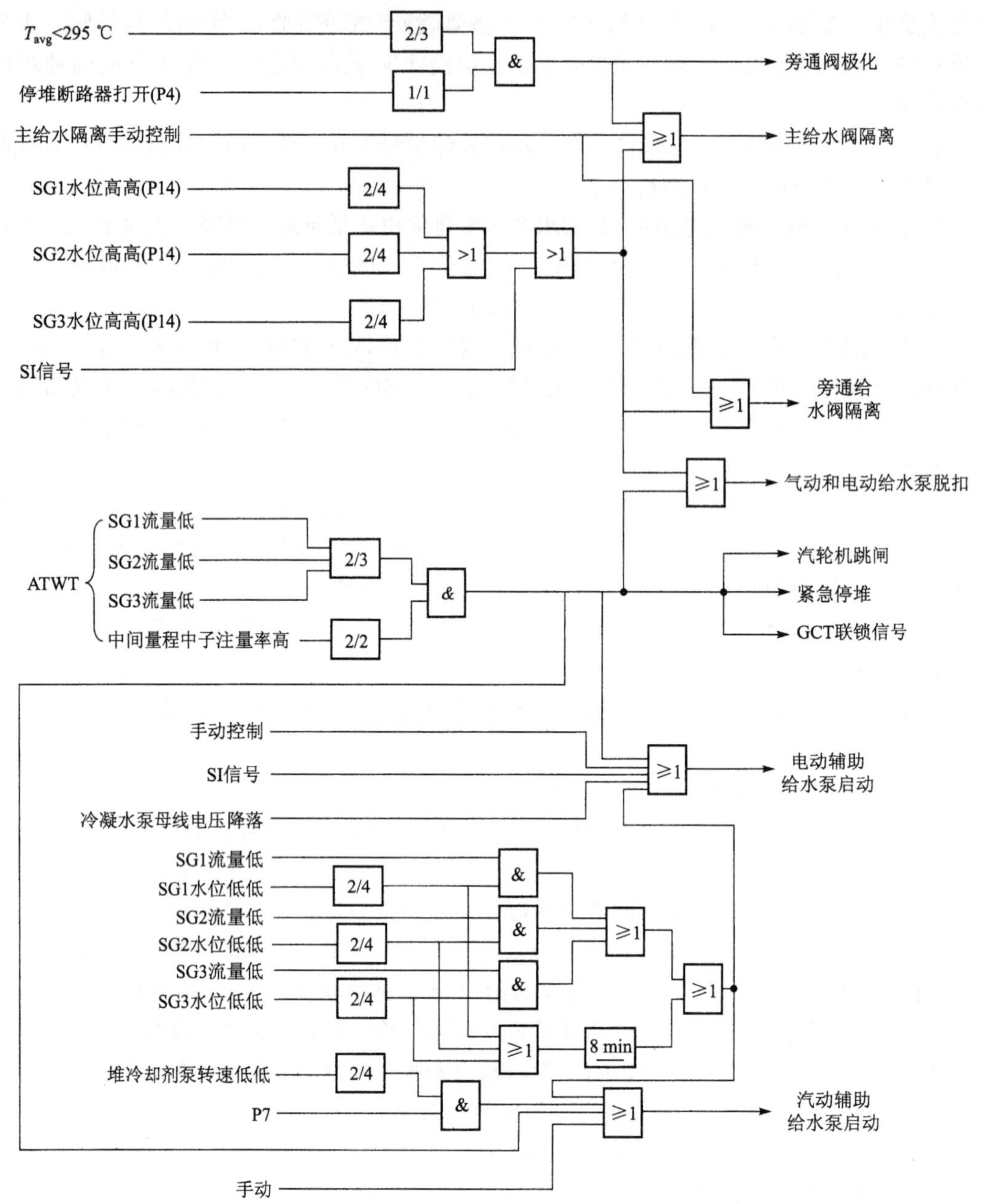

图 9-24 隔离主给水及启动辅助给水逻辑框图

1）汽动辅助给水泵的进汽阀开启；

2）与汽动辅助给水泵相关的调节阀为 100％开度；

3）隔离蒸汽发生器排污。

辅助给水系统启动后，便以最大流量向蒸汽发生器供水，因此操纵员有必要根据当时的实际情况调节辅助给水流量，或停运多余的泵，以维持蒸汽发生器的水位。

9.9.1.4　主蒸汽系统隔离

(1) 主蒸汽系统隔离的功能

由于反应堆冷却剂对反应性的作用是负温度效应，因此反应堆冷却剂的温度降低将对反应堆引入正反应性。所以发生主蒸汽管道破裂事故后的危险在于蒸汽的大量失控排放，造成对一回路冷却剂冷却过度，引入过多的正反应性，有可能使反应堆失控。因此，当出现蒸汽管道破裂时，希望消除或减少蒸汽的泄漏。

蒸汽管道破裂分两种情况：若蒸汽管道的破口发生在主蒸汽隔离阀之下游，则主蒸汽隔离阀的关闭便隔离了破口，消除了蒸汽泄漏；若破口发生在主蒸汽隔离阀的上游，则隔离阀的关闭便避免了其他两台蒸汽管道完好的蒸汽发生器的泄漏和排空。

因此，实施主蒸汽隔离的目的是：

1) 隔离蒸汽泄漏；

2) 避免两台蒸汽管道完好的蒸汽发生器的排空。

(2) 触发主蒸汽系统隔离的保护信号

出现任一下列信号时，将触发主蒸汽系统隔离了：

1) 两台蒸汽发生器蒸汽流量高且蒸汽管道蒸汽压力低；

2) 两台蒸汽发生器流量高且一回路平均温度低低(P12)；

3) 两台蒸汽发生器蒸汽管道压力低低；

4) 安全壳压力高 3(HI3，压力定值为 0.19 MPa)；

5) 手动控制。

另外，在 P12 出现后，即一回路平均温度降至 284 ℃ 以下时，可以手动闭锁“两台蒸汽发生器汽管道蒸汽压力低低”信号触发主蒸汽隔离，以达到控制机组状态的目的。例如，在正常情况下由热停堆向冷停堆过渡时，就不必隔离主蒸汽。

图 9-25 表示主蒸汽系统隔离逻辑结构。

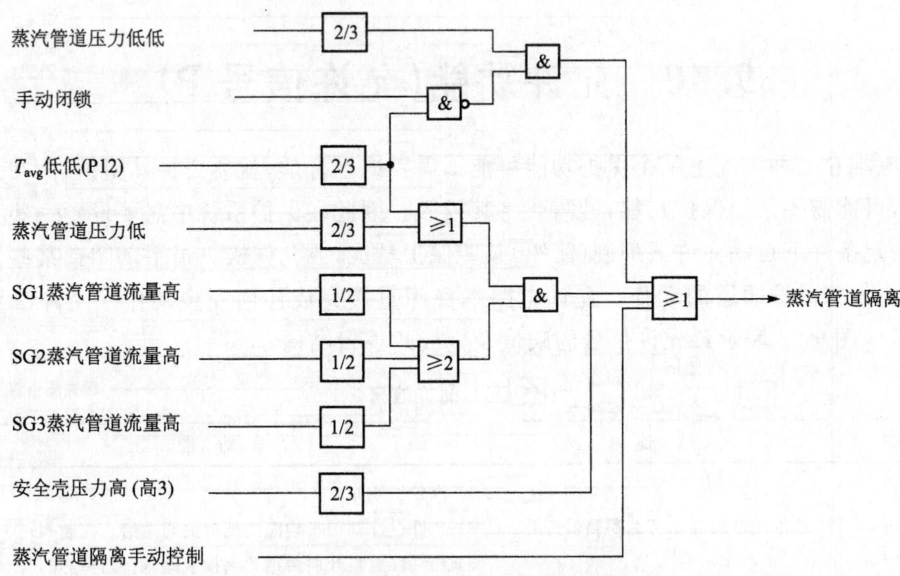

图 9-25　主蒸汽系统隔离逻辑结构图

(3) 隔离主蒸汽系统的保护动作

主蒸汽系统隔离信号出现时,同时关闭主蒸汽隔离阀及其旁路阀。

(4) 安全壳内气体监测及消氢系统

安全壳内气体监测系统主要是控制失水事故后在安全壳内可燃气体的浓度,以便保证安全壳结构和密封的完整性。

在正常运行期间,安全壳气体监测系统用作安全壳通风系统,把安全壳内气体抽出,过滤后通过烟囱排入大气,实现对安全壳大气的间断性更新。

在失水事故之后,有必要将释放入安全壳内的氢的浓度保持足够低,以防止氢-氧混合气体复合造成风险。

9.9.2 安全壳内压力高触发的保护动作

安全壳内压力过高直接危及核电厂最后一道安全屏障的完整性。因此在触发专用安全设施动作中,安全壳内压力高是一个非常重要的信号,它在不同定值时所触发的保护动作如表 9-5 所示。

表 9-5 安全壳内压力的定值及触发的保护动作

信 号	压力定值/MPa(绝对)	触发的主要保护动作
H11	0.12	报警,隔离安全壳内气体监测及消氢系统
H12	0.13	紧急停堆,启动安全注入系统,安全壳第一阶段隔离,汽轮机脱扣,应急柴油发电机启动,主给水泵跳闸,主给水隔离,启动辅助给水系统
H13	0.19	主蒸汽管道隔离
H14	0.24	紧急停堆,安全壳第二阶段隔离,喷淋系统启动,应急柴油发电机启动

9.10 允许功能(允许信号 P)

反应堆在一种工况下某个保护功能可能不需要或不合适,就需要将其闭锁,而在另一种工况下,可能需要某个保护功能,就需要将其投入。因此在保护系统中需要设置一些允许功能,在一定条件下自动允许或抑制(闭锁)某些保护功能,或允许操纵员手动闭锁某些保护信号或禁止某些保护通道的动作。允许电路本身不直接完成任何安全动作。允许信号如表 9-6 所示。图 9-26 表示各允许信号的阈值及生成的逻辑结构。

表 9-6 允许信号

名 称	描 述	功 能
P4(出现)	停堆主断路器及旁路断路器打开	1) 汽轮机脱扣; 2) 允许在冷却剂平均温度低时关闭主给水控制阀; 3) 允许快速打开前两组蒸汽排放阀,而禁止打开其他两组阀

续表

名　称	描　述	功　能
P4(失去)	停堆主断路器或旁路断路器闭合，或P4 阶跃出现时	1) 如果原来安全注入是禁止的，那么允许自动启动它的功能； 2) 在冷却剂平均温度低以后，恢复主给水阀的控制； 3) 允许快速打开蒸汽旁排的四组排放阀； 4) 棒控系统计数器置 0
P6(出现)	中间量程中子注量率测量值超过定值(1/2)	允许手动闭锁源量程触发停堆信号，并切断源量程探测器的高压电源
P6(失去)	中间量程中子注量率测量值低于定值(2/2)	使源量程停堆闭锁失效，并使源量程探测器高压供电
P7(出现)	P10 或 P13 出现	允许下列停堆功能起作用： 环路流量低或反应堆冷却剂泵停(2/3 环路)； 反应堆冷却剂泵转速低； 稳压器压力低； 稳压器水位高； 蒸汽发生器水位高(1/3 环路)； 在反应堆冷却剂泵转速低时允许“带厂用电”运行
P7(失去)	无 P10 和 P13	闭锁下列停堆功能： 环路流量低或反应堆冷却剂泵停(2/3 环路)； 反应堆冷却剂泵转速低； 稳压器压力低； 稳压器水位高； 蒸汽发生器水位高(1/3 环路)； 闭锁在反应堆冷却剂泵转速低时“带厂用电”运行
P8(出现)	功率量程中子注量率测量值超过定值(2/4)	允许一个环路流量低或反应堆冷却剂泵断路器打开触发停堆
P8(失去)	功率量程中子注量率测量值低于定值(3/4)	闭锁一个环路流量低或反应堆冷却剂泵断路器打开时的停堆
P10(出现)	功率量程中子注量率测量值超过定值(2/4)	1) 允许手动闭锁功率量程低定值的紧急停堆； 2) 允许手动闭锁中间量程的紧急停堆； 3) 闭锁“源量程中子注量率高停堆”，并切断源量程探测器的高压电源(除非 P4 出现)； 4) 组成 P7； 5) 允许校正中子注量率变化率高

续表

名 称	描 述	功 能
P10(失去)	功率量程中子注量率测量值低于定值(3/4)	1)“功率量程低定值中子注量率高停堆”自动起作用； 2)“中间量程中子注量率高停堆”自动起作用； 3) 当 P6 和手动闭锁消失时允许恢复“源量程中子注量率高停堆”功能； 4) 解除提棒闭锁； 5) 闭锁中子注量率变化率高的校正
P11(出现)	稳压器压力测量值低于定值(2/3)	1) 允许手动闭锁“稳压器压力低启动安全注入”； 2) 闭锁反应堆冷却剂泵密封泄漏隔离阀的自动关闭； 3) 允许手动强制打开稳压器安全隔离阀
P11(失去)	稳压器压力测量值高于定值(2/3)	1) 自动解除由稳压器压力低触发安全注入的手动闭锁； 2) 允许并自动关闭反应堆冷却剂泵密封泄漏隔离阀； 3) 自动解除稳压器安全隔离阀的手动强制打开功能
P12(出现)	平均温度测量值低于定值(2/3 环路)	1) 与蒸汽管道流量高符合则驱动安全注入和蒸汽管道隔离； 2) 允许手动闭锁根据蒸汽管道流量高与平均温度低或蒸汽压力低符合而驱动的安全注入； 3) 允许手动闭锁根据蒸汽管道压力低的蒸汽管道隔离； 4) 将蒸汽排放阀闭锁在关闭位置
P12(失去)	平均温度测量值高于定值(2/3 环路)	1) 使手动闭锁失效并自动恢复根据蒸汽流量高与平均温度低或蒸汽管道压力低符合的安全注入信号；恢复蒸汽管道压力低的蒸汽管道隔离信号； 2) 允许打开到冷凝器的蒸汽排放阀
P13(出现)	压力通道汽轮机进汽压力测量值超过定值(1/2)	构成 P7
P13(失去)	压力通道汽轮机进汽压力测量值低于定值(2/2)	P7 消失条件之一
P16(出现)	功率量程中子注量率值高于定值 (2/4)	允许因汽轮机脱扣而使反应堆停闭
P16(失去)	功率量程中子注量率值低于定值 (3/4)	闭锁因汽轮机脱扣而引起的停堆

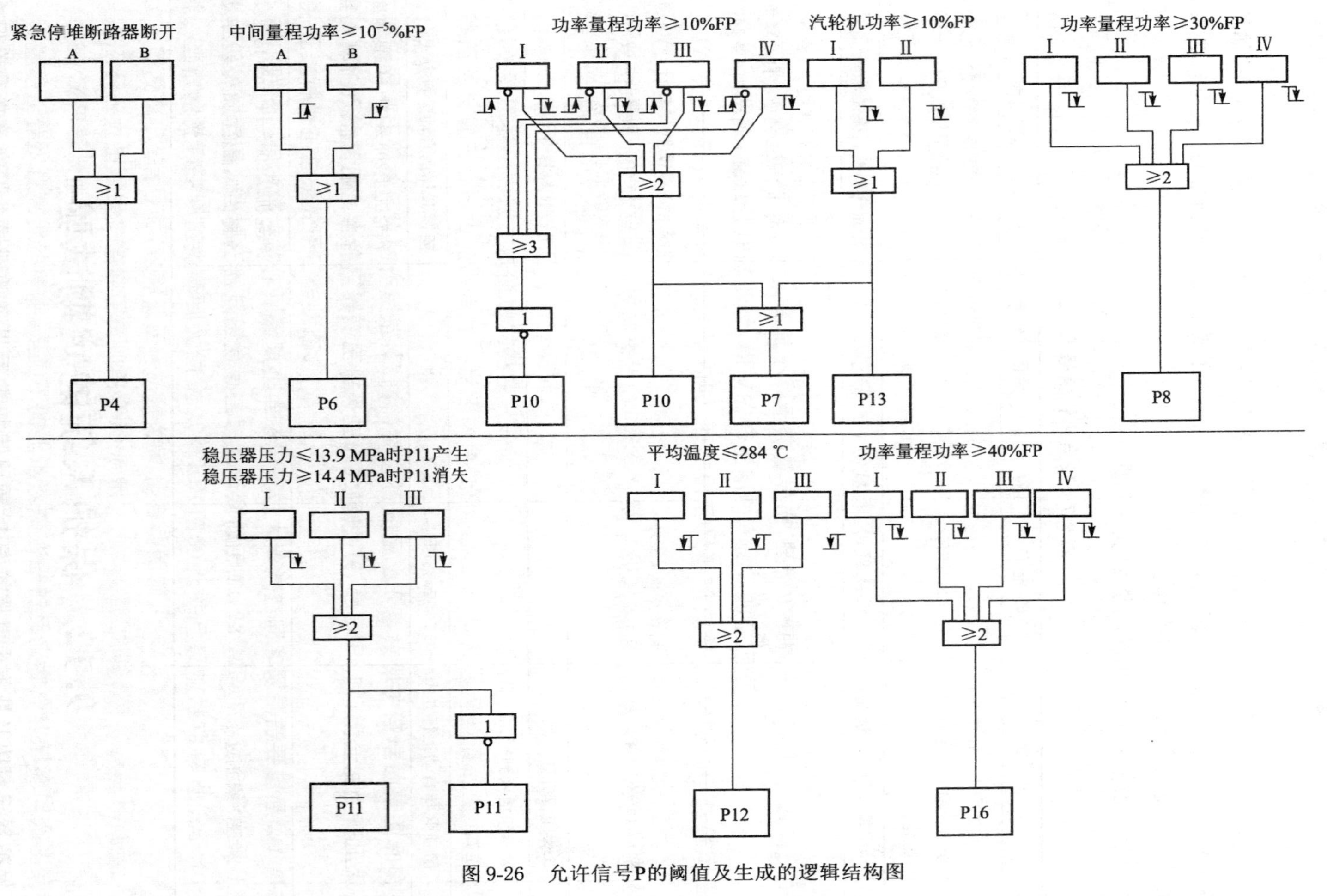

图 9-26　允许信号P的阈值及生成的逻辑结构图

9.11 闭锁功能(闭锁信号 C)

为保证核电厂反应堆的运行安全,在一定条件下应禁止其他系统的某些动作(如控制棒提升动作),为此应在保护系统及有关系统之间设置必要的安全闭锁信号,只有在必要的闭锁条件满足时才能进行某些操作。

安全闭锁信号 C 清单及功能如表 9-7 所示。

表 9-7 安全闭锁信号 C

号 码	名 称	整定值	符 合	闭 锁	功 能
C1	中间量程中子注量率高 功率量程中子注量率高(低定值)	≥20%FP	1/2 (2/4)	当中间量程停堆保护闭锁时,C1被闭锁	停止全部控制棒提升
C2	功率量程中子注量率高	≥103%FP	1/4	无	停止全部控制棒提升
C3	超温 ΔT	超温 ΔT 停堆定值的 97%	2/3	无	停止全部控制棒提升;汽轮机以200%FP/min 的速度自动降负荷,每次降 0.4 s,两次中间停 11.4 s
C4	超功率 ΔT	超功率 ΔT 停堆定值的 97%	2/3	无	停止全部控制棒提升;汽轮机以200%FP/min 的速度自动降负荷,每次降 0.4 s,两次中间停 11.4 s
C11	R 棒组提升到上限			无	闭锁 R 棒提升
C12	R 棒组插入到低-低-低位置			无	闭锁 R 棒自动下插
C20	闭锁 R 棒自动运行方式	$P<10\%$FP	2/4	无	闭锁 R 棒的自动运行方式
C21	ΔI 运行超出左、右限			无	汽轮机以 200%FP/min 的速度自动降负荷;汽轮机调节转入手动方式
C22	一回路冷却剂过冷	$T_{avg}<$低限值		无	汽轮机以 200%FP/min 的速度自动降负荷;汽轮机调节转入手动方式。闭锁功率棒下插

9.12 保护系统的定期试验

保护系统的功能是防止事故的发生,或将事故的后果降低到最小限度。必须确保在核电厂运行期间保护系统的安全监测和保护功能一直是有效的,为此需要定期对它进行功能检查以及参数校验。定期试验的范围包括:

1) 相关的核测量和热工测量仪表通道;

2）保护逻辑设备（停堆触发逻辑和专设安全设施触发逻辑）；

3）保护逻辑输出执行线路及其相关设备（执行器、泵、阀等）。

除少数定期试验项目允许在计划停堆（如停堆换料，约一年一次）期间进行外，一般需要经常进行，要求的试验频度在几天至 1～2 个月不等，因此必须在核电厂运行期间进行。在检验过程中，不得影响电厂的正常运行，也不得有损保护功能，影响反应堆的安全性。

为了方便进行试验，一般对保护系统的主要组成装置进行分段试验：T1 试验，T2 试验和 T3 试验。

（1）T1 检验

它主要是对模拟保护部分进行检验。从冗余保护通道的测量传感器开始，经两次仪表，一直检验到逻辑单元的输入级，并给控制室送去信号，反映出检验过程的状态变化。

（2）T2 检验

从逻辑单元的输入级开始，一直检验到逻辑单元的末端输出和双稳态继电器的输出。逻辑矩阵检验是一次检验一个序列。

逻辑试验设计采用脉冲技术检验符合逻辑和检验各种可能的保护动作和非保护动作的组合。把来自这种试验装置的脉冲加到普通逻辑单元的输入端上。把从断路器输入控制单元反馈回来的检验信号与正确结果进行比较，以判断逻辑装置是否有故障存在。此检验脉冲很窄，不足以使断路器动作，因此不影响核电厂的正常运行。

（3）T3 检验

通过 T3 检验装置，输出检验信号，把此信号输入到逻辑列末端的“N 取一”逻辑单元，检验驱动级及执行器动作情况。

T1 与 T2、T2 与 T3，在被检验对象上均有重叠，以保证保护系统的每一部分都得到检验。

T1、T2、T3 试验间的相互联系如图 9-27 所示。

试验的目的是：

1）检查模拟保护通道的精确度；

2）探测逻辑装置的故障；

3）确定驱动器运行正常。

对停堆系统和专设安全设施的试验频度要求可参见表 9-8。

表 9-8 停堆系统和专设安全设施试验频度

试验内容	试验频度
用 T2 试验装置对停堆和专设安全设施触发逻辑进行试验	2/Y
用 T2 试验装置对 ATWT 进行试验	1(1)/M
用 T3 试验装置试验停堆断路器	1(1)/M
用 T3 试验装置试验专设安全设施触发继电器	1(1)/M
用 T3 试验装置试验专设安全设施	1(1)/M
停堆系统和专设安全设施显示装置的试验	1/Y

注：1/Y—每年一次；2/Y—半年一次；1(1)/M—每月试验一个通道。

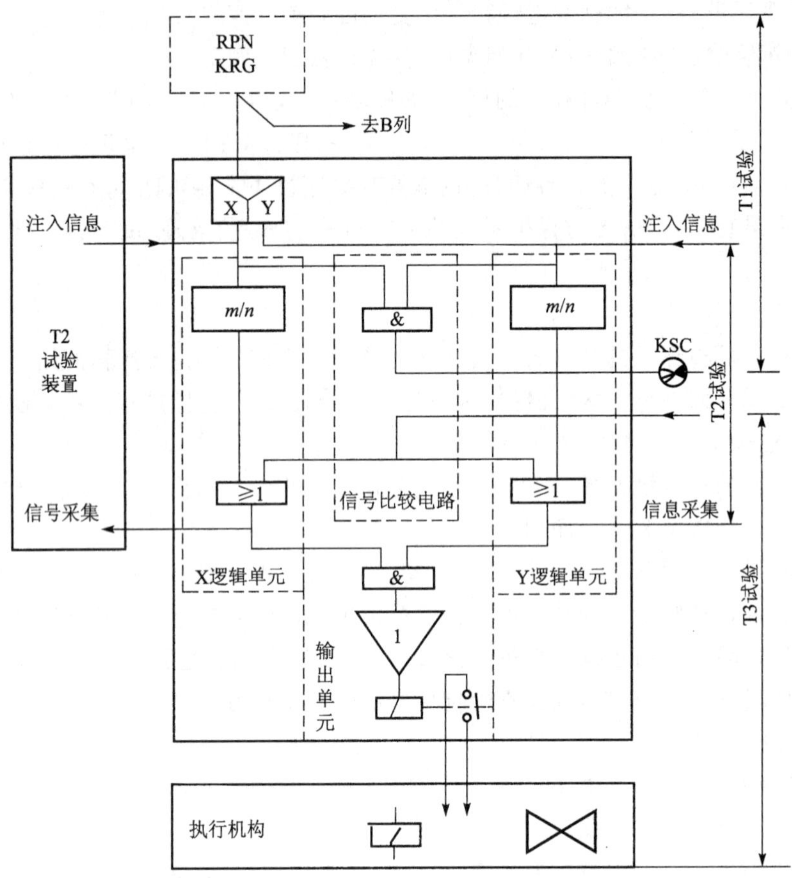

图 9-27 T1、T2、T3 试验间的相互关系示意图

由于不同的核电厂,其保护系统结构也不同,因此其在役检验的内容、范围和频度不全一样,应按照各自的技术规格书的要求进行。

9.13 ATWT(ATWS)

ATWT(Anticipated Transient Without Trip)或称 ATWS(Anticipated Transient Without Scram),是指"没有紧急停堆的预期瞬态"。即有些瞬态工况没有产生紧急停堆信号来保护,但这种瞬态也危及反应堆的安全。因此在很多压水堆核电厂中就采取附加保护系统来产生紧急停堆信号。此附加保护系统产生的紧急停堆信号就保护了所有没有停堆信号的其他危及反应堆安全的瞬态,即 ATWT。

(1) 附加保护系统的设计原则

附加保护系统设计遵循下列原则:

1) 功能多样性　附加保护系统设置专用的保护输入信号,并采用与反应堆保护系统不同的逻辑电路技术来完成 ATWT 的逻辑算法;

2) 独立性　与反应堆保护系统的设备之间实现电气和实体分隔;

3) 附加保护系统也按抗地震Ⅰ类进行质量鉴定。

（2）ATWT 信号功能

当出现 ATWT 信号时，除进一步给出反应堆停堆信号外，同时还启动辅助给水系统，使汽轮机脱扣，闭锁第三组蒸汽排放阀。

（3）ATWT 信号逻辑算法

当主给水流量≤6％额定流量，同时反应堆核功率≥30％额定功率时，附加保护系统启动，完成其规定的功能。ATWT 信号产生的逻辑结构如图 9-28 所示。

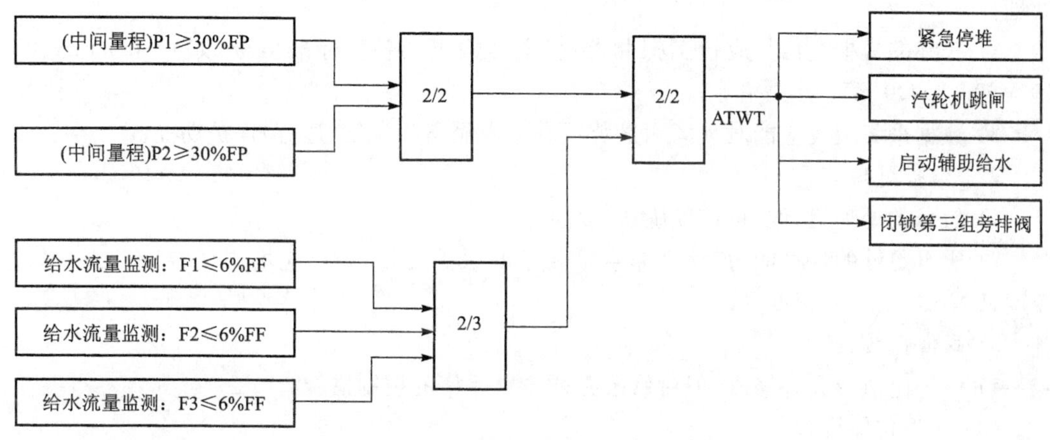

图 9-28　ATWT 信号产生的逻辑结构图

ATWT 保护，只设有一列，经隔离后分别向 A、B 两列送去停堆信号。

9.14　数字化的保护系统

模拟器件构成的保护系统，在核电厂的设计和运行中已得到广泛的使用，它能很好地完成保护系统的功能和性能的要求，满足核安全法规的有关要求。但模拟保护系统由于构成系统的器件限制，它有很多局限性，阻碍了系统功能的提高。如：

1）模拟保护系统的保护算法简单，对稍为复杂的保护算法处理起来较为困难；

2）定期检验的周期长；

3）信息综合显示及贮存能力差；

4）设计修改及运行维修不方便；

5）通信能力差；

6）硬件多、接口多、电缆多，从而带来硬件的故障率可能高，硬件设备投资高。

所以各国的核电厂都在开发采用计算机来完成电厂的 I&C 系统，包括保护系统也由计算机来完成。

现代计算机技术的迅猛发展使之在工业领域中的应用越来越广泛，在核电厂中的应用也已成为一种明显的趋势。在核电厂领域中应用计算机实现的功能有着很广的范围，它可以分为三个层次：

1）过程信息和操纵员支持系统；

2）计算机化的控制系统；

3）计算机化的保护系统。

9.14.1 数字化保护系统的一般组成

综上所述，数字化保护系统至少应包括下列几部分：

（1）数据采集装置

1）把探测器/变送器输出的模拟量信号或开关量信号转化为数字量信号，以便数据处理；

2）采集的模拟量信号应包括探测器/变送器输出的各种标准信号，如 4～20 mA、0～10 V、0～1 000 mV、计数率等；

3）数据采集装置应能对现场测量装置有输入隔离和过压（过流）保护功能。

（2）数据处理装置

1）信号的处理（滤波、可信度确认、变换）；

2）应有足够的计算能力，计算非直接测量的保护变量，如反应堆周期、功率变化率、过冷度、DNBR、线功率密度等；

3）阈值比较；

4）保护定值应允许修改，但对修改必须设置严格的控制措施。

（3）数据传输设备

1）负责将数据获取设备在现场获取的保护变量数据送入数据处理设备，或者将数据处理设备关于保护变量的处理结果送入逻辑处理设备；

2）应能将每一个数据获取设备的数据传输到冗余设置的每一个数据处理设备，或者将每一个数据处理设备的处理结果送入每一个逻辑处理设备；

3）通常采用光纤通信技术提高抗干扰性，并实现数据获取设备与数据处理设备之间，以及冗余数据处理设备之间的电气隔离；

4）尽可能设置冗余的通信通道，即从每一个数据获取设备到每一个数据处理设备至少有两个数据传输通路；

5）数据传输应该有错误检验。

（4）逻辑处理设备

对保护变量监测通道的信号进行符合逻辑运算。

（5）保护触发信号输出到驱动器的信号转换设备

把保护触发信号转换成能驱动安全动作执行器的驱动信号。

（6）操纵员接口设备

1）操纵员必要的介入操作器件；

2）应能显示保护系统自身的工作状态及保护变量或事故后监测变量的状态；

3）不少于两个独立的冗余显示通道（通常每个逻辑列一个）；

4）显示屏应满足抗震要求；

5）显示屏可以远离保护系统机柜，安置于主控制台上。

（7）与其他系统的接口及隔离装置

1）向其他系统（如运行 I&C，包括报警系统）发送保护系统自身的工作状态及保护监测变量的状态；

2）在安全 I&C 的系统网络与运行 I&C 的系统网络之间必须设置单向网关，保证数据只能从保护系统往外单向发送；

3）也可能有少量从其他系统（不能完全达到安全级要求）来的保护变量或控制联锁输入信号，这类信号只允许通过保护系统的 I/O 接口（不允许通过网络通信）输入保护系统；

4）必须保证保护系统与其他系统之间（包括两个网络之间）实现电气隔离。

（8）上述设备的支持软件

支持整个系统运行的系统软件、应用软件等所需的软件。

9.14.2 数字化保护系统的基本功能要求

不论是用模拟器件构成的保护系统还是用计算机实现的保护系统均必须满足我国相应的安全法规及导则的基本要求。它必须能实现 9.1 节中所述的保护系统的基本功能。尤其要注意下列几点。

（1）保护变量的连续监测

数字化保护系统的数据采集及处理要满足对保护变量连续监测的要求。

（2）自动保护与保护动作自动完成

1）所有保护动作均应自动触发且应自动完成 手动触发只有在下列情况下才是允许的：危险工况的出现至所需要的保护动作之间允许的时间足够长，操纵员可以来得及进行判断和完成手动触发或者作为自动触发功能的手动冗余；

2）保护动作一经触发，就应一直进行到完成 只有在保护变量重新恢复安全值后，经手动才能重新将保护系统复位。

（3）保护功能的手动触发

每一种保护功能除自动触发外还应能够从控制室手动触发。自动触发电路中的故障不应妨碍手动执行保护功能，为此自动触发电路和手动触发电路的公共部件应尽可能少，通常限制为执行器前一级的最后一个部件。

（4）信息显示

在主控室应提供信息，使操纵员可以监视保护变量的状态、保护系统的工作状态及保护动作执行情况：

1）每个保护变量的动作整定值、当前值、变化趋势和保护余度；

2）保护系统自身的状态：保护系统的工作状态（如投入）、通道的工作状态（如旁通、闭锁、故障）；

3）触发动作及执行结果反馈；

4）对导致停堆的保护信号应在控制室中有事故报警信号；

5）保护系统机柜门被打开也应在控制室中有报警信号。

显示方式应有较好的人因性能，使操纵员易于理解。

（5）允许功能

核电厂在一种工况下某个保护功能可能不需要或不适合，就需要将其闭锁；而在另一种工况下，可能需要某个保护功能，就需要将其投入（允许）。为此，保护系统中需要设置一些允许逻辑，在预定的逻辑条件满足时才允许某些功能。允许逻辑本身不直接完成任何保护动作，它的作用只是允许某个或某些保护功能。

允许信号的作用方式有两种：

1) 自动的：规定的条件满足时自动允许某些保护功能。规定的条件不满足时自动抑制(闭锁)某些保护功能；

2) 手动的：规定的条件满足时允许操纵员手动闭锁某些保护功能。规定的条件不满足时自动使手动闭锁不起作用，从而恢复被闭锁的保护功能。

数字化保护系统应能够实现所要求的允许逻辑联锁功能。

(6) 旁通控制

旁通分运行旁通和维修旁通。

1) 运行旁通 为了满足不同运行工况的需要，可在一定条件下旁通部分功能。但只有在设计规定的允许条件满足时，才能实现要求的旁通。在旁通的允许条件不能满足时，应不能投入旁通。在执行旁通后，如果允许条件失去，则旁通应自动失效并使被旁通的功能自动恢复。

2) 维修旁通 在核电厂运行时，为了对某一个保护通道或符合单元进行试验或维修，需要使其暂时退出保护功能的执行，为此就提供维修旁通手段。

在将一部分投入维修旁通时，剩余部分应仍能执行安全保护功能，且应该仍然满足单一故障准则。如果保护系统采用二取一符合，则只有在另一个工作通道足够可靠，且旁通及试验的持续时间又足够短的情况下，维修旁通才是允许的。

系统应设置相应的联锁逻辑限制不正确的旁通。不正确的旁通操作，除功能上被抑制外，还应给出警告信号。

系统处于旁通工作时，在控制室应有状态指示。

(7) 闭锁控制

应按 9.11 节所述，保护系统应给出必要的闭锁限制信号，及时限制堆功率和汽轮机功率，以防止异常事件的发展。

9.14.3 数字化保护系统研制过程中的注意事项

无论从计算机的广泛应用，还是从国际上核电厂保护系统发展趋势来看，我们今后研制反应堆的保护系统应朝向计算机化的方向发展，以便把保护系统提高到一个新的水平。

但研制计算机化保护系统时应考虑和处理下面一些问题。

(1) 共因故障/多样性

在将数字计算机技术引入核电厂安全系统中时，不仅要遵守单一故障准则，而且必须对共因故障给以特别的关注，如果设计和使用不当，数字化保护系统易受共因故障的影响。实际上模拟保护系统设计不当同样存在共因故障问题，但对于数字化保护系统尤其需要注意对共因故障的防范，这是因为：

1) 数字化保护系统的冗余通道可能共享数据库(软件)和过程设备，因此硬件设计差错或软件设计差错可能导致冗余设备的共模或共因故障。

2) 功能集中有可能导致共因故障 如果系统功能集中由一个处理机完成，则处理机故障可能造成系统功能丧失而导致系统级的共因故障；如果通道功能集中由一个处理机完成，则该处理机故障可能导致通道所有功能的丧失而形成通道共因故障。

3) 系统或通道结构不合理可能引起共因故障 例如，如果通道功能由多个处理机以串行方式来完成，则任一处理机故障都可能形成通道级的共因故障。

4）软件相同可能形成共因故障　如果通道采用相同的软件，则软件故障或缺陷就会形成系统级的共因故障。

对于共模或共因故障进行防御通常所采取的主要措施有功能分散、提高质量、实时监测和多样性等。采用功能分散的结构形式（分布式处理）便于将复杂的处理操作分散数个较为简单的功能，分别由不同的处理器来完成，使得这些功能比较可靠又便于进行试验，大大降低共因故障的可能性。保持高质量将会增加各个部件和整个系统的可靠性，也就降低了发生故障的概率。利用数字计算机技术的优势提高对通道、系统故障的实时监测能力，可以及时发现故障并采取有利于安全的措施。

（2）独立性

在模拟保护系统中，独立性要求体现在保护系统冗余通道之间，保护系统与控制系统和其他系统之间，实现电气隔离和实体分隔。

在数字化保护系统中，由于数字计算机的引入，就要求保护系统内执行安全功能的硬件、软件或固件与执行非安全功能的硬件、软件或固件之间建立可靠的屏障。使执行非安全功能的硬件、软件或固件的故障不妨碍系统或通道执行其安全功能。软件的独立性要求主要是指完成不同功能的软件异步独立运行，相互之间不发生依赖关系。

当在冗余通道之间或在执行安全功能的部件与执行非安全功能的部件之间传送信息或数据通信时，除了其间要采取适当的电气隔离外还必须保证有通信隔离，以阻止故障沿着通信路径在冗余通道之间或在安全功能部件与非安全功能部件之间扩散，保证安全通道之间或安全系统与非安全系统之间的信息传输或数据通信不妨碍安全功能的执行。

这在数据传输时一般采用共享存储器传输信息，使得发送方和接收方的程序执行相互不发生依赖关系。在进行数据通信时通过单向或双向的广播通信方式并在必要时使用缓冲存贮电路来实现不同部分之间的通信隔离。

（3）质量鉴定

各国在研制数字化保护系统阶段都很重视对系统设备的质量鉴定，因没有制定出一套完整的设计准则和鉴定准则，所以许多国家（如法国和德国）都是由制造商或设计方在研制过程中同安全管理当局共同制定鉴定的具体方法和要求。

对原型机先进行整体调试和验证试验，以验证原型机达到了规定的技术性能要求。然后按照专门制定的鉴定试验程序进行下述各项鉴定试验。

1）正常环境条件下的运行试验　改变环境温度、供电电压和频率，直至规定范围的极限值。测量耗电量、绝缘，检查各部分的响应时间，检查输入输出接口和模拟量采集精度。

2）功能试验　借助试验装置按照技术规格书的要求检查规定的功能。

3）关于内部故障的试验　对影响设备的各种故障进行模拟，并检查为处理这些故障所预先设置的硬件和软件措施能正确的工作，也就是使受影响的信号处于安全位置并驱动相应信号装置工作。

4）长期运行试验　在极限的温度和电压条件下检查装置在一个月内能良好运行。

5）抗环境载荷和机械载荷的试验　其目的是模拟设备的加速老化，试验是在各个部件（如安全装好的插件板或金属构架上不带电压进行的，试验符合 IEC 推荐要求，包括有：

① 耐冷性试验；

② 耐干热试验；

③ 耐温度快速变化试验；

④ 耐机械振动试验；

⑤ 耐湿热试验。

在每项试验之后将已经受上述载荷的硬件重新装入系统进行运行状况的检查，并在环境和机械载荷试验全部结束后重做1)、2)两项中的大部分试验。

6) 抗外部干扰试验

① 瞬时断电不敏感；

② 检查模拟量输入的共模抑制比；

③ 对于外部连续引入的干扰不敏感。

7) 抗地震试验　对原型机进行抗地震性能试验，包括共振频率搜索和双向加速度激励试验，在每个平面中经受五次OBE和一次SSE水平的试验。试验时设备带电压，检查设备的地震期间和其后能良好运行。

(4) 商品级计算机的实用性确认

在国外核电厂的数字保护系统中，很多采用为核电厂专门开发的数字计算机，在当时其质量有可能超过从市场直接采购的计算机，但研制费用和成本高，且对这种专用的计算机系统缺少使用经验。由于计算机技术的高速发展及其在工业生产中的大量使用，使得商品级计算机具有大量的生产实践和广泛使用的经验，其质量和可靠性已达到或超过专门为安全系统开发的计算机，因此可以根据核电厂安全系统的要求采购高质量的商品级计算机及有关部件构成数字化保护系统。美国标准IEEE std-7-4.3.2—1993规定了商品级计算机硬件、软件和固件在用于保护系统之前必须通过商品级物项的适用性确认，并对如何进行商品级物项的适用性确认提供了指导。

(5) 软件

在核电厂数字化系统的设计和审评中，都对安全功能软件给予极大的重视。

在应用软件设计中，要求区分安全功能软件和非安全功能软件，并在安全功能软件与非安全功能软件之间建立有效屏障，以保证非安全功能软件的工作或故障都不会妨碍安全功能的执行。

在软件设计中必须包括控制流和数据的自监督，并采取措施使监测的软件非安全故障导致安全后果。

在程序设计中，要利用已证明的软件工程的最新成果，以获得安全功能软件的高可靠性。程序应采用模块化设计。安全功能程序应避免采用可能增加出错率和使程序执行复杂化的特殊技巧(如多重中断、嵌套……)。

(6) 检验与确认

为了保证实现设计要求并使研制过程中(尤其是软件)可能产生缺陷的潜在可能性减至最小，有关标准和安全当局都要求进行检验与确认(Verification & Validation，V&V)工作。V&V应包括计算机软件和硬件、非计算机硬件，以及它们的集成，还包括对最后集成的硬件、软件、固件和接口的系统测试。应该建立V&V大纲，大纲中规定由有能力的非原设计人员独立的完成活动、独立地进行见证、独立的进行检查或复审。而V&V大纲本身也应经过有资格的人员进行审查。

测试被认为是一种常用的有效的 V&V 活动，包括对原型机、部件子系统以及整个系统的测试。其中功能测试可决定被测对象的功能与要求完成的功能是否一致。而结构测试可确定程序的内部结构是否正确，这种测试应保证测试到程序的所有分支和路径。

(7) 异常状态和事件的鉴别和处理

在研制计算机化保护系统时，需要分析和鉴别出正常情况以及可能使安全功能失效的异常状态和事件，使得对安全功能有害影响的异常状态和事件以可接受的方式获得解决，从而保证在这些异常状态和事件发生时仍能完成安全功能，或者使系统以可以接受的方式失效。

异常状态和事件包括外部异常条件和事件以及计算机软件和硬件内部异常条件和事件。要求在系统研制的每个阶段都把异常状态和事件的识别和处理作为一项重要的工作内容，重点是防止已识别的异常状态和事件阻碍安全功能的完成，以及防止非安全功能出现的异常状态和事件扩散到安全功能。

为此，一般都要求安全功能计算机保持与非安全功能计算机相互独立，并通过设计修改来消除已识别的异常状态和事件或把已识别的异常状态和事件的风险降低到可接受的程度。在不能完全达到上述要求时，应设置报警功能和设备发出报警信号并制定相应的处理规程。

(8) 可靠性

在核电厂安全系统中使用数字计算机最担心的问题之一就是它的可靠性，为此人们采取各种办法来提高计算机尤其是系统的可靠性，概括起来，可从下述四个方面说明：

1) 硬件可靠性　由于计算机技术的迅速发展，普遍认为，硬件可靠性已不成问题。实际中人们注意到：

① 选用具有大量工业应用经验的、有信誉厂家生产的高可靠硬件产品，并注意它的环境允许使用条件范围和抗震抗冲击性能。

例如好的单板计算机平均无故障工作时间 MTBF＞20 a(在 55 ℃ 时)，可长期工作在 －40～＋85 ℃ 温度、0～100％相对湿度条件下。

目前国际上使用的有 Motorola68000(法国)，Intel8086，8088，80286，80376(美国)等微处理器及配套硬件产品。

②不使用可靠性差的部件：在完成安全功能的系统范围内不使用软盘、硬盘等设备，只在保护系统范围之外完成显示等功能中为充分发挥数字技术的优越性才使用这些设备。

2) 软件可靠性　软件可靠性是人们关注的焦点，人们也在探讨和总结高可靠软件设计的具体规律。目前，在安全功能软件设计中为提高可靠性采取下述措施：

① 制定安全功能软件质保大纲，对软件设计实施质量控制。

② 制定软件检验与确认(V&V)大纲，通过在软件设计过程中加强检查和监督来提高软件可靠性。

③ 采用模块化设计，并对模块的功能单一性、通用性、模块的长短、入口、出口、接口关系、说明等提出要求和限制。

④ 避免采用可能增加出错率和使程序复杂化的某些特殊技巧，如不采用多重中断、嵌套结构等。

⑤ 程序自检验功能,对程序的控制流和数据进行监督。

⑥ 必要时,采用多样化的程序设计(不同通道用不同的软件)。

3) 系统设计措施　为提高系统的可靠性,除提高硬件和软件本身的可靠性外,在系统设计中主要采取容错的系统结构、实时在线检验和定期试验等措施。

4) 系统投入使用前的运行和测试　为了检验和证实系统的可靠性,也为了在系统投入运行前及早发现系统连续运行时存在的问题,一般都在系统投入正式使用前进行系统的连续运行和测试。

(9) 病毒

在数字化保护系统研制和实际使用中,尚未见到有关病毒造成对系统危害的报道。实际上,数字化保护系统不大可能会像普通计算机或计算机网络那样会受到病毒的影响,因为病毒要发生作用需要四方面的条件:

1) 存在有相应的病毒;

2) 传染途径;

3) 驻留的地点;

4) 发作机会。

由于数字化保护系统是一种工程应用的专用系统,它的安全功能软件一般都固化在只读存储器(ROM)中,它的运行不需要计算机操作系统的支持。因此只要在系统的研制和使用过程中使用的软件、工具是通过可信途径获得,而且不使用非法拷贝的软件,可以有效地防止病毒对于系统的侵害。

附录　名词解释

1. 单一故障 (Single Failure)

使某个部件不能执行其预定安全功能的随机故障。由某个单一随机事件引起的所有继发性故障,均视为该故障的组成部分。

2. 单一故障准则 (Single Failure Criteria)

要求某设备组合在其任何部件发生可信的单一随机故障时仍能执行其正常功能的准则。由该单一故障引起的所有继发生性故障均视为单一故障不可分割的组成部分。

3. 假设始发事件 (Postulated Initiating Event)

假定作为设计依据的一部分并能引起预计运行事件或事故工况的那些事件或它们的可信组合。例如:设备故障、操纵员差错、地震和它们的后果。

4. 预计运行事件 (Anticipated Operational Occurrence)

在核电厂运行寿期内预计出现一次或数次偏离正常运行的所有运行过程,由于设计时以采取了适当的措施,这类事件不会使安全重要物项明显损坏,也不会导致事故工况。

注:预计运行事件的例子有:厂外电源断电和汽轮机脱扣,正常运行的核电厂中个别误动作,控制设备中个别元件失灵和主泵断电之类的故障。

5. 设计基准事故 (Design Basis Accident, DBA)

在核蒸汽供应系统或核能装置设计中考虑的假想事件,从对工作人员和周围居民的放射性后果的观点来看这种事故可以认为是具有足够代表性的。

6. 设计基准事件（Design Basis Event，DBE）

为确定系统和构筑物的性能要求，在设计中所采用的假想事件。

复习题

1. 保护系统的功能是什么？
2. 请说明广义保护系统和狭义保护系统的区别。按照“HAD102/10”的规定，保护系统由哪些部分组成？
3. 画图说明保护系统的局部符合逻辑、总体符合逻辑和局部-总体符合逻辑。
4. 保护系统设计原则是什么？
5. 停堆系统中断路器的作用是什么？请画出断路器的“二取一”、“三取二”和“四取二”的连接方式。
6. 压水堆核电厂保护参数是如何触发停堆的？
7. 哪些因素可能引发超温 ΔT 和超功率 ΔT 保护？超温 ΔT 保护和超功率 ΔT 保护的目的是什么？
8. 请说明反应堆功率、稳压器压力、稳压器水位、一次冷却剂流量、蒸汽发生器水位等信号触发停堆的逻辑。
9. 请说明专设安全设施的功能和专设安全设施的触发信号。
10. 请说明 P 信号的功能及生成逻辑。
11. 为什么要设置 C 信号？
12. 保护系统为什么要进行定期试验？怎么进行？
13. ATWT 是什么意思？为什么要设置 ATWT 信号？并请说明 ATWT 信号产生的逻辑及触发功能。
14. 研制数字化保护系统要注意的事项是什么？

第 10 章　集散控制系统简述

10.1　计算机控制基础

计算机控制系统（Computer Control System，CCS）是应用计算机参与控制并借助一些辅助部件与被控对象相联系，以获得一定控制目的而构成的系统。

与一般控制系统相同，计算机控制系统要不断采集被控对象的各种状态信息，按照一定的控制程序处理后，输出控制指令直接操作被控对象。计算机的输入信号和输出信号都是数字信号，需要有将模拟信号转换为数字信号的 A/D 转换器和将数字控制信号转换为模拟信号的 D/A 转换器，如图 10-1 所示。

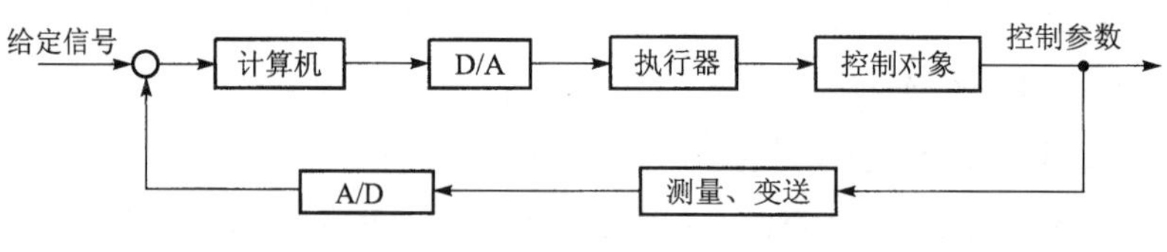

图 10-1　计算机控制系统框图

在一般模拟控制系统中，控制规律是由硬件电路产生的，要改变控制规律就要更改硬件电路。而在计算机控制系统中，控制规律是用软件实现的，计算机执行预定的控制程序，就能实现对被控参数的控制。因此，要改变控制规律，只要改变控制程序就可以了。这就使控制系统的设计更加灵活方便，特别是可以利用计算机强大的计算、逻辑判断、记忆、信息传递能力，实现更为复杂的控制规律。计算机控制系统的控制过程一般可归纳为三个步骤：

1）实时数据采集　对被控参数的瞬时值实时采集，并输入计算机；

2）实时决策控制　对采集到的表征被控参数的状态量进行分析，并按已确定的控制规律，决定进步的控制行为；

3）实时控制输出　根据做出的控制决策，适时地向执行机构发出控制信号，在线实时地实施控制。

以上过程不断重复，使整个系统能按照一定的动态性能指标工作。此外，计算机控制系统还应该能对被控参数和设备本身可能出现的异常状态进行及时监督和处理，具有很强的故障诊断功能，使系统的运行更加可靠。

随着计算机技术的发展，计算机控制系统的可靠性有了很大提高，且在控制系统中计算机的优点越来越突出，因此现代核电厂多采用计算机来实现其控制保护功能。用计算机进行信息处理，可给操纵员提供更完整更直观的信息；用计算机实现控制算法，使控制更为灵活、实用；用计算机进行保护信号的处理及保护逻辑的运算，可实现较为复杂的保护逻辑，减少硬件及电缆接线，增强故障自诊断能力，使保护系统的可靠性有很大提高。

10.1.1 计算机控制系统的基本组成

若将自动控制系统中的控制器的功能用计算机或数字控制装置来实现，就构成了计算机控制系统。计算机控制系统由控制部分和被控对象组成，如图 10-2 所示。

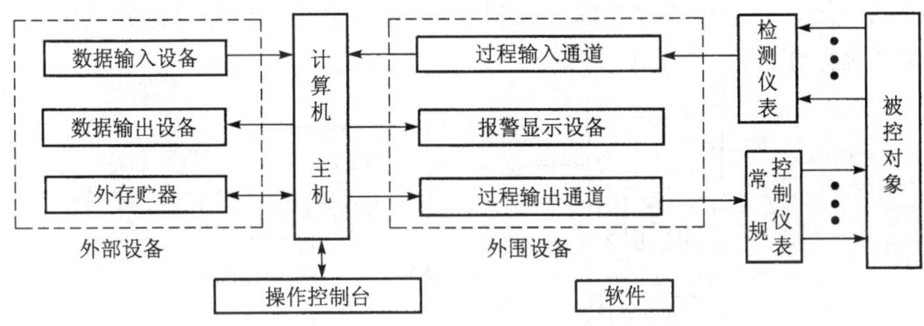

图 10-2 计算机控制系统的基本组成

其控制部分包括硬件部分和软件部分，这不同于模拟控制器构成的系统只由硬件组成。

(1) 计算机的硬件

包括：计算机、外部设备、外围设备、自动化仪表和操作控制台。

(2) 计算机控制系统软件

包括系统软件和应用软件。

1) 系统软件一般包括操作系统、语言处理程序和服务性程序等，它们通常由计算机制造厂为用户配套，有一定的通用性。

2) 应用软件是为实现特定控制目的而编制的专用程序，如数据采集程序、控制决策程序、输出处理程序和报警处理程序等。

它们涉及被控对象的自身特征和控制要求等，由实施控制系统的专业人员自行编制。

10.1.2 计算机分级控制系统

分级控制系统是在监督控制的基础上，利用通信技术和计算机灵活的人-机界面技术组成的一个功能较为齐全的控制系统。它不仅具有对设备运行过程的控制和监督功能，还包括对系统的管理、试验、信息处理等功能，是现代核电厂使用较多的一种控制系统。在第八章所介绍的汽轮机控制系统就是一个典型的两级控制系统，如图 10-3 所示。它采用基层控制和上层控制两级控制方式。

(1) 基层控制级(下位机)

基层控制级直接控制执行机构。每个执行机构都有一个独立的控制通道，每个通道都有自己的微处理器单元，独立地接收所需数据，并与上层控制器交换信息，自主地履行其功能。作为汽轮机调节系统的基层控制级，每个通道控制一个主汽阀，提供了与超速和超加速保护相结合的汽轮机转速和负荷控制的基本手段。一旦汽轮机启动并投入运行，基层控制级能作为一个独立的转速/负荷控制器，在上层控制级发生故障的情况下，也能满足汽轮机控制系统的安全性和可用性要求。

(2) 上层控制级(上位机)

上层控制级的主要硬件设备是一台单元处理机及与电厂和运行人员相关接口设备。上层控制级负责系统的管理与人-机对话。汽轮机控制系统的上层控制级提供汽轮机的启动准备、启动、负荷自动控制、基层控制级控制的管理和协调等功能。上层控制级发出的指令都是通过基层控制级起作用的，只有当这些指令符合贮存在基层控制级内某些接收原则时，基层控制级才接受这些指令并动作。

分级控制系统是一个比较大的综合控制系统，它要解决达到总目标的最优化控制问题，使整个控制系统操作灵活，可靠性更高。

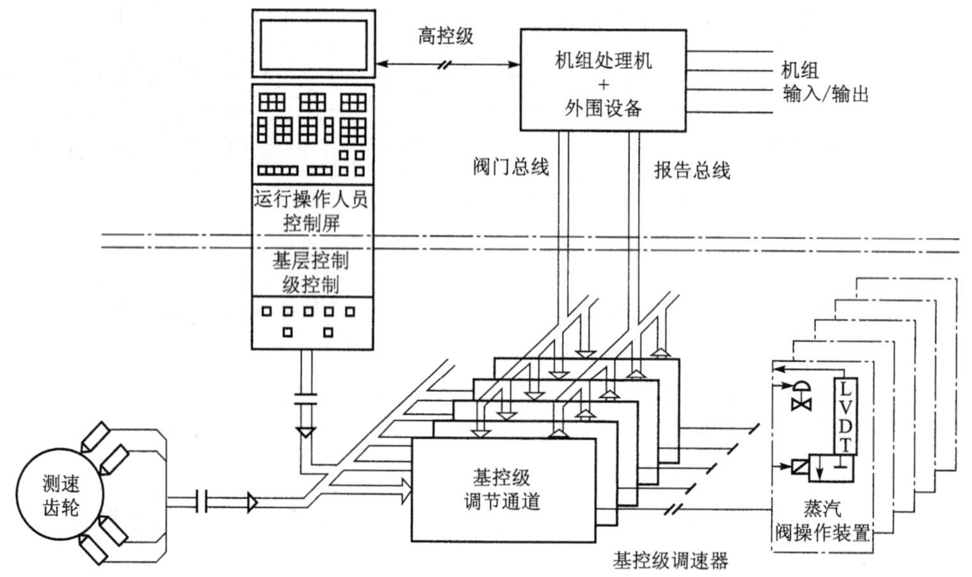

图 10-3 两级控制概念图(汽轮机的控制结构)

10.2 集散控制系统

集散控制系统(Distributed Control System，DCS)是以微处理器及微型计算机为基础，融汇计算机技术、数据通信技术、CRT 屏幕显示技术和自动控制技术为一体的计算机控制系统，它对生产过程进行集中操作管理和分散控制。即分布于生产过程各部分的以微处理器为核心的过程控制站，分别对各部分工艺流程进行控制，又通过数据通信系统与中央控制室的各监控操作站联网组成了集散控制系统。操纵员通过监控站 CRT 终端，可以对全部生产过程的工况进行监视和操作，网络中的专业计算机用于数学模型或先进控制程序的运算，适时地给各过程站发出控制信息、调整运行工况。

集散控制系统实际上是分级控制系统，通常可分为过程级、监控级和管理级。集散控制系统由具有自治功能的多种工作站组成，如数据采集站、过程控制站、工程师(操纵员)操作站、远程操作站等。这些工作站可独立或配合完成数据采集与处理、控制、计算等功能，便于实现功能、地理位置和负载上的分散。并且当个别工作站故障时，仅使系统功能略有下降，不会影响整个系统的运行，因此是风险分散。各种类型分散控制系统的构成基本相同，都由通信网络和工作站(节点)两大部分组成。

集散控制系统是利用计算机技术对生产过程进行集中监测、操作、管理和分散控制的一种新型控制技术，是由计算机技术、信号处理技术、测量控制技术、通信网络技术、CRT技术、图形显示技术及人机接口技术相互渗透发展而产生的。DCS既不同于分散的仪表控制，又不同于集中式计算机控制系统，而是克服了两者的缺陷，并集中了两者的优势。DCS的结构是一个分布式、分支树状结构。按系统结构进行垂直分解，它分为过程控制级和控制管理级，各级既相互独立又相互联系，每一级又可水平分解成若干子集。从功能分散看，纵向分散意味着不同级的不同功能，如实时控制、实时生产过程管理等，横向分散则意味着同级设备具有类似功能，而分别执行各自的功能，如图10-4所示。

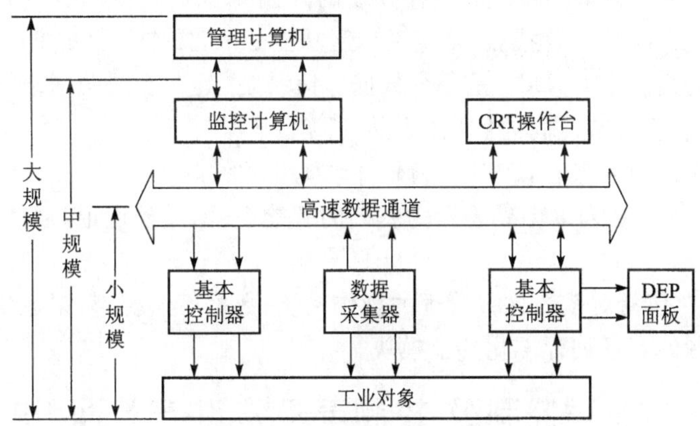

图10-4 集散控制系统结构框图

10.2.1 DCS的组成及类型、特点

DCS是采用标准化、模块化和系列化的设计，由过程控制级、控制管理级和生产管理级组成的一个以通信网络为纽带的集中显示和操作管理、控制相对分散的实用系统。它具有如下特点。

(1) 自主性

系统上各工作站是通过网络接口连接起来的，各工作站独立自主地完成自己的任务，且各站的容量可扩充，配套软件随时可组态加载，是一个能独立运行的高可靠性子系统。

(2) 协调性

实时高可靠的工业控制局部网络使整个系统信号共享，各站之间从总体功能及优化处理方面具有充分的协调性。

(3) 在线与实时性

通过人机接口和I/O接口，对过程对象的数据进行实时采集、分析、记录、监视、操作控制，可进行系统结构、组态回路的在线修改、局部故障的在线维修。

(4) 高可靠性

高可靠性是DCS的生命力所在，结构上采用容错设计，使得在任一个单元失效的情况下，仍然保持系统的完整性，即使全局性通信或管理失效，局部站仍能维持工作。硬件上包括操作站、控制站、通信网络都采用冗余配置。软件上采用分段与模块化设计，积木式结构，并采用容错设计。

(5) 适应性、灵活性和可扩充性

硬件和软件采用开放式,标准化设计,系统积木式结构,具有灵活的配置可适应不同用户的需要。工厂改变生产工艺、生产流程时只需改变系统配置和控制方案,使用相应组态软件做一些修改即可实现。

(6) 人因性

DCS 软件面向工业控制技术人员、工艺技术人员和生产操作人员,采用实用而简捷的人-机会话系统,CRT 高分辨率交互图形显示,更能满足人因要求。

从控制系统的角度来看,DCS 是一种分级的控制系统,各级完成不同的功能。功能分层体系是分散控制系统的显著特点,是实现控制功能分散,操作显示集中的关键。

从信息系统的角度来看,DCS 是一个数据通信系统,具有不同的网络结构,连接着功能各异的一个个节点,实现节点间的信息传送与互换。

从计算机系统的角度来看,DCS 分为硬件系统和软件系统。

1) 硬件系统　一系列以微处理器为基础的智能模件、过程通道、通信接口和各种外部设备。

2) 软件系统　包括对系统进行管理的操作系统、数据库系统、数据通信软件、组态软件和对过程进行控制的一系列标准化功能模块。

10.2.2 DCS 的过程控制级、控制管理级、生产管理级的结构及功能

分布式控制系统采用一台中央计算机指挥若干台面向控制现场的测控计算机和智能控制单元。分布式控制系统可以是两级的、三级的或更多级的。利用计算机对生产过程进行集中监视、操作、管理和分散控制。随着测控技术的发展,分布式控制系统的功能越来越多。不仅可以实现生产过程控制,而且还可以实现在线最优化、生产过程实时调度、生产计划统计管理功能,成为一种测、控、管一体化的综合系统。它是监视集中、控制分散、故障影响面小,而且系统具有联锁保护功能,采用了系统故障人工手动控制操作措施,使系统可靠性高。分布式控制系统与集中型控制系统相比,其功能更强,具有更高的安全性。是当前大型机电一体化系统的主要潮流。

集散控制系统的基本结构如图 10-5 所示,它包括现场过程控制级、集中操作监控级和综合信息管理级。

(1) 现场过程控制级

构成现场过程控制级的主要装置有:现场控制站、工业控制机、可编程序控制器、智能调节器、测控装置(数据采集装置、各种执行器)等。这一级是直接面向生产过程的,是与现场打交道的设备。生产过程的各种过程变量通过分散过程控制装置转化为操作监视的数据,例如:采集热电偶、热电阻、变送器等的温度、湿度、压力、流量等信号。在分散过程装置内,采集现场的模拟量和开关量等信号,进行模拟量与数字量的相互转换,完成控制算法的各种运算,对输入与输出量进行有关的软件滤波及其他的运算。操作的各种信息也通过分散过程控制装置送到执行机构,直接完成生产过程控制、调节控制、顺序控制等功能。能够与集中操作监控级进行数据通信,接收显示操作站下传加载的参数和作业命令,以及将现场工作信息整理后向显示操作站传送。

现场过程控制级由通信模件、控制器模件和 I/O 模件等组成。

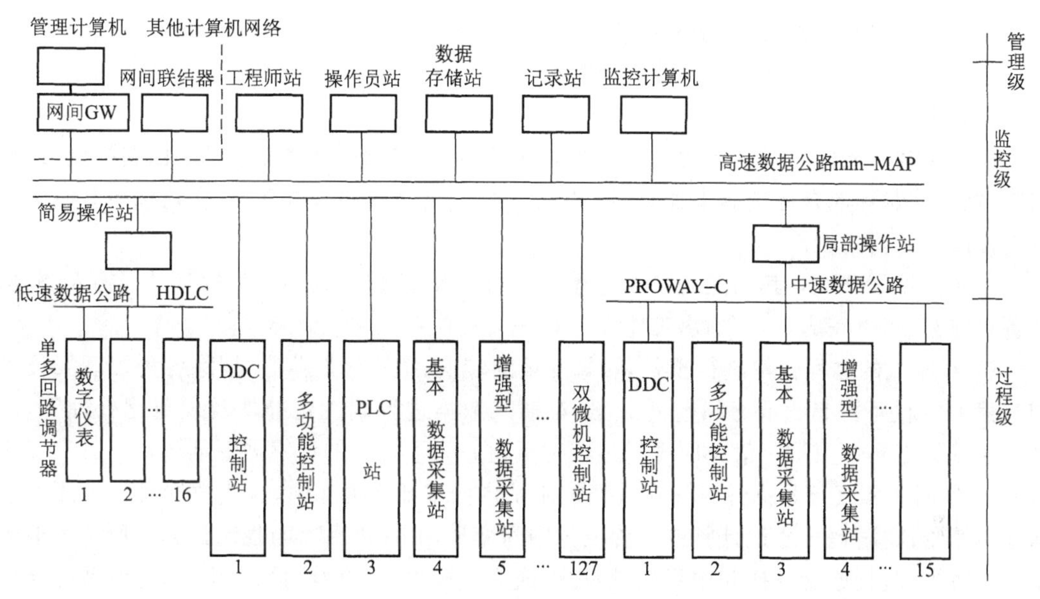

图 10-5 集散控制系统的基本结构

(2) 集中操作监控级

监控级的具体组成包括:监控计算机、工程师显示操作站和操作员显示操作站等。该级以操作监视为主要任务,兼有部分管理功能。这一级是面向操作员和控制系统工程师,它把过程参量的信息集中化,把各个现场配置的控制站的数据进行收集,并通过简单的操作,进行过程量的显示和各种工艺流程图、趋势曲线的显示以及改变过程参数的设置,如设定值(控制参数)报警状态等信息,这就是它的显示操作功能。在工程师站上可进行控制系统的生成,功能组态、组态数据下装到各操作站以实现各种控制策略。经网关向生产管理级发送数据。

集中操作监控级主要由主机和外设等组成。

(3) 综合信息管理级

管理级由管理计算机、办公室自动化系统、工厂自动化服务系统等构成。从而实现整个企业的综合信息管理。综合信息管理级实际上是一个管理信息系统,它主要包括生产管理和经营管理。各级之间的信息传输主要依靠通信网络系统来支持。根据各级的不同要求,通信网也分成低速、中速和高速通信网络。低速网络面向分散过程控制级,中速网络面向集中操作监控级,高速网络面向管理级。

综合信息管理级主要由数据服务器、工作站等组成。

10.2.3 集散控制系统的软件配置、控制算法组态

在 DCS 内,软件分为现场控制站软件、操作员站软件和工程师站软件,同时还有运行于各个站的网络软件,作为各个站上功能软件之间的桥梁。

按照软件运行的时机和环境,可将 DCS 软件划分为在线的运行(Run Time)软件和离线的应用开发工具软件(即组态软件)两大类,其中控制站软件、操作员站软件、各种功能站上的软件及工程师站上在线的系统状态监视软件等都是运行软件,而工程师站软件(除在线

的系统状态监视软件外)则属于离线软件。

下面分别描述各个站的软件功能及其构成。

(1) 现场控制站软件

现场控制站软件的最主要功能是完成对现场的直接控制,这里面包括了回路控制、逻辑控制、顺序控制和混合控制等多种类型的控制。为了实现这些基本功能,在现场控制站中应该包含以下主要的软件:

1) 现场 I/O 驱动,其功能是完成过程变量的输入/输出 其动作包括对过程输入/输出设备实施驱动,以完成输入/输出工作;

2) 对输入的过程变量进行预处理,如变量的转换、统一计量单位、剔除各种因现场设备和过程 I/O 设备引起的干扰和不良数据、对输入数据进行线性化补偿及规范化处理等,总之是要尽量真实地用数字值还原现场过程变量值并为下一步的计算做好准备;

3) 实时采集现场数据并存储在现场控制站内的本地数据库中,这些数据可作为原始数据参与控制计算,也可通过计算或处理成为中间变量,并在以后参与控制计算。所有本地数据库的数据(包括原始数据和中间变量)均可成为人机界面、报警、报表、历史、趋势及综合分析等监控功能的输入数据;

4) 进行控制计算,就是根据控制算法和检测数据、相关参数进行计算,得到实施控制的量;

5) 通过现场 I/O 驱动,将控制量输出到现场执行机构。

为了实现现场控制站的功能,在现场控制站中建立与本站的 I/O 点和控制相关的本地数据库,这个数据库中只保存与本站相关的 I/O 点及与这些 I/O 点相关的,经过计算得到的中间变量。本地数据库可以满足本现场控制站的控制计算和 I/O 点对数据的需求。有时除了本地数据外还需要其他节点上的数据,这时可从网络上将其他节点的数据传送过来,这种操作被称为数据的引用。

(2) 操作员站软件

操作员站软件的主要功能是人机界面(Human Machine Interface,HMI)的处理,其中包括图形画面的显示,对操作员操作命令的解释与执行,对现场数据和状态的监视及异常报警,历史数据的存档和报表处理等。为了上述功能的实现,操作员站软件主要由以下几个部分组成:

1) 图形处理软件,该软件根据由组态软件生成的图形文件进行静态画面(又称为背景画面)的显示和动态数据的显示及按周期进行数据更新;

2) 操作命令处理软件,其中包括对键盘操作、鼠标操作、画面触摸操作的各种命令方式的解释与处理;

3) 历史数据和实时数据的趋势显示软件;

4) 报警信息的显示、事件信息的显示、记录与处理软件;

5) 历史数据的记录与存储、转储及存档软件;

6) 报表软件;

7) 系统运行日志的形成、显示、打印和存储记录软件。

为了支持上述操作员站软件的功能实现,在操作员站上需要建立一个全局的实时数据库,这个数据库集中了各个现场控制站所包含的实时数据及由这些原始数据经运算处理所得到的中间变量。这个全局的实时数据库被存储在每个操作员站的内存之中，而且每个操作员站的实时数据库是完全相同的，因此每个操作员站可以完成相同的功能，形成一种可互相替代的冗余结构。当然各个操作员站也可根据运行的需要，通过软件人为地定义其完成不同的功能，而成为一种分工的形态。

(3) 工程师站软件

工程师站软件可分为两大部分：在线运行的软件和离线组态软件。在线运行的软件，主要完成对 DCS 本身运行状态的诊断和监视，发现异常时进行报警，同时通过工程师站上的 CRT 屏幕给出详细的异常信息，如出现异常的位置、时间、性质等。离线组态软件，是一组软件工具，是为了将一个通用的、对多个应用控制工程有普遍适应能力的系统，变成一个针对某一个具体应用控制工程的专门系统。为此，系统要针对这个具体应用进行一系列定义，如系统要进行什么样的控制，系统要处理哪些现场量，这些现场量要进行哪些显示、报表及历史数据存储等功能操作，系统的操作员要进行哪些控制操作，这些控制操作具体是如何实现的，等等。在工程师站上，要做的组态定义主要包括以下几个方面：

1) 系统硬件配置定义，包括系统中各类站的数量、每个站的网络参数、各个现场 I/O 站的 I/O 量配置(如各种 I/O 模块的数量、是否冗余、与主控单元的连接方式等)及各个站的功能定义等；

2) 实时数据库的定义，包括现场 I/O 点的定义(该点对应的 I/O 位置、过程变量转换的参数、对该点所进行的数字滤波、不良点剔除及死区等处理)以及中间变量点的定义；

3) 历史数据库的定义，包括要进入历史数据库的实时数据、历史数据存储的周期、各个数据在历史数据库中保存的时间及对历史数据库进行转储(即将数据转存到磁带、光盘等可移动介质上)的周期等；

4) 历史数据和实时数据的趋势显示、列表及打印输出等定义；

5) 控制算法的定义，其中包括确定控制目标、控制方法、控制周期及定义与控制相关的控制变量、控制参数等；

6) 人机界面的定义，包括操作功能定义(操作员可以进行哪些操作、如何进行操作等)、现场模拟图的显示定义(包括背景画面和实时刷新的动态数据)及各类运行数据的显示定义等；

7) 报警定义，包括报警产生的条件定义、报警方式的定义、报警处理的定义(如对报警信息的保存、报警的确认、报警的清除等操作)及报警列表的种类与大小定义等；

8) 系统运行日志的定义，包括各种现场事件的认定、记录方式及各种操作的记录等；

9) 报表定义，包括报表的种类、数量、报表格式、报表的数据来源及在报表中各个数据项的运算处理等；

10) 事件顺序记录和事故追忆等特殊报告的定义。

以上列出了主要的组态内容，在实际运行时可以按照组态的定义完成相应的控制和监视功能。

各厂家的 DCS 均提供了功能齐全的组态软件，虽然这些组态软件的形式和使用方法上存在很大差别，而且各自支持的组态范围也有些不同，但基本内容一样，而且组态原理也是一样的。不管组态的操作形式是怎样的，一套控制系统组态软件应包括以下几方面内容：

① 系统配置组态(完成 DCS 各站设备信息的组态)。

② 数据库组态(包括测点的量程上下限、单位及报警组态等信息)。

③ 控制算法组态。

④ 流程显示及操作画面组态。

⑤ 报表组态。

⑥ 编译和下装等。

其中,控制算法的组态工作量对于不同的系统差别很大。有的系统侧重于控制,则控制组态的工作量就很大;而有的小系统侧重于检测和监视,控制的量就不大。但控制算法组态往往是DCS组态中最为复杂、难度也最大的部分。不同厂家提供的DCS,其组态软件也不同。但在控制组态时均应尽量注意以下几方面:

1) 根据系统控制方案确切理解每个算法功能模块的用途及模块中的每个参数的含义,特别是对于那些复杂模块。如PID运算模块,其中的参数有多少个,每个参数的含义、量纲范围和类型(整数、二进制数、浮点数)等;

2) 根据对控制功能的要求和DCS控制站的容量和运算能力,要仔细核算每个站上组态算法的系统内存开销和主机运算时间的开销。不同要求的算法最好在控制周期上分别考虑,只要满足要求就可以了。例如,大部分的温度控制回路的运算周期在1 s甚至几秒就可以了,而有些控制(如流量等)则要求有较快的控制周期。总之,要保证系统的控制站有足够的容量和运算时间来处理组态出的算法方案,否则会产生很大的麻烦;

3) 进行控制组态时,也要顺便考虑到将来调试和整定的方便。有些系统支持的在线整定功能较强,如可以在线显示和整定大部分的控制算法的参数,而有些系统差些。但完全可以通过增加一些可显示的中间变量来满足大多数需要在线调整的需求;

4) 在控制组态时,还应注意的一点是,实际过程控制中安全因素是第一的。因此在系统中每一算法的输出(特别是直接输出到执行机构之前),一定要有限幅监测和报警显示。

10.2.4 集散控制系统的网络形式、通信网络的组成及拓扑结构

在集散控制系统中应用较多的网络结构是星形、环形和总线型结构,如图10-6所示。

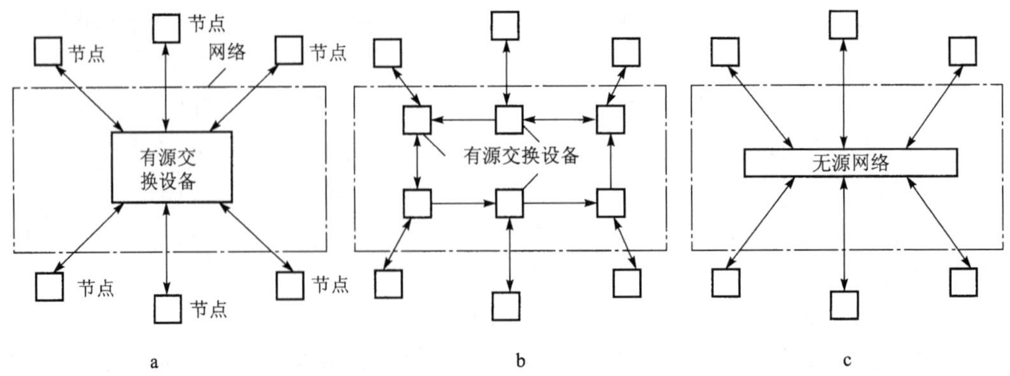

图10-6 网络的拓扑结构

a. 星形结构;b. 环形结构;c. 总线型结构

(1) 星形结构

结构是以一个中心节点(一般是交换机或者是集线器)做星形辐射。

星形拓扑结构具有以下优点：控制简单；故障诊断和隔离容易；方便服务。星形拓扑结构的缺点：电缆长度和安装工作量可观；中央节点的负担较重，形成瓶颈；各站点的分布处理能力较低。

(2) 环形结构

环形拓扑网络由站点和连接站的链路组成一个闭合环。

环形拓扑的优点：电缆长度短；增加或减少工作站时，仅需简单的连接操作；可使用光纤。环形拓扑的缺点：节点的故障会引起全网故障；故障检测困难；环形拓扑结构的媒体访问控制协议都采用令牌传递的方式，在负载很轻时，信道利用率相对来说就比较低。

(3) 总线型结构

总线拓扑结构采用一个信道作为传输媒体，所有站点都通过相应的硬件接口直接连到这一公共传输媒体上，该公共传输媒体即称为总线。

总线拓扑结构的优点：总线结构所需要的电缆数量少；总线结构简单，又是无源工作，有较高的可靠性；易于扩充，增加或减少用户比较方便。总线拓扑结构的缺点：总线的传输距离有限，通信范围受到限制；故障诊断和隔离较困难；分布式协议不能保证信息的及时传送，实时功能较差。

从当前的发展看，DCS 更应该被看成是一个计算机管理控制系统，其中包含了全厂自动化的丰富内涵。从现在多数厂家对 DCS 体系结构的扩展就可以看到这种趋势。几乎所有的厂家都在原 DCS 的基础上增加了服务器，用来对全系统的数据进行集中的存储和处理。针对一个企业或工厂常有多套 DCS 的情况，以多服务器、多域为特点的大型综合监控自动化系统也已出现，这样的系统完全可以满足全厂多台生产装置自动化及全面监控管理的系统需求。这种具有系统服务器的结构，在网络层次上增加了管理网络层，主要是为了完成综合监控和管理功能，在这层网络上传送的主要是管理信息和生产调度指挥信息，图 10-7 给出了这种系统结构。这样的系统实际上就是一个将控制功能和管理功能结合在一起的大型信息系统。

由于网络，特别是高层网络的灵活性，使得系统的结构也表现出非常大的灵活性，一个大型 DCS 不一定就是如图 10-7 所示的结构形式，如可以将各个域的工程师站集中在管理网上，成为各个域公用的工程师站；或某些域不设操作员站而采用管理层的信息终端实现对现场的监视和控制；甚至将系统网络和高层管理网络合成一个实体上的网络，而靠软件实现逻辑的分层和分域。

DCS 网络的组成是每一块 I/O 板都接在 I/O 总线上。为了信号的安全和完整，信号在进入 I/O 板以前要进行整修，如上、下限的检查、温度补偿、滤波，这些工作可以在端子板完成，也可以分开完成，完成信号整修的板称为信号调理板。

I/O 总线和控制器相连，各种 DCS 的 I/O 总线各不相同。如果要求快速，最好采用并行总线。但一般采用串行总线比较多。闭环控制器、模拟量数据采集器和逻辑运算器可以和人机界面直接连在通信网络上，在网络上的每一个不同的控制器作为网络上的一个独立节点。每一个节点完成不同的功能。它们都有网络接口。有的 DCS 为了节省网络接口，把所有的过程控制用的设备即闭环控制器、模拟量数据采集器和逻辑运算器预先连在控制总线上，称为过程控制站。这可以增加过程控制站能接收的 I/O 点数，又能节省接口。然后再通过接口连到网络上，与人机界面相连。随着计算机技术的发展，控制器的运算能力不断

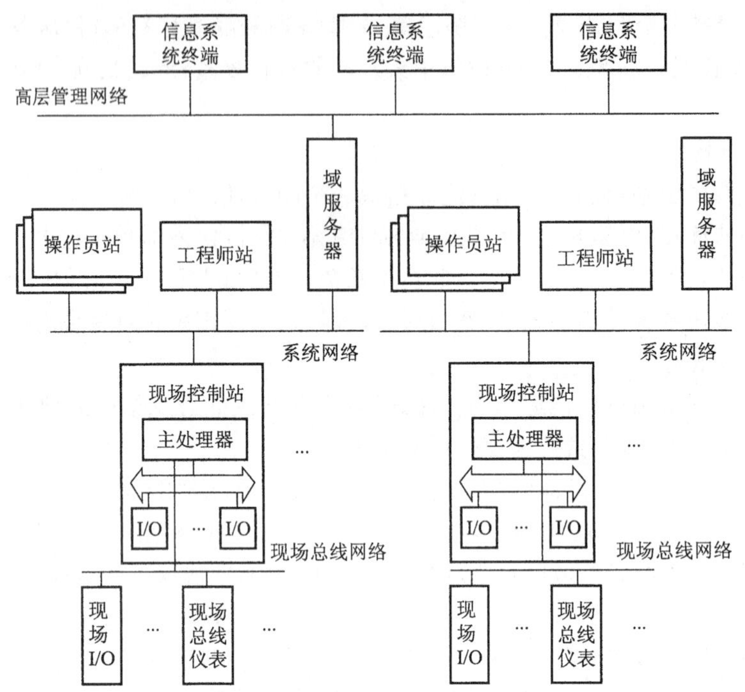

图 10-7 具有管理层的 DCS 的网络结构示意图

增强，如 PC 机做的一个控制器，既可接收模拟量运算，也可接收开关量运算。一个控制器成为网络上的一个节点，通过网络与人机界面相连。通信网络连接分散控制系统的各个分布部分，完成数据、指令及其他信息的传递。为保证 DCS 可靠性，电源、通信网络、过程控制站都采用冗余配置。

系统网络是 DCS 的骨架，它是 DCS 的基础和核心。网络对于 DCS 整个系统的实时性、可靠性和扩充性，起着决定性的作用。对于 DCS 的系统网络来说，它必须满足实时性的要求，即在确定的时间限度内完成信息的传送。这里所说的“确定”的时间限度，是指在无论何种情况下，信息传送都能在这个时间限度内完成，而这个时间限度则是根据被控制过程的实时性要求确定的。因此，衡量系统网络性能的指标并不是网络的速率，而是系统网络的实时性，即能在多长的时间内确保所需信息的传输完成。系统网络还必须非常可靠，无论在什么情况下，网络通信都不能中断，因此 DCS 均采用双总线、环形或双重星形的网络拓扑结构。为了满足系统扩充性的要求，系统网络上可接入的最大节点数量应比实际使用的节点数量大若干倍。这样，一方面可以随时增加新的节点，另一方面也可以使系统网络运行于较轻的通信负荷状态，以确保系统的实时性和可靠性。在系统实际运行过程中，各个节点的上网和下网是随时可能发生的，特别是操作员站，这样，网络重构会经常进行，而这种操作绝对不能影响系统的正常运行，因此，系统网络应该具有很强在线网络重构功能。

系统网络又是一种完全对现场 I/O 处理并实现直接数字控制功能的网络节点。一般一套 DCS 中要设置现场 I/O 控制站，用以分担整个系统的 I/O 和控制功能。这样既可以避免由于一个站点失效造成整个系统的失效，提高系统可靠性，也可以使各站点分担数据采集和控制功能，有利于提高整个系统的性能。DCS 的操作员站是处理一切与运行操作有关的人机界面(Human Machine Interface，HMI 或 Operator Interface)功能的网络节点。

系统网络是DCS的工程师站，它是对DCS进行离线的配置、组态工作和在线的系统监督、控制、维护的网络节点，其主要功能是提供对DCS进行组态，配置工作的工具软件(即组态软件)，并在DCS在线运行时实时地监视DCS网络上各个节点的运行情况，使系统工程师可以通过工程师站及时调整系统配置及一些系统参数的设定，使DCS随时处在最佳的工作状态之下。与集中式控制系统不同，所有的DCS都要求有系统组态功能，可以说，没有系统组态功能的系统就不能称其为DCS。

10.2.5 集散控制系统的应用举例

DCS应用很广泛，我们以它在发电厂的应用了解它控制功能的设计。

(1) DCS组成

发电厂设置一套集散控制系统(DCS)，采取集中操作与各工段分散控制相结合的系统运行模式来实现发电控制。整个系统控制由一台工程师站、四台操作员站、一台管理计算机、五台现场操作站组成，如图10-8所示。控制系统通信拥有现代高速的以太网(10/100 LAN)，冗余的通信设备。系统共控制2条生产线、汽轮发电机、中低压电气系统及公用系统。每条生产线安装了远程I/O(输入/输出)站，一个汽轮发电机远程I/O(输入/输出)站，一个远程I/O(输入/输出)站控制公用系统，一个单独控制站控制中低压电气信号。实现了

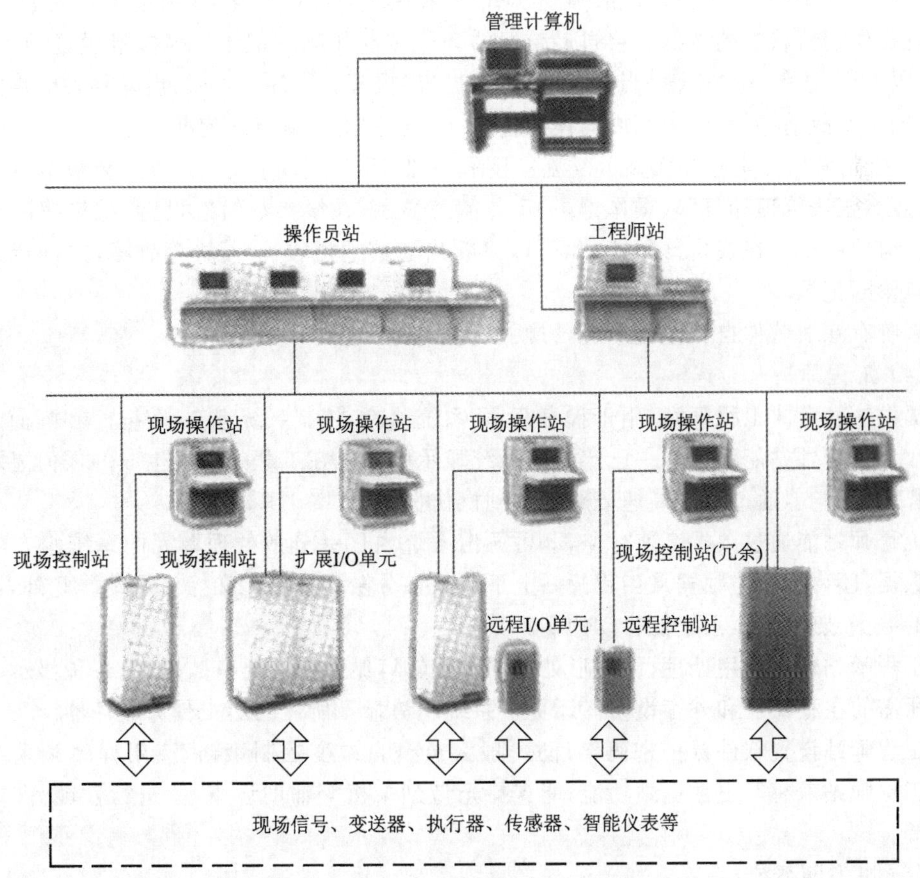

图10-8　某发电厂DCS结构示意图

生产过程状态监视、运行操作、过程控制、事件报警、运行联锁、安全保护等功能，完成数据采集、实施模拟量控制、顺序控制和联锁保护等控制功能。

(2) DCS的I/O点数

系统总的设计I/O点数为2 273点，系统实际容量为3 100点。I/O点的数量分布如表10-1所示。

表10-1 某发电厂DCSI/O点数

信号分类	AI	AO	DI	DO	合 计
生产线1	88	35	231	132	486
生产线2	88	35	231	132	486
汽轮发动机系统	150	14	210	120	494
中低压电气系统	6	2	185	12	205
公用系统	64	38	190	310	602

(3) 操作员站

操作员站实施数据采集处理和控制操作。

1) 数据采集和处理 定时采集全站生产过程输入、输出信号(包括开关量、模拟量、脉冲量)，经信号调理后检出事故、故障、状态信号和模拟参数的变化，实时地更新数据库，为监控系统提供运行状态的数据。将自动装置的动作按动作顺序记录。模拟量设置上上限、上限、下限、下下限等几个限值，当测量值越限时发出报警。事件产生时，启动相关的事故追忆记录，输出事故前、后一段时间内的模拟量值。追忆数据的测点和周期可定义。

2) 控制操作 实施画面显示及流程显示、控制调节、趋势显示、分级报警管理及实时和历史显示、报表管理和打印、操作记录、运行状态显示、在线参数组态设置、操作权限保护等功能。监控系统有在线自诊断能力，可以诊断出通信通道、I/O模块等故障，并进行报警和系统自诊断记录。

系统有在线软件自我监控系统，方便系统的维护。

(4) 工程师站

提供一套台式工程师站，用于程序开发、系统诊断、控制系统组态、数据库和画面的编辑及修改。工程师站能调出任一已定义的系统显示画面。在工程师站上生成的任何显示画面和趋势图等，均能通过数据高速公路加载到操作员站。

工程师站能通过数据高速公路，既可调出系统内任一分散处理单元的系统组态信息和有关数据，还可将组态数据从工程师站上下载到各分散处理单元和操作员站。此外，当重新组态的数据被确认后，系统能自动的刷新其内存。

工程师站包括站用处理器、图形处理器及能够容纳系统内所有数据库、各种显示和系统程序所需的主存储器和外存设备。还提供系统趋势显示所需的历史趋势缓冲器。

工程师站设置软件保护密码，以防一般人员擅自改变控制策略、应用程序和系统数据库。工程师站兼有历史数据站功能，能支持光盘刻录机等辅助设备，能进行性能计算、文件传送等。

(5) 以太网系统

系统网络分为下层控制网、上层管理网。下层控制网采用同轴屏蔽电缆，与现场控制器相连，满足现场信号的采集、处理和控制器的冗余通信。

上层管理网采用同轴电缆，满足操作员站、工程师站对现场设备的监视、控制和管理，实现数据共享。

(6) 过程处理中心

中央处理单元(CPU)设置足够容量的存储器。当CPU掉电后，不会导致程序或数据丢失。过程控制、监视和所需的故障诊断等，其使用功能设置于可编程控制器内。这些功能至少包括下列内容：实时时钟和日历、继电器和锁存继电器、过渡触点、计时器、计数器、算术运算、逻辑功能、移位寄存器等。

10.3 AP1000核电厂仪表与控制系统

AP1000核电厂是一个两环路压水堆型核电厂。它在原压水堆核电厂设计基础上，提高了输出的功率，系统和部件大量简化，尤其是采用非能动安全系统，提高了电厂的安全性、可靠性，降低了发电成本和投资风险，是非能动安全先进核电厂。

AP1000核电厂的仪表与控制系统是由全数字的网络结构的DCS构成的，它实现核电厂仪表与控制系统的显示、控制和保护功能。

10.3.1 AP1000核电厂仪表与控制系统总体结构

10.3.1.1 仪表与控制系统的总体结构

AP1000核电厂仪表与控制系统的总体结构如图10-9所示，它分为上、下两部分，由网络把这两部分连接成一个整体。

上部分主要执行数据显示和处理功能，下部分主要执行电厂的监测、控制和保护功能。

上部分主要包括：

(1) 运行控制中心系统(Operation and Control Center System，OCC)

运行控制中心系统包括控制室、技术支持中心、远程停堆操作站、应急操作设施、就地控制站和与这些中心相关的工作站。它通过人-机接口实现对电厂的有效和安全控制。

(2) 数据显示和处理系统(Data Display and Processing System，DDS)

数据显示和处理系统主要是为电厂的正常或者异常运行提供非安全相关的报警和显示，用于电厂数据分析、日志、存储和检索，为操纵员提供运行支持。

实时数据网络是一条高速的冗余通信网络，它把各控制系统与运行控制中心联系起来。安全重要系统通过网关和隔离设备与网络相连，把电厂的各种实时数据输入网络，供控制室及数据显示和处理系统使用。

下部分主要包括：

(1) 安全监测和保护系统(Protection and Safety Monitoring System，PMS)

安全监测和保护系统的功能是监测核电厂偏离正常运行工况，并触发相应的安全功能。另外监测并记录事故过程中和事故后核电厂的相关参数，以分析、判断和处理事故的后果。

(2) 电厂控制系统(Plant Control System，PLS)

电厂控制系统控制电厂从冷停堆到满功率的运行，在控制室实现对核电厂的操纵控制。

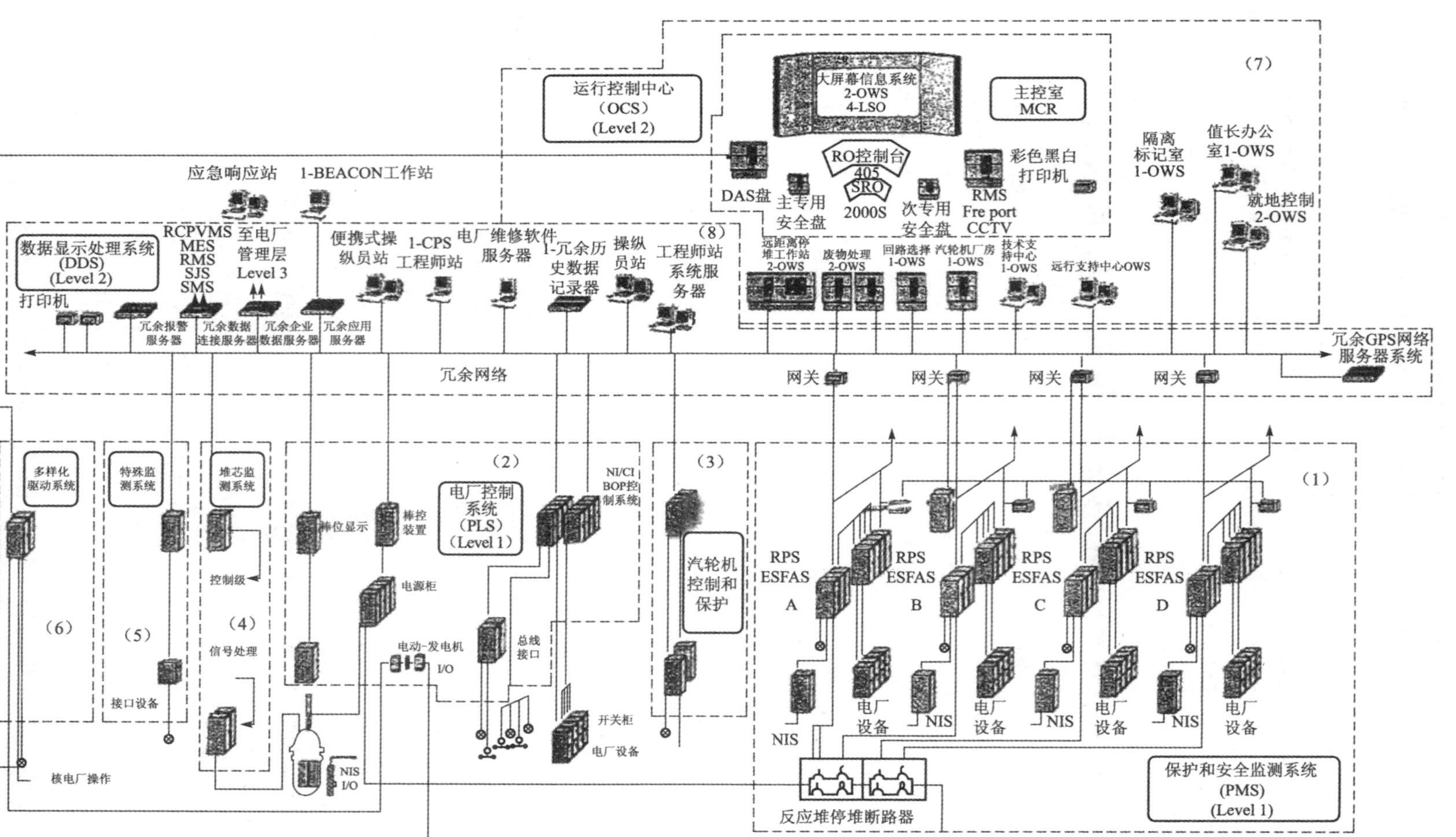

图10-9 AP1000仪表与控制系统的总体结构示意图

(3) 汽轮机控制和监测系统(Turbine Operation System,TOS)

汽轮机控制和监测系统按电厂需求控制汽轮机的运行,并监测汽轮机运行中的各种参数,一旦出现异常,触发汽轮机脱扣,保护汽轮机的安全。

(4) 堆芯仪表系统(Incore Instrumentation System,IIS)

堆芯仪表系统的主要功能是监测堆芯的中子注量率的分布,用于标定堆外中子探测器的灵敏度和优化堆芯运行;同时也通过热电偶测量堆芯的温度分布,提供事故后堆芯欠冷度的信息。

(5) 特殊监测系统(Special Monitoring System,SMS)

特殊监测系统提供对核电厂的诊断和监督功能。它由专有子系统构成,其中之一是反应堆部件松动监测系统。特殊监测系统不执行任何安全功能。

(6) 多样化驱动系统(Diverse Actuation System,DAS)

多样化驱动系统是非安全级系统,是反应堆保护系统的多样化后备。当反应堆保护系统发生故障时,多样化驱动系统提供了独立于保护系统的保护。

10.3.1.2 仪表与控制系统平台

基于数字化的 AP1000 核电厂的仪表与控制系统采用两种平台:Ovation 平台和 Common Q 平台(Common Qualified Platform)。

(1) Ovation 平台

Ovation 平台用于构成 AP1000 核电厂非安全系统的运行、数据显示、监测和控制。它包括下列部件:

1) Ovation 控制器　执行模拟、顺序控制的功能;

2) Ovation 高速通信网络　采用光纤通信介质,冗余配置,具有容错能力,速率是 100 Mb/s;

3) Ovation I/O 模块　执行输入/输出功能;

4) Ovation 工作站　执行服务器以及操纵员工作站的功能。它包括:操纵员工作站、工程师站、数据库和应用软件服务器等。

(2) Commmon Q 平台

Commmon Q 平台用于构成 AP1000 核电厂的保护和安全监测系统。

Commmon Q 平台是一套计算机系统,由专用于核电厂的、经过合格鉴定的商用级硬件和软件构成,并装载了电厂专用应用软件,以执行核电厂安全系统的不同功能。

典型的 Commmon Q 平台结构包括处理器模块、I/O 模块和通信模块等,安装在一个或两个机箱内。

Commmon Q 平台属于 1E 级设备,开放式系统,包括以下主要标准部件:

1) 控制器(由 PM646 处理器模块组成),它执行安全系统的保护算法;

2) I/O 模块;

3) 显示单元;

4) 人-机接口(包括维修和试验屏)和操纵员模块;

5) 接口和试验处理器;

6) 通信单元。

10.3.2 安全监测和保护系统

安全监测和保护系统(PMS)执行电厂的紧急停堆功能、专设安全设施(ESF)触发功能和1E级数据处理功能。其基本结构如图10-10所示。

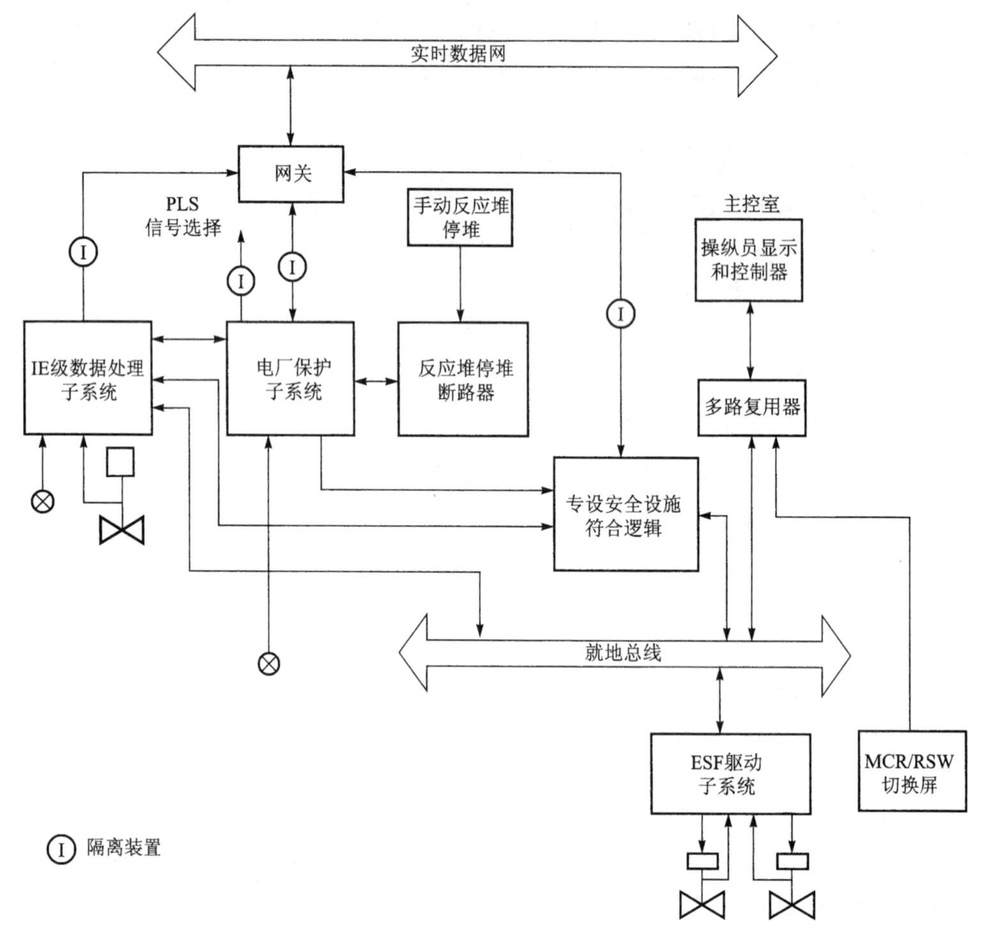

图10-10 PMS基本结构示意图

10.3.2.1 反应堆紧急停堆功能

当核电厂运行中出现异常瞬态或事件时,PMS执行紧急停堆功能,切断控制棒驱动机构的供电,使控制棒依靠自身重力插入堆芯,从而使反应堆紧急停堆,以减少异常瞬态或事件的影响。

PMS中设置四个冗余序列来执行触发紧急停堆功能。四个序列按"四取二"的逻辑实施停堆功能。图10-11表示出其中一个逻辑列的结构,其他三个序列的结构与此相同。

每个保护停堆参数,采用四个独立的探测器(传感器)进行测量,四个测量通道相互独立。模拟信号通过PMS内的A/D转换,转换为数字信号。对转换后的数字信号进行必要的处理和计算,对测量值和整定值进行比较,如果一个通道测量超过了事先确定或者计算的限值,一个参数将形成一个测量通道停堆信号。停堆变量的处理是辨识保护系统四个冗余序列中的每一序列的状态,是否产生了测量通道停堆信号。每一序列的测量通道停堆信号

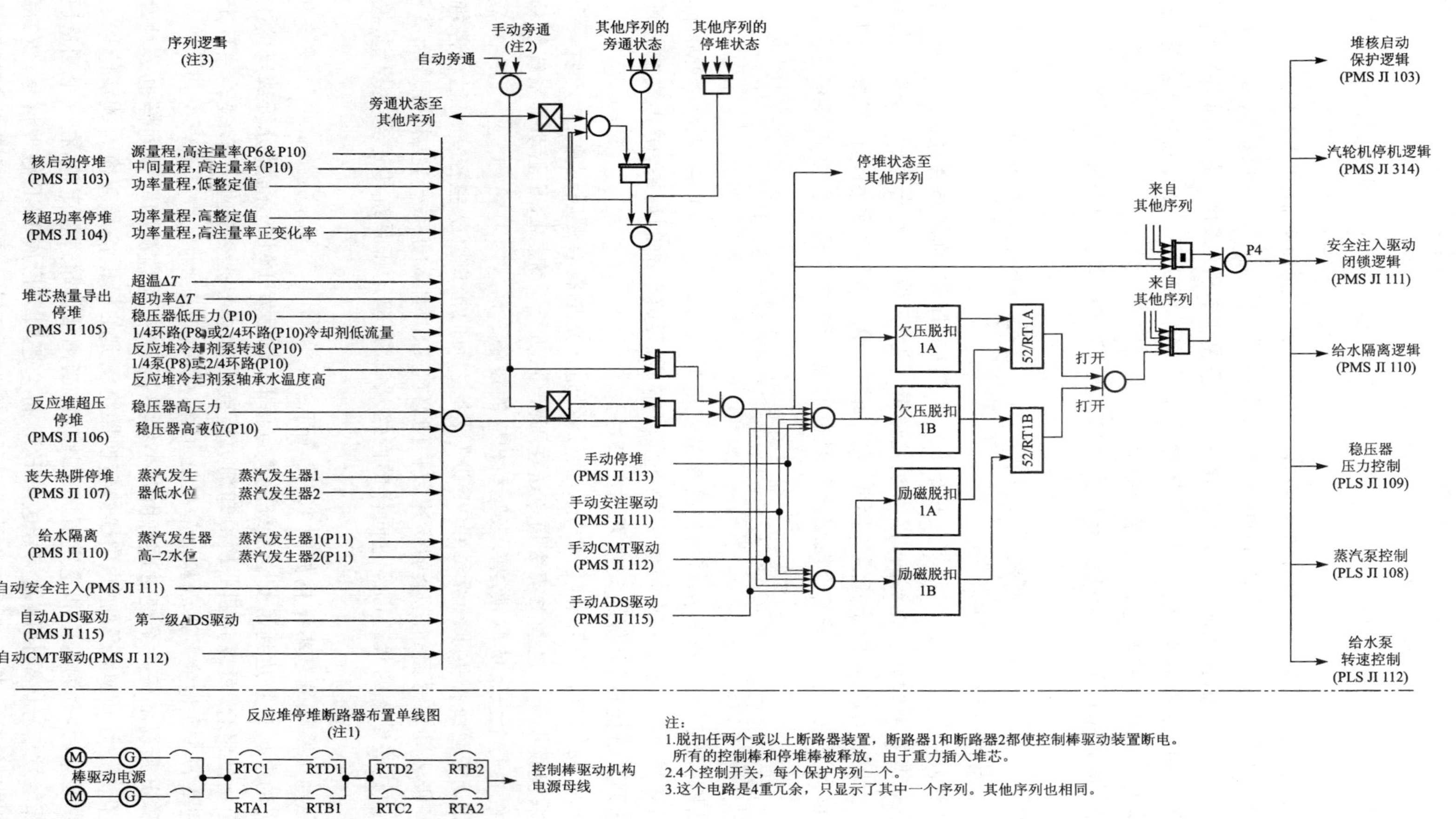

图10-11　反应堆停堆功能结构框图（一个序列）

通过隔离的多路数据链送到其余三个序列。如果每个序列的同一保护参数至少有两个测量通道给出停堆信号，则该序列能够产生一个停堆信号。

PMS 四个保护序列中的每一个序列所产生的反应堆停堆信号送到相应的反应堆断路器。

每一停堆触发序列控制两组停堆断路器。当一个以上的序列输出停堆信号，反应堆将停堆。这个自动停堆过程需要触发两个动作：每个序列所产生的停堆保护信号使该序列控制的停堆断路器欠压脱扣线圈断电，从而导致停堆断路器打开；该序列的停堆保护信号同时使另外一个外部继电器断电，继电器的常闭触点给每个停堆断路器励磁脱扣线圈通电，从而也使断路器欠压脱扣线圈断电，使断路器断开。

四个序列(A、B、C、D)所控制的断路器按“四取二”的方式连接来控制控制棒驱动机构的供电。

断开相应的停堆断路器将使控制棒驱动机构失电，控制棒自动掉落堆芯。这种快速引入负反应性将导致反应堆停堆。

除手动触发反应堆停堆外，停堆使用的每一通道(或序列)都能够旁通。

当一个通道处于旁通或测试时，停堆触发逻辑变为“三取二”符合逻辑。PMS 绝不允许超过一个以上的通道同时处于旁通。因此，在测试中，单一故障不致引起误停堆。同样，“三取二”逻辑也保证在单独保护通道或安全序列中出现故障的情况下仍然能够实现所需的停堆动作。

10.3.2.2 触发功能

触发功能(ESF)当核电厂运行中出现事故工况时(例如出现 LOCA 事故)，PMS 除触发反应堆紧急停堆外，还触发一个或多个“专设”动作，以缓解事故的后果，防止或减轻堆芯和反应堆冷却剂系统的损坏，保持安全壳的完整性。

触发 ESF 动作的监测信号，包括手动信号，经过一定的符合逻辑运算后，产生一个能触发 ESF 的系统级指令。这些系统级指令送往 ESF 驱动子系统。ESF 驱动子系统解释系统级指令，并经由每个设备的联锁逻辑来驱动相应的设备。

ESF 驱动子系统提供了操纵员和“专设”设备之间的接口。从主控室或远程停堆工作站发送设备级驱动信号经过冗余的高速数据网络到 ESF 驱动子系统，执行停堆和其他“专设”的功能。这些设备的状态也经过同样的网络从 ESF 驱动子系统传送到主控室，提供给操纵员。

ESF 驱动子系统的基本结构如图 10-12 所示。

当选定的电厂参数达到了安全系统的整定值时，将触发 PMS。通过分析选定的工艺参数超过整定值的组合，可以判断一次冷却剂边界或二次边界是否发生了破裂。一旦上述的逻辑组合成立，PMS 将信号送到相应的 ESF 执行机构。

触发 ESF 所需的每一个变量通常由四个传感器监测(所监测的变量同样也是触发停堆的变量)。在每一个 PMS 序列中，由模数转换器将测到的模拟信号转换为数字信号。经过信号调理或处理后，对测量值和整定值进行比较。当测量值超过整定值，在一个测量通道内形成了局部触发信号。局部触发信号送向 ESF 符合逻辑以形成 ESF 触发信号。在每一序列内，当所监测的某一变量有两个测量通道同时给出局部触发信号时，则产生该序列的触发信号。

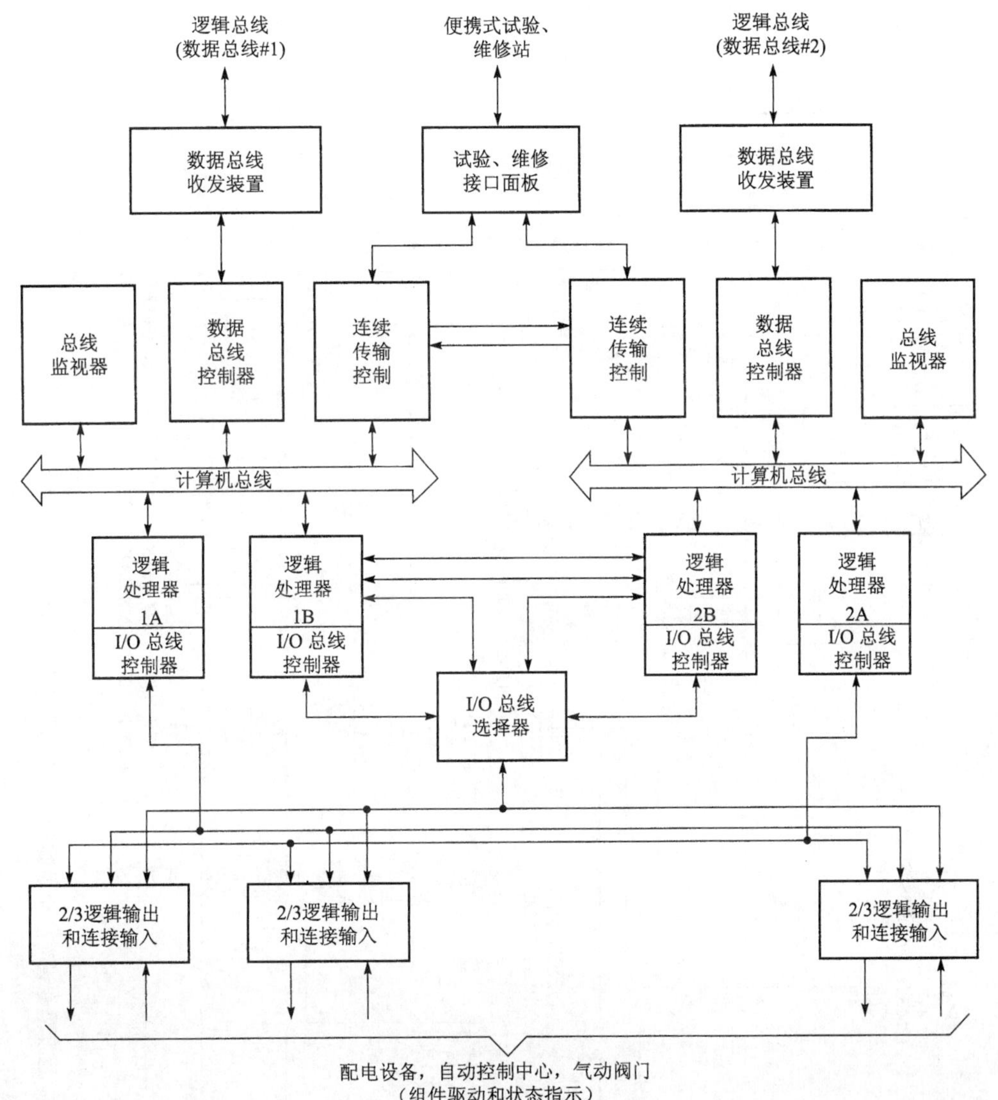

图 10-12 ESF 驱动子系统基本结构框图

对每个序列产生的 ESF 触发信号进行符合逻辑后，产生一个系统级的 ESF 触发信号。系统级的信号分成若干单个触发信号，用于触发系统级 ESF 的相关设备。例如，一个“S”信号将触发停堆和冷却剂泵停闭，开启安全注入系统的阀门，同时隔离安全壳。ESF 系统级触发信号经必要的联锁控制后去触发相应的功能。

触发“专设”安全设施动作的信号逻辑结构如图 10-13 所示。

(1) “安全注入”触发信号(“S”信号)

“S”信号由下列任何一个参数构成：

1) 稳压器压力低于定值(“四取二”)；

2) 蒸汽管道压力低于定值(“四取二”)；

3) 反应堆冷却剂系统任一环路的冷段温度低于定值(“四取二”)；

4) 安全壳压力高于高-2 定值(“四取二”)；

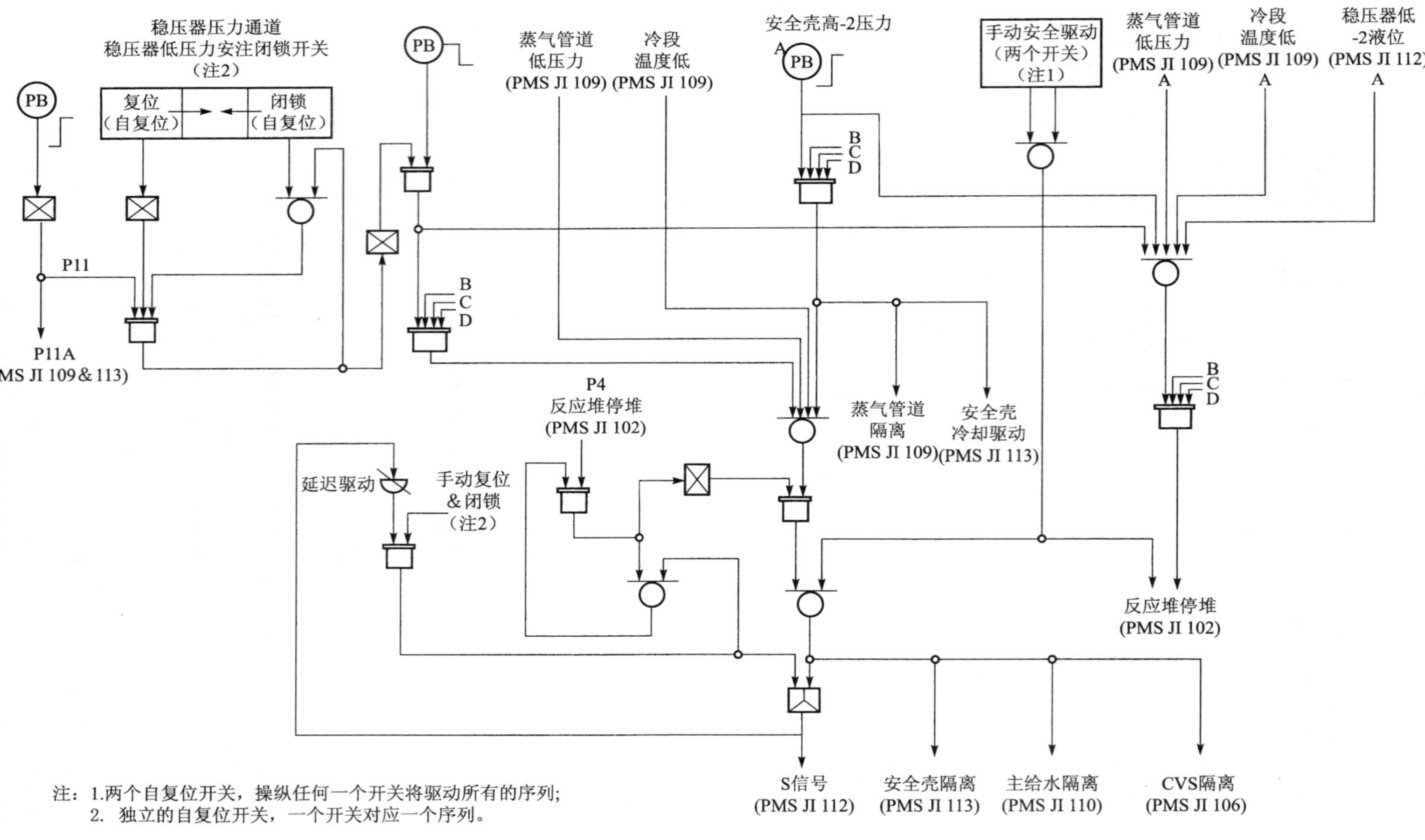

注：1.两个自复位开关，操纵任何一个开关将驱动所有的序列；
2. 独立的自复位开关，一个开关对应一个序列。

图10-13 触发“专设”安全设施动作的信号逻辑结构框图

5）手动触发（两个开关，“二取一”）。

为了允许反应堆启动和冷却，当稳压器压力低于P11整定值时，由稳压器低压力、蒸汽管道低压力和反应堆冷却剂入口低温度触发的“S”信号可以手动闭锁。当稳压器压力高于P11整定值时自动解除闭锁。

设置独立的自复位开关，它可以手动复位单个序列的安全注入信号。手动安全注入复位信号与停堆信号（P4）符合闭锁“S”信号。P4信号不存在时自动复位闭锁功能。“S”信号基于预置的触发延迟时间后进行手动复位。由于单独的驱动部件需要自保持“S”信号，因此复位“S”信号后不会导致重新改变任何安全注入驱动部件的状态。

（2）其他触发功能

根据不同的触发信号组合，PMS还触发其他相应“专设”动作，例如：安全壳隔离、自动降压系统（ADS）动作、隔离主给水系统、停闭反应堆冷却剂泵、堆芯补水箱注入、蒸汽管道隔离、蒸汽发生器排污系统隔离、非能动的安全壳冷却触发、非能动的余热排出系统投入、化容控制系统（CVS）隔离、闭锁蒸汽排放、控制室隔离并启动事故通风系统等。

（3）专设安全设施触发的闭锁

为了核电厂能正常启动、升功率、降功率和计划停堆，在允许信号有效时，可自动/手动闭锁某些“专设”的触发信号，以保证核电厂能正常运行。例如当允许信号P11有效时（稳压器压力低于某一整定值）：

① 允许手动闭锁“稳压器低压力、蒸汽管道低补偿压力、或反应堆冷却剂入口温度低引起的专设安全设施触发”；

② 允许手动闭锁“反应堆冷却剂入口温度低引起的蒸汽管道隔离”；

③ 允许手动闭锁“由蒸汽管道低补偿压力引起的蒸汽管道隔离和SG动力卸压阀和截止阀关闭”；

④ 当手动闭锁了2）或3），自动闭锁“蒸汽管道压力负变化率高引起的蒸汽管道隔离”；

⑤ 允许手动闭锁“反应堆冷却剂温度低引起的主给水隔离”；

⑥ 允许手动闭锁“反应堆冷却剂入口温度低引起的启动给水隔离”；

⑦ 允许手动闭锁“反应堆冷却剂低温度引起的蒸汽排放闭锁”；

⑧ 允许手动闭锁“安全壳放射性活度高引起的正常余热排出系统隔离”。

当P11信号消失时（稳压器压力高于该整定值），则自动解除上述闭锁。

（4）“ESF触发”的旁通

触发ESF的通道可被手动旁通。

当一个通道被旁通或在测试时，ESF触发逻辑将转换为三取二符合逻辑。PMS逻辑决不允许一个以上的通道同时被旁通。因此在测试中的单一故障不能够引起系统级ESF误触发。这个三取二逻辑同样也使得单一保护通道或安全序列故障不致引起所需的系统级ESF触发产生拒动。

在试验时，不旁通触发逻辑。在试验期间，在触发逻辑的输出引起部件动作前闭锁该输出，以此对触发逻辑进行充分的试验。

10.3.3 电厂控制系统

AP1000核电厂控制系统（PLS）的基本结构如图10-14所示，它是一个非安全级的数字化综合控制系统。各个子系统独立执行各自的功能，通过数据总线进行信息交换和传送各种数据。子系统按功能集成，以增强对核电厂瞬态特性响应。控制中采取某些冗余控制逻辑，以减小单一故障的影响。电厂控制系统既提供对电厂关键参数的自动调节，也对电厂各系统及设备提供手动控制能力。

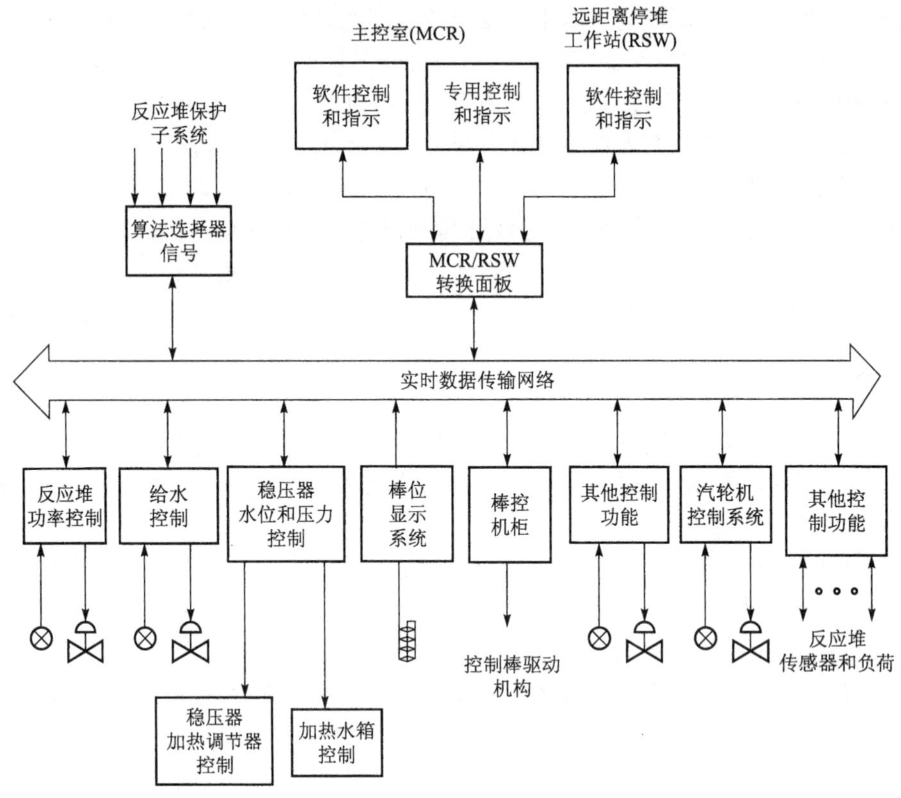

图 10-14 电厂控制系统基本结构示意图

电厂的控制系统用于执行反应堆功率控制、控制棒控制、稳压器压力控制、稳压器水位控制、蒸汽发生器给水控制、蒸汽旁排和快速降功率的控制等。

10.3.3.1 反应堆功率控制系统

通过改变控制棒的位置，控制反应堆的功率适应电厂负荷变化需求，控制轴向功率偏移(AO)在允许的运行范围内，控制反应堆冷却剂平均温度 T_{avg} 随机组功率线性增加。

反应堆功率控制系统分别用功率控制子系统和轴向偏移控制子系统来实现对反应堆功率和功率轴向偏移(AO)的控制。反应堆冷却剂硼浓度由操纵员根据燃耗计算和反应堆的运行工况手动调节。

为了最大限度减少功率控制子系统和轴向偏移棒控子系统之间可能的相互干扰，功率控制子系统优先于轴向偏移控制子系统。如果移动功率控制棒信号存在，那么轴向偏移控制棒就禁止移动。只有当温度偏差在反应堆功率控制器死区内和相关控制棒组已经停止移动时，才允许移动轴向偏移控制棒。

10.3.3.2 棒控系统

棒控系统接收来自功率控制子系统和轴向偏移控制子系统的棒速信号和方向信号。与功率控制子系统和轴向偏移控制子系统相关的棒控系统独自操纵各自的控制棒组：

1）功率控制子系统 MA、MB、MC、MD、M1 和 M2 控制棒组；

2）轴向偏移控制子系统 AO 控制棒组。

功率控制棒，在自动控制模式时，其速度在(8～72)步/min 范围内，具体数值取决于输入信号的幅值；手动控制时，其棒速是一固定的数值。

控制棒的移动还受联锁信号(C)限制。

轴向偏移控制棒速度是 8 步/min 的恒定速度。轴向偏移控制棒可以手动提升或下插；在自动控制模式时，它在控制联锁的范围内提升或下插。

除功率控制棒和轴向偏移控制棒外，还设置四组停堆棒组。停堆控制棒组在正常运行期间处于全提升位置，在达到临界之前按固定的速度手动将它们提升至该位置。当出现反应堆紧急停堆信号时，停堆棒组在重力作用下插入堆芯。

只有功率控制棒组和轴向偏移控制棒组才能运行在自动控制模式下。每个棒组包括一个或更多的控制棒子组，每子组有四束控制棒组件。控制棒子组的每束控制棒组件在电气上并联而同时移动。每束控制棒组件都有单独的棒位显示。控制棒组件移动是按一定顺序进行的：

1）同组中的控制棒子组移动后，控制棒子组件间的相对位置偏差不超过一步；

2）控制棒组是按程序动作的，因此可以按照预定的顺序提升控制棒组。插入顺序与提升顺序相反。也就是说最后提升的控制棒组应该是第一个插入的控制棒组；

3）控制棒组的提升和插入时按一定重叠程序进行的。当前一个控制棒组到达预定的位置时，后一个控制棒组与前一个控制棒组同时提升。预订位置是由控制棒组之间最大允许的重叠区(约 50～100 步)来决定的。在反应堆达到要求的功率水平前，控制棒组按顺序和相应的重叠步数提升。控制棒组下插时，按与提升时棒组顺序相反的顺序和提升时重叠步数进行；

4）相邻控制棒组之间的重叠区在(0～135 步)范围内可调，精度为±1 步。

由两组独立的三相交流电动发电机给控制棒驱动机构供电。交流电源经过反应堆停堆断路器之后供给棒控设备柜。

10.3.3.3 棒位监测系统

运行中监测每束控制棒组件的位置，看其是否在规定的位置。棒位监测为分两部分：数字棒位和所要求的棒位。

(1) 数字棒位(Digital Rod Position)

数字棒位指示系统通过棒位探测器测量每束控制棒组件的位置。探测器由与控制棒驱动机构压力壳体同心安装的分离线圈组成。这些线圈沿压力壳体同轴分布，当控制棒驱动轴进入或停留在线圈的中心线时，这些线圈便输出相应的信号，这些信号经过一定的编码处理，给出棒的实际位置。

(2) 一致要求的棒位系统(Demand Rod Position System)

要求棒位系统是累计棒控系统中产生的脉冲数，数字化显示控制棒组的要求棒位。在主控室内显示要求棒位和实测的数字棒位。当同一控制棒组中某束控制棒组件棒位信号与该组中其他束控制棒棒位信号之间的偏差超过整定值时将发出报警信号。

10.3.3.4 稳压器压力控制系统

稳压器压力控制系统控制反应堆冷却剂的压力在定值附近，防止压力过大时需触发"专设"来防止压力边界超压；同样，也防止压力减少到需触发"专设"来限制发生偏离泡核沸腾工况。调节稳压器内的一组加热器的功率，可以在小范围内将压力控制在期望值。当压力大幅度减小时，通过投入通断加热器加热，使稳压器内饱和水变成蒸汽来增加压力。当压力大幅度增加时，通过稳压器喷淋系统向稳压器内喷淋冷段水，使稳压器内蒸汽冷凝成水，来降低压力。

10.3.3.5 稳压器水位控制系统

稳压器的水位变化直接影响反应堆冷却剂的水装量。当电厂由热停堆到满功率变化时，反应堆冷却剂的温度会随功率发生变化，从而引起冷却剂的密度变化，会使稳压器水位发生变化。稳压器的水位控制系统就是根据反应堆冷却剂的温度变化，来调节稳压器的水位，以此来适应水的容积变化。

稳压器的水位由程序控制。控制程序对稳压器水位设置一个死区，当稳压器水位达到死区下限时，启动上充系统，给稳压器充水直到水位恢复到定值水位；当稳压器水位达到死区上限时，启动下泄系统，把水排到废液处理系统，直到水位恢复到正常值。

10.3.3.6 蒸汽发生器给水控制系统

蒸汽发生器给水控制系统包括两个独立的子系统：给水控制子系统和启动给水控制子系统。

(1) 给水控制子系统

在稳态运行时，通过给水控制子系统控制主给水管线到蒸汽发生器的给水流量从而使蒸汽发生器的水位维持在定值水位；在正常的电厂瞬态中，给水控制子系统补偿水位的收缩和膨胀变化，防止发生不必要的反应堆紧急停堆。

给水控制子系统有两种给水控制模式：在高功率给水控制模式下，调节给水流量来响应蒸汽流量以及蒸汽发生器窄量程水位和整定值(程序水位)之间的偏差[窄量程水位是经过比例积分(PI)补偿的]；在低功率给水控制模式下，调节给水流量来响应蒸汽发生器宽量程水位的变化和经过补偿的蒸汽发生器窄量程水位偏高整定值的变化。

依据高量程给水流量信号，实现低功率向高功率给水控制模式转换。转换点是与某功率值对应的给水流量，并在该功率下可测得稳定的蒸汽流量。

(2) 启动给水控制子系统

启动给水控制子系统控制经由启动给水管线到蒸汽发生器的给水流量，到启动给水管线的给水既可由主给水泵提供，也可由启动给水泵提供。

在低功率(大约低于电厂额定热功率的10%)、零负荷、电厂升温和冷却模式下，启动给水控制子系统来维持蒸汽发生器内的程序水位。给水量需求低时，启动给水控制子系统控制给水。根据各自管线内测得的流量，主给水管线和启动给水管线之间可以自动地切换。当出现蒸汽发生器二次侧丧失水装量或热阱信号时，自动启动给水控制子系统，来恢复丧失的水装量，并使蒸汽发生器水位回到程序水位。如果启动给水控制子系统不能恢复水装量的损失，将启动非能动余热排出系统，实现反应堆冷却。

启动给水控制子系统调节给水流量的方式与低功率控制模式下控制主给水的方法相

似。调节给水流量来响应蒸汽发生器宽量程水位和蒸汽发生器窄量程水位和整定值之间的偏差。

10.3.3.7　蒸汽排放控制系统

当电厂异常甩负荷时，靠蒸汽排放控制系统把主蒸汽旁路到冷凝器，给一回路系统提供一个人工负载。对甩负荷或汽轮机停机情况下，这个人工负载补偿了反应堆功率与汽轮机负荷的差额。它也可以带走反应堆紧急停堆后的储能和衰变热。

蒸汽排放控制系统有两个主要运行模式。

1）T_{avg}模式　用测得的反应堆冷却剂平均温度 T_{avg}与由汽轮机第一级冲动压力推导得到的定值温度 T_{ref}的差值，产生一个蒸汽排放需求信号，根据 T_{avg}与 T_{ref}的差值来控制蒸汽排放阀的开度。这种模式主要用于工作瞬态需要蒸汽排放的情况，例如，甩负荷、汽轮机紧急停机（用甩负荷 T_{avg}模式）和反应堆紧急停堆（用电厂事故停堆 T_{avg}模式）。

2）压力模式　使用蒸汽母管压力与整定值之间的差值产生的蒸汽排放需求信号，用这个压力差来控制蒸汽排放阀的开度。这种模式用于低功率工况（直到汽轮机同步运行）和电厂冷却工况。

10.3.3.8　快速降功率控制系统

当电厂甩负荷超过 50％额定功率时，快速降功率控制系统使反应堆功率迅速降到与蒸汽排放系统的能力相适应。当出现汽轮机大幅度降功率时，产生一个释放预先选定的控制棒的信号，使该控制棒下插，致使反应堆功率快速降至 50％额定功率。

大的甩负荷通过一回路与二回路功率失配信号也会触发蒸汽排放系统和反应堆功率控制系统。开始甩负荷之后，由于冷却剂的程序定值平均温度（基于汽轮机冲动级压力）和在反应堆冷却剂回路测得的冷却剂平均温度不匹配，相应的功率控制棒组以受控的方式插入。甩负荷蒸汽排放控制器以相似的控制方式控制蒸汽排放阀防止反应堆冷却剂温度迅速增加。在释放预先选定的控制棒组之后，功率控制系统继续插入剩下的控制棒组来降低反应堆功率。而蒸汽排放控制系统则按照（$T_{avg}-T_{ref}$）信号来控制蒸汽排放阀。

继续插入受控的控制棒和调节蒸汽排放，直到功率降到大约 15％额定功率。这时控制棒停止运动，通过蒸汽排放维持蒸汽流量和热负荷的匹配以使电厂稳定。然后，操纵员可以将蒸汽排放系统转换到压力控制模式，恢复释放的控制棒组，并建立正常的控制棒组控制。

10.3.4　多样化驱动系统

多样化驱动系统（Diverse Actuation System，DAS）是非安全系统，它是反应堆保护系统的多样化后备。PMS 在设计上考虑了防止共模故障，但当共模故障以极低的概率发生时，多样化驱动系统提供了多样化保护。

多样化驱动系统提供的自动触发信号与保护系统触发信号在功能上按不同的方式产生。在选择这些功能时，也考虑了在设计中采用相似设计传感器而导致的共模故障。

由冗余逻辑子系统执行自动触发功能。来自传感器的输入信号由输入信号调节模块接收。调节模块去掉干扰信号，然后把真实信号转换成标准信号。处理后的信号送给输入信号转换模块。信号转换模块不间断地将模拟信号转换成数字信号并加以存储，以供信号处理模块使用。信号处理模块对转换后的数据按照一定的基于软件的算法进行计算，并把这些信号与整定值进行比较，当输入信号超过阈值时执行预定的逻辑程序，并发出触发命令。此触发信号送往输出模块，输出模块按照触发信号来驱动相应系统动作。

多样化驱动系统通过采用与保护和安全监测系统不同的结构、不同的硬件设备以及不同的软件来实现多样化。

通过采用不同的操作系统以及不同的编程语言来实现软件上的多样化。

多样化自动驱动包括：

1）当蒸汽发生器低水位（宽量程）时，通过切断为控制棒驱动机构供电的发电机组以使控制棒落棒紧急停堆、汽轮机停机、触发非能动余热排出系统、触发堆芯补水箱注水、停闭反应堆冷却剂泵；

2）当热管段温度高时，开启非能动余热排出系统出口隔离阀并关闭安全壳内换料水箱水槽的隔离阀；

3）当稳压器低水位时，通过切断电动发电机组以使控制棒落棒紧急停堆、汽轮机停机、触发堆芯补水箱注水、停闭反应堆冷却剂泵；

4）当安全壳温度高时，隔离部分安全壳贯穿件，启动非能动安全壳冷却水系统。

在确定多样化驱动系统输入信号整定值时，一定是电厂安全监测和保护系统保护功能丧失后才触发多样化驱动系统的功能。对多样化驱动系统的通道能力应能被检验。

复习题

1. 工业局部网络常用的拓扑结构有哪些？各有什么特点？
2. 叙述集散系统的层次结构。现场控制站的功能是什么？
3. 集散系统有哪些主要特点？它们各有什么优势？
4. 集散控制系统(DCS)软件由几部分组成？各有什么作用？
5. 简述 AP1000 核电厂仪表与控制系统总体结构。

第 11 章　核电厂控制室和信息系统

11.1　控制室设计要求

核电厂控制室是完成核电厂各种运行工况的控制地方。控制室里集中了核电厂的信息显示和操作控制设备，通过在控制室的操作控制，保证核电机组的安全运行，提高机组的效率，确保人员和设备的安全。

11.1.1　控制室的设计原则

核电厂控制室的设计应考虑下列基本要求。

(1) 控制室的功能设计目标

在控制室要实现核电厂在所有正常运行和事故工况下的安全有效运行。因此在控制室的设计中必须保证及时、准确和完整的向操纵员提供电厂各系统和设备的运行信息；必须考虑到在电厂的所有工况下，使控制任务最佳化，并力图将监督与控制电厂所要求的工作量减到最小；必须提供控制室各项功能的最佳分配，以便操纵员和控制系统能最好地发挥作用。

(2) 安全原则

控制室必须使核电厂在所有运行状态下安全地运转。在设计中考虑的设计基准事件和事故工况发生之后，控制室仍能使电厂恢复到安全状态。

控制室内控制设备的设计应尽可能地阻止非安全手动指令的执行，例如应使用取决于电厂状态的逻辑联锁。

在安全与非安全系统紧密相邻的地方，必须考虑功能隔离和实体分隔。

控制室必须采取适当的措施，保障控制室内人员的安全，免受可能的危险，例如，闯入未经批准的人，事故工况所产生的放射性，有毒气体或火灾的后果等，这些事件都会危及操纵员必需的活动。

必须设有适当的通路，保证在紧急情况下，控制室工作人员能通过该通路撤离或抵达控制室，或去其他控制点。

(3) 可用性原则

为了保证电厂的负荷因子达到设计要求，在控制室的设计中要能实现电厂按计划运行；并把因操纵员失误或系统设备故障所造成的局部扰动引起的意外的功率降低或电厂停堆的概率减到最小。

任何提高电厂可用性的技术措施都不得违背安全原则。

(4) 人因工程原则

为了提供各功能的最佳分配，保证人与机器能最大限度地发挥其能力，并使电厂的安全与可用性最好，设计必须特别注意人因原则和人的特性，例如：人体尺寸、人的感觉、思维、生理和运动机能的反应能力与限度。

(5) 运营管理原则

操纵员的配备与培训是控制室系统和运行管理的一部分，为了使核电厂最安全与最有效地运行，控制室必须配备数量足够并有专业技能的工作人员。

工作人员必须经过控制室运行方面的技术训练，受到有关核电厂运行与安全的工程原理的教育，具备电厂子系统和组成设备及其功能、性能和位置方面的详细知识。

(6) 与其他控制和管理中心的关系

为了帮助控制室工作人员对异常运行工况作出反应，在应急工况下，应急响应设施应能投入运行。

在控制室外还必须设置辅助控制点，以便在控制室不能执行其安全功能时，能使反应堆安全停堆，并将其保持在安全状态。

必须为这些控制点和设施提供信息交换设备。这些设备的运行必须不依赖控制室内的设备。

(7) 可居留性

无论在正常工况还是应急工况，都应对控制室工作人员提供能正确执行其功能的条件。

11.1.2 控制室的功能设计步骤

控制室功能设计的基本步骤是：功能分析、功能分配、功能分配检验与核准和作业分析，如图 11-1 所示。

(1) 功能分析

为实现控制室的目标，根据控制室的设计原则，必须对控制室所执行的功能进行分析。

这一分析应就所有运行状态和事故工况确定控制室设计的目标层次。目标必须包括电力生产和把放射性减到最少这两项基本目标。

应根据控制室的目标，确定控制室与目标有关的全部功能。在规定各项功能时，要综合考虑控制室和控制室外的系统及设施之间的相互影响。

为了确定完成电厂功能(包括判断与操作)所要求的基本运行信息流与处理，必须分析电厂的信息功能。

当确定信息及其处理要求时，控制室应具备典型设计基准事件和电厂正常运行工况的全部信息，并应包括下列事件所需要的信息及其处理：

1) 鉴于数据的解释与控制的复杂性、控制速度等，操纵员难以就要求的操作作出主观判断的事件；

2) 要求操纵员确信无疑地作出正确反应的事件，例如某些事故工况；

3) 在概率风险评价中属重要的事件；

4) 除非及时采取纠正动作，否则很可能导致电厂停机的事件；

5) 出现的概率很高的事件。

(2) 功能分配

功能分配包括任务分析、制定分配准则和分配功能。首先对全部控制任务进行分析，以便决定哪些功能应分配给人，哪些功能应分配给机器。

分配给人的功能是：

1) 手动控制，包括自动控制的后备控制；

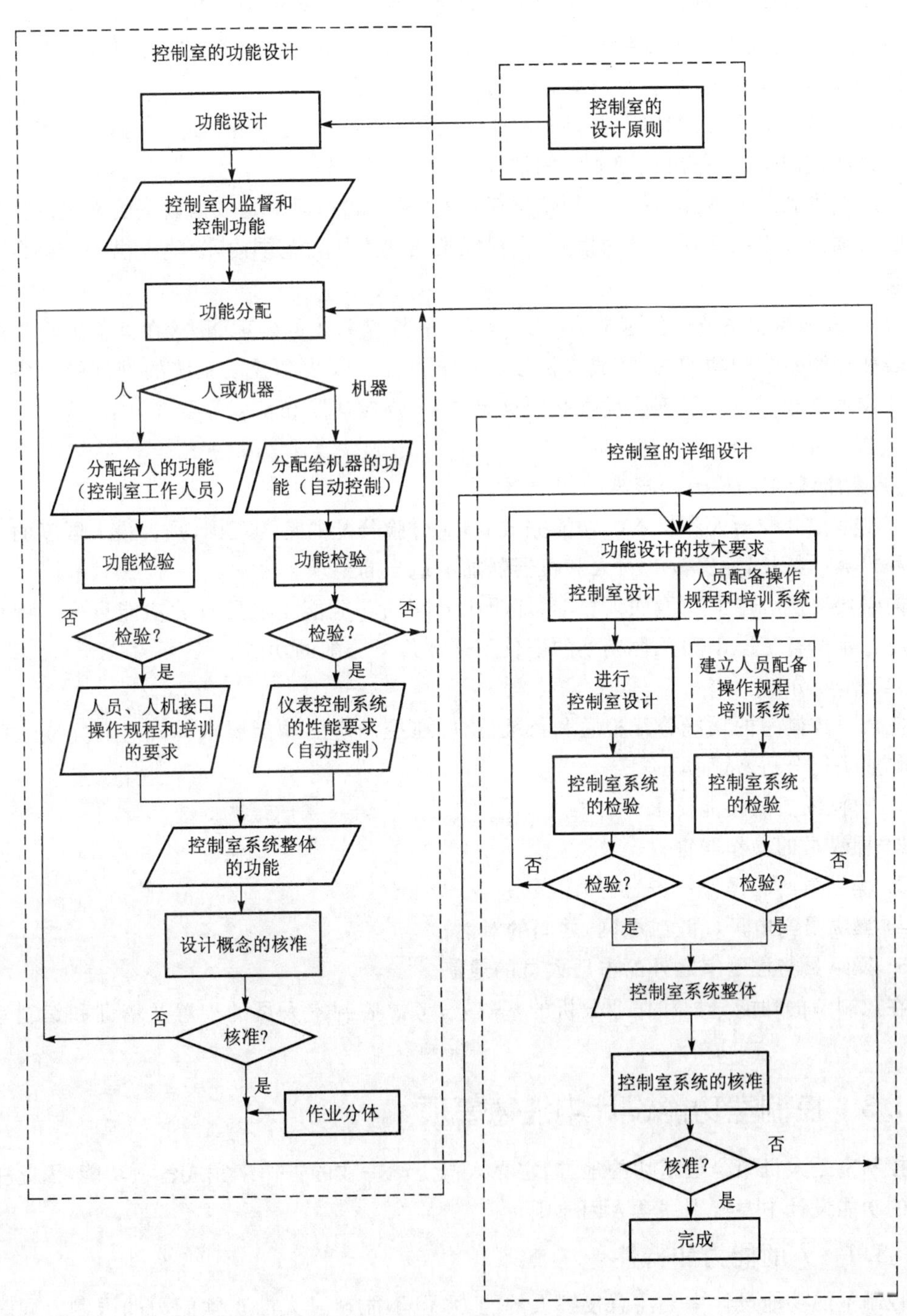

图 11-1　控制室功能设计的基本步骤

2）与手动控制和自动控制两者有关的监督；

3）高级思维处理任务，例如：诊断异常的和意外的运行工况和事件的起因，并作出纠正动作的决定。

分配给机器的功能指由自动控制所完成的功能。

在这种分析中，必须应用人因工程原则和设计准则，必须考虑人和机器的能力。

1）操纵员的能力　分配给操纵员的功能应分解为：正在执行的控制任务，监视正在进行控制任务的自动系统；进行高级思维处理分析，如诊断。

对操纵员可能行使的功能，必须根据工作负担、精确性、速率和时间等因素，按每项信息处理方式和控制运行，作出处理能力的估计。

操纵员可利用的各类数据，必须依据任务的需要编组，而不是依据数据的来源。其目的是按照每项任务组织不同来源的信息，在操纵员的使用能力范围内，为他提供一个综合的信息体系。

2）仪表和控制系统的处理能力　分析仪表和控制系统的处理能力，在其能力范围内规定仪表和控制系统的功能，并完成人机接口要求设计。仪表和控制系统的处理能力应包括它各项技术指标，例如：系统或设备必须满足数量、响应速度和精度等要求，以及为每类设备而规定的人机接口的人因工程标准。

（3）功能分配的检验与核准

控制室把分配给人和机器的功能完成后，应检验分配的是否正确，是否最大限度的发挥了人和机器的特长，而又没有对人和机器强加不适当的要求。

同时要对所分配的功能加以核准，证明所分配的功能能完成所有的功能目标。特别是在所有正常运行工况下和几种典型的事件下来评价所分配的功能。

（4）作业分析

完成对控制室的功能分配检验和核准后，应在控制室的功能要求基础上对完成这些功能的作业进行分析，从而明确：

1）对操纵员的技能要求；

2）操纵员的操作职责；

3）操纵员的非操作任务（例如汇报）；

4）操纵员与电厂（和/或电网）之间的对话；

5）操纵员与控制室之外的电厂人员的通信。

在控制室的功能分配和作业分析的基础上，考虑控制室人员的配置及培训和编制运行规程。

11.1.3　控制室功能设计中注意事项

控制室是人机结合最密切的地方，它靠人机协调一致的工作来完成各项功能，因此在控制室的功能设计中要特别注意人因原则。

11.1.3.1　人的能力和特性

控制室的功能设计中要注意发挥人的能力，但不能超过人的正常能力的限制。同时要考虑人体基本特征对人的能力的影响，例如人的身高、听觉和视觉能力、对信息的判断以及一般习惯惯例等。

11.1.3.2　控制室的位置、工作环境和防护措施

控制室的位置应是有利于控制电厂运行和在发生设计基准事件和事故工况时，使电厂恢复到安全状态。

控制室内的工作环境必须保证操纵员有效的和舒适的、执行他们的任务。

工作环境的技术要求必须包括如下项目：

1）空气调节；

2）音响环境；

3）照明条件。

在工作环境设计中必须采取适当的措施，即使在电厂紧急工况下仍保持控制室的可操作性和监督电厂的能力。

控制室的设计必须在设计基准事件范围内对下列事件提供防护措施：火灾、辐射、内部和外部的飞射物、地震和敌意活动，保证控制室的可居留性。

11.1.3.3　控制室的空间与设备布置

控制室必须具有足够大的空间，允许控制室工作人员执行全部必需的活动，而且在异常工况下，使操纵员的移动范围最小。给操纵员提供必要的工作场地和资料及常用工具、物品存放的空间。

控制室内控制台、屏等设备的布置要考虑：

1）营运管理原则；

2）分配给操纵员和仪表控制系统的功能；

3）集中或就地控制的原则，由此决定控制室内有多少控制器；

4）监视电厂的准则，由此决定控制仪表屏上有多少信息显示设备；

5）电厂类型和工艺的选择[不同序列之间的分割，自动控制顺序的使用，仪表与控制器的规格，自动化和（或）多路控制的程度]；

6）法定要求和营运单位的要求，例如：由运行方针或许可证发放当局所决定的控制室操纵员的人数。

控制室必须划分为若干操作区，在所有运行和事故工况下，每个操纵员在其操作区内，具有执行任务所需的全部控制器和信息。

操作区的布置和控制室设备（例如控制台、屏和盘）的布置必须符合人因工程原则。

信息显示设备和控制器的布置必须遵循统一的原则。

控制室的布置必须使系统与部件的识别，无论在正常运行、事故工况和紧急情况下都很简单，将人为差错引起的误操作概率减到最小。

11.1.3.4　控制台、屏的设计要求

控制台、屏的设计除满足功能要求外，还应考虑人因原则。控制台和屏上的显示器和控制器的布置应满足：

1）报警屏和指示器必须从控制室的操作区可以观察到；

2）频繁使用的控制器必须位于便于触及的地方，有关的指示器和显示器必须从操作位置可以读出信息。

为了防止左右混淆，各种屏、控制器和指示器必须避免采用镜像布置。

从人因角度，可考虑控制台、屏上的显示器、控制器的布置可遵循一定的规律，按照特定的编组或编码方法布置设备，并加以标记。

(1) 编组方法

被显示的信息和控制器可按一定逻辑关系编组。例如：

1) 按功能或相互关系编组；

2) 按使用顺序编组；

3) 按使用频率编组；

4) 按优先性编组；

5) 按工况要求(正常或应急)编组；

6) 模仿工艺过程的模拟编组。

(2) 编码方法

在设备布置时可考虑编码。

在整个控制室内，编码体系必须是一致的。显示器和它们相关的控制器所使用的编码形式必须完全一致。这个原则适用于位置、信息、颜色和亮度编码。

编码的方法很多，例如：

1) 物理编码法(尺寸编码、外形编码、颜色编码、音响编码等)；

2) 信息编码法；

3) 位置编码法(即结构编码法)；

4) 数据编码法；

5) 增强编码法(闪烁、翻转、变粗、增大等)。

(3) 标记方法

在控制室内必须提供恰当的标记。标记方法必须与电厂中其他标记方法一致，并符合国家的标准和习惯。

11.1.3.5 信息系统

信息系统是向操纵员通告电厂状态及与安全和可用性有关的重要变量。在事故工况下，向厂内和厂外的安全专家提供电厂状态的信息。

信息系统包括数据采集、显示和报警功能。同时对安全和营运重要的电厂变量具有记录和记忆功能。

信息系统应对采集的信息进行处理，以支持操纵员的思维、决策。

(1) 数据采集和处理系统

数据采集和处理系统应能：

1) 所采集的数据是与电厂可用性和安全性相关的重要变量，数据处理的结果应能向操纵员提供支持运行和处理异常或事故工况的信息；

2) 数据采集系统的故障不引起任何不安全状态或造成重大经济损失；

3) 输入数据的采样、预处理和分析速率必须适合于有关参数的变化速率的运行要求；

4) 数据更新的速率必须适合操纵员任务的需要；

5) 显示系统和报警设备必须提供足够的、可利用的信息，使运行操纵人员能依据管理法规的要求实现安全停堆，并不限期的保持停堆状态；

6) 在系统的整个使用期限内，系统应能修改。

数据处理可考虑：

1) 辅助操纵员决策；

2）改善监测的性能和能力；

3）改善信息的可用性和可靠性；

4）为操作机构提供反馈信息；

5）改善控制室工作人员之间的通信；

6）为分析目的改善动态过程与事故工况的记录；

7）扩大现有信息的用途，揭示原隐含的数据。

（2）显示系统

显示系统是信息系统的人机接口的一部分，它的功能是：

1）显示的变量与核电厂正常运行和事故工况中操纵员所必需的信息相一致，并与安全分析中所确定的变量相符；

2）应当显示出电厂和辅助设施的系统或设备旁通或认为停运的工况；

3）与安全有关的信息显示器置于控制屏上适当位置，并加上特殊的标记；

4）必须依据不同的显示目的选择显示器的合适类型。

显示器的类型很多，例如：模拟式或数字式仪表、指示灯（或发光管）、记录仪、打印机、报警窗（光字牌）、屏幕显示器（大屏幕以及 CRT）等，可根据不同目的选用相应的指示器。

（3）报警系统

控制室报警系统的功能是提供监视电厂偏离正常运行工况所需的全部信息，以提醒操纵员注意或采取相应的措施。

（4）操纵员支持系统

为提高电厂的安全性、可用性和可操作性，应向操纵员提供各种支持功能，例如：安全参数显示与监视功能、电厂诊断功能、运行中出现异常的操作指导功能、功率运行时的自动试验功能等。

11.1.3.6　控制器

控制器是用于操纵员手动操作和自动控制的后备操作的器件。所用的控制器应适合操纵员在控制室环境中使用，并满足人因原则要求。为此，控制器应满足下列要求：

1）控制器件的机械特性，例如：尺寸、操作力或操作压力、触觉反馈等，必须满足人体尺度基本数据所规定的人的能力与特性；

2）为使操纵员差错最少，控制器的动作方式必须符合公认惯例；

3）对于相同的控制功能，所选用的控制器的颜色、外形和尺寸的编码、控制动作方式都必须保持一致；

4）控制器的分级必须与它们对安全的重要性相适应。

为防止人为事件，必须设法尽量减少控制器的误操作，例如：将控制器置于正确位置上，使用固定的保护结构、可移动的盖或挡板、联锁控制器、应用驱动优先性或以上措施的组合。

11.1.3.7　控制与显示的组合关系

为了使控制室工作人员能保证电厂有效地运行，控制器和它们相关的显示器必须正确地组合。

控制与显示设备的组合满足下列要求：

1）控制器应靠近相关的显示器。控制器的操作应在相关的显示器上产生相应的变化；

2）所采用的控制器形式必须与相关的信息显示器形式一致；

3）控制器与相关的显示器的编组，必须反映完成系统目标的需要，必须与使用者思维方式的规律一致；

4）在使用顺序是关键因素的场合下，控制器与显示器的编排必须反映因果关系；

5）控制器的编排必须体现使用者已经习惯的编组方法；

6）显示器和相关的控制器所使用的编码形式必须完全一致。

11.1.3.8 控制室的通信

为促进电厂安全与有效运行，在控制室内必须提供通信系统。特别是在异常工况下，要保证与应急设施的联络。通信分为厂内通信和厂外通信。

（1）厂内通信

1）用足够的电话系统实现正常运行工况下的一般联络；

2）在事故工况下，为了与安全重要的操作设施和辅助控制点的联络，必须在适当的地方安装直通专线电话系统；

3）为了在任何电厂工况下寻找厂内人员，必须提供广播系统；

4）在维护、试验或修理期间，如果其他通信系统不能可靠到达的地点，必须提供便携式无线电对讲机，以无线电方式与控制室通信。

（2）厂外通信

1）设置专用的通信信号，以便与厂外的营运单位、急救站、政府和公众机关通信；

2）提供一定数目的电话外线，以便与必要的机构和人员及时联络。

在控制室内，可以提供非语言通信系统，例如：监督反应堆操作平台和汽轮发电机组状态的电视系统、电话传真系统和计算机的数据链（控制室和信息中心之间）。在紧急情况下，数据链还应能接通应急设施。

11.1.3.9 可实验性与可维修性

根据运行规程，控制室的每项必需的功能应能很方便地进行试验与校验。

控制室的设备出现故障时，易于诊断、修复或更换。在控制室的设计中，要考虑设备的维修措施和必需的备品、备件。

11.2 辅助控制点设计要求

11.2.1 辅助控制点的功能

当核电厂的控制室由于某些原因失去完成由安全分析所确定的安全功能的能力时，操纵员在辅助控制点实现安全功能的操作和监测，使核电厂转到安全停闭工况并保持在这种工况。

11.2.2 辅助控制点的设计原则

因为导致控制室失去其功能的事件很少发生，所以在考虑控制室失效而需要在辅助控制点对核电厂实施其安全操作时，不叠加核电厂的任何其他独立事件发生。但必须考虑其预期发生的频度与辅助控制点的使用可能同时发生的电厂故障，例如外电网失电。

根据辅助控制点的功能要求，设计辅助控制点应考虑下列原则：

1）辅助控制点必须独立于控制室，保证当核电厂出现设计基准事件时，控制室和辅助控制点对反应堆安全停堆和堆芯冷却的控制能力不能同时失效；

2）考虑到控制室功能不可用的原因，辅助控制点功能的设计和布置必须使得即使在紧急情况下也能通过与控制室的通路相独立的安全通路进入辅助控制点；

3）当控制室正常运行时，辅助控制点不能干扰控制室对核电厂的监督及控制；当控制室失效而启用辅助控制点时，控制室内部件的故障不得影响辅助控制点的功能。为达到这些目标，可采取一定措施，例如：转换开关、编码信号、功能隔离等；

4）当辅助控制点投入使用时，安全操作必须优先于所有其他控制操作。即使安全停堆和堆芯冷却所要求的任何系统中发生了单一部件的故障，也必须能从辅助控制点对核电厂进行监督和控制；

5）辅助控制点的设计必须包括未经批准不能使用的措施。控制室中必须指示出辅助控制点在使用。能对辅助控制点的使用进行培训和试验而不会影响核电厂的正常运行；

6）辅助控制点的设计应满足人因工程原则，在辅助控制点所进行的操作必须简单明了，使操纵员的差错减小到最小。对于紧急情况下的特性，特别是快速操作（即进入辅助控制点后短时间内要完成的但持续时间不是很长的操作）特性，给予特别注意。

如果安全分析表明需要长期驻留在辅助控制点，则必须提供设施以保证可居留性（例如通风），这样的设施可不同于控制室的要求。

因为辅助控制点很少使用，并且在辅助控制点内只完成与安全操作有关的任务，其数量较少，因此辅助控制点要使用最小量的设备，达到较高的功能可靠性以及采用容易和迅速理解的布置。

11.3 控制室实例

如前所述，控制室的主要功能是实现核电厂在所有正常运行工况和事故工况下的安全有效的运行。以大亚湾核电厂为例来看核电厂控制室的功能。一般情况下核电厂的控制室包括四部分：控制室、两堆公用控制室（两个机组）、辅助控制点（第二控制室）和技术支持中心。

11.3.1 控制室

控制室内设置实现核电厂正常运行和应急操作的信息显示和控制操作部件，一般包括控制台和控制屏两大部分。控制室的布置如图 11-2 所示。

控制台上布置的主要是正常运行操作额相关器件。大亚湾核电厂的控制室共有 10 个控制台，从左到右排列为：

P1：全厂通信系统（包括电话及有线广播系统）；

P2：集中数据处理系统（KIT）显示屏；

P3：集中数据处理系统（KIT）显示屏；

P4：常规岛主给水系统；

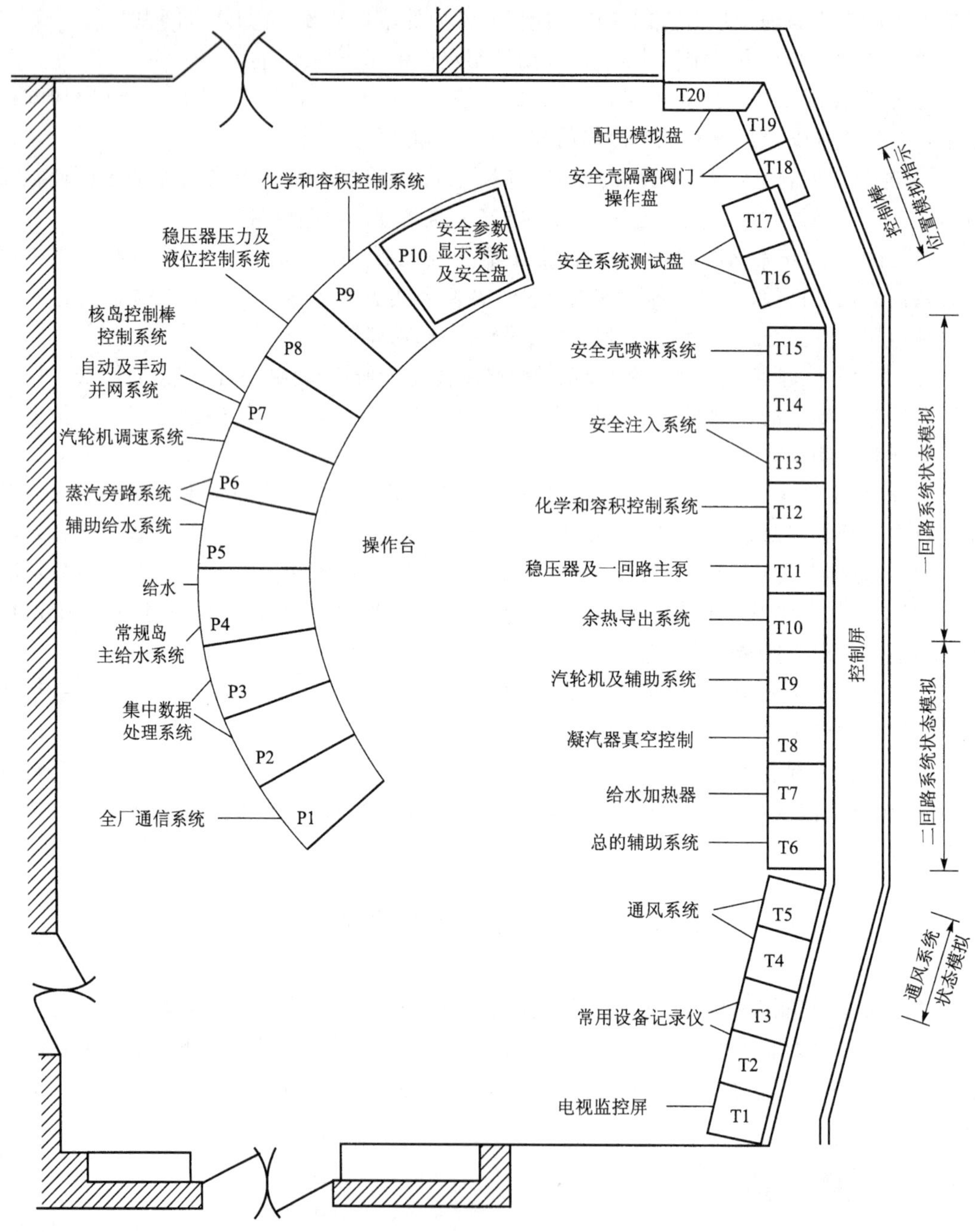

图 11-2　大亚湾核电厂控制室布置示意图

P5：辅助给水系统、蒸汽旁路系统；

P6：蒸汽旁路系统、汽轮机调速系统；

P7：自动及手动并网系统、核岛控制棒控制系统；

P8：稳压器压力及液位控制系统；

P9：化学和容积控制系统；

P10：安全参数显示系统及安全盘。

在控制台的对面布置20块控制屏,进行辅助系统的操作控制。它们是:

T1:电视监控屏(蒸汽发生器、反应堆大厅、进入安全壳的气闸门);

T2:常用设备记录仪;

T3:常用设备记录仪;

T4:通风系统;

T5:通风系统;

T6:总的辅助系统;

T7:给水加热器;

T8:凝汽器真空控制;

T9:汽轮机及其辅助系统;

T10:余热导出系统;

T11:稳压器及一回路主泵;

T12:化学和容积控制系统;

T13:安全注入系统;

T14:安全注入系统;

T15:安全壳喷淋系统;

T16:安全系统测试盘;

T17:安全系统测试盘;

T18:安全壳隔离阀门操作盘;

T19:安全壳隔离阀门操作盘;

T20:配电模拟盘。

在控制屏的上方装有控制棒位置的模拟指示、一回路系统的状态模拟、二回路系统的状态模拟、通风系统的状态模拟等电厂直观显示的模拟图。

11.3.2　两堆公用控制室

两堆公用控制室设置在两个堆控制室之间,其上装有两堆公用的全厂放射性水平的监视系统和火灾监测报警系统。

11.3.3　辅助控制点

辅助控制点(大亚湾核电厂也叫它"第二控制室")独立于控制室设置,它在控制室由于某种原因(例如发生火灾)不能使用时才启用。

在辅助控制点设置了紧急停堆控制盘,上面设置了相应安全操作器件。

借助于紧急停堆盘,操纵员能执行热停堆,并将其维持在热停堆水平上,或根据需要在现场操纵员的协助下,进一步将压力及温度降到冷停堆水平。

在控制室不可用情况下,操纵员必须首先停闭反应堆,并停止主泵运行,然后到达紧急停堆控制盘上将有关系统的控制开关由KSC(控制室系统)位置切换到KPR(紧急停堆控制盘)位置,使主控室对这些系统的操作不再起作用,而只能在紧急停堆盘上才能进行有效操作以确保安全。再后才进行有关系统的操作以实现所要求的状态。

11.3.4 技术支援中心

现场技术支援中心(OTSC)是专家组评价和诊断电厂情况的场所。当核电厂出现紧急情况时,派遣现场专家组,向核电厂的领导提供技术援助,以利其决策。

大亚湾核电厂的技术支援中心是两台机组共用的,它是独立的控制室,在主控室附近,位于电气厂房,标高 11.50 m,L543 房间。

技术支援中心按下列原则设计:

(1) 可居留性

1) 在假想事故条件下,技术支援中心有与主控室相同的可居留条件;

2) 技术支援中心由电气厂房的通风系统(DVL)通风,保持其负压并与控制室通风系统(DVC)相同,采用碘过滤工艺;

3) 电气厂房通风系统除接常规电源外,还接柴油发电机作为应急电源;

4) 技术支援中心照明也由柴油发电机供电;

5) 技术支援中心可容 15 人。

(2) 可显示的电厂信息

技术支援中心有两个信息显示台,每个机组一个,半圆形彩色显示屏和对话控制台。专家可利用该设备,显示全部安全屏(KPS)所能显示的参数。另有一台打印机以记录电厂重要数据,此外,气象数据资料也送到技术支援中心。

(3) 通信

技术支援中心设有多重和多样的通信线路与下列各处通信:

1) 核电厂现场指挥中心,向经理提供建议;

2) 控制室,收集电厂状态的补充信息;

3) 厂外应急中心。

(4) 核电厂技术文件

技术支援中心设有文件柜、备有电厂图纸、系统手册、安全分析报告等类技术文件。

(5) 入口

技术支援中心的入口与进入控制室相同,可通过 2 号机组电气厂房楼道或电梯进入。进入技术支援中心的人员必须经核电厂的领导批准。

11.4 集中数据处理系统

11.4.1 集中数据处理系统的功能

核电厂集中数据处理系统是综合处理核电厂各种数据的系统。它辅助操纵员全面正确了解核电厂的运行状态,支持操纵员实施正确的操作。但它对核电厂的安全运行不起直接作用,所以它不属于安全系统。

集中数据处理系统的主要功能有:信息采集和处理功能、操纵员辅助功能、事件后分析功能和反应堆监督功能。

（1）信息采集和处理功能

集中数据处理系统对核电厂的开/关量信号和模拟量信号进行巡回检测，同时也对巡检信号的硬件进行检测，一旦发现硬件出现故障，则禁止相应的信号输入。

系统对采集的开/关量和模拟量存入数据记录中，同时执行内部变量的计算。对采集到的模拟量，要对其有效性进行鉴别。经过计算后，系统按照要求输出相应的模拟量和开关量，以便记录和分析。

在系统内，当计算机发生故障时，可自动切换到备用计算机启动，以确保系统的功能。

（2）操纵员辅助功能

操纵员辅助功能主要是辅助操纵员实时掌握核电厂的状态。它包括：系统与操纵员的人-机对话、显示或打印操纵员所需要的各种信息。报警信息在显示屏上的显示、氙预测和显示汽轮机效率等。

（3）事件后分析功能

记录核电厂出现事件时，相关参数在事件出现前后的变化，显示并存储相关参数的变化历程，用于分析核电厂发生的事件。

（4）反应堆监督功能

根据所采集记录的相关参数，监督核电厂近期和长期的运行状态。用于近期和长期分析核电厂运行状态的参数主要有：堆外中子注量率信号、堆芯出口处温度信号、堆芯中子注量率分布信息、控制棒位置信号、计算的热功率和氙预测等。

11.4.2 集中数据处理系统的性能要求

为了实现其功能，集中数据处理系统应满足下列性能要求：

（1）可用性

系统应有很高的可用性，为此中央计算机采用冗余配置，当主机故障时备用计算机自动投入运行，以保证系统正常运行。

（2）应变能力

当系统一块控制盘出现故障时，有能力抵御故障的影响。

（3）测量电缆长度减到最小

采用就地采集开/关量和模拟量数据及相应的前置处理，从而达到减少电缆的目的。

（4）安全性能

虽然核电厂集中数据处理系统不属于安全级系统，不直接影响核电厂的运行。但它的故障会影响到操纵员对电厂信息的综合判断，因此它的故障不利于电厂的正确安全运行。所以要求系统要有很强的故障诊断能力。

11.4.3 集中数据处理系统的组成

不同的核电厂其集中数据处理系统的组成也不一样，图11-3所示的是大亚湾核电厂的集中数据处理系统的基本结构，它包括：中央处理计算机、就地计算机（用于数据采集及预处理）、采集系统、外部设备、显示设备和人-机界面等。

（1）中央处理计算机

中央处理计算机要求内存大，运算速度快。大亚湾核电厂的集中数据处理系统采用两

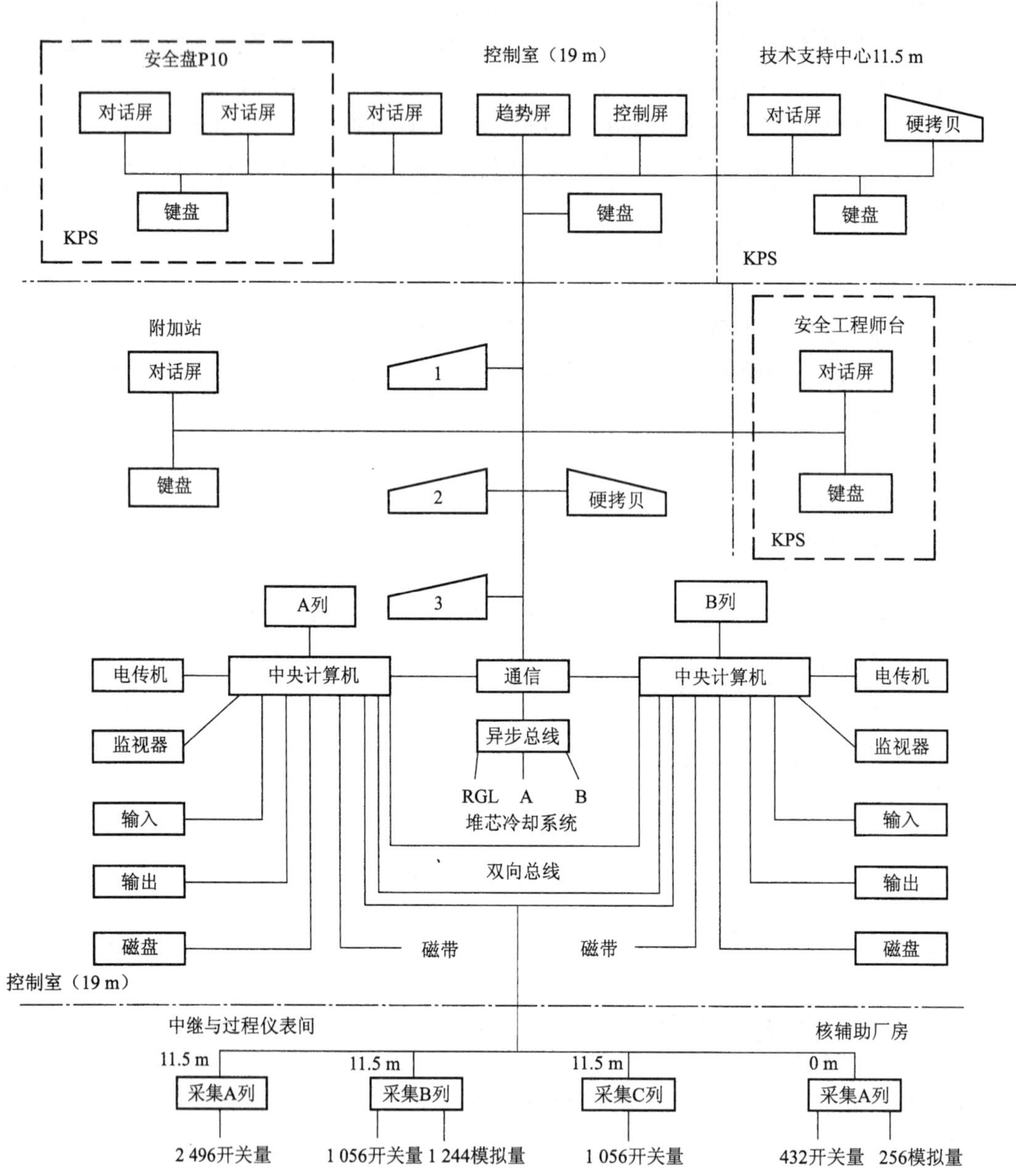

图 11-3 大亚湾核电厂集中数据处理系统基本结构框图

台中央处理计算机，每台具有 512 kB 的内存，运算速度可达 700 ns。

两台中央计算机之间由双稳继电器进行切换，这些继电器受两个隔离的耦合器的控制。该系统使两台中央计算机之间电气隔离，可以断开外部设备而不必停止系统电源，可以利用从属计算机进行工作而不干扰主计算机的运行。

(2) 就地计算机

就地计算机用于采集和预处理输入信号。大亚湾核电厂集中数据处理系统采用 4 台就地计算机，它可以预处理 2 496 个开/关量或 1 056 个开/关量和 1 244 个模拟量，它有 1 个 128 kB 的 EPROM 存储器。

(3) 数据采集

数据采集包括开/关量信号和模拟量信号采集。

开/关量信号(包括逻辑信号)只有“1”、“0”两个状态。

模拟信号可以是连续变化的电压信号(例如 0～60 mV 的热电偶信号),也可以是电流信号(例如 4～20 mA)。模拟信号的巡检周期一般分为三挡:每 5 s 巡检一次、每 20 s 巡检一次和每 60 s 巡检一次。

数据采集系统除采集开关量和模拟量之外,还通过串行或并行数据接口,采集相对独立系统的信息。例如控制棒控制系统、堆芯冷却监督系统、LOCA 裕度计算机系统等均通过接口向数据采集系统传送相应的信息。

(4) 外部设备

连接中央计算机上的外部设备有磁盘、磁带机和打印机等。

(5) 显示设备

可采用各种标准显示设备。

(6) 人-机接口器件

可根据人-因原则设置人-机接口器件,例如键盘、跟踪球、显示器等。

(7) 输出单元

根据功能需要设置开/关量输出单元和模拟量输出单元。

(8) 电缆

数据采集系统可根据其功能要求采用相应的电缆:220 V 动力电缆、视频电缆、控制电缆、测量电缆、接地电缆和光纤电缆等。其中,光纤电缆用于计算机之间(两台中央计算机之间以及中央计算机与前端机之间)的数据传送。

使用光纤电缆要考虑光纤的备用。光纤电缆的性能要求可参考下列数值:衰减 5.5 dbm/km,波长 820 mm,输入光能量 100 μW,工作频率 50 MHz,最大传输速率 780 K字/s。

11.4.4　集中数据处理系统软件

集中数据处理系统的软件主要分为两类:基本软件和应用软件。

(1) 基本软件

基本软件主要包括下列三类:

1) 多任务实时监督软件　文件管理和输入/输出管理;

2) 可编程软件包及其有关监督软件　用于源文件的产生与修改、汇编与编译程序、链接编辑及检错等;

3) 设备测试软件　用于测试中央计算机、就地计算机、数据采集和输出设备、I/O 设备,以及人-机接口器件等的功能、连接及系统结构等。

(2) 应用软件

应用软件是集中数据处理系统实施其功能所需要的软件。根据具体功能要求编制相应的软件,通常包括数据采集和处理、报警信号的处理及显示方式、核计算、模拟量趋势、存储、显示、输出以及人-机界面等的软件。

11.5 报警处理系统

为了提醒、帮助和支持操纵员及时发现和处理核电厂运行中出现的异常状况，核电厂设置报警处理系统。一般情况下报警系统不属于1E级设施，但如果某些信号的出现，操纵员必须采用手动停堆措施，则这些报警信号的处理设备属于1E级，应按1E级的要求进行设置。

报警处理系统通过各种声光信号、计算机驱动的CRT报警显示和事故顺序记录仪的打印结果来通知操纵员电厂任一系统内已发生或正在发生故障。根据信号的不同级别和类型，操纵员可以识别故障的紧急程度，并采取适当的措施以保证电厂的正常营运。

11.5.1 报警系统功能

报警系统应具备下列基本功能：

1）提供所有报警信号触发和消除情况的时序打印记录；

2）在CRT显示的工艺系统流程图上，以明显的方式显示出报警信号的类型、报警值及报警地址；

3）为一些重要报警信号提供报警窗报警；

4）通过报警音响引起操纵员的充分注意；

5）通过分析消除不必要的报警；

6）提供各系统或全厂报警情况的汇总表；

7）提供某些手动开关工况位置的显示；

8）报警系统的复位处理；

9）报警系统的功能检验。

11.5.2 报警系统组成

报警系统的框图如图11-4所示。它包括控制室报警和就地报警。从报警信息上分单一信号报警和组合信号报警。

报警系统由报警信息的采集装置、报警信息的逻辑处理装置、通信装置、报警记录装置和控制室报警部件（包括报警窗、音响、CRT显示器、报警控制器件）等组成。

11.5.3 报警信息的采集和处理

11.5.3.1 报警信息的采集

报警信息来自所监测的模拟量、数字量和开关量。所监测的变量如果超出运行限值或出现异常时，则给出报警信息，发送到报警系统的输入单元，触发相应的报警。

11.5.3.2 报警信号的处理

根据不同的报警信号采取不同的措施，对报警信号进行分类，进行不同方式的报警。

（1）报警信号的分类

根据报警后必须采取措施的紧迫程度，将报警信号分为四类。

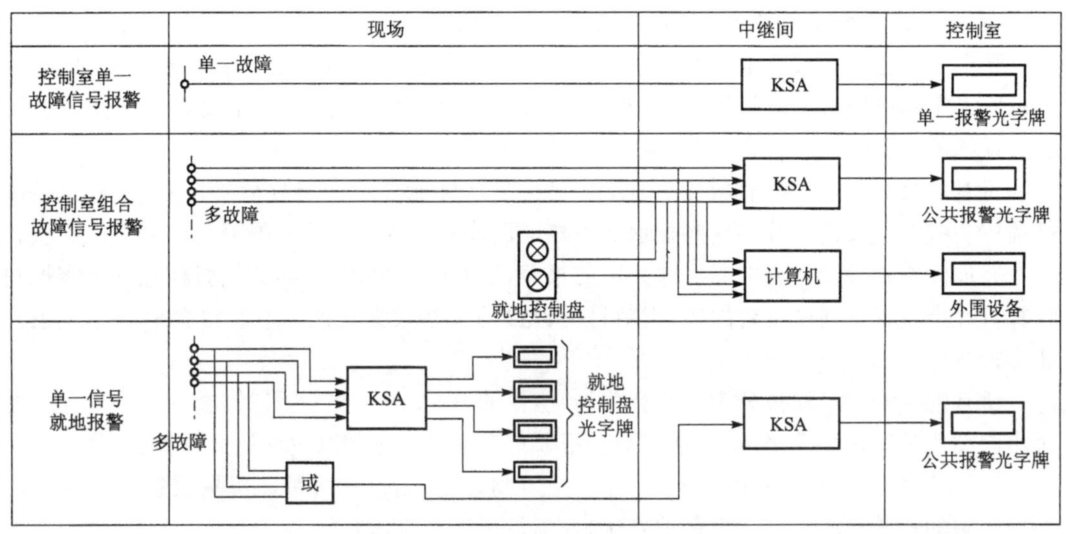

图 11-4　报警系统框图

第一类：不自动处理，要求操纵员立即采取措施的故障；

第二类：不自动处理，但操纵员可以延迟采取措施的故障；

第三类：自动处理，不要求操纵员采取措施的故障。此时的报警信号仅是向操纵员提供信息；

第四类：自动处理，可能导致有一台机组停机的故障。这时操纵员必须监视所发生的各种自动动作。

(2) 报警信号的显示

不同类别的报警信号用不同颜色的报警光字牌表示。可考虑采用：第一类报警为红色，第二类报警为黄色，第三类报警为白色，第四类报警为绿色。

(3) 报警信号的组合

报警信号可有三种组合方式：

1) 控制室单一报警　报警光字牌由单一报警信号控制；

2) 控制室组合报警　报警光字牌由几个不同的信号组合控制；

3) 单一就地报警　这些报警布置在就地仪表盘上，每个单一故障控制一个报警光字牌。

对于控制室组合报警，通常是不需要向操纵员提供电厂同一系统中的单独报警信号，并且针对这些报警所采取的措施是按系统组合的。

要区分该组合报警中究竟是哪个触发了该报警，可以通过两个途径：

1) 就地控制盘或显示盘　它们位于设备附近，上面设有每种能触发控制室组合报警的报警信号和光字牌（如辅助锅炉、除盐水系统、柴油机等）；

2) 计算机打印　在没有就地显示盘时，对发出组合报警的系统，每个故障信号都送入计算机，这样，通过计算机外部设备（打印机或显示屏）即可了解触发该组合报警的起源。

(4) 报警方式

采用光和声两种报警方式。

1）光报警　通过光字牌和显示屏来显示报警信号。

光字牌报警只对某些重要的报警设置。这些报警除在显示屏上有显示外，还另外独立地设置光字牌报警窗予以报警。这些报警主要包括反应堆紧急停堆，主要设备异常及重要工艺系统的报警。

所有的报警信息均在显示屏上显示。每台显示屏能显示一定数量的报警信号，包括事件描述、参数大小、报警等。这些显示屏由核电厂计算机的报警信号处理程序采集电厂状态信号并加以判别后删除或抑制那些无用的报警，从而给出有效、真实的报警信息。报警控制计算机冗余设置。其中一台故障，则由另一台自动实施报警功能。所有报警信息均记录打印出来。

所有的报警信息均被分为安全有关的、主要的、次要的三类。报警的类别在显示屏上通过不同颜色的字符“A”(Alarm)来判别。报警信息也可以不同颜色标记区分系统报警。

2）声报警　设置报警音响单元，与光报警同时，发出声音报警。可按报警优先级发出不同音调的报警音响。一旦报警被确认，操纵员可手动中断音响。

单一报警和组合报警报警方式略有不同。

1）控制室单一报警　发生故障时音响器响，光字牌快速闪烁。但如果故障在应答之前消失（瞬态故障），则光字牌变为慢速闪烁。在慢速闪烁期间，如果出现新的故障则光字牌又恢复快速闪烁。

发生故障时，在调制声音确认之前光字牌无法确认。

2）控制室组合报警　组合信号中出现任一报警信号时，其在控制室的报警方式同于单一信号的报警方式。当组合报警中所有报警信号都消失时，音响仍持续 3 s 左右，光字牌状态变为慢闪烁。根据组合报警中是否仍有报警信号，光字牌应答之后的状态不同：

① 当组合报警中至少有一种报警信号仍旧存在，则持续发光；

② 当组合报警中所有报警信号都消失时，灯光熄灭；

③ 当组合报警中的一种报警信号出现时，则快速闪烁代替原来的持续发光或慢闪烁状态，同时也触发声报警。

声报警的消除一般由操纵员手动或在预先确定的时间内自动实现。

3）单一就地报警　现场的光字牌给出报警信号，控制室设有一综合的报警光字牌。

（5）报警控制

当一个报警产生时，操纵员的注意力被连续的报警声所吸引，此时在显示屏上字符“A”闪烁和（或）一块报警窗快速闪烁；当操纵员按下“消音”按钮时，则音响中断；当操纵员确认并按下“报警确认”按钮后，报警音响中止，显示屏上字符“A”和（或）报警灯光显示常亮。当报警信息消失，操纵员按下“复位”按钮后，音响、光字牌和显示屏恢复正常状态。表 11-1 列出报警操作程序。

表 11-1　报警操作程序

操作工况	视觉报警（报警窗）	音响报警
正常工况	暗	音响中断
报警	快闪	持续音响
消音	快闪	音响中断

续表

操作工况	视觉报警(报警窗)	音响报警
确认	常亮	音响中断
返回正常	慢闪	断续音响
消音	慢闪	音响中断
复位	暗	音响中断

报警系统还设置检验操作,以验证声、光报警系统的功能。

11.6　安全监督盘系统

11.6.1　系统功能

核电厂设置安全监督盘,用以监督记录安全重要系统或设备的运行工况。安全监督盘不执行安全功能,它记录电厂的重要运行状态,辅助操纵员的控制。

(1) 首发故障识别

向操纵员显示所发生的安全动作的时间顺序和引发安全动作的首发因素。当系统监测到安全动作发生时,便立即在屏幕上显示出:

1) 引起安全动作的原因,其相应物理参数和发生的时刻;

2) 在每一列上启动了哪些安全有关系统的动作;

3) 安全有关系统的动作情况。

(2) 安全动作执行的监督

跟踪安全动作的执行,监督执行机构的位置,提供其偏差及可用性等信息。同时也监督数据采集系统的电源,电源失电应通告操纵员。

(3) 事故处理规程选择

发生安全注入动作5 min后,为了能对当前状况作出较佳判断,操纵员可调用逻辑图,通过对逻辑图的分析,作出正确判断,并选择合适的事故处理规程。

(4) 安全监测

基于压力容器水位与沸腾裕度的曲线来监督安全注入工况,帮助操纵员正确实施安全注入。

(5) 电厂运行点监测

监测电厂的运行点,提醒操纵员控制电厂运行点在规定的范围内。

(6) 电厂状态监测

它显示表示操纵员的操作和可能选择的逻辑图,为安全工程师提供此信息,便于安全工程师对电厂安全状态的监督。

(7) 余热排除监测

监督余热排除系统的运行工况,及时发现系统的故障,以便操纵员采取适当措施。

(8) 安全参数显示

对一些重要的参数显示其变化曲线,表明电厂的安全状态。所监督的参数包括:

1）反应堆的功率；

2）堆芯冷却状态；

3）通过二回路排出反应堆冷却剂的热量；

4）反应堆冷却剂的质量装载量；

5）安全壳的完整性等。

11.6.2 系统组成

安全监督盘系统包括两部分：

1）位于控制室的安全监督盘，当发生安全动作时，它显示安全系统动作的状态和压力容器水位与沸腾裕度之间的关系曲线；

2）在技术支援中心，设置带有专门外设的计算机系统，可供用集中数据处理系统的数据。

通过对安全动作的识别，对执行机构和电厂状态及安全功能的监测，显示出电厂的首发故障和事故处理规程，判断核电厂的安全状态，帮助操纵员更好地处理各种事故，有助于核电厂的安全运行。在设计安全监督盘系统时，要特别注意人-机接口界面。合理的人-机接口界面设计，可更便于操纵员的信息获取及作出正确的判断。

11.7 厂区辐射气象监测系统

11.7.1 系统功能

厂区辐射气象监测系统的主要功能是监测厂区与周围环境地区的辐射，并预测核电厂的气体和液体放射性排放物的影响。该系统还收集现场的气象数据。

11.7.2 系统组成

厂区辐射气象监测系统包括四个子系统：

1）气象站　包括风速、风向、温度等传感器；

2）γ辐射监测站　包括现场三个大气辐射监测站和厂区外 5～10 km 范围内的四个遥控γ辐射监测站；

3）中央处理系统；

4）废液监测站。

11.7.3 系统的运行

系统监测核电厂周围环境的气象和放射性水平，经中央计算机处理后，给出放射性对环境影响的评估。

（1）气象信息

在三个不同标高的气象塔上分别装有气象监测传感器：

1）80 m 标高　监测风向、风速、温度；

2）10 m 标高　监测风向、风速、温度；

3）地面标高　检测温度、大气压力、湿度、雨量。

所有测量值均通过电缆送到中央处理系统进行处理和记录。

(2) 辐射监测

在厂区周围设置辐射监测站。在每个监测站监测 γ 辐射水平，并进行现场处理，可将 10 min 内测量的数据进行平均，得到瞬时剂量率，予以记录、显示或报警，并把这些数据传到中央处理系统。

(3) 中央处理系统

中央处理系统是集中接收、处理厂区周围的气象和辐射水平的数据，进行记录和确定是否报警。

(4) 废液监测站

抽取厂区地表下 1 m 深处的水，装瓶后送到实验室进行分析。

复习题

1. 如何进行核电厂控制室的功能设计？
2. 什么时候启用辅助控制点？说明其功能要求和设计原则。
3. 核电厂集中数据处理系统有哪些功能？
4. 简述核电厂报警系统的功能，对报警信号应如何处理？
5. 简述安全监督盘系统的功能。
6. 为什么要设置核电厂厂区辐射气象监测系统？

索 引

（本索引按汉语拼音排序，每个词条后面的数字，是它在本书中首次出现地方的页码）

G

H

J

K

L

X

Y

Z

参考文献

[1] 濮继龙主编．大亚湾核电站运行教程(上册),北京:原子能出版社,1999.

[2] J·M·哈勒等著．核动力反应堆仪表和控制系统手册(上、下册)．郑福裕等译．北京:原子能出版社,1985.

[3] 陈济东主编．大亚湾核电厂系统及运行(中册)．北京:原子能出版社,1994.

[4] 吴麟主编．自动控制原理(上册)．北京:清华大学出版社,1990.

[5] 桑维良,张建民编著．压水堆控制与保护监测．北京:原子能出版社,1993.

[6] 濮继龙主编．900 MW 压水堆核电站培训系列教材,高级运行．北京:原子能出版社,1999.

[7] 贺禹主编．核电站操纵人员取照必读(下册)．北京:中国电力出版社,2002.

[8] 郑福裕编著．压水堆核电厂运行物理导论．北京:原子能出版社,2009.

[9] 孔昭育等译．核电厂培训教程．北京:原子能出版社,1992.

[10] J·M·哈勒,J·K·克利编．核动力反应堆仪表和控制系统手册(上册)．北京:原子能出版社,1983.